ESV

IT-Outsourcing in der Praxis

Strategien, Projektmanagement, Wirtschaftlichkeit

Herausgegeben von

Torsten Gründer

Unter Mitarbeit von

Anke Thomas

Mit Beiträgen von

Dr. Ina Arndt, Christian Becker, Dr. Frank-Rainer Bolz,
Dirk Borchers, Andrea Brand, Eduard Bugelnig,
Dr. Adam Bujak, Jürgen Dettling, Michael Eberhardt,
Wolfgang Erny, Dr. Beatrix Ertsey, Malte Granitzki,
Torsten Gründer, Michael Grünschloß, Sascha Kaulen,
Rudolf Kergaßner, Rolf Koenigs, Daniel Krannich,
Dr. Roland Krieg, Ulrich Meine, Mirko Obert, Christian Oecking,
Frank Oidtmann, Prof. Dr. Dres. h. c. Arnold Picot,
Patrick Prashanta Rao, Stefan Reuß, Stefan Riedel,
Dr. Joachim H. Rybol, Rüdiger Schmieder, Oliver Schreiber,
Prof. Dr. Joachim Schrey, Dr. Stefan Schröder, Hansjörg Siber,
Dr. Thomas Söbbing, Christopher Stein, Anke Thomas,
Hans-Jörg Tittlbach, Ralph Wölpert, Dieter Zoellner

2., völlig neu bearbeitete und erweiterte Auflage

ERICH SCHMIDT VERLAG

Bibliografische Information der Deutschen Nationalbibliothek
Die Deutsche Nationablbibliothek verzeichnet diese Publikation in der Deutschen Nationalbibliografie; detaillierte bibliografische Daten sind im Internet über dnb.d-nb.de abrufbar.

Weitere Informationen zu diesem Titel finden Sie im Internet unter
ESV.info/978 3 503 09015 0

1. Auflage 2004
2. Auflage 2011

Gedrucktes Werk: ISBN 978 3 503 09015 0
eBook: ISBN 978 3 503 12949 2

www.ESV.info

Dieses Papier erfüllt die Frankfurter Forderungen der Deutschen Nationalbibliothek und der Gesellschaft für das Buch bezüglich der Alterungsbeständigkeit und entspricht sowohl den strengen Bestimmungen der US Norm Ansi/Niso Z 39.48-1992 als auch der ISO-Norm 9706.

Satz: multitext, Berlin
Druck und buchbinderische Verarbeitung: Hubert & Co., Göttingen

Zum Geleit

Outsourcing ist Ausdruck der Weiterentwicklung von Arbeitsteilung. Es ist kein neuartiges Phänomen. Im Gegenteil – Outsourcing wird seit vielen Jahren intensiv diskutiert und realisiert, nicht zuletzt auf Grund der informations- und kommunikationstechnischen Entwicklungen, die standortübergreifend bzw. zwischenbetrieblich ähnliche Formen der Zusammenarbeit ermöglichen wie innerbetrieblich. Letztlich ist es gleichgültig, an welchem Standort oder durch wen bestimmte Tätigkeiten abgewickelt werden, wenn der Zugriff auf die erforderlichen Daten vorhanden ist, wenn die notwendigen Kompetenzen zur Abwicklung der outgesourcten Aufgaben auch an anderen Standorten oder in anderen Unternehmen verfügbar sind und wenn die Schnittstelle zwischen den beteiligten Bereichen eine vertraglich fundierte Kooperation zulässt.

Outsourcing lässt sich durch Informations- und Kommunikationstechniken nicht nur einfacher realisieren, Outsourcing kann sich auch auf Informations- und Kommunikationstechniken beziehen und die Auslagerung informations- und kommunikationstechnisch geprägter Prozesse oder Aktivitäten umfassen. Diese Form des Outsourcings, das IT-Outsourcing, gewinnt zurzeit zunehmend an Bedeutung. Dies wundert nicht, lassen sich dadurch doch erhebliche Potenziale erziehen – sei es, dass sich Unternehmen stärker auf ihre Kernkompetenzen konzentrieren können, dass sich Rationalisierungspotenziale und Economies of Scale erzielen lassen oder dass Unternehmen keine eigenen Kompetenzen im IT-Bereich aufbauen müssen. Denn – warum sollten sich Unternehmen mühsam und kostenintensiv Know-how in einem Bereich aufbauen, der nicht unbedingt zu ihren Kernkompetenzen zählt und in dem andere Firmen über vielfältiges Wissen und Erfahrung verfügen? Daher lassen sich mittlerweile unterschiedliche Spielarten des IT-Outsourcing wie das Outtasking (Auslagerung einzelner Aufgaben, wie z.B. die Datensicherung), das Process-Outsourcing (die Auslagerung von Prozessen, wie z.B. den Prozess der Kundenverwaltung), das Application Service Providing (Auslagerung bzw. Inanspruchnahme externer Leistungen wie z.B. das Mieten von Web-Serviceleistungen), Funktions-Outsourcing (z.B. die Auslagerung ganzer Funktionsbereiche wie das Betreiben des Rechenzentrums). Auch andere Formen des Outsourcings setzen sich immer mehr durch. Hierzu zählen z.B. Software as a Service oder auch Cloud Computing, d.h. der problemorientierte Zugriff auf Softwarepakete oder einzelne Softwarelösungen.

Für die erfolgreiche Realisierung all dieser Formen müssen vielfältige Aspekte beachtet und einige wesentliche Voraussetzungen erfüllt sein. Daher werden in der jetzt vorliegenden zweiten Auflage dieses Buches nicht nur die verschiedenen Möglichkeiten, wichtige Fragen und Rahmenbedingungen aufgezeigt; im Vergleich zur ersten Auflage werden zum einen einige wichtige ergänzende Aspekte aufgegriffen und zum anderen interessante Fallstudien von Unternehmen gezeigt, die die Thematik noch einmal vertiefen.

So stellt eine wichtige Voraussetzung für die Realisierung eines IT-Outsourcing-Projektes die Entwicklung einer IT-Outsourcing-Strategie dar, die einerseits mit der zugrunde liegenden IT-Strategie, andererseits auf die Art der zugrunde liegenden Prozesse abzustimmen ist und zum dritten wirtschaftlich akzeptabel sein muss. Denn IT-Outsourcing eignet sich nicht unbedingt für jeden IT-Prozess. So gibt es durchaus IT-Aufgaben, bei denen aus strategischen oder wirtschaftlichen Überlegungen die interne Abwicklung sinnvoll erscheint. Wirtschaftlichkeits- und Nutzenüberlegungen leisten somit eine wichtige Unterstützung bei dieser Entscheidung. Beide wichtigen Themen werden in Teil I des vorliegenden Buchs behandelt. Ist die Entscheidung für eine bestimmte IT-Outsourcing-Strategie gefallen, stehen unterschiedliche konkrete Möglichkeiten zur Realisierung zur Verfügung, die oben z.T. auch schon angesprochen wurden. Unabhängig von diesen Möglichkeiten geht es dabei einerseits um die Frage, ob lediglich ein partieller oder ein kompletter Outsourcing-Ansatz zugrunde gelegt wird, andererseits um die Frage, auf welche Komponenten sich das IT-Outsourcing bezieht – auf einzelne Services, Anwendungen, Prozesse oder auch Bereiche, wie die Sicherheit. All diese und weitere für ein erfolgreiches IT-Outsourcing wichtige Themen werden in Teil II behandelt. Für die Realisierung der verschiedenen Möglichkeiten sind verschiedene Voraussetzungen erforderlich. Zu ihnen zählen technische Voraussetzungen, zu denen z.B. die Verfügbarkeit bestimmter Services oder bestimmte Systemanforderungen zählen, Fragen der Preisgestaltung, des IT-Controllings oder auch Fragen der Sicherheit und Verfügbarkeit innerhalb der existierenden IT-Infrastrukturen. Ein weiterer Erfolgsfaktor stellt schließlich das Projektmanagement dar, zu dessen primären Aufgaben neben den klassischen Projektmanagement-Aufgaben, wie Planung und Steuerung des IT-Outsourcing-Projektes, die Motivation der betreffenden Mitarbeiter zählt. Denn IT-Outsourcing verändert zwangsweise den Arbeitsplatz und Aufgabenbereich der betreffenden Mitarbeiter. Um die Entstehung von Barrieren und Widerständen bei den Betroffenen zu vermeiden und eine gedeihliche Interessenkoordination der Partner zu erreichen, sind Maßnahmen des Interessensausgleiches, der Konfliktlösung und v.a. auch der anreizkompatiblen Vertragsgestaltung erforderlich. All diese technischen, finanzbezogenen und projektmanagement-bezogenen Voraussetzungen werden in Teil III dieses Buches erörtert. Schließlich müssen bei der

Realisierung von IT-Outsourcing-Projekten bestimmte rechtliche Grundlagen berücksichtigt werden, auf die in Kapitel IV eingegangen wird. Unterschiedliche Fallstudien, die die verschiedenen Facetten des Outsourcings aus Praxissicht beleuchten, stellen eine spannende und interessante Ergänzung der theoretischen und konzeptionellen Ausführungen dar.

Mit der vorliegenden zweiten Auflage liegt somit eine umfassende, nochmals um einige wichtige Aspekte erweiterte Auseinandersetzung zum IT-Outsourcing vor, in dem erfahrene Praktiker und Wissenschaftler ihr Wissen und ihre Expertise zu diesem komplexen und immer wichtigeren Themenbereich darlegen. Daher ist zu wünschen, dass auch die zweite Auflage Anerkennung erhält und zur Weiterentwicklung einer konstruktiven Vernetzung und Arbeitsteilung bei der zwischenbetrieblichen Wahrnehmung von IT-Aufgaben beiträgt.

Prof. Dr. Dres. h.c. Arnold Picot

Ludwig-Maximilians-Universität München

Outsourcing ist ein gute Sache,
wenn es gut gemacht ist.

Vorwort zur zweiten Auflage

Mit der zweiten; völlig neu bearbeiteten Auflage ist eine Bestandsaufnahme im Markt für IT-Outsourcing gelungen. Allen beteiligten Autorinnen und Autoren möchte ich an dieser Stelle meinen herzlichen Dank für ihre – fast ausnahmslos spontane – Unterstützung des vorliegenden Buches aussprechen. Ihr freundliches und gemeinschaftliches Engagement haben die Entstehung des Werkes erst möglich gemacht, das sie mit ihrem Wissen und ihren besonderen Erfahrungen maßgeblich bereicherten.

Der Markt für IT-Services hat sich seit der ersten Auflage stetig weiterentwickelt und stark verändert. Neue Services sind entstanden, neue Spieler vor allem aus Asien sind hinzugekommen, andere aus der zweiten Reihe verschwunden, die Gründung von IT-Töchtern spielt praktisch keine Rolle mehr. Die Unternehmen profitieren von den neuen Möglichkeiten, zugleich ist auf dem Weg in eine bedarfsorientierte IT-Service-Kultur von den Anbietern noch viel zu leisten.

Die Senkung der IT-Kosten aber ist nach wie vor eines der Topthemen in den Unternehmen. Besonders während der gerade ausklingenden Wirtschaftskrise suchten sie händeringend nach Möglichkeiten, ihre Kosten mit sofortiger Wirkung zu reduzieren. Im Bereich der IT gelang das nicht allen in der gewünschten Weise. Selbst bei ausgelagerten IT-Aufgaben gelang trotz einer stark rückläufigen Geschäftstätigkeit oft keine entsprechende Absenkung der IT-Kosten. Die Verträge gaben das plötzlich nicht her, offenbarten überraschende Lücken.

Die Standardisierung und Homogenisierung in der IT schreiten weiter voran, besonders Virtualisierungstechnologien erwiesen sich dabei als ein Segen für die Branche. Aber nicht alles, was technisch machbar und eventuell auch billig ist, ist auch im Sinne oder zum Vorteil der Unternehmen. Cloud Computing etwa steht noch ganz am Anfang. Alle Anbieter reden darüber, aber geschäftstaugliche Lösungen sind nach wie vor rar.

Gegenüber der Erstauflage hat der Einsatz von Near- und/oder Offshore-Anteilen in IT-Services deutlich zugenommen, nicht selten auch ohne Kenntnis der Dienstnehmer. Vor allem indische IT-Anbieter haben sich innerhalb kürzester Zeit global etabliert, bereits etablierte Dienstleister ihrerseits eröffneten

Delivery Center in Asien, um ihre Kosten im Wettbewerb zu drücken. Offshoring brachte neue Möglichkeiten, aber auch neue (Distanz)-Risiken.

Die Unternehmen ebenso wie die Anbieter haben in den zurückliegenden Jahren erkannt, dass eine leichtfertige Übertragung von IT-Aufgaben auf einen Dienstleister nicht automatisch den erhofften Erfolg bringt. Eine echte Partnerschaft entsteht eben selten per Vertrag – Regeln, Transparenz, Verantwortung und Vertrauen sind die Bausteine, auf denen Partnerschaft entsteht. Nachhaltiger Outsourcing-Erfolg ist möglich, wenn wichtige Grundregeln beachtet werden – ein professionelles Vorgehen, zum Start ein Vertragswerk mit Regelungscharakter und klar definierte Verantwortlichkeiten gehören dazu.

Für immer mehr Unternehmen entwickelt sich Outsourcing zu der strategischen Option für die Bereitstellung ihrer benötigten IT-Funktionen. Eine wirtschaftliche Umsetzung dringender IT-Anforderungen in einer möglichst kurzen Zeit wird ohne Rückgriff auf spezialisierte IT-Dienstleister zunehmend schwieriger. Mit der Größe eines Vorhabens steigen indes zugleich die Risiken. Nicht nur für die Unternehmen ist es deshalb dringend erforderlich, neue Kompetenzen aufzubauen, um im Markt für IT-Services erfolgreich agieren zu können.

Das vorliegende Werk vermittelt dem Leser einen praxisnahen Überblick darüber, welche kritischen Aspekte bei einem IT-Outsourcing zu beachten sind. Die verschiedenen Service-Modelle werden vorgestellt, zugleich strategische, wirtschaftliche und Risikoaspekte erörtert. Die Bedeutung eines zielführenden Projektmanagements sowie einer lückenlosen Ausgestaltung der Leistungsinhalte und -pflichten werden ebenso erörtert wie die rechtlichen Grundlagen im Bereich IT-Outsourcing. Den Schlusspunkt bilden Fallstudien.

Die zweite Auflage wird gewiss nicht die letzte gewesen sein. IT-Outsourcing ist nach wie vor ein hochdynamisches und komplexes Thema. Insoweit freue ich mich bereits auf die Fortsetzung der Zusammenarbeit mit allen an der zweiten Auflage Beteiligten – den Autorinnen und Autoren ebenso wie den Mitarbeitern im Erich Schmidt Verlag, Berlin.

München, im November 2010

Torsten Gründer
Herausgeber

Inhaltsverzeichnis

III. Projektmanagement, SLAs, Preisgestaltung, Benchmarking, IT-Controlling, IT-Betriebsumgebung

IV. Rechtliche Grundlagen

V. Fallstudien

I. Strategie und Wirtschaftlichkeit

Erfolgreiches IT-Management – Strategisches Sourcing als Option

Torsten Gründer

1. Arbeitsteilung

1.1 Die Idee ist nicht neu

Arbeitsteilung – seit Jahrhunderten prägt sie das Wirtschaftsleben mit zunehmender Geschwindigkeit. Mit der Industrialisierung kam die Massenfertigung, sie brachte Wachstum, breiten Wohlstand und die Konsumgesellschaft.

Der Trend von der Eigen- zur Fremdversorgung kennt historisch unzählige Beispiele und Facetten. Und er erlebt immer wieder auch gegenläufige Wellen. Zuletzt im Lebensmittelbereich (Slow-Food- und Bio-Bewegung) oder in der Energieversorgung (Solaranlagen auf Hausdächern) zu beobachten, wo sich zumindest punktuell bewusste Gegentendenzen zeigen.

Für Unternehmen bedeutet arbeitsteilige Organisation aber in aller Regel noch viel mehr: Spezialisierung, Fokussierung, komparative Wettbewerbsvorteile, nicht selten sogar Existenzsicherung. Sie erhoffen sich oder sind Getriebene im Ringen um Geschwindigkeit, um Kostenvorteile, um neue Innovationen. In der Pharmaindustrie beispielsweise werden die kostenintensive Forschung oder Teile davon immer häufiger auf Spezialisten übertragen, um das Kosten- und Misserfolgsrisiko zu streuen, zugleich aber auch schnellere Ergebnisse erzielen zu können. Die Durchführung klinischer Testreihen (Auftragsstudien) und die Produktion erfolgreich eingeführter Medikamente durch Dritte (Auftragsproduktion) sind in der heute globalisierten Wirtschaft zur Normalität geworden. Als ausgelagerte (Standard-)Prozesse finden sie in der wirtschaftlich vorteilhaftesten Weise statt.

Wirtschaftlichkeit wurde zu dem Fokusthema. Beeinflusst vom japanischen Lean-Management-Modell begannen Unternehmen in den achtziger Jahren des letzten Jahrhunderts, ihre Kernkompetenzen gezielt zu stärken und sich vor allem in den Bereichen weiter zu entwickeln, mit denen sie unmittelbar Umsätze generierten. Ihre Prozesse, ihre Stärken und Schwächen analysierend standen sie dabei vermehrt vor der Frage: Make or Buy? In zunehmenden Maße gingen fortan z.B. Infrastrukturaufgaben (Facility Management) oder bestimmte Prozesse (Lohn- und Gehaltsabrechnung, nichtstrategische Beschaffung) in die Verantwortung eigenständiger Organisationseinheiten über, die sich wiederum selbst auf die übernommenen Dienstleistungen spezialisierten. In der Folge entstand ein breiter Markt für unternehmensnahe Dienstleistungen, der fortan rasch wuchs und sich ständig weiter diversifizierte. Die Informationstechnik beispielsweise entwickelte immer neue Kommunikationsmöglichkeiten wie Fax und Email und erweiterte so die Palette der Kommunikationskanäle, die Geschwindigkeit des Informationsaustausches erhöhte sich.[1]

1 Horchler (2004): S. 17.

1.2 Service ist nicht Produkt – Leistungsunschärfe als Dauerrisiko

Arbeitsteilung beinhaltet stets den Aspekt der Zusammenarbeit und diese, soll sie nachhaltig erfolgreich sein, erzwingt grundsätzliche Voraussetzungen: Verlässlichkeit, Transparenz, Fairness und Solidarität der Partner – also Partnerschaftlichkeit.

Als Paradebeispiel für ein gelungenes Modell der Arbeitsteilung und Vorbild für weitere Outsourcing-Aktivitäten wird – nicht nur von der IT-Branche – in Deutschland oft die Automobilindustrie angeführt. Sie gehört heute zu den drei wichtigsten Branchen des Landes und ist Garant für Wohlstand und Wachstum. Lieferprozesse wurden hier in den letzten Jahrzehnten zusammengeführt, konsequent integriert und mittels moderner IT vernetzt. Die Autohersteller haben mit der Zeit gelernt, dass sie nicht jede Schraube und jedes Blech selbst herstellen/bearbeiten müssen. Kosten- und Zeitoptimierung sowie Qualitätsmanagement bestimmten eine stetig enger werdende Zusammenarbeit mit den Lieferunternehmen. So sind im Bereich Automotive die Lieferketten basierend auf einer jahrzehntelangen Kooperationserfahrung der Unternehmen nach und nach gewachsen. Mit Instrumenten wie Just in Time, Just in Sequence gehören sie heute zu den ausgefeiltesten und sensibelsten.

(Vor-)Produkte aber wie sie entlang einer Lieferkette schrittweise entstehen, lassen sich typischerweise exakt beschreiben und unter den richtigen Rahmenbedingungen auch in immer gleichbleibender Qualität herstellen. Ein Hersteller (OEM) kann sich dabei in aller Regel auf seine Zulieferer verlassen. Jedoch, und auch das hat die Automobilbranche gezeigt, geht mit dem Grad der Reduzierung der eigenen Fertigungstiefe vom OEM immer mehr Know-how auf die Lieferanten über. Die Zulieferung ganzer Komponenten steht heute im Vordergrund, das verursacht z.B. bei der Entwicklung einer neuen Fahrzeugserie ganz neue Probleme. Denn das Wissen dafür sitzt immer öfter bei den Lieferanten. Ist das nun integrative, wertschöpfende Kooperation oder Abhängigkeit? Am Ende zählt nur der Erfolg für alle Beteiligten. Wie brisant jedoch eine Situation werden und welche Dimension sie annehmen kann, zeigte sich jüngst in der Luftfahrbranche beim Bau von Großflugzeugen. Bei den zugelieferten Triebwerken kam es zu erheblichen Problemen zum Schaden aller.[2]

Services hingegen – wie sie beim IT-Outsourcing (ITO) üblich sind – kennzeichnet als immaterielle Güter gegenüber einem Produkt, dass ihrer Beschreibung stets eine gewisse Unschärfe anhaftet. Die Qualität ihrer künftigen Ausführung kann im Vorfeld praktisch nicht beurteilt werden. Ein Produkt (z.B. ein neues Auto) aber kann vorab in Augenschein genommen, es kann getestet und vor allem mit anderen Produkten gleichen Typs verglichen werden. Nicht exakt spezifizierte Leistungsinhalte ziehen Lücken in den Verträgen nach sich

2 Flottau (2010): S. 26.

– je größer diese sind, desto riskanter sind sie auch. Indes ist die Erbringung von Services bzw. die Anreicherung von Produkten mit Dienstleistungen in vielen Branchen ein unverkennbarer Trend. Flughäfen und Bürotürme werden nicht mehr durch Bauunternehmen errichtet, allein um sie an ihre Auftraggeber/ Nutzer zu übergeben, sie werden vielmehr immer häufiger für diese über Jahre auch betrieben.

Die kurzen Ausführungen zeigen, dass ein Spannungsverhältnis zwischen einem Service und seiner Beschreibbarkeit, aber auch zwischen „Produkt" und „Service" generell besteht. Eine bestmögliche Auflösung ist kritisch für den Erfolg des jeweiligen Service-Modells und somit für die beteiligten Parteien.

1.3 Grenzen der Auslagerung

Lange Zeit herrschte vor allem in Konzernen die Überzeugung vor, eine Auslagerung von Produktionsaufgaben an Zulieferer führe sicher zu Einsparungen, mehr Wettbewerbsfähigkeit, Innovationskraft und Flexibilität. Unterdessen setzt sich jedoch die Erkenntnis durch, dass ein solches Vorgehen durchaus auch riskant und teuer sein kann. Die Auslagerung wichtiger Fertigung, so die Studie einer Wirtschaftprüfungsgesellschaft aus dem Jahre 2010[3], hat die erhofften Einsparungen nicht gebracht. In den zwei Jahren vor der Befragung hätte danach ein Drittel der befragten Unternehmen ausgelagerte Arbeiten zurück geholt, 40 Prozent würden einen solchen Schritt aus Kosten- und Risikoaspekten zumindest erwägen.

Die Ergebnisse belegen, dass die Auslagerung von Aufgaben und Prozessen ihre Grenzen hat. Die Gründe hierfür einerseits und die Ausprägung von Risiken andererseits können von Unternehmen zu Unternehmen sehr unterschiedlich sein. Bei einem „Oversourcing" jedenfalls ist eine bestimmte (Elastizitäts-)Grenze überschritten worden. Vorteile kehren sich in Nachteile um. Die Qualität der Produkte zum Beispiel steht in keinem Verhältnis mehr zu möglicherweise erzielten Einsparungen, ein hochpreisiges Luxusprodukt erleidet mit dem Hersteller-Label eines Billiglohnlandes einen Imageschaden bei den Kunden, Produktpiraterie nimmt eine existenzbedrohliche Dimension an, usw..

1.4 Auslagerungserfolg aktiv gestalten

Unternehmen und Verwaltungen haben es stets selbst in der Hand, ob und wenn ja, wie sie eine Auslagerungsmaßnahme umsetzen. Dabei ist es gleich, ob es sich lediglich um bestimmte (Teil-)Aufgaben oder sogar komplette Prozesse handelt. Die Unternehmen können über den Erfolg maßgeblich entscheiden: Schnell, oberflächlich und damit risikobehaftet oder mit Bedacht, in Abwägung

3 Schwarze (2010): [Stand: 06.11.2010].

aller wesentlichen Chancen und Risken, verantwortungsvoll und damit professionell.

In jedem Fall sind eine Unterschätzung der Transaktions- und Steuerungsaufwände, optimierte Erfolgsszenarien und Euphorie eher ungünstige Voraussetzungen für ein Outsourcing. Der Erfolg ist möglich, aber er ist sorgfältig vorzubereiten und auf eine solide Prozess- und Vertragsgrundlage zu stellen.

2. Auslagerung von IT-Aufgaben

2.1 IT-Management im Wandel

Im Laufe der letzten beiden Jahrzehnte hat sich der IT-Markt selbst sowie auf Anwenderseite das Verständnis davon, was IT eigentlich ist, rasant verändert. Kaum eine Branche unterliegt so schnellen und radikalen Veränderungszyklen wie die der Informationstechnologie.

Die starke Verbreitung von IT-Outsourcing, also die Auslagerung von IT-Aufgaben an einen oder mehrere Dienstleister bzw. der externe Bezug bestimmter Dienstleistungen im IT-Bereich, ist ein Kennzeichen dieser Dynamik. Die Breite der angebotenen Services und die Zahl der Anbieter im Markt ist größer denn je und immer neue, vor allem aus Asien, Indien und Osteuropa, drängen hinein.

ITO ist der bewusste Schritt von der Eigen- zur Fremdleistung in der IT. Heute käme kein Unternehmen mehr auf die Idee, Computer assemblieren zu lassen, wie es in den 90-er Jahren des letzten Jahrhunderts üblich war. Auch wird es – zumindest nicht ohne weiteres – eine neue individuelle Softwareplattform (ERP) entwickeln oder zur Entwicklung beauftragen. An vielen Stellen haben sich inzwischen Standardprodukte für Hardware und zunehmend auch Software durchgesetzt. Die Bereiche spezifischer IT befinden sich heute in den unternehmensindividuellen Applikationen und Prozessen, denn dort bestehen weiterhin Differenzierungspotenziale und Chancen für Wettbewerbsvorteile.

Gleichwohl begegnen wir heute einem reifen, gut entwickelten IT-Markt. In vielen Produkt- und zunehmend auch Servicebereichen sind die Anbieter bereits austauschbar geworden. Infrastrukturaufgaben (u.a. Netzwerk-Management, Server-Betrieb) werden mit guten Gründen immer seltener als eine intern zu erledingende Aufgabe angesehen. Zugleich beschleunigt die zügig fortschreitende geschäftliche und private Vernetzung (Internet, Intranet, Extranet, mobiles Internet, Apps) die Ausrichtung der Unternehmen auf digitale Prozesse. Dies erfolgt in einer noch nie dagewesenen Geschwindigkeit, begleitet von neuen Spielern auf den Weltmärkten wie China, Indien und Brasilien. An die Unternehmen stellen sich damit immer neue Herausforderungen – in geschäftlicher wie in IT-Hinsicht.

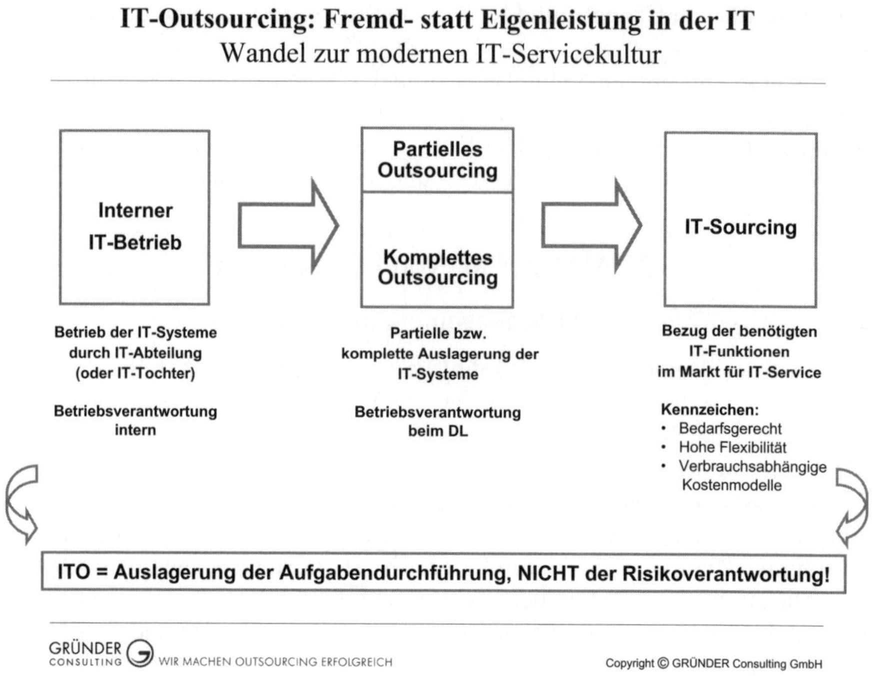

Abbildung 1-1: Fremd- statt Eigenleistung in der IT durch Outsourcing

Der Fokus in der IT wird sich von Produkten im klassischen Verständnis (Hardware, Standardsoftware) weiter in Richtung anwendungsbereite Services verschieben. Anbieter von Outsourcing-Services werden ihre Dienstleistungen künftig vermehrt in standardisierter Form anbieten, der Cloud Computing Ansatz ist dafür ein Beispiel. Von diesem Schritt erhoffen sie sich, in einem schärfer werdenden Wettbewerb, in dem Billiganbieter aus Offshore-Regionen eine zunehmend bedeutende Rolle spielen, profitabler zu wirtschaften. Länder wie Indien etwa haben gezeigt, dass sie Software wirtschaftlich und qualitativ hochwertig entwickeln können. Für Unternehmen jedenfalls wird der externe Bezug von IT-Dienstleistungen noch mehr an Bedeutung gewinnen.

Irritierend ist jedoch die Wahrnehmung zahlreicher auslagerungswilliger mittelständischer Unternehmen, dass angefragte IT-Dienstleister zunehmend weniger bereit sind, überhaupt ein Angebot zu stellen. Besonders Ausschreibungen aus abgelegenen Regionen werden allzu schnell als unwirtschaftlich eingestuft. Die Anbieter scheuen den hohen Angebotsaufwand, dabei ist gerade bei solchen Unternehmen der Bedarf nach Lösungen oft besonders hoch.

2.2 Unterschiedliche ITO-Reifegrade und Motive

IT ist oft nicht Kerngeschäft, aber ohne IT oft gar kein Geschäft! Vor diesem Hintergrund ist ein IT-Outsourcing/IT-Sourcing zu prüfen, zu beurteilen und zu entscheiden.

Ein IT-Outsourcing ist in aller Regel weder einfach noch schnell zu machen. Es ist über Nacht kein Jungbrunnen für kaum noch wartungsfähige verkrustete IT-Landschaften und keine Option zur „Entsorgung" der IT in den Verantwortungsbereich eines externen Spezialisten.

Organisationen verfügen beim IT-Outsourcing aber über einen zum Teil sehr unterschiedlichen Reifegrad. Aber nicht nur beim Stand ihrer Erfahrungen und Fähigkeiten, auch in der Bereitschaft, ihre IT überhaupt auslagern zu wollen, unterschieden sie sich erheblich. Ebenso können die Motive, die zu einer Auslagerung führen, vom Kostenaspekt einmal abgesehen, stark variieren.

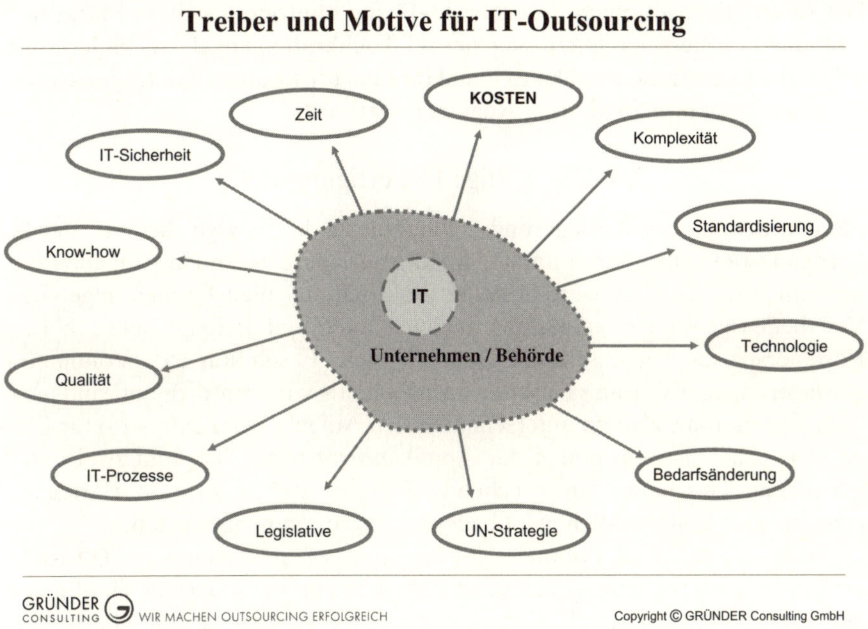

Abbildung 1-2: Typische Motive für ein IT-Outsourcing

Die Externalisierung von IT-Aufgaben – selektiv oder komplette Infrastruktur – bzw. Applikationslandschaften – wird heute in weiten Bereichen der Wirtschaft als eine seriöse Option zum Management der IT angesehen. Eine Selbstverständlichkeit ist es deshalb noch lange nicht. Anfängliche Euphorie weicht nicht selten der Ernüchterung und der Erkenntnis, dass ein erfolgreiches

IT-Outsourcing gut vorbereitet, umgesetzt und über die Vertragslaufzeit auch verantwortlich gemanagt, mithin gut gemacht sein muss.

Im Gegensatz zu den Unternehmen der freien Wirtschaft überwiegt in der öffentlichen Verwaltung nach wie vor die Zurückhaltung. Gerade hier aber sind die Probleme im Bereich der IT besonders groß: Überalterung der Mitarbeiter (häufig im Schnitt 50+), notorisch knappe Kassen, das Fehlen wichtiger Strukturen wie Autonomie der IT-Leitung oder eine Langfristplanung (IT-Strategie), veraltete Systeme, Nachteile im Kampf um junge IT-Talente aufgrund eingeschränkter Entlohnungsmöglichkeiten (öffentliche Besoldung) usw..

Ein durchaus heterogenes Bild bieten auch die im Markt tätigen IT-Provider. In Sachen Professionalität, Kundenorientierung oder der Bereitschaft zur Verantwortungsübernahme bestehen zum Teil erhebliche Unterschiede und das nicht nur im Vergleich zwischen Vertretern der ersten und zweiten Reihe, sondern ganz generell.

Diese Sichtweise auf ITO und der Umgang damit sind nicht unwesentlich. Die Alternativen zu einem externen IT-Bezug reduzieren sich im Markt fortschreitend. Einerseits spitzt sich der IT-Fachkräftemangel zu, andererseits haben die Dienstleister in Deutschland ihre Fachressourcen zuletzt gezielt weiter ausgedünnt bzw. in Shoring-Regionen verlagert.

2.3 Die richtige IT-Fertigungstiefe

Für den Erfolg einer Auslagerungsmaßnahme ist der richtige „Schnitt" der IT-Fertigungstiefe, also der optimale Umfang der auszulagernden Aufgaben sehr wesentlich. IT-Services werden heute praktisch auf allen Ebenen angeboten. Viel bedeutet jedoch keinesfalls zugleich auch viel Erfolg – etwa höhere Kostenersparnis, verbesserte IT-Qualität, mehr Flexibilität etc.. Voluminöse Auslagerungen erweisen sich selten als nachhaltig wirtschaftlich und sind praktisch unsteuerbar. Zudem unterscheiden sich Aufgaben der Infrastruktur-Ebene ganz erheblich von denen der Applikations-Ebene. Das sind zwei unterschiedliche Geschäfte. Entsprechende Services stehen zwar in Beziehung, gehören aber grundsätzlich nicht bedenkenlos zusammengeworfen.

Bestimmend für die optimale IT-Fertigungstiefe ist neben dem ITO-Reifegrad eines Unternehmens auch seine Fähigkeit zur Veränderung. Häufig werden Organisationen durch allzu ambitionierte Auslagerungen überfordert. Erhoffte Vorteile können dann nicht realisiert werden oder werden rasch aufgezehrt.

Ein weiterer Aspekt ist das Verhältnis von Risiko und Komplexität zur IT-Fertigungstiefe. Deren Grad steigt mit zunehmender Reduzierung der internen Fertigungstiefe im Bereich der IT an bzw. sinkt im umgekehrten Falle.

Applikations-Services sind besonders komplex und risikoreich. Gerade in diesen Segmenten herrschte zuletzt jedoch die größte Dynamik. Allerdings sind

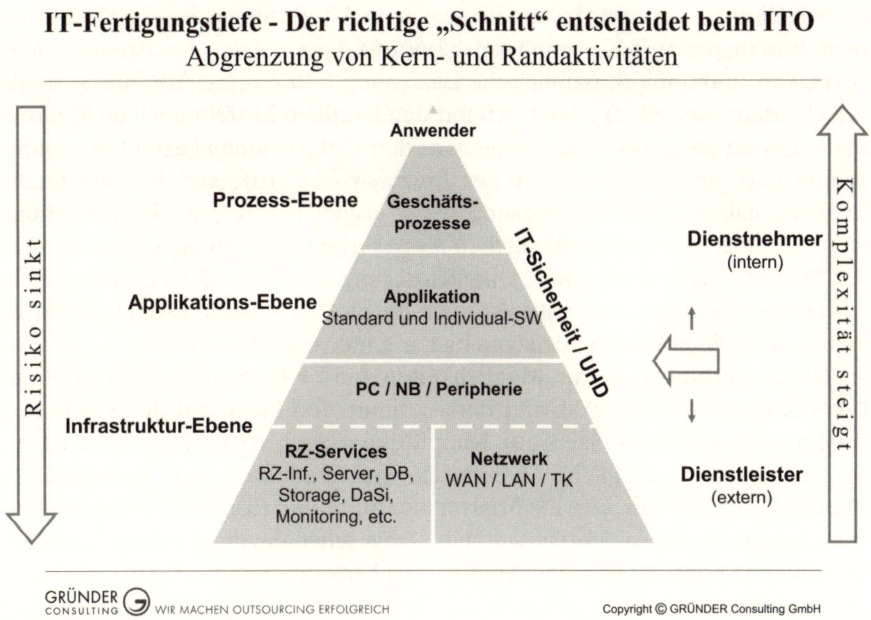

Abbildung 1-3: Fertigungstiefe in der IT

die Märkte für IT-Dienste höchst unterschiedlich. Dem Thema ITO wird vor allem in den USA, UK und Skandinavien eine große Offenheit entgegen gebracht. Eine solche Leichtigkeit ist in Deutschland und in den anderen Teilen Europas nicht gegeben. Der deutsche Mittelstand jedenfalls ist noch immer gut gefahren mit seiner Devise: Keine Experimente und wenn etwas Neues, dann konsequent und mit Nachhaltigkeit.

2.4 Alles „Commodity”?

Wettbewerb und fallende Preise kennzeichnen den Markt für IT-Outsourcing seit Jahren. Gerade Infrastruktur- und Field-Services gelten, weil wenig rentabel, als „Commodities“. Die Anbieter wenden sich bevorzugt margenträchtigeren Diensten wie Application Management Services (AMS) oder Business Process Outsourcing (BPO) zu oder versuchen, stark standardisierte und kostenoptimierte Services in den Markt zu bringen.

IT-Services heute aber weisen nach wie vor einen sehr unterschiedlichen Reife-, Professionalisierungs- und vor allem Kundenorientierungsgrad auf. Was aus Anwenderperspektive kommod erscheinen mag, setzt im Unternehmen noch immer eine leistungsfähige Organisationseinheit als Bindeglied zwischen dem oder den IT-Dienstleistern auf der einen sowie den Anwendern in den Fachabteilungen auf der anderen Seite voraus – nicht nur zur Qualitätssicherung, vor allem auch zum Kostenmanagement.

Mit Cloud Computing soll endlich auch die IT wie Strom aus der Dose kommen. Was im privaten Konsumbereich (mobile Apps auf dem Smartphone) hervorragend funktioniert, nämlich die Beziehung 1 zu n (eine App für tausende verschiedene Anwender), lässt sich mit den heutigen Mitteln noch nicht direkt in die Unternehmenswelt übertragen. In den Unternehmen besteht über Jahrzehnte angesammeltes einzigartiges Prozesswissen. Erfolgreiche individuelle Prozesse haben durch Customizing selbst in gleicher Applikationsumgebung (z.B. SAP) zu ganz unterschiedlichen Applikationsausprägungen geführt. Diesen Wettbewerbsvorteil durch Differenzierung kann Cloud Computing nicht gewähren, abgesehen von anderen noch ungelösten Fragen. Der IT-Markt ist an dieser Stelle nützliche Lösungen bisher schuldig geblieben.

Die Erwartungen an die Möglichkeiten von IT-Outsourcing, an die Leistungsfähigkeit und Pro-Aktivität der Anbieter sind hoch und der Markt verspricht allerorten Lösungen auf Knopfdruck. Noch ist es jedoch erfolgversprechend kaum möglich, IT-Services wie Produkte oder Rohstoffe zu „beschaffen". Wäre dies so, die Missverständnisse und Ernüchterungen im Outsourcing-Markt wären deutlich seltener – abgesehen davon ist erfolgreiches IT-Outsourcing noch längst keine Aufgabe des Einkaufs allein.

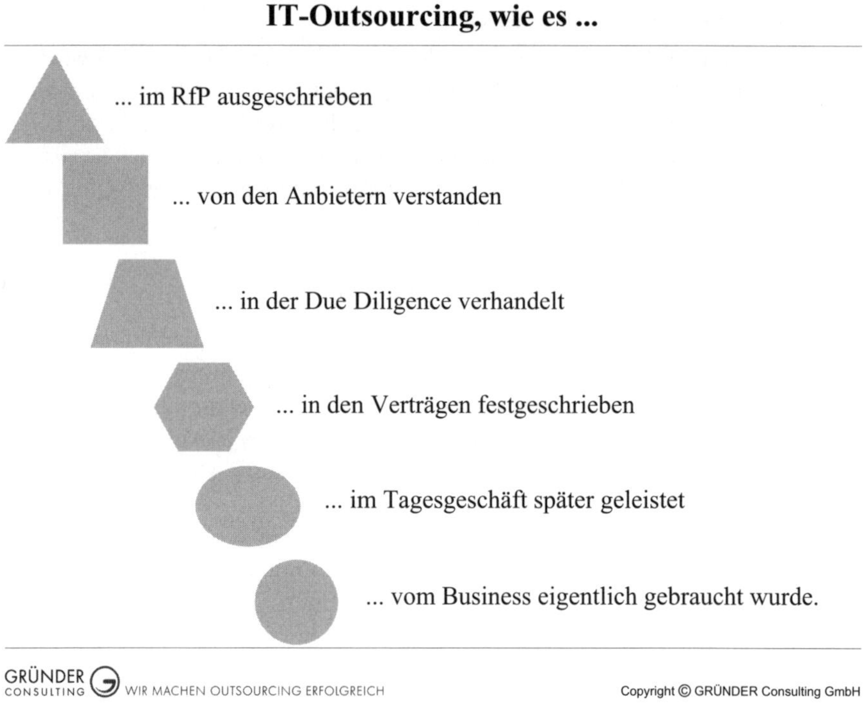

Abbildung 1-4: Typische Missverständnisse beim Outsourcing

Zahlreichen Service-Modellen im Markt fehlt es nach wie vor an Einfachheit, an Transparenz, an Flexibilität, an Orientierung an den Unternehmensbedarfen. Sie sind all zu oft allein an Effekten zur Kostensenkung auf der Seite der Dienstleister ausgerichtet. Das ist nicht grundsätzlich falsch und letztlich auch im Interesse der Dienstnehmer – aber reduzierte Kosten sind nur die eine Hälfte eines möglichen Erfolges. Dieser Erfolg hat wenig Wert, muss er etwa mit Abhängigkeit oder Handlungsunfähigkeit im IT-Bereich „erkauft" werden.

2.5 Sourcing-Management durch die Fachabteilung?

Der Sinn und damit die Existenzberechtigung einer IT-Abteilung im Unternehmen werden im ITO-Markt regelmäßig diskutiert und je nach Lager dann auch in Frage gestellt.

Gewiss, die Märkte, die Handlungsregeln und die Herausforderungen an die Unternehmen ändern sich fortwährend. Mit ihnen muss sich auch die IT als unterstützende Funktion ständig verändern und erneuern. Ein ITO bedeutet einen besonders tiefen Eingriff in die Organisationsstruktur der IT, da es oft mit einem Personalübergang verbunden ist. An dieser Stelle nun aber die Verantwortung für die künftige Entwicklung der IT-Funktionen im Unternehmen in die Hände der Fachabteilungen zu geben, ist mindestens grob fahrlässig. Eine ITO-Beziehung ist an der Unternehmensgrenze zwingend von kompetenten IT-Profis zu managen, die es in den Abteilungen in der Regel eher nicht gibt.

Ebenso fragwürdig sind wiederkehrende Vorschläge, das IT-Budget eines Unternehmens von einem externen Dienstleister oder gar vom aktuellen IT-Provider managen zu lassen. Es würde damit seine allerletzte Möglichkeit zur Einflussnahme auf die Wirtschaftlichkeit und Qualität seiner IT-Funktionen aufgeben und den letzten Schritt in eine völlige Abhängigkeit gehen.

2.6 Neue Kompetenzen erforderlich

Vorteile bringt nur intelligentes IT-Outsourcing. Wer sie erzielen will, muss Outsourcing beherrschen und zwar in allen seinen Facetten. An Erfahrung und am dringend nötigen Handwerk indes fehlt es auf allen Seiten im Markt.

Grundsätzlich wird es mit der fortschreitenden Verbreitung von Outsourcing und vor allem durch Offshoring gerade für hiesige Unternehmen unwichtiger, IT selbst zu betreiben, Datenbanken zu pflegen oder Applikationen entwickeln zu können oder gar zu müssen. Es ist ein Paradigmenwechsel: Der Fokus wandelt sich vom (operationalen) Betreiben hin zum (administrativen) Managen der IT. Das aber erfordert völlig neue Kompetenzen, wollen Unternehmen und Verwaltungen die sich durch Outsourcing bietenden Möglichkeiten auch optimal ausnutzen.

Die Fähigkeit zur Beherrschung bzw. zur Mitgestaltung der sich abzeichnenden modernen IT-Servicekultur wird im globalen Wettbewerb über Marktanteile, Innovationsfähigkeit und Profitabilität und letztlich über gesellschaftlichen Wohlstand mitentscheiden. In den Unternehmen sind hierzu ausgeprägte Auftraggeber-Fertigkeiten nötig: Eine genaue Kenntnis der globalen IT-Märkte, die Erstellung von Ausschreibungen, die Auswahl und Steuerung geeigneter Dienstleister, das Management extern umgesetzter IT-Projekte usw.. Hier besteht erheblicher und dringender Qualifizierungsbedarf: In den Unternehmen, den Verwaltungen, der Politik. Vor allem fehlt es an geeigneten, auf die Vermittlung von praktischem IT-Outsourcing-Wissen zugeschnittenen Bildungsangeboten, um den erfolgreichen Paradigmenwechsel gestalten und bewältigen zu können.[4]

3. Zusammenfassung

Arbeitsteilung ist auch in der IT weiter stark auf dem Vormarsch. Ein IT-Outsourcing kann Unternehmen und Verwaltungen an vielen Stellen gezielt unterstützen. Es kann ihnen zu einer besseren Wirtschaftlichkeit der IT verhelfen, es eröffnet aber vor allem Zugang zu Ressourcen, moderner Infrastruktur, Prozessen und Spezial-Know-how.

Ein Garant oder gar ein Automatismus für geringere Kosten der IT, verlässlich erfüllte Bedarfe oder mehr Flexibilität ist ein IT-Outsourcing jedoch nicht. Unternehmen und Dienstleister müssen sich beide, wie in allen anderen Formen der Zusammenarbeit auch, als Partner begreifen und dementsprechend aktiv einbringen.

Die Verantwortung der Dienstnehmer ist es dabei vor allem, ihre ITO-Beziehung gezielt auszugestalten, ihre(n) Partner vorab sorgfältig zu prüfen und auszuwählen und zur Beziehung die nötigen organisatorischen und personellen Rahmenbedingungen beizutragen. Sie haben den Schlüssel zum Erfolg selbst in der Hand. Ohne Outsourcing-Erfahrung und – Handwerk aber sind sie verloren.

4 Erste Entwicklungen sind absehbar, z.B. an der Universität in Fribourg, an der Hochschule München, am SCS in Singapur.

Wirtschaftlichkeits- und Nutzenbetrachtung beim Outsourcing

EDUARD BUGELNIG

1. Einleitung

Das Thema Outsourcing hat vielfach Einzug in die Praxis erfahren. Es wird in vielen Unternehmensbereichen als ein Mittel zur Kostenreduktion, Reduktion von Fixkosten, Erhöhung der Flexibilität und auch als Maßnahme zur Fokussierung auf die Kernbereiche eines Unternehmens gesehen. Der wirtschaftliche Nutzen für das Unternehmen ist sicherlich eines der Hauptmotive für IT-Outsourcing, deshalb steht dieser auch im Vordergrund, wenn sich Unternehmen mit dem Thema Outsourcing beschäftigen.

Qualitative Nutzenfaktoren werden jedoch mindestens für genauso wichtig erachtet, wenn sich das Management mit Outsourcing-Vorhaben seriös auseinander zu setzen beginnt. Unter den wichtigsten qualitativen Nutzenfaktoren werden meist „Time-to-Market" oder auch Einhaltung von Leistungsstandards wie Reaktionszeit, Reduktion der Bearbeitungszeiten sowie technische Leistungsgrößen wie Performance herangezogen. Diese Faktoren können in der Regel ‚hart' gemessen werden. Dies vor allem deshalb, weil die Messung in der Praxis mit Softwareprodukten erfolgt und Teil des betrieblichen Kennzahlensystems sein kann.

Häufig wird primär die Frage diskutiert: „Welche Wertschöpfungspotenziale ergeben sich durch Outsourcing für ein Unternehmen?" Dabei besteht Einigkeit, dass diese Frage nicht allgemein, sondern eben speziell für ein Unternehmen bzw. ein IT-Outsourcing-Vorhaben zu beantworten ist. Eine IT-Auslagerung ist zunächst immer eine wirtschaftliche Erwägung, so dass nebst allen qualitativen Argumenten die Wirtschaftlichkeitsbetrachtung nach harten „Zahlen" – also im engeren Sinne – die grundlegende Voraussetzung für die Beurteilung eines Vorhabens erfolgt sein muss.

Die gegenwärtige Diskussion kreist oft um die Frage, was aus der künftig zu erwartenden Kosten- und Ertragssicht sowie aus der Sicht des Cash-Flows bzw. der Finanzierungsanforderungen wirtschaftlich von einem IT-Outsourcing-Vorhaben zu erwarten sein wird. Hier werden alle gängigen betriebswirtschaftlichen Modelle wie Kostenvergleichsrechnungen, Investitionsrechnungen, Amortisationsrechnung, Cash-Flow-Rechnung, die Discounted-Cash-Flow-Methode, etc. ausführlich diskutiert und dargestellt. Die Vor- und Nachteile dieser betriebswirtschaftlichen Ansätze sind hinreichend bekannt und sollen daher nicht Ziel dieses Beitrages sein.

All diese Verfahren beruhen auf mehr oder weniger sicheren Annahmen und Modellen, die aber wiederum selbst die Wirtschaftlichkeit und das Wertschöpfungspotenzial des Vorhabens für das Unternehmen beeinflussen. Dies bedeutet, dass, wenn sich die Annahmen und/oder die zugrunde gelegten Modelle (Liefermodelle, Sourcing-Modelle, Risikofaktoren und exogene Größen) ändern, sich auch die Wirtschaftlichkeit des betrachteten Vorhabens ändert.

Postulat: Die Wirtschaftlichkeit von IT-Outsourcing-Vorhaben ist eine Funktion von Umfang, Servicemodell, Erfolg der Transformation und Risiko:

$$W = f(U, S, E, R)$$

Für das Management ist es weniger interessant, welches betriebswirtschaftliche Verfahren für die Wirtschaftlichkeitsbetrachtung herangezogen wird, sondern vielmehr, was die Auswirkungen des Vorhabens auf die Gewinn- und Verlustrechnung bzw. die Bilanz des Unternehmens sein werden. Dies kann in der Praxis durch eine Qualitätsschleife mit dem Controlling bzw. dem Finanz- und Rechnungswesen sichergestellt werden.

Aus der Sicht des Managements ist es aber von entscheidender Bedeutung, ob sich das mit dem Outsourcing-Vorhaben befasste Projektteam mit den für das Unternehmen wichtigen Fragen auseinander gesetzt hat wie etwa:

- **Umfang:** Welche IT-Prozesse werden ausgelagert und warum?
- **Flexibilität:** Wie ist sichergestellt, dass wir mehr oder weniger Geschäftsvolumen mit den IT-Prozessen mit kalkulierbaren Kosten abwickeln können?
- **Skaleneffekte:** Welche Vorteile kann ich durch das Verlagern von IT-Prozessen auf den Serviceerbringer generieren?
- **Konsolidierungseffekte:** Was kann man durch das Zusammenlegen von verteilten IT-Prozessen erwirtschaften?
- **Labor Arbitrage:** Welche Kostenvorteile können auf der Personalkostenseite generiert werden?
- **Währungs- und Inflationsrisiken:** Mit welchen Währungs- und Inflationseffekten müssen wir ggf. rechnen, wenn wir einen langfristigen Vertrag eingehen?
- **Transformation:** Wie wird der erwartete finanzielle Nutzen im Rahmen der Transformation abgesichert?.

2. Die Wirtschaftlichkeit ist eine Funktion von Umfang, Servicemodell, Erfolg der Transformation und Risiko

2.1 Das USER-Konzept

Das USER-Konzept leitet sich aus den Anfangsbuchstaben des Akronyms ab, wobei das „U“ für Umfang, das „S“ für das Service-Modell, das „E“ für den Erfolg der Transformation und das „R“ für die Risiken des Outsourcing-Vorhabens stehen.

Der Auftraggeber muss sich mit diesen vier Säulen intensiv auseinandersetzen, da diese in die Vorgaben für das Outsourcing an den Anbieter einfließen müssen – sei es explizit in Form einer formalen Ausschreibung oder implizit als konzeptionelle Vorgabe. Die Granularität, mit der sich der Auftraggeber mit dem Outsourcing-Vorhaben hinsichtlich Umfang, Service-Modell, Transformation und Risiken auseinandersetzt (oder möglicherweise auch nicht auseinandersetzt), entscheidet letztendlich über die Wirtschaftlichkeit und den Nutzen des Gesamtvorhabens.

Das User - Modell

Umfang	Service Modell	Erfolg der Transformation	Risiken
• Laufzeit	• Produktivität	• Komplexität	• Finanziell
• Prozessumfang (ITSM)	• Flexibilität	• Zeitplan	• Mitarbeiter & Infrastruktur
• Infrastruktur	• Skaleneffekte	• Know-How Transfer	• Vertragliche Risiken
• Applikationen	• Konsolidierungseffekte	• Mitarbeitertransfer	• Inflation & Währungsrisiken
• Mitarbeiter	• Harmonisierung	• Assettransfer	• Due Diligence & Transformation
• Governance & Eco System	• Prozeßbereinigung	• Transformationskonzept	• Transition
	• Automation		• Kultur & Sprache
	• Labor Arbitrage		• Komplexität
	• KPI`s		

Abbildung 2-1: Wirtschaftlichkeitsfaktoren

Dieses Kapitel beschäftigt sich mit den Kernfaktoren, die in ein IT-Outsourcing-Vorhaben einfließen müssen, um die Wertschöpfung für das Unternehmen maximieren zu können. Die in den folgenden Abschnitten besprochenen Wirtschaftlichkeitsfaktoren sind in der obigen Tabelle zusammengefasst.

2.2 Umfang von IT-Outsourcing-Vorhaben

In der Praxis findet man Manager, die IT-Outsourcing fördern, da sie von der Wirtschaftlichkeit und den qualitativen Nutzenfaktoren für ihr Unternehmen überzeugt sind und ihre Organisation entsprechend vorbereitet haben. Daneben gibt es Manager, die diese Vorhaben systematisch und mit großer Subtilität zu verhindern wissen. Die Informationstechnologie eines Unternehmens, insbesondere die Infrastruktur, ist für die meisten Branchen nicht von strategischer Bedeutung. Auch Unternehmen der Telekommunikation, deren Kernkompetenz sicherlich im Bereich des Betriebes ihrer IT-Systeme liegt, bedienen sich schrittweise externer IT-Dienstleister und lassen ihre Systeme im Rahmen von IT-Outsourcing-Verträgen betreiben. Somit werden auch scheinbar strategisch wichtige Funktionen mehr und mehr nach außen verlagert. Die Motive dafür sind sicherlich unterschiedlich und variieren von Unternehmen zu Unternehmen, Manager zu Manager und Technologie zu Technologie – jedoch muss ein jedes IT-Outsourcing-Vorhaben immer wirtschaftlich eindeutig zu rechtfertigen sein. Die klare Abgrenzung und die Festlegung des Umfanges des Projektes sind daher von zentraler Bedeutung für den späteren Erfolg.

Laufzeit

Die Laufzeit eines IT-Outsourcing-Vorhabens ist ein wichtiger Parameter, der ein Vorhaben wirtschaftlich sinnvoll oder unsinnig darstellen lässt. Je kürzer die Laufzeit eines Vorhabens ist, desto schwieriger wird es, wirtschaftliche Vorteile für den Auftraggeber umzusetzen. Die Anlauf- und Transformationskosten, die entweder der Auftraggeber oder der Auftragnehmer trägt, können über die Laufzeit nicht mehr ausgeglichen werden. Als Faustformel gilt, dass auch bei wenig komplexen IT-Outsourcing-Vorhaben, mit einer Laufzeit von weniger als drei Jahren, keine signifikanten Kostenvorteile erzielt werden können. Als signifikanter Kostenvorteil wird eine etwa 15 bis 20 Prozent Kostenreduktion im Sinne des Total-Cost-of-Ownership-Konzeptes angesehen.

Bei der Wahl der Laufzeit geht es aber nicht nur um die Höhe der Anlauf- und Transformationskosten, sondern auch darum, wie Produktivitätseffekte, Skaleneffekte, Konsolidierungseffekte oder auch einfache Automationseffekte die Wirtschaftlichkeit des Vorhabens beeinflussen. Die Praxis hat gelehrt, dass diese Effekte frühestens nach dem ersten Jahr Wirkung zeigen. Bei Vorhaben mit Laufzeiten von über fünf Jahren kann mit einem wesentlich besseren wirtschaftlichen Gesamtergebnis gerechnet werden. Diese Effekte können durchaus Kosteneinsparungen in der Bandbreite von 5 bis 15 Prozent pro Jahr ergeben und dass über mehrere Jahre kumulativ.

Gegen eine längere Laufzeit sprechen vor allem Geschäftsmodelle, die stark schwankenden Konjunkturzyklen über mehrere Jahre unterliegen. Auch das vielfach strapazierte Argument, dass man sich in die langfristige Abhängigkeit eines Lieferanten begibt, muss mit ins Kalkül gezogen werden.

Abgrenzung der Service-Prozesse

Das IT Service Model Forum (ITSMF) hat sich mit der Standardisierung der Service-Prozesse in der IT befasst und die Version 3 ihres IT-Service-Life-Cycle-Management-Modells bereits 2007 veröffentlicht. Jeder kann sich dieser Modelle bedienen und im Rahmen von IT-Outsourcing-Vorhaben als Referenz verwenden, um den Umfang der auszulagernden Prozesse definieren zu können. Aber nicht nur die IT-Prozesse sind hier von Relevanz, sondern auch die Schnittstellen und Werkzeuge, die die IT-Prozesse unterstützen – Tools für die Verarbeitung von Service-Tickets, Change-, Security- oder Asset Management.

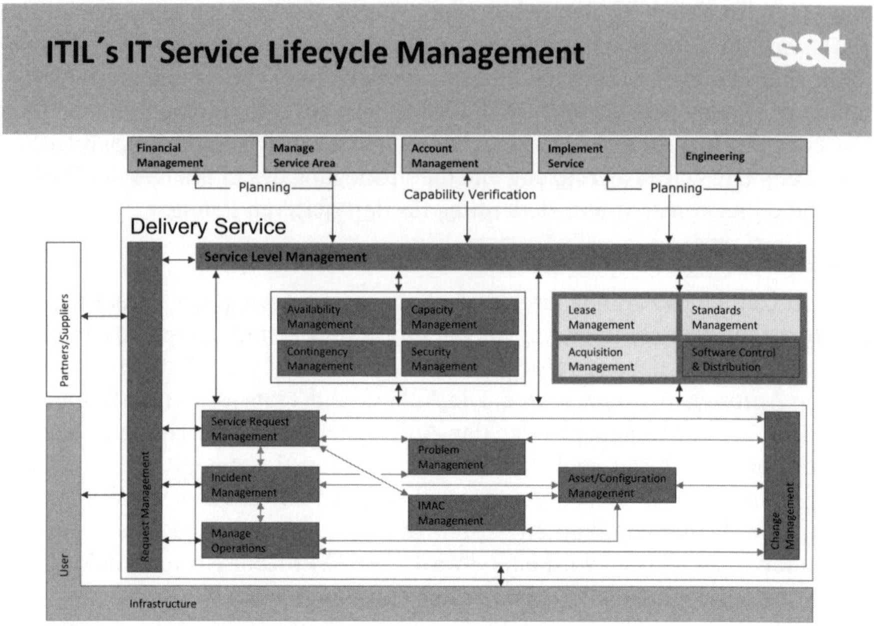

Abbildung 2-2: Service-Modell nach ITIL

Umfang der Technologiekomponenten

In Ergänzung zu den IT-Service-Prozessen ist natürlich auch die Festlegung, welche Technologien und Technologiekomponenten Teil des IT-Outsourcing-Vorhabens werden sollen, von großer Bedeutung. Es sind Entscheidungen zu treffen, ob allein Infrastruktur (HW, Netzwerke) oder/und auch Applikationen mit in den Umfang des Vorhabens fallen, was in der Praxis durchaus unterschiedliche Gewerke sind.

Mitarbeiterübergang

Der Erfolg eines IT-Outsourcings hängt sehr oft mit den Fähigkeiten des Unternehmens zusammen, das Know-how der Mitarbeiter dem zukünftigen Lieferteam zu übertragen. Dies erfolgt nicht nur vor dem Hintergrund des Know-how-Transfers, sondern auch um den gesetzlichen Verpflichtungen, die bei Verlagerungen Platz greifen, Folge zu leisten.

Gehen keine Mitarbeiter auf den zukünftigen Dienstleister über, bleiben vor allem wichtige Kostenfaktoren wie Restrukturierungskosten, Abfindungen, Urlaubsrückstellungen, welche die Wirtschaftlichkeit des konkreten Vorhabens wesentlich beeinflussen, beim Dienstnehmer.

Governance und Eco-System

Für den Auftraggeber als auch den Dienstleister ist zu klären, wie die Steuerung aller im IT-Life-Cycle benötigten Ressourcen in der Zukunft zu erfolgen hat. Als Ressourcen werden heute sämtliche eigenen Mitarbeiter, Mitarbeiter aller Service-Lieferanten, Hersteller von Software und Hardware – egal ob intern oder extern – sowie auch sämtliche technischen Ressourcen verstanden. Hierbei ist zu klären, wie weit die Fertigungstiefe in der IT gehen soll oder wie weit eine horizontale Integration der Lieferanten und Dienstleister gewünscht und vor allem wirtschaftlich sinnvoll ist. In Großunternehmen, beispielsweise in der Automobilindustrie oder der Finanzbranche, können hunderte von Lieferanten und Dienstleisterfirmen, die an der Wertschöpfung der IT direkt beteiligt sind, bestehen. Die Lösung der Frage, wie die IT-Governance und damit das Management des gesamten Eco-Systems in diesem Kontext an die neuen Anforderungen angepasst wird, erfordert Erfahrung und ist von entscheidender wirtschaftlicher Bedeutung.

2.3 Das Service-Modell

Unter Service-Modell versteht man das Zusammenspiel von IT-Service-Prozessen (z.B. ITILs ITSM[1]), von unterstützenden Werkzeugen und deren Schnittstellen (z.B. Remedy, OMNITRACKER oder Solve Direct[2]), welche die Service-Prozesse automatisieren und damit technisch unterstützen, den Personalplan inkl. Mitarbeiterpyramide sowie Rollen- und Verantwortungsmodelle. Selbstverständlich sind auch die Standorte, von denen die Dienstleistungen zu erbringen sind, Teil des Service-Modells. Diese Standorte können:

- **On-Site:** also am Standort des Leistungsempfängers,
- **On-Shore:** in der regionalen Umgebung des Leistungsempfängers,
- **Near-Shore:** in der Regel im nahen Ausland des Leistungsempfängers, oder
- **Off-Shore:** im entfernten Ausland des Leistungsempfängers,

liegen.

Im deutschsprachigen Raum hat sich die Regel verfestigt, dass als Near-Shore-Standorte jene Länder bezeichnet werden, die auch geographisch in Europa oder in den Mittelmeerstaaten von Nordafrika liegen. Als Off-Shore-Länder werden dagegen die Staaten bezeichnet, die in Übersee liegen.

Bei der Gestaltung des Service-Modells können deutliche Kosten- und ggf. auch Nutzenvorteile für ein Unternehmen generiert werden. Die wichtigsten

1 Siehe auch http://www.itsmportal.com.
2 Siehe auch http://www.itsmportal.com/tools.

Faktoren, die durch ein IT-Outsourcing für ein Unternehmen mit Hilfe des IT-Service-Modells erwirtschaftet werden können, sind:

2.3.1 Labor Arbitrage (Personalkostenunterschiede)

Labor-Arbitrage-Effekte können in allen Outsourcing-Szenarien wie On-Site, On-Shore, Near-Shore oder Off-Shore entstehen. Das Ausmaß dieser Effekte ist naturgemäß unterschiedlich. Labor-Arbitrage-Effekte entstehen dann, wenn die Personalkostenstruktur eines IT-Dienstleisters geringer ist, als die Personalkosten des auslagernden Unternehmens. Diese können sich einfach aus Unterschieden in den Lohnkosten oder aus Unterschieden in der Alterspyramide ergeben. Im Offshore-Szenario können überzeugende Arbitrage-Effekte von 1:6 bis 1:10, je nach Wahl der Off-Shore-Lokation angepeilt werden. Jedoch kann ein On-Site-Service-Modell nicht 1 zu 1 auf ein Offshore-Modell übertragen werden, da durch den Dislokationseffekt, etwa Schnittstelleneffekte sowie Sprachprobleme zusätzliche Personalkapazitäten vorgehalten werden müssen, die wiederum den reinen Arbitrage-Effekt entsprechend verwässern.

2.3.2 Produktivität

Zu betrachten ist der Produktivitätsunterschied zwischen On-Site und Off-Shore-Einheiten, der den Labor-Arbitrage-Effekt negativ beeinflusst – von Praktikern werden z.B. Produktivitätszuschläge von 1,2 bis 1,5 vorgeschlagen. Die Erfahrung jedoch hat gezeigt, dass bei der Auslagerung einer IT-Dienstleistung zu Beginn immer Produktivitätsnachteile beim Übernehmen entstehen und deshalb mehr Kapazitäten benötigt werden, um die gleiche IT-Dienstleistung in der gleichen Qualität erbringen zu können. Nach Abschluss der Übernahmen werden die Prozesse beim IT-Dienstleister vereinheitlicht und professionalisiert. Damit wandeln sich die anfänglichen Produktivitätsnachteile schrittweise in Produktivitätsgewinne und somit wirtschaftliche Vorteile für das Unternehmen sowie auch den IT-Dienstleister um. Es muss das Ziel jedes IT-Dienstleisters sein, entsprechende produktivitätssteigernde Maßnahmen umzusetzen und damit wirtschaftliche Vorteile zu erzielen. Im IT-Outsourcing können je nach bestehendem Reifegrad und Typ der übernommen Prozesse jährliche Produktivitätsgewinne von 5 bis 10 Prozent erzielt werden. Würden diese (objektiv erreichten) jährlichen Produktivitätsgewinne auf eine Laufzeit von beispielsweise fünf Jahren umgerechnet, ergeben sich Kostenreduktionen von 30 bis 50 Prozent bei gleichbleibenden Geschäftsvolumen. Dadurch kann auch plakativ gezeigt werden, dass längere Laufzeiten die Wirtschaftlichkeit eines IT-Outsourcings deutlich erhöhen.

2.3.3 Skaleneffekte

Als Skaleneffekt wird in der Produktionstheorie der Betriebswirtschaftslehre und in der Mikroökonomie die Abhängigkeit der Produktionsmenge von der Menge der eingesetzten Produktionsfaktoren definiert.[3] Für Praktiker formuliert bedeutet dies: Skaleneffekte entstehen dadurch, dass durch Schaffung von größeren Produktionseinheiten kostengünstiger produziert werden kann, da die Grenzkosten sinken. Diesem Effekt bedienen sich heute vor allem die sogenannten Indian Pure Players,[4] also die großen indischen IT-Dienstleister, die im letzten Jahrzehnt in Indien hoch professionelle IT-Dienstleistungszentren geschaffen haben.

2.3.4 Konsolidierungseffekte

„Das Wesen der Konsolidierung ist das Zusammenfassen, Zusammenrücken, Verschmelzen von Dingen, die zusammengehören, so dass unerwünschte, nicht passende oder kranke Dinge ausgeschlossen werden und ein klareres und kompakteres Ganzes entsteht, das mehr Einfachheit, Festigkeit und Gesundheit hat."[5] In der Praxis bedeutet dies, dass Konsolidierungseffekte durch Zusammenführung von einzelnen Teilen zu einem homogenen Ganzen entstehen. Durch dieses Zusammenführen von z.B. dezentralen IT-Dienstleistungseinheiten zu einer zentralen Einheit entstehen wiederum Kostenvorteile, die einen positiven Einfluss auf die Gesamtwirtschaftlichkeit haben können. Ähnliche Effekte werden heute auch durch die Virtualisierung von IT-Systemen genutzt, um Kosten im IT-Betrieb zu senken.

2.3.5 Flexibilität

Im IT-Outsourcing spielt auf lange Sicht gesehen die Flexibilität des Service-Modells eine große Rolle. Unter ‚vertikaler Flexibilität' versteht man z.B. wie stark das Service-Modell auf Schwankungen des Geschäftsvolumens (z.B. Anzahl der Anrufe im Help Desk) reagieren kann. In diesem Zusammenhang sind auch die Preisfindung respektive die Kosten je Transaktion von entscheidender Bedeutung. Vielfach sind in der Praxis kommerzielle Vereinbarungen anzutreffen, die bei Über- oder Unterschreitung von definierten Bandbreiten (Bandbreitenmodell als Preismodell) des Geschäftsvolumens eine neue Preisfindung nach sich ziehen. Dies wird in der Praxis meist zum Schutz des Auftraggebers, der sich bei steigendem Volumen eine Preisreduktion je Einheit erwartet (positiver Skaleneffekt), vereinbart. Umgekehrt erwartet sich der Auftragnehmer, dass bei sinkenden Geschäftsvolumen der Preis je Einheit nach

3 Vgl. Wikipedia: „Skaleneffekt".
4 Vgl. Goldman Sachs (2005).
5 Vgl. Wikipedia „Konsolidierung".

oben korrigiert wird, da die Grenzkosten steigen und die Fixkosten ab einem bestimmten Volumen nicht mehr gedeckt sind (negativer Skaleneffekt).

2.3.6 Prozessharmonisierung, -standardisierung und Prozessbereinigung

Prozessharmonisierung bedeutet die Vereinheitlichung von Abläufen im Unternehmen über die unterschiedlichen Standorte und Unternehmenseinheiten hinweg. Vielfach zeigt sich bei der Verlagerung oder beim Outsourcing von IT-Prozessen, dass grundlegende IT-Prozesse in unterschiedlichen Einheiten und/oder Standorten unterschiedlichen Prozessabläufen und -standards folgen. Bei der Verlagerung dieser IT-Prozesse muss es deshalb auch zwingend zu einer Standardisierung und Harmonisierung der zu verlagernden Prozesse kommen, da es wirtschaftlich keinen Sinn macht, unterschiedliche Prozesse auch in der Zukunft – ohne nachvollziehbaren Grund – nebenher bestehen zu lassen. Dabei können auch positive Effekte genutzt werden, die dann den gesamten Prozess „entstauben", vereinfachen und so von unnötigem Ballast befreien. Diese positiven wirtschaftlichen Effekte ergeben sich aus dem Wegfall von nicht mehr benötigten Kontrollaktivitäten oder/und durch den Wegfall von nicht wertschöpfenden Aktivitäten. Es ergibt sich eine „Prozessbegradigung" und Prozessvereinfachung. Mit den bereits erprobten Methoden des Business Process Reengineerings können vielversprechende wirtschaftliche Nutzeneffekte für das Unternehmen erzielt werden.[6]

2.3.7 Prozessautomation

Im Zuge von IT-Outsourcing-Projekten lassen sich wirtschaftliche Vorteile oft gerade durch die Anhebung des Automationsgrades der IT-Prozesse erzielen. Anbieter von IT-Dienstleistungen streben konsequent danach, ihre IT-Prozesse möglichst effizient abzuwickeln. Ein Mittel dazu ist eine weitgehende Automation von IT-Prozessen. Hierzu gibt es eine Vielzahl an Tools, die Effizienzgewinne versprechen, sei es im Management der IT-Prozess wie ITSM-Werkzeuge, in der Entwicklung und Wartung von Anwendungen oder im Betrieb von Rechenzentren, Netzwerken und IT-Infrastruktur. Viele Werkzeuge, die im Bereich der Virtualisierung oder der sogenannten „Converged Infrastructure" zum Einsatz kommen, zielen auf eine Steigerung der Effizienz im Betrieb der IT-Systeme ab.[7] Die Kunst, den „richtigen" Baukasten an Werkzeugen zu nutzen, bleibt nach wie vor die Verantwortung des Managements. Im Zuge von IT-

6 Michael Hammer und James Champy definierten den Begriff des „Business Process Reengineering" als: „Fundamentales Umdenken und radikales Neugestalten von Geschäftsprozessen, um dramatische Verbesserungen bei bedeutenden Kennzahlen, wie Kosten, Qualität, Service und Durchlaufzeit zu erreichen"; vgl. Hammer, M./Champy, J. (1995).

7 Siehe auch http://www.computerwoche.de/hardware/data-center-server/1909984/

Outsourcing können diese Entscheidungen auf den IT-Dienstleister übertragen werden, der wiederum bestrebt sein muss, seinen „Werkzeugkasten" im Sinne seiner Dienstleistungen und im Sinne seiner Kunden stetig zu optimieren.

2.4 Erfolg der Transformation

Die erfolgreiche Abwicklung von Transformationsprojekten beim IT-Outsourcing ist für die spätere Betriebsphase entscheidend und erhält dadurch eine erfolgskritische Bedeutung für das Outsourcing insgesamt. Die Praxis zeigt, dass ein Großteil der Transformationsprojekte mit schwerwiegenden Problemen behaftet ist. Der geplante Zeitrahmen und das veranschlagte Budget werden oft substanziell überzogen. Die Komplexität einer Transition wird technisch als auch organisatorisch regelmäßig unterschätzt. Ebenfalls werden bei der Qualität drastische Abstriche gemacht. Solche Vernachlässigungen können sich negativ auf den operativen Geschäftsverlauf im Unternehmen auswirken.

Ziel der Transformation ist es, das Know-how – oder auch die IT-Infrastruktur – des Unternehmens auf das Team des IT-Dienstleisters zu übertragen. Die Problematik ist oft, dass dieses Know-how (über Prozesse, Werkzeuge, Applikationen, Schnittstellen, IT-Infrastruktur und deren Zusammenhänge) vielfach nicht oder nur schlecht dokumentiert ist und damit nicht einfach wiederverwendbar für Dritte gemacht werden kann. Vor allem in Situationen, in denen keine Mitarbeiter im Zuge des IT-Outsourcings zum Dienstleister übergehen, spielen der Know-how-Transfer und damit das Knowledge Management eine zentrale Rolle im Transformationsprozess.

Deshalb ist die professionelle Planung und Umsetzung einer Transition von entscheidender (vor allem auch wirtschaftlicher) Bedeutung für den nachhaltigen Erfolg des ITO-Vorhabens. Neben den Werkzeugen, die uns heute für die Dokumentation und die Verteilung von Wissen zur Verfügung stehen, leisten in der Praxis die Technologien der virtuellen Zusammenarbeit (Kollaboration Tools) hilfreiche Dienste. Sie sind zum unersetzlichen Werkzeug für die Unterstützung der Transformation von IT-Outsourcing-Vorhaben geworden. Insbesondere bei Vorhaben in denen Near- oder Offshore-Leistungen zum Einsatz gebracht werden, kann – wegen der geographischen Distanz zwischen den Lieferteams – auf Kollaboration Tools nicht verzichtet werden. Sie haben Einfluss auf die Qualität, die Authentizität, die Effizienz und damit die Kosten der Transformationsprozesse.

2.5 Risiko

Jedem Outsourcing-Vorhaben ist gemein, dass Risiken für das Unternehmen entstehen, die zu managen sind. Diese Risiken können Ausmaße annehmen, die sogar die Existenz des Unternehmens bedrohen können, wenn diese nicht sorgfältig einem Risikomanagement unterzogen werden. Hierzu ist Outsourcing-Erfahrung oder die Hinzuziehung nachweislicher Beratungsexpertise geboten. Unter Risiko wird die Gefahr verstanden, dass Ereignisse oder Handlungen ein Unternehmen daran hindern, seine Ziele zu erreichen bzw. seine Strategien erfolgreich umzusetzen.[8]

2.5.1 Ziele von IT-Outsourcing-Vorhaben

Die strategische Zielsetzung von Outsourcing ist vielfach die Konzentration auf das Kerngeschäft. Auch wenn dies in der einschlägigen Literatur schon ausführlich theoretisiert worden ist, erscheint es für eine praxisorientierte Risikodarstellung notwendig, noch einmal einen Überblick über die mit Outsourcing angestrebten Ziele zu geben. Denn die Risiken von Outsourcing beziehen sich auf diejenigen Gefahren, die dazu führen, dass geplante Ziele durch ein IT-Outsourcing nicht erreicht werden können.

2.5.1.1 Kostenreduzierung

Eine Kostenreduktion kann grundsätzlich als Leitmotiv für die Auslagerung von IT-Prozessen betrachtet werden. So wird ein IT-Outsourcing nur dann sinnvoll erscheinen, wenn in einem Wirtschaftlichkeitsvergleich der Fremderstellung von Dienstleistungen der Vorzug vor der Eigenerstellung zu geben ist. Damit stellt eine mögliche Kostenreduktion das zentrale Ziel im Zielsystem von IT-Outsourcing-Projekten dar. Dabei bezieht sich die Kostenreduzierung in erster Linie auf die fixen Gemeinkosten, die durch die Auslagerung von Prozessen variabilisiert bzw. flexibilisiert werden sollen. Um ein IT-Outsourcing-Vorhaben realistisch vorantreiben zu können, müssen Kostenvorteile von mindestens 10, besser 15 bis 20 Prozent realistisch nachgewiesen, nicht nur als Wunsch erwartet werden. Ansonsten werden Unternehmen kaum bereit sein, die Risiken, die mit einer Auslagerung verbunden sind, in Kauf zu nehmen.

2.5.1.2 Liquiditätserhaltung

Um die eigene Liquidität zu erhalten, können Prozesse, die für die Anschaffungs-, Ersatz- oder Erweiterungsinvestitionen erforderlich sind, ebenfalls ausgelagert werden. Die Ablösung von Laptops und Desktops beispielsweise ist eine typische Investitionsentscheidung, bei der Unternehmen über eine gleichzeitige Auslagerung der relevanten IT-Prozesse nachdenken. Neben der Erhaltung der Liquidität kann eine Prozessauslagerung auch sinnvoll sein, um eine effizientere Allokation der knappen Finanzmittel zu erreichen. Die Bindung

8 Vgl. dazu KPMG, Integriertes Risikomanagement, Broschüre, Berlin, 1998. Eine einführende Beschreibung des Risikomanagement-Prozesses findet man in „Ein Risikomanagement für Outsourcing“, Wißkirchen, Dr. F. (2002).

knapper Ressourcen an Prozesse, die keinen entscheidenden Beitrag zur Wertschöpfung leisten und die durch externe Unternehmen wirtschaftlich besser erbracht werden können, wird aufgegeben zugunsten einer Umlenkung dieser Ressourcen auf das Kerngeschäft des Unternehmens.

2.5.1.3 Komplexitätsreduzierung

Vor allem in großen Unternehmen haben sich einzelne Funktionsbereiche zu komplexen Strukturen hinsichtlich Aufbau- und Ablauforganisation entwickelt, die immer weniger in der Lage sind, schnell, flexibel und transparent auf geänderte Marktsituationen zu reagieren. Die Auslagerung von Prozessen reduziert den Komplexitätsgrad dieser Funktionen für das auslagernde Unternehmen. Dieses kann sich im Extremfall nur noch auf die Planung und Kontrolle der Leistungserbringung reduzieren. Das Management kann sich, unter Verzicht auf Routinetätigkeiten, auf seine eigentlichen Führungsaufgaben konzentrieren.

2.5.1.4 Nutzung externen Know-hows

Häufig sind Unternehmen aufgrund ihrer Größe und finanziellen Ausstattung nicht in der Lage, in allen Bereichen die Leistungserstellung unter Einsatz des neuesten Know-hows zu erbringen. Mit der Auslagerung kann externes Know-how von Unternehmen genutzt werden, die hierüber aufgrund ihrer Größe, ihrer Spezialisierung oder der Möglichkeit von Funktionsbündelung verfügen. Ihnen ist es oft auch eher möglich, Investitionen in Innovationen der IT und der Prozesse vorzunehmen, mit denen ein Unternehmen allein überfordert wäre.

2.5.1.5 Verlagerung von Risiken

Als Nutzen einer Auslagerung wird oftmals auch die Verlagerung von Risiken auf ein externes Unternehmen angeführt. Dieses solle mit der Prozessausführung zugleich auch die damit verbundenen Risiken übernehmen, z.B. bei Investitionsentscheidungen. Ob eine Verminderung der Haftungsrisiken für das auslagernde Unternehmen als ein Nutzen angesehen werden kann, ist noch nicht nachgewiesen. Zuerst einmal wird das operationale Risiko in ein Rechtsrisiko (Vertrag) umgewandelt und durch IT-Outsourcing in den meisten Fällen nicht beseitigt, sondern eher nur verlagert – in der Regel aus rechtlichen Gründen nicht einmal das. Und wenn, besteht die Gefahr einer Kumulation von Risiken bei dem Dienstleister.

2.5.1.6 Kundenorientierung

Mit der Auslagerung von IT-Prozessen, insbesondere jenen, welche die Schnittstelle zu den IT-Leistungsempfängern bilden, kann ein Unternehmen bei höherer Leistungsqualität des IT-Dienstleisters seinen Kundenservice erhöhen, der auch noch vertraglich mit dem Dienstleister festgelegt wird. Jedoch empfiehlt es sich hier, sehr genaue Vereinbarungen zu treffen.

2.5.1.7 Gewinnung von Kennzahlen

Kostentransparenz und die Gewinnung aussagefähiger Kosten- und Controlling-Kennzahlen sind eine unverzichtbare, aber vorab auszugestaltende Begleiterscheinung von IT-Outsourcing, die einen hohen Stellenwert in der Nutzenbeurteilung durch die Unternehmen hat. So werden aufgrund der Kostendaten des externen Unternehmens häufig zum ersten Mal quantifizierte Daten der IT-Prozessleistungen zur Verfügung gestellt, die dann erst einen Wirtschaftlichkeitsvergleich möglich machen.

2.5.1.8 Risiken von IT-Outsourcing-Vorhaben

Um Risiken im IT-Outsourcing managen zu können, muss vorab eine Feststellung der konkreten Risiken erfolgt sein, die für jedes IT-Outsourcing-Vorhaben unterschiedlich sein können. Ziel dabei ist es, die Risiken zu erfassen, die wirtschaftliche oder qualitative Auswirkungen auf die angestrebten Ziele haben können. Deshalb ist es notwendig, eine möglichst vollständige Risikoanalyse durchzuführen.

In der Praxis haben sich unterschiedliche Methoden und Verfahren für die Risikobewertung durchgesetzt. Hier sei nur ein mögliches Beispiel herangezogen, um die Wechselwirkungen zwischen Wirtschaftlichkeit und Risikosituation

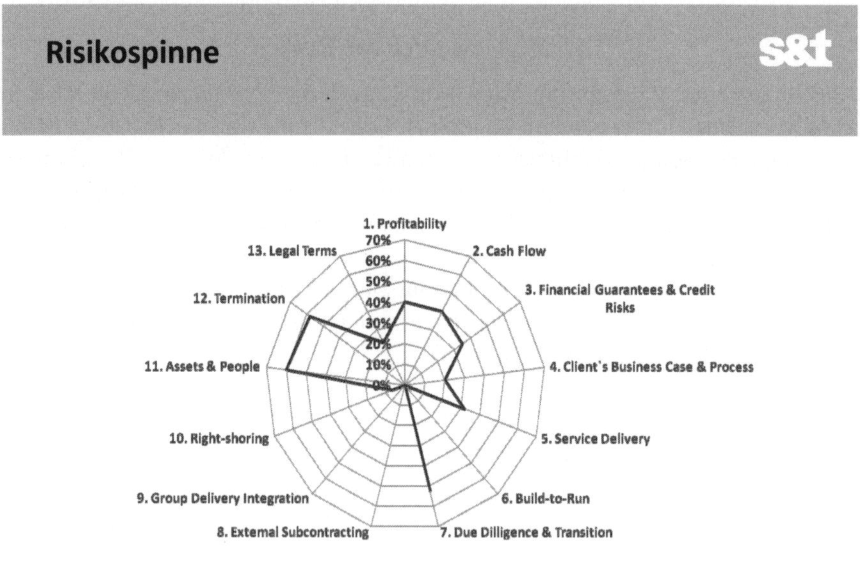

Abbildung 2-3: Risikospinne – Risikonetz nach Intensität der Auswirkung

anschaulich demonstrieren zu können. In Abbildung 2-3 ist das Ergebnis einer Risikobewertung eines realen IT-Outsourcing-Vorhabens dargestellt. Das Ergebnis ist in diesem Fall in zwei Aussagen gegliedert. Das erste Ergebnis zeigt eine Netzgrafik, die das Risiko-Scoring-Netz hinsichtlich Intensität der Risikoauswirkungen darstellt.

In diesem Beispiel ist klar erkennbar, dass die Risikofaktoren „Termination", „Assets & People" sowie „Due Diligence & Transition" mit relativ hohem Risikopotenzial eingeschätzt wurden, wobei die Themen „Delivery Integration und „External Subcontracting" sowie „Legal Terms" als relativ moderat eingeschätzt wurden.

Abbildung 2-4, die die Risikoeinschätzung in den 13 Risikogruppen hinsichtlich Risikoakzeptanz aus der Sicht des IT-Dienstleisters einschätzt, zeigt deutlich, dass in dem Beispiel das Akzeptanzniveau einzelner Risikogruppen bereits massiv strapaziert wurde.

Dies wird vor allem durch die Einstufung einzelner Risikofaktoren im Bereich von „Not acceptable" als auch durch die Identifikation von 11 „No-Go"-Risiken deutlich. Dieses und ähnliche Verfahren helfen den IT-Dienstleistern, die Gesamtsituation mit Hilfe eines strukturierten Risikokatalogs und eines Scoring-Verfahrens qualitativ besser einzuschätzen.

Der diesem Beispiel zu Grunde gelegte Risikokatalog besteht aus ca. 130 Einzelrisiken, die mit Hilfe eines Scoring-Verfahrens auf 13 Risikogruppen aggregiert werden. Daraus ergibt sich dann eine umfassende Risikoanalyse für das IT-Outsourcing-Vorhaben. Dieser Risikokatalog enthält nicht nur die einzelnen Risiken, sondern auch entsprechende Gegenmaßnahmen, die vor Endverhandlung des Vorhabens mit dem Auftraggeber zu verhandeln sein werden.

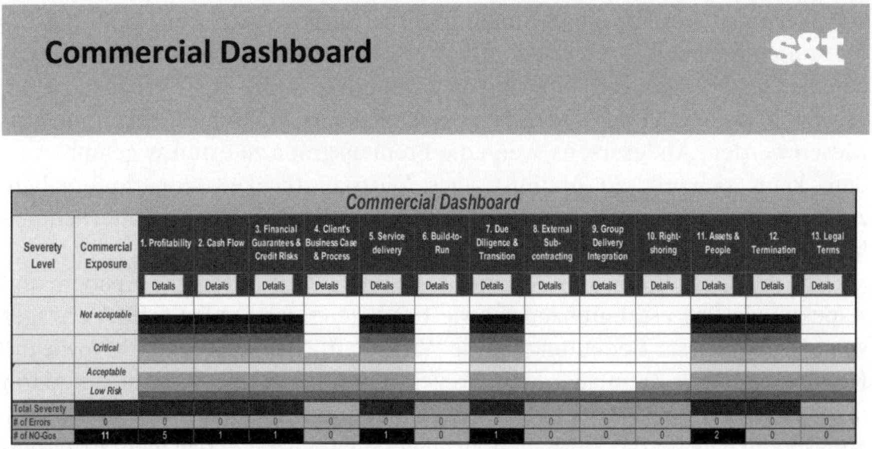

Abbildung 2-4: Commercial Dashboard

Können diese Risiken nicht im Zuge der Verhandlungen über das IT-Outsourcing-Vorhaben „gemildert" werden, droht dem Projekt ein negativer Bescheid.

Neben den Kostensenkungspotenzialen für Unternehmen, die Hebung des Servicegrades für die Anwender, die Steigerung der Flexibilität bei Schwankungen des Geschäftsvolumens und der Reduktion der Fixkostenanteile im Unternehmen bestehen noch erhebliche Risikopotenziale, die den Nutzenvorteilen gegenüberstehen und vom Management sorgfältig abzuwägen sind. Es gibt keine IT-Outsourcing-Vorhaben, die risikolos abgewickelt werden können, daher ist der Risikobeurteilung und dem Risikomanagement bei der Umsetzung des Vorhabens besonderes Augenmerk einzuräumen.

Für die Risikobeurteilung im Unternehmen gilt analog zur Berechnung möglicher Kostensenkungspotenziale und Wertschöpfungsfaktoren, dass das Ausmaß des Risikos von den Modellannahmen abhängt und nicht vom Risikoverfahren selbst.

3. Fazit

In diesem Beitrag wurde nicht versucht, ein neues betriebswirtschaftliches Modell für die Berechnung der Wirtschaftlichkeit einzuführen, sondern auf die Gestaltungsspielräume von IT-Outsourcing-Vorhaben zu verweisen, die ihrerseits die Wirtschaftlichkeit direkt beeinflussen. Praktiker, die bereits Erfahrungen mit IT-Outsourcing gesammelt haben, sind es gewohnt, die Discounted-Cash-Flow-Methode einzusetzen. Die Komplexität der Kosten- und Nutzen von IT-Outsourcing-Vorhaben wird in der Praxis auch auf der Grundlage einer Total-Cost-of-Ownership-Betrachtung beurteilt.

Diese Verfahren erfordern eine eindeutige Festlegung der Annahmen hinsichtlich Leistungsumfang, Servicemodell, Transformationskonzept und Risikobewertung. Werden diese Annahmen zu restriktiv getroffen, kann ein IT-Outsourcing schnell als unwirtschaftlich erscheinen, oder, werden im Allgemeinen die Gestaltungsspielräume und die Freiheitsgrade für das Vorhaben zu eng gesetzt, kann unter Umständen keine ausreichende Wirtschaftlichkeit nachgewiesen werden. Andererseits, wenn die Freiheitsgrade zu extensiv genutzt werden, kann sich ein zu optimistisches Wirtschaftlichkeitsszenario ergeben, zugleich aber steigen die typischen Outsourcing-Risiken für das Unternehmen und stellen wiederum das Vorhaben selbst in Frage.

Bei der Gestaltung und Abgrenzung von IT-Outsourcing-Vorhaben sind Aspekte wie Prozessabgrenzung sowie Festlegung der Laufzeit des Vertrages von entscheidender Bedeutung für die Wirtschaftlichkeit. Die Anzahl sowie die Komplexität der auszulagernden Prozesse definieren die Anzahl der darin involvierten Mitarbeiter und definieren dadurch die möglichen Kostensenkungspotenziale für das Vorhaben. Je länger die Laufzeit und je mehr Mitarbeiter involviert sind, desto höher die möglichen Einsparungen.

Die größten Kostensenkungspotenziale liegen unbestritten im Bereich der Personalkosten und hier insbesondere durch Effekte wie Labor Arbitrage (Near- und Offshoring), in der Steigerung der Produktivität (Prozess-Automation) und in Skaleneffekten. Daneben spielen Qualitäts- und Flexibilitätsgewinne in den Wirtschaftlichkeitsbetrachtungen von auslagernden Unternehmen eine große Rolle.

Identifizierte Einsparungen können jedoch nur realisiert werden, wenn die Transformation, also der Übergang von Alt auf Neu, in der geplanten Zeit und im geplanten Budget umgesetzt werden kann.

Zusammenfassend kann festgestellt werden, dass die Wirtschaftlichkeit und das unternehmerische Risiko stets nur für ein bestimmtes IT-Outsourcing-Vorhaben ermittelt werden können. Beide Aspekte stehen im direkten Zusammenhang mit der Wahl des Umfangs und der Laufzeit, dem Service-Modell, dem Transformationskonzept und den sich daraus ableitenden wirtschaftlichen und rechtlichen Risikofaktoren. Der Anwender = USER = Unternehmer steuert somit direkt die Wirtschaftlichkeit des IT-Outsourcing-Vorhabens. Zu viele Einschränkungen in den Dimensionen Umfang, Service Modell und Transformationskonzept beschränken die Wirtschaftlichkeit des Vorhabens und verhindern damit mögliche Kostensenkungspotenziale für das Unternehmen. Eine zu hohe Komplexität des Vorhabens erhöht exponentiell das ITO-Risiko für ein Unternehmen und könnte für diese auch existenzbedrohend werden.

Mehr Erfolg: 15 Grundregeln für ein IT-Outsourcing

TORSTEN GRÜNDER

1. Was ist Outsourcing-Erfolg?

Wenn Unternehmen ihre IT auslagern, erwarten sie sich davon wie selbstverständlich einen Erfolg. Zugleich jedoch vernachlässigen sie oft elementare Grundregeln zur Erfolgssicherung. Oft fehlt es ihnen am intuitiven Risikobewusstsein. Wann aber ist ein Outsourcing erfolgreich? Was macht den Erfolg aus? Wie ist dieser – so er eingetreten ist – nachweisbar?

Erfolgreiches Outsourcing ist sicher kein Selbstläufer, sondern – entgegen aller Vereinfachungs- und Verharmlosungsfloskeln im Markt – Resultat einer zielführenden Ausgestaltung. Am Anfang stehen stets ein (Auslagerungs-)Projekt, die Ausschreibung und Ausgestaltung der Prozesse und Vertragsdokumente. Hier werden die Weichen für den späteren Erfolg gestellt und dabei wird noch immer viel falsch gemacht. Unternehmen und Verwaltungen auf der einen, IT-Dienstleister auf der anderen Seite haben das in den vergangen Jahren (zum Teil schmerzlich) erfahren. Zunehmend mussten sie erkennen, dass erfolgreiches Outsourcing mehr erfordert, als ein Vertragswerk, Ressourcen und die Absicht, über eine bestimmte Vertragsdauer miteinander arbeiten zu wollen.

Worauf aber kommt es bei einem IT-Outsourcing tatsächlich an, worauf ist zu achten b e v o r über Jahre ein Vertrag geschlossen wird? Schon in den Verhandlungsrunden (und später im IT-Tagesgeschäft) offenbaren sich die regelmäßig sehr unterschiedlichen Erwartungen der Dienstnehmer und Dienstleister. Ansprüche an Wirtschaftlichkeit, Flexibilität, Innovationskraft und Steuerbarkeit auf der einen korrelieren nicht zwangsläufig mit Vorstellungen über eine hohe Base Line, dem Ausreizen von Offshore-Optionen oder schwachen Governance-Strukturen auf der anderen Seite.

Frühes Kennzeichen weniger erfolgreicher Outsourcing-Beziehungen ist eine starke dominante Bestimmung der Vertragsverhandlungen durch das jeweilige Hauptmotiv der beiden Parteien – hier der Wunsch nach signifikanter Senkung der IT-Kosten, dort der Gewinn der Ausschreibung und damit eines neuen Kunden. Je weniger die Parteien aber grundlegende Aspekte der Partnerschaftsgestaltung vorab berücksichtigen, desto größer ist die Gefahr eines (schleichenden) Outsourcing-Misserfolgs mit seinen typischen Merkmalen: Die Kosten, Zeitverzögerungen und Meinungsverschiedenheiten nehmen zu, während die Zufriedenheit, das Vertrauen und die Motivation der Beteiligten sinken.

2. Die „15 Grundregeln für ein IT-Outsourcing“

Um klassische Fehler zu vermeiden und Risiken zu minimieren, sind bestimmte Regeln vor allem in der Ausschreibungsphase zu beachten. Dies gilt für Unternehmen und Verwaltungen umso mehr, die zum ersten Mal ein IT-Outsourcing umsetzen.

Die Befolgung der nachstehenden 15 Grundregeln für ein IT-Outsourcing trägt maßgeblich zu einem nachhaltig erfolgreichen IT-Outsourcing bei.

2.1 Outsourcing ausgestalten

Outsourcing-Erwartungen erfüllen sich nicht von selbst. Hauptvoraussetzung für ein dauerhaft erfolgreiches Outsourcing ist regelmäßig die professionelle Ausgestaltung der angestrebten Partnerschaft.

Blindes Vertrauen in die Möglichkeiten des Outsourcing-Marktes oder in die Leistungsfähigkeit eines Dienstleisters haben noch selten genützt. Vorgelegte Standardverträge genügen oft nicht den Anforderungen eines Unternehmens, angebotene Services oft nicht der Individualität seiner IT-Bedarfe, der Dynamik seines Geschäftes und der Märkte, in denen es agiert. Soll eine Outsourcing-Beziehung langjährig durch Erfolg geprägt sein, sind die notwendigen Grundlagen zu schaffen, d.h. vor allem die Bedingungen der Zusammenarbeit sind auszuverhandeln, angestrebte Ziele detailliert festzuschreiben, Pflichten konkret zu regeln und Verantwortlichkeiten klar zuzuweisen.

2.2 Transparenz sichern

Transparenz ist der entscheidende Faktor für nachhaltig erfolgreiches Outsourcing. Die stete Verfügbarkeit aussagefähiger Informationen und die Fähigkeit deren Beurteilung sind für einen Auftraggeber essenziell. Ein Outsourcing ist immer ein verlustreicher Prozess. Für das auslagernde Unternehmen bedeutet es u.a. einen Verlust an Informationen, Erfahrungswissen sowie Gestaltungs- und Zugriffsrechten im Bereich der IT. Während der Vertragslaufzeit verstärkt sich Intransparenz erfahrungsgemäß.

In einer ITO-Beziehung führen fehlende Informationen zu Wissenslücken, in der Folge zu schleichender Beurteilungs- und schließlich zum Verlust der Entscheidungsfähigkeit im Bereich der externalisierten IT. Nicht nur strategische, auch u.a. Aspekte des IT-Tagesgeschäfts, der Dienstleistersteuerung, der Planung und Umsetzung von Projekten, der erweiterten/reduzierten Dienstleisterbeauftragung, der Verhandlung von IT-Themen mit Dritten (etwa Lizenzverträge) einer neuerlichen Ausschreibung sind davon maßgeblich betroffen.

Die Vereinbarung von transparenzsichernden Instrumenten und Prozessen ist Teil professioneller Vertragsverhandlungen. Hierzu gehören u.a. Leistungsscheine und SLAs mit tatsächlichem Regelungscharakter, leistungsfähige Modelle zum Leistungsanreiz, aussagefähige Berichtspflichten, ein verursachungsgerechtes Preismodell und effiziente Governance-Strukturen. Ein mögliches Übermaß an Information kann jederzeit schnell und einfach korrigiert werden. Fehlende Transparenz hingegen führt zu Abhängigkeit und Kontrollverlust und nicht wenige mittlere und größere Outsourcing-Beziehungen endeten wirtschaftlich in einem Desaster.

2.3 Methodisch vorgehen

Erfolgreiche Auslagerungen beruhen auf einer zielführenden Vorgehensweise. Die Bewältigung der Outsourcing-typischen Komplexität erfordert eine praxiserprobte Projektmanagementmethode, etwa das „Outsourcing Managementmodell in der IT" (OMIT). Für ein Infrastruktur-Outsourcing gilt das ebenso wie für eine noch herausfordernde Auslagerung von Applikationsaufgaben (Application Management Services).

Bewährte Methodik im Zusammenspiel mit der nötigen Erfahrung ermöglichen ein professionelles Vorgehen mit Übersicht in jeder einzelnen Projektphase (Dienstleisteransprache und -auswahl, Angebotsbewertung, Due Diligence, etc.) und ermöglichen dem Unternehmen eine sachlich fundierte Auslagerungsentscheidung. Alle für ein erfolgreiches Outsourcing wichtigen Facetten werden berücksichtigt, Fehler vermieden und sich bietende Vorteile ausgeschöpft. Methodisches Vorgehen führt zu Wirtschaftlichkeit, Transparenz und Steuerbarkeit und sichert die mit einem IT-Outsourcing angestrebten Ziele.

2.4 IT-Anforderungen kennen

Die umfassende Kenntnis der eigenen IT-Bedarfe ist eine wichtige Voraussetzung für erfolgreiches Outsourcing. Sind diese nicht bekannt, sind sie im Unternehmen vorab zu erarbeiten.

Nur wer seine individuellen IT-Bedarfe genau kennt, kann diese – etwa in den Ausschreibungsunterlagen (RfP) – auch klar formulieren sowie danach in den Verhandlungsrunden und Vertragsdokumenten entschlossen durchsetzen. Wer in den Verhandlungen nicht weiß, was er will, bekommt später im Tagesgeschäft nicht geleistet, was er braucht!

Sind die eigenen Bedarfe indes nicht oder nur lückenhaft bekannt, werden häufig die IT-Kosten (statt der zu vereinbarenden IT-Services und Leistungsprozesse) umso vehementer in den Verhandlungsvordergrund gestellt. Argumente zur gezielten Leistungsverwässerung („das ist nicht markttypisch") kommen auf. Solchen nicht am IT-Bedarf orientierten Verhandlungen fehlt regelmäßig die nötige Kalkulationsgrundlage, nämlich die möglichst genau beschriebenen IT-Leistungen. Das ist ein Kardinalfehler. Wiederkehrende Auseinandersetzungen über Leistungsinhalte und Leistungspflichtgrenzen, vor allem aber schleichende Mehrkosten, unerwünschte Über- bzw. Unterversorgungsszenarien sowie Controlling-Defizite in der Outsourcing-Beziehung sind typische Folgen. Nicht selten stehen sich dann spätestens am Vertragsende unzufriedene Vertragspartner gegenüber.

2.5 Zeit nehmen

Ein hektisch und unter Zeitdruck umgesetztes Outsourcing verfehlt seine angestrebten Ziele fast immer. Kurzfristig errungene Vorteile (Quick Wins) sind auch nur von kurzer Dauer und erweisen sich mittel- bis langfristig gegebenenfalls sogar als ungünstig.

Ein Outsourcing im „Schnellverfahren" erfolgt in aller Regel oberflächlich. Wichtige erfolgssichernde Instrumente und Prozesse fehlen, was oft schon in der Transition zu ernsten Problemen führen kann. Die Praxis zeigt fortwährend, dass sich Oberflächlichkeit und Zeitdruck in der Ausschreibungsphase während der Vertragslaufzeit nicht auszahlen. Ein mit ausreichend Zeit umgesetztes Outsourcing reduziert oder eliminiert kritische Risiken und erspart ungeplante Aufwände später, die beträchtliche Umfänge annehmen können.

Ausgelagerte IT-Aufgaben führen im Bereich der IT zu langjährigen sensiblen Wechselwirkungen zwischen Unternehmen und Dienstleister. Eine solche unternehmerische Entscheidung ist sachlich zu fundieren und deshalb professionell vorzubereiten. Das aber erfordert genügend Zeit. Selbst wenn die IT-Organisation per Rechtsgeschäft veräußert wurde, bleiben die Geschäftsprozesse des abgebenden Unternehmens bis zum letzten Tag der Vertragslaufzeit von den nun extern zu erbringenden IT-Services direkt abhängig.

2.6 Partnerschaftsprozesse festschreiben

Outsourcing ist aktives Beziehungsmanagement. Es ist also um so erfolgreicher, je genauer die Parteien ihre konkreten Aufgaben und Pflichten kennen, Kommunikationsschnittstellen definiert und eingerichtet sind und Betroffene in jeder Situation wissen, was sie machen können (Anwender) bzw. müssen (Dienstleister) usw..

Beziehungsmanagement erfordert klare Regeln und verbindliche Prozesse, die für ein Outsourcing vor allem in den Leistungsscheinen festzuschreiben sind. Zu regeln sind insbesondere die häufig wiederkehrenden Prozesse der Zusammenarbeit im Tagesgeschäft, beispielsweise Support-Kommunikation, Change Management (hierbei oft verschiedene Modi), Governance-Strukturen und -Kompetenzen, Berichtspflichten, Abruf von Ressourcen, Projekt- und Eskalationsmanagement.

Die Praxis zeigt immer wieder, dass an dieser Stelle ein Zitieren von ITIL-Prozessen untauglich ist: ITIL fokussiert auf Abläufe der Dienstleister zur Service-Erbringung, statt für eine geordnete und transparente Zusammenarbeit zwischen Dienstnehmer und Dienstleister im Alltag zu sorgen.

Fehler in der Prozessausgestaltung ziehen sich durch alle Vertragsjahre hindurch. Sie verursachen erhebliche Irritationen, behindern das Business und sorgen für signifikante Mehraufwände auf beiden Seiten.

2.7 Klarheit (ver)schaffen

Vor einem IT-Outsourcing muss klar sein, was die einzelnen Partner voneinander erwarten und was auf sie zu kommt. Das rhetorische Repertoire im Outsourcing-Markt jedoch ist vielfältig und vorzugsweise unverständlich. Es dominieren schwammige Begriffe, englische Termini, nebulöses Beraterlatein ohne echten Regelungscharakter, beispielsweise „Best Practice“, „Best Sourcing“, “Value Sourcing”, „Right Shoring“, etc.. Was aber nicht tatsächlich verstanden ist, sollte auch nicht unterschrieben werden. Im Falle von Unklarheiten, etwa in Angebotstexten oder Vertragsentwürfen, ist durch direkte Rückfragen stets unmittelbar Verständnis und Klarheit zu schaffen. Nicht selten offenbaren hinterfragte Formulierungen inhaltlich kaum Substanzielles.

Unbestimmte Begriffe und leere Worthülsen sind besonders riskant für langjährig angelegte Partnerschaften wie ein IT-Outsourcing. Sie suggerieren Professionalität und Leistungsstärke. Auf der Seite der Unternehmen tragen sie immer wieder zu übersteigerten Erwartungen bei. Kommt es später zu einer Meinungsverschiedenheit, etwa ob eine bestimmte Leistungspflicht überhaupt besteht oder eine unstreitige Leistungsverpflichtung auch tatsächlich erfüllt wurde, verursachen nicht bestimmbare Formulierungen regelmäßig kaum auflösbare Interpretationskonflikte. Zu einem wachsenden Vertrauen jedenfalls tragen sie nicht bei. Es gehört zu den erfolgskritischen Aufgaben, vor Vertragsabschluß für Klarheit über alle wesentlichen Leistungen und Pflichten in einem Outsourcing zu sorgen.

2.8 Dual verhandeln

Das Wirken von Marktkräften ist auch beim Outsourcing ein zentrales Moment.

Eine verfrühte Festlegung auf nur einen IT-Anbieter (nicht selten auch durch eine unglückliche NDA-Konstellation) ist für ein Unternehmen besonders problematisch. Fortan fehlt es ihm an den Vergleichsmöglichkeiten, die ein (in der Regel sehr aufschlussreicher) Verhandlungsfortgang mit einem zweiten oder sogar dritten Anbieter eröffnet. Einseitig geführte Vertragsverhandlungen (singuläre Due Diligence) führen selten zur Vereinbarung wirtschaftlicher Kostenstrukturen, kreativer Prozesse und ausgewogener Vertragsdokumente. Die Entscheidung für den richtigen Dienstleister ist ausnehmend kritisch, zumal im Markt hinsichtlich Kompetenz, Kundenorientierung, Flexibilität und Professionalität die Anbieter eine große Bandbreite aufweisen.

Eine Due Diligence mit lediglich einem Anbieter (ebenso wie Exklusivverhandlungen von Anfang an) wird vor allem von Konzernen sowie von Unternehmen aus der Finanzbranche noch immer als ein Mittel zur Beschleunigung oder vermeintlichen Professionalisierung eines Outsourcings bevorzugt. Ein solches Vorgehen mündet jedoch oft in Wirtschaftlichkeits- und Qualitätsrisiken, u.a. Verzögerungen in der Transition, unklaren Zuständigkeiten, Lücken in den Leistungspflichten, Intransparenz, Organisations- und Zuständigkeitsdefiziten, Kompetenzmängeln.

Zu problematischen Verhandlungsergebnissen können auch offene Anbieterrunden führen, bei denen an einem Tisch mit verschiedenen Dienstleistern gleichzeitig verhandelt wird.

2.9 Nichts verschieben

Ein typischer Einstiegsfehler ist die Darüber-reden-wir-später-nochmal-Problematik. Vor allem für besonders streitige oder schwierig zu lösende Aspekte (etwa Preismodell, Pönalen, Controlling-Strukturen, Verantwortungsabgrenzungen, Mitwirkungen) besteht immer wieder die Neigung, diese in den Verhandlungsrunden zwar anzusprechen, jedoch nicht konsequent auszuverhandeln und auch nicht vertraglich zu fixieren. Aus Zeitgründen werden solche Fragestellungen häufig in die Transition verlegt – gern auch mit einem entsprechenden Hinweis in den Vertragsdokumenten. Andere (kritische) Themen werden gleich bewusst ausgespart oder aus Unkenntnis erst gar nicht in Erwägung gezogen.

Die Praxis lehrt: Ist ein Vertrag erst unterzeichnet, sind Regelungslücken regelmäßig unheilbar. Das gilt selbst bei einer schriftlich vereinbarten Pflicht zur Nachverhandlung. Die Verhandlungsteams treffen nicht wieder aufeinander, die Änderungsmotivation sinkt rapide, Termineinladungen kommen nicht zustande. Da es sich bei der Darüber-reden-wir-später-nochmal-Problematik nicht selten um zentrale Fragestellungen der ITO-Beziehung handelt, sind die Auswirkungen auf das Tages- und Projektgeschäft auch besonders einschneidend.

2.10 Oversourcing vermeiden

Der richtige „Leistungsschnitt" spielt beim IT-Outsourcing eine wesentliche Rolle. Was und wie viel auslagern? Darüber ist im Einzelfall und unter Abwägung vieler Einflussfaktoren im Unternehmen verantwortlich zu entscheiden.

Die häufige Neigung, IT-Aufgaben möglichst umfänglich (mit hoher bzw. sehr hoher IT-Fertigungstiefe) an nur einen IT-Dienstleister (Full Single Sourcing) zu beauftragen, verursacht Klumpenrisiken. Dies ist vor allem dann der Fall, wenn die Beauftragung mit größeren, in der Zukunft als möglich erachteten Projektvolumina in einem Mindestauftragsvolumen (Base Line) gekoppelt ist. Nicht nur in Zeiten wie der jüngsten Weltwirtschaftskrise erweist sich eine solche Vereinbarung schnell als Belastung, denn selbst wenn IT-Projekte eingestellt oder verschoben würden, die IT-Kosten reduzieren sich nicht entsprechend. Es wurde mehr ausgelagert als nötig und richtig gewesen wäre – nominales Oversourcing.

Eine zweite Variante eines Oversourcings ist der weitgehende oder völlige Verlust der Steuerbarkeit der ITO-Beziehung bzw. der Verlust der strategischen und/oder inhaltlichen Bindung zur IT im Unternehmen – kognitives Oversourcing. Dies ist regelmäßig dann zu beobachten, wenn beispielsweise die komplette IT-Mannschaft durch Personalübergang (§ 613a BGB) zum Dienstleister übergegangen ist. Fortan fehlt IT-Know-how im Unternehmen an entscheidender Stelle, u. a. zur kompetenten Beratung der Anwender, zur Planung und Umsetzung neuer IT-Projekte sowie zum Management des Dienstleisters.

2.11 Effizientes Outsourcing-Management

Verschiedene Bausteine entscheiden über die Effizienz des Outsourcing-Controllings und damit über den Erfolg der gesamten Auslagerung. Die Vereinbarung und Implementierung passender Berichtsinstrumente sowie Kommunikationsregeln sind dabei ebenso wichtig, wie etwa die Schaffung der nötigen organisatorischen Strukturen durch die beteiligten Parteien. Im Ergebnis muss jederzeit zumindest Klarheit darüber bestehen, ob die erbrachten Services vereinbarungsgemäß sind und dabei in einem ausgewogenen Verhältnis zur Vergütung stehen.

Leistungsfähige Instrumente zur Anreizorientierung sind eine weitere Anforderung für ein effizientes Outsourcing-Management. Ziel dabei kann es nicht sein, jeden Aspekt oder jede Kleinigkeit im Tagesgeschäft der ITO-Partnerschaft zu berücksichtigen. Zentrale Leistungsbestandteile jedoch sollten gut beschrieben, Erfüllungskriterien messbar definiert und die Leistungserfüllung an (monetäre) Zielvorgaben gekoppelt sein. Dabei sind Boni weniger beachtlich, bloß für eine Leistungserfüllung auch nicht angemessen. Wichtiger für eine dauerhaft vertrags- und bedarfskonforme Leistungserbringung und oft auch das letzte Motivationsmittel sind anreizorientierte Instrumentarien im Vertragswerk. Hierzu zählen zunächst Mali aber auch in Aussicht gestelltes Projektgeschäft bzw. eine Vertragserweiterung oder -erweiterung.

2.12 Erfahrung mitbringen

Erfolgreiches IT-Outsourcing erfordert ausgeprägte Erfahrung sowie Handwerk in der Umsetzung. Vom Einstieg in das Auslagerungsprojekt und dessen Ausgestaltung, über das fortlaufende Management der internen und externen

Outsourcing-Beziehungen über die gesamte Vertragsdauer, bis zu einer möglichen Neuausschreibung, Vertragsverlängerung oder einen Provider-Wechsel am Ende der Vertragslaufzeit – das Unternehmen ist ununterbrochen in das Outsourcing aktiv involviert.

Nötige Voraussetzungen im auslagernden Unternehmen sind u.a. Kenntnisse des Outsourcing-Marktes, der Bedarfserhebung, der Erarbeitung professioneller ITO-Ausschreibungen, der Erstellung fundierter Wirtschaftlichkeits- und Risikoanalysen, der zielführenden Verhandlungskonzeption und -führung (nicht nur einer Due Diligence), der Preismodellausgestaltung, der wichtigsten (operationalen) Service-Prozesse, der Transition-Planung und -Umsetzung, der Gestaltung und Einführung von Governance- und Controlling-Strukturen, der rechtlichen Grundlagen bei einem Outsourcing, aber ebenso aktuelles Wissen bezüglich der Kompetenzen und -Fähigkeiten der Dienstleister, der technologischen Entwicklungen sowie fundierte Projektmanagementfähigkeiten.

Eine Organisation muss vor Beginn seines Outsourcing-Projektes sicher stellen, dass es mindestens über die vorgenannten Basiserfahrungen selbst verfügt.

2.13 IT-Flexibilität einbauen

Die IT-Anforderungen einer Organisation ändern sich rasant und immer wieder. Eine interne, nah am Business und den Anwendern agierende IT-Abteilung kann diese in aller Regel schnell und flexibel bedienen.

Im Durchschnitt werden Outsourcing-Verträge über etwa fünf Jahre geschlossen. Schon im Zeitpunkt der Vertragsunterzeichnung weichen die bestehenden Bedarfe und Mengen regelmäßig von den zuvor ausgeschriebenen ab. Neue Technologien, Fusionen, wirtschaftliche Krisen, die Erschließung neuer Märkte, sich wandelnde Marktbedingungen usw. ändern in der Folge fortwährend die geschäftlichen Anforderungen an die IT.

Kennzeichen nachhaltig erfolgreichen Outsourcings ist es, solche Dynamik abzubilden und auch kontinuierlich mitzugestalten. Voraussetzung dafür ist jedoch ein hohes Maß an Flexibilität in den vereinbarten Leistungen, Prozessen und Vergütungsstrukturen, was heute noch nicht Standard ist. Beispiele für solche Flexibilität sind je am aktuellen Bedarf orientierte Leistungsmengen und -qualitäten (statt langfristig festgelegte (Mindest-)Volumina), am Verbrauch orientierte flexible Preisstrukturen (anstelle starrer Preismodelle), nach Bedarf abrufbare und erst dann zu vergütende (Projekt-)Ressourcen (statt Kostenpflicht schon für nur bereitgehaltene IT-Experten).

Auch das Thema Innovationsfähigkeit ist als Teil von Flexibilität zu betrachten. Ein jährlicher Innovations-Workshop genügt dazu indes noch nicht, vielmehr sollten flexible Innovationsimpulse als kontinuierlicher Leistungsbestandteil erfolgen.

2.14 Business berücksichtigen

Noch immer werden zahlreiche IT-Auslagerungen stark technisch orientiert vorangetrieben. Das ist häufig dann der Fall, wenn das Projekt allein oder maßgeblich von der Unternehmens-IT ausgeführt wird.

Andererseits ist besonders in größeren Organisationen immer wieder zu beobachten, dass ein Outsourcing-Vorhaben weitgehend aus managementstrategischer Perspektive verfolgt und dabei oft von einem wenig IT-affin besetzten Projektteam umgesetzt wird. Fehlt im Team aber ein ausgeprägter IT-Hintergrund, können die Möglichkeiten, Chancen und Risiken eines ITO selten hinreichend genug beurteilen werden.

Beide Vorgehensweisen sind unvorteilhaft, denn sie haben eines gemeinsam: Das Business – die Anwender als Adressaten der IT-Funktionen – mit seinen fachlichen Anforderungen an die IT steht regelmäßig außen vor.

In einem professionellen ITO-Projekt ist das Business eng in das Projektteam eingebunden. Die Mitwirkung der fachlichen Seite ist bei der Ausgestaltung der aktuellen ebenso wie der absehbaren IT-Anforderungen unverzichtbar. Dies gilt in ganz besonderem Maße zur Bedarfsabsicherung bei einer geplanten Auslagerung von Applikations-Services.

2.15 Beratung nutzen

Professionell umgesetztes IT-Outsourcing erweist sich immer häufiger als besonders erfolgreich. Langjährige Erfahrungen im Umgang mit den vielschichtigen Sourcing-Optionen, -Spielarten und -Fallstricken sowie ein strukturiertes Projektmanagement schaffen von Anbeginn optimale Rahmenbedingungen zur Erreichung der mit dem Outsourcing angestrebten Ziele.

Verfügt ein Unternehmen über geringe oder gar keine Outsourcing-Erfahrungen, ist eine Unterstützung durch externe Berater mit Spezialwissen zu prüfen. Immer mehr Anbieter machen zudem die Beteiligung eines Beraters auf Seiten der auslagernden Organisation zur Bedingung für die Unterbreitung eines Angebotes.

Eine sorgfältige Auswahl des Beraters ist dabei unverzichtbar. Langjährige Erfahrung in der Umsetzung von ITO-Projekten, eine hohe Anzahl von Mandaten sowie eine praxiserprobte Methodik sind nachzuweisende Kernkompetenzen.

3. Fazit

Ein IT-Outsourcing wird sich nur dann zu einem Erfolg für alle Beteiligten entwickeln, wenn es vorab gut gemacht wurde. Wichtige Grundregeln sind zu beachten. Eine Outsourcing-Beziehung muss im Vorfeld ausgestaltet und fortlaufend während der Vertragslaufzeit gemanagt werden, soll es im IT-Tagesgeschäft nicht zu unerwarteten wie kostspieligen Ernüchterungen kommen.

Sourcing-Strategie und Governance in der IT

DR. JOACHIM H. RYBOL UND STEFAN RIEDEL

1. Einleitung

Die Entscheidung, wie und aus welcher Quelle IT-Leistungen bezogen werden sollen, beschäftigt Unternehmen schon seit Jahren. Nicht immer sind Unternehmen mit der getroffenen Sourcing-Entscheidung zufrieden. Das gilt sowohl für das Insourcing als auch für Outsourcing-Verträge.

Dabei muss es gar nicht so schwer sein, die richtige, langfristig tragfähige Sourcing-Entscheidung zu treffen und mit dem Dienstleister zur beiderseitigen geschäftlichen Zufriedenheit umzusetzen. Im Kern kommt es darauf an, nicht nur taktisch-operative, sondern vor allem strategische Fragen zu stellen und diese nicht aus der verengenden Sicht einzelner – wenngleich wichtiger – Kategorien, wie etwa der Kosten, allein zu beantworten, sondern auch strategische und geschäftspolitische Überlegungen in den Vordergrund zu stellen.

Zudem gilt es, im Rahmen der Auswahlverhandlungen des IT-Dienstleisters eine dem Inhalt und der Reichweite der geschäftlichen Vereinbarung angemessene Governance zu vereinbaren und später fest zu implementieren. Eine Governance der Geschäftsbeziehung, die nicht nur auf dem Papier steht, die sich nicht nur in Organisationsdiagrammen, Vorschriften und Vertragsklauseln erschöpft, sondern das ganze Spektrum der Zusammenarbeit auf strategischer, taktischer und operativer Ebene adressiert, ist ein nicht zu unterschätzendes Entscheidungs- als auch Erfolgskriterium.

2. Der Markt und die Sourcing-Fragen heute

Das IT-Sourcing befasst sich grundsätzlich mit der Entscheidung für eine von zwei möglichen unternehmerischen Optionen: Die Informatik entweder im Hause selbst zu betreiben, oder diese in Teilen – horizontal oder vertikal unterteilt – oder auch ganz auszulagern.

Eine unternehmerische Option bedeutet, dass man sie bewusst wählen oder verwerfen kann. Allerdings ist das Outsourcing heute – anders als noch vor wenigen Jahren – eine nicht mehr wegzudenkende und in wachsendem Umfang gewählte Option der Arbeitsteilung.

So wie die Automobilindustrie ihren Weg von der Manufaktur über den standardisierten Industriebetrieb und die Massenproduktion zur voll vernetzten Kundenorientierung gegangen ist, so geht auch die Informatik in diese neue vernetzte Welt, und das viel schneller als es die alten Industrien konnten – in Jahren, nicht in Jahrzehnten!

2.1 Was ist die eigene Kernkompetenz?

Es ist zu beobachten, dass sich der Markt zum einen konsolidiert und Outsourcing-Verträge in ihre zweite oder dritte Verlängerungsphase eintreten. Es ist aber auch zu sehen, dass heute die Geschäftsbereiche der Unternehmen stärker Einfluss auf eine neue Sourcing-Entscheidung nehmen und diese zum Teil anders getroffen werden als noch in der Anfangszeit dieses Geschäftsmodells. Inhalt und Umfang der Sourcing-Verträge, die verschiedenen Outsourcing-Geschäftsmodelle und die Motive, die für diesen externen Weg genannt werden, sind heute vielseitiger. Reines Kostendenken und die Fokussierung auf den Betrieb von Standardleistungen, die zwar notwendig sind und bleiben, deren Wertbeitrag zum Unternehmen aber eher gering geschätzt wird, treten in den Hintergrund. Eine am gesamten Unternehmenserfolg ausgerichtete strategische Perspektive dominiert. Vernetzte Arbeitsteilung wird ein Standard der Unternehmensstrategie.

Dieser Trend wird sich aller Voraussicht nach verstärken, agieren Unternehmen doch immer weniger in linearen Wertschöpfungsketten als vielmehr verstärkt in globalen Wertschöpfungsnetzen (value net) und „on demand". Die damit einhergehenden und oft sehr komplexen Transformationsprozesse müssen bewältigt werden. Es ist damit zu rechnen, dass die Option Outsourcing als flexible Partnerschaft mit Unternehmen der Informationstechnik, die diese Veränderungen ermöglichen und aktiv gestalten, an Bedeutung zunimmt.

CEOs, die in diesen Kategorien denken, hoffen in zunehmendem Maße auf neue Ideen und praktisch relevante Innovation von außerhalb des eigenen Unternehmens. Auch deshalb kann Outsourcing als Innovations- und Geschäftstransformationsquelle an Bedeutung gewinnen. Sie sehen deshalb IT-Outsourcing zunehmend als Chance zur strategischen Wissens- und Kompetenzpartnerschaft.

Professionelle Sourcing-Strategien, die diesem unternehmerischen Denken Rechnung tragen, werden vor diesem Szenario immer wichtiger. Ein zentraler Ausgangspunkt für jede Sourcing-Strategie ist nach wie vor die Definition der Kernkompetenz eines Unternehmens bzw. einer Non-Profit Organisation.

Die strategische Entscheidung darüber, was Nicht-Kernkompetenz sein kann und soll, ist kein Verdikt über die Bedeutung dieser Unternehmensaufgaben, sondern eher darüber, welcher Wertbeitrag, welche Effektivität mit welcher Effizienz erreicht werden kann.

Alsdann ist unter Einbeziehung der IT-strategischen Ebene zu entscheiden, welche Komponenten der Informatik zu den auslagerungsfähigen Kompetenzen zählen und welche Erwartungen daran geknüpft werden können – anders gesagt, in welchem Umfang die IT transformiert werden soll. Die SOA-Architektur und das Component Business Model bieten einen Rahmen für diese Auswahl.

In einem Outsourcing-„value-net“ übernimmt der Dienstleistungspartner jene Nicht-Kernkompetenzen*) des Kunden, die zu seinen eigenen Kernkompetenzen zählen.

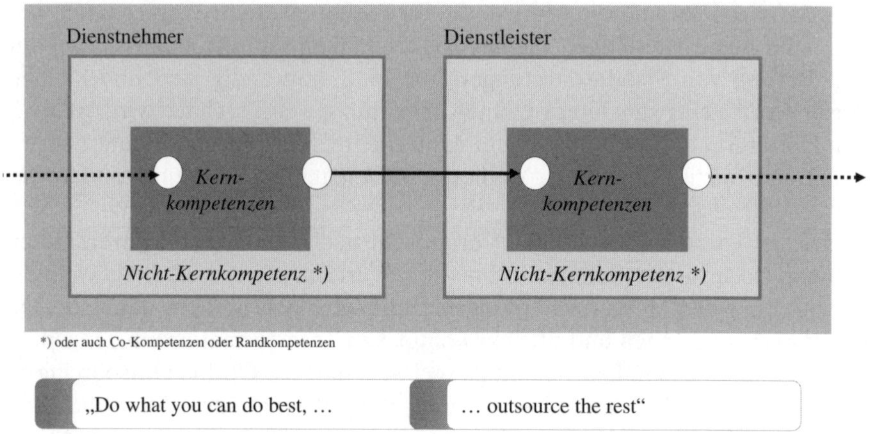

Abbildung 4-1: Kompetenzanalyse im Zuge einer Outsourcing-Entscheidung

2.2 Sourcing – aber wie und was?

Ist die unternehmensstrategische Entscheidung darüber getroffen, dass bestimmte Kompetenzbereiche nicht mehr zum Kern des Unternehmens gehören sollen und besteht Klarheit darüber, dass neue Sourcing-Entscheidungen zu treffen sind, rücken drei scheinbar einfache Fragen in den Mittelpunkt:

1. Wie gut wird die Leistung erbracht werden?
2. Was wird es wohl kosten?

und vielleicht auch noch:

3. Wie leicht wird es sein, mit dem Dienstleister zusammen zu arbeiten?

Diese Fragen[1] sind legitim, müssen beantwortet werden und verlangen nach einer wahren Antwort. Sie allein können aber nicht die ganze Wahrheit ausloten. Erfolgreiche Unternehmen bohren da nicht nur tiefer, sie lassen sich einerseits kompetent beraten und betrachten andererseits die Herausforderung auch unter einem größeren Blickwinkel.

1 Diese Fragen werden etwa so gestellt vom amerikanischen Beratungsunternehmen VantagePartners. Enlow/Ertel (2007): S. 1.

Wie gehen also die Unternehmen vor, die mit ihren Sourcing-Entscheidungen zufrieden und erfolgreich sind? Welche Fragen beantworten sie über die oben genannten einfachen Zusammenhänge hinaus?

2.3 Die Leistungsfrage

Wie steht es nun mit der zu erbringenden Leistung? Wie gut muss, wie gut kann sie sein? Um diese Frage beantworten zu können, muss bekannt sein, welche IT-Leistungen heute und während der Vertragslaufzeit benötigt werden, und vor allem, welche geschäftliche Wirkung diese entfalten sollen. Geht es nur um Einsparungen, etwa durch Skaleneffekte oder gar durch Reduzierung des Leistungsumfangs, um den Abbau finanzieller Verpflichtungen, um Effizienzsteigerungen oder liegen Zweck und erwarteter Nutzen noch auf einer anderen Ebene?

Der nur aus dem Blickwinkel der Informatik betrachtete Nutzen und die reine Einsparung von IT-Kosten – so wichtig sie auch sein mögen – sind immer weniger das entscheidende Kriterium. Die Wirkung der Informatik nicht nur auf die Passivseite der Bilanz, sondern auf die aktiven Bereiche des Kerngeschäfts eines Unternehmens oder auch einer Organisation des öffentlichen Dienstes gewinnt an Bedeutung.

Sourcing-Fragen, die immer häufiger gestellt werden, lauten zum Beispiel: Wird die neue, aus anderer Quelle bezogene IT-Leistung unser Geschäft nachhaltig stärken? Macht sie uns schneller und flexibler, kann sie zu einer Verbesserung unserer Kunden- und Lieferantenbeziehungen beitragen, macht sie uns innovativer, erhalten wir leichteren Zugang zu neuen Märkten, wo immer die auch liegen mögen, erhöht sie unsere Wettbewerbsfähigkeit, wird sie zum Antriebsmotor – und nicht zur Bremse – für Wachstum und Profitabilität?

Diese Fragen sind strategischer Natur. Kompetente, gut aufgestellte IT-Dienstleister werden sie hoffentlich auch auf gleichem Niveau beantworten.

Erfahrene, strategisch denkende Sourcing-Verantwortliche ergänzen die Frage nach der Leistungserbringung daher auch um Zusatzfragen, etwa:

Welche geschäftliche Wirkung kann die ausgelagerte Informatik entfalten?

Oder:

Wie gut kann der Outsourcing-Dienstleister die Geschäfts- und IT-strategischen Erwartungen unseres Unternehmens treffen?

Gute Leistungserbringung kann also durchaus sehr Unterschiedliches bedeuten, je nachdem, was sie zum Kerngeschäft beiträgt und wie viel Unternehmens- und IT-Transformation sie erfordert. Zudem ist zu sehen, dass zum Beispiel eine bestimmte Leistungsverbesserung, wie schnellere und höhere Verfügbarkeit von Informationen oder geringere Supportkosten, auch Akzep-

Veränderungen in der Unternehmensstrategie, externe und interne Auslöser führen zu Outsourcing-Überlegungen. Damit ist „Outsourcing" die Reaktion auf veränderte Geschäftsanforderungen.

Abbildung 4-2: Mögliche Outsourcing-Entscheidungskriterien

tanz für Standardisierung und Verzicht auf Vielfalt bedeuten kann. Das muss in die Beurteilung der Leistung ex-ante und ex-post einfließen!

Es verwundert folglich nicht, dass die Messung IT-technischer SLAs zwar noch als notwendig, nicht aber als hinreichend angesehen werden sollten. Wichtiger werden Key-Performance-Indikatoren, die nicht nur in den IT-Systemen und an den IT-Schnittstellen gemessen, sondern die anzeigen, worauf es „unter dem Strich" wirklich ankommt. Eine gute Sourcing-Entscheidung wird all das vorab in Betracht ziehen, auch um die getroffene Entscheidung später sachgerecht und fair bewerten zu können.

Für die Sourcing-Strategie eines Unternehmens bedeutet dies auch, dass nicht nur Finanzvorstände und IT-Direktoren an der Sourcing-Entscheidung maßgeblich beteiligt werden müssen. Die Geschäftsbereiche als die markt- und kundenverantwortlichen Kernfunktionen sind auch zu hören und in geeigneter Weise in die strategische Entscheidungsfindung mit einzubeziehen. Die Unternehmensstrategie bzw. die politische Willensbildung, der eine Behörde verpflichtet ist – nicht nur die reine Finanzpolitik – sollten eine Sourcing-Strategie maßgeblich treiben! In zunehmendem Maß wird das auch im Markt so gesehen.

Die Geschäftsleitung erkennt zunehmend, dass Arbeitsteilung in Partnerschaften Kosten reduziert, höhere Kundenzufriedenheit und Zugriff auf Wissen und Produkte schafft.

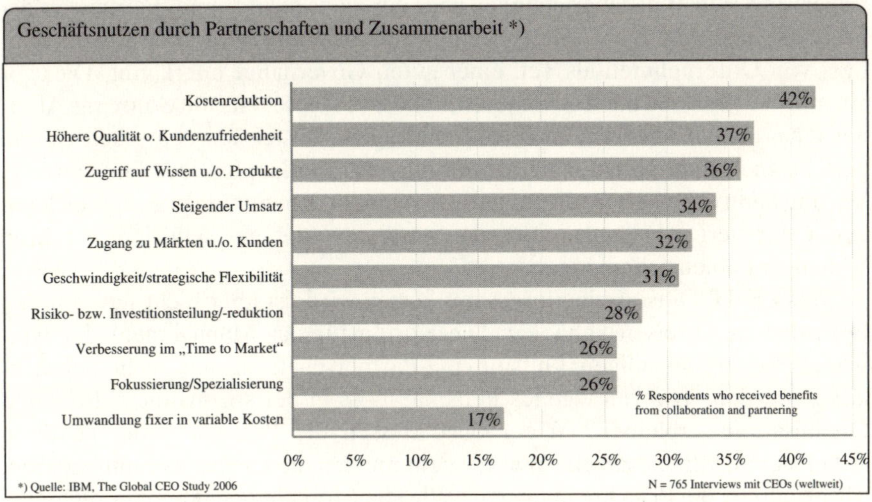

Abbildung 4-3: Geschäftsnutzen durch Partnerschaften

2.4 Die Preisfrage

Kommen wir nun zu der häufig sogar als erstes gestellten Frage: Was wird es kosten?

Alles hat seinen Preis – ein Infrastrukturmanagement, eine innovative Anwendungslösung, eine Transition, eine Prozesstransformation. An dieser Stelle finden sie häufig statt, die Äpfel-mit-Äpfel und Äpfel-mit-Birnen-Vergleiche – und warum auch nicht, wenn es sich denn um Ähnliches handelt.

In der Realität des Outsourcing-Geschäfts geht es aber nicht nur um einen Preiszettel. Die Entscheidungsträger der Unternehmen fordern als Entscheidungsgrundlage zunehmend kreative, flexible und verhandeln diese konstruktiv, etwa: Preise pro Benutzer, pro Applikationsbenutzung on demand, lineare, degressive, progressive Gebühren, Meilensteinzahlungen, fixe und variable Preise, Risikoprämien und Erfolgsbeteiligungen. Es liegt auf der Hand, dass nicht jedes Preismodell – also Kosten- und Preiskonzept – zu jedem Vertrag passt. Aber ein ausgewogenes Preismodell ist unabdingbar für eine erfolgreiche Zusammenarbeit zwischen Dienstleister und Dienstnehmer. Ein Joint-Venture mit seinem nicht im vollen Umfang vordefinierten Verlauf erwartet eine andere Antwort auf die Kostenfrage als der Betrieb eines Stücks der Infrastruktur.

Natürlich kann ein Dienstnehmer durch die arbeitsteilige Partnerschaft mit einem auf die Informatik spezialisierten Dienstleister Skaleneffekte und damit Einsparungen erwarten. Dem strategischen Blick auf die Preisgestaltungsfragen sind Win-Win-Überlegungen aber durchaus nicht fremd. Fairness in der Preisausgestaltung, nicht immer leicht zu verhandeln, wird doch immer häufiger von Unternehmen als Teil einer guten Governance anerkannt. Dies vor allem von denen, die auch an anderer Stelle ihres Geschäfts mit Sourcing-Alternativen – als Anbieter wie auch als Nachfrager – leisten bzw. entscheiden und eine Partnerschaft zum Erfolg führen müssen. Ein langfristiger Outsourcing-Vertrag kann eben kein Nullsummenspiel sein, in dem nur einer gewinnen kann und einer verlieren muss. Sourcing-Strategien, die das ignorieren, führen schnell zu Fehlentscheidungen.

Was ein IT-Outsourcing insgesamt kosten wird, ist aber nicht nur von den Dienstleistungspreisen abhängig. Die Kosten für das Management der typischerweise arbeitsteiligen Outsourcing-Partnerschaft dürfen nicht vernachlässigt werden. Wie viel eigenes Personal muss in der sogenannten Retained Organisation verbleiben? Wie robust müssen die Prozesse sein, die diese Arbeitsteilung unterstützen? Wie effizient müssen die Partner kommunizieren, wie produktiv die Projekte managen? Wie stressfrei können der einhergehende kulturelle Wandel beherrscht, Konflikte gelöst und Erwartungen verstanden, akzeptiert und erfüllt werden?

2.5 Die Beziehungsfrage – Governance

Werfen wir nun einen Blick auf die dritte Frage: Wie leicht wird es sein, mit dem Dienstleister zusammen zu arbeiten?

Eine leichte, d. h. zielführende, effektive und effiziente Zusammenarbeit ist eine direkte Folge der Qualität der vereinbarten, implementierten und gelebten Governance. Ein praktikables Governance-Modell, das mehr ist als ein Organisationsdiagramm, das eine professionelle und partnerschaftliche Gestaltung der Beziehungen zwischen den Menschen ermöglicht, die sich im Rahmen des Outsourcing-Vertrages begegnen, ist ein sehr wichtiges Sourcing-Kriterium.

Entscheider müssen die Frage nach der Qualität der Zusammenarbeit unbedingt stellen und darauf achten, welchen Stellenwert der IT-Dienstleister diesem Thema widmet und wie schlüssig und umfassend das Konzept ist.

Die Wirkung einer suboptimalen Governance entfaltet sich leider nicht nur in den Management-Teams, wo sie zu Verzögerungen, Kommunikationsstaus, Konflikten und Stress und damit auch zu höheren Kosten führen kann. Fehler und Lücken in der Beziehungs-Governance wirken über kurz oder lang direkt auf den geschäftlichen Nutzen. Der mit der Sourcing-Entscheidung erhoffte Wandel wird schlecht beherrscht, die Unzufriedenheit der direkt Beteiligten und der Betroffenen wächst, Transformation und Innovation finden nicht wie erwartet statt. Der geschlossene Vertrag allein kann solche Schwierigkeiten trotz vieler Klauseln und Vorschriften erfahrungsgemäß nicht verhindern.

Studien der Beratungshäuser bestätigen in dieser Hinsicht die einschlägigen Erfahrungen vieler Marktteilnehmer. Offenbar leiden geschäftliche Allianzen vor allem unter einer unzulänglichen Beziehungsqualität (mehr als 50 % aller befragten Organisationen sehen hier die größte Herausforderung) viel mehr als etwa unter der rechtlichen und finanziellen Gestaltung der Verträge.[2]

Bereits beim Design und bei der späteren Feinabstimmung einer Outsourcing-Governance sind bestimmte Kriterien zu beachten. Outsourcing-Beziehungen unterscheiden sich in Umfang, Geschäftszweck und Zielsetzung. Auch Besonderheiten in den Unternehmensstrukturen, Unternehmensverfassungen und Kulturen der vertragsschließenden Firmen sind erfahrungsgemäß nicht zu unterschätzen. Deshalb gilt: „One size does not fit all".

Von guter Governance wird man heute sprechen, wenn sie mehreren Ansprüchen genügt, d. h. wenn sie nachweislich und mit Erfolg Prinzipien wie Interessenorientierung (aller), Transparenz, Zielorientierung, Effektivität, Ethik und objektive Legitimität gleichzeitig verfolgt.

Zur Governance gehören vor allem die folgenden 3 Bausteine:

- Gemeinsame Steuerungsorgane und ihre Schnittstellen
- Administrative und technische Prozessabläufe
- Relationship-Management mit Protokollen und Mechanismen der Zusammenarbeit

Was ist für die Sourcing-Strategie wichtig zu wissen? Welche strategischen Empfehlungen können dennoch gegeben werden?

• Die Organisation:
Die Governance-Organisation beschreibt die organisatorische Schnittstelle zwischen Dienstnehmer und Outsourcing-Dienstleister, die dafür zu schaffenden Organe mit ihren Personen, Rollen und Aufgaben sowie die direkten und indirekten Berichtswege. Das Grundmodell einer Governance-Organisation, aus der die fallspezifische Struktur abgeleitet werden kann, wird daher strategische, taktische und operative Entscheidungsebenen berücksichtigen.

Ein Lenkungsausschuss auf der strategischen Ebene wird sich um die Festlegung der strategischen Ziele, die Antizipierung notwendiger Veränderungen und die Beurteilung der Performance an den Geschäftszielen kümmern müssen.

Auf der taktischen Ebene wird ein gemeinsames Management-Gremium den Outsourcing-Vertrag steuern, also unter anderem Pläne zur Umsetzung

2 Ertel/Weiss/Visioni: S. 16 f.

der strategischen Ziele entwickeln oder Geschäftsinitiativen in IT-Projekte übersetzen, innovative Vorschläge entwickeln und den operativen Teams die zielorientierte Leistungserbringung ermöglichen. Die Regelkommunikation und der Erhalt einer guten Arbeitsbeziehung stehen auf der Agenda der taktischen Gremien.

Die operative Ebene, auf der das Outsourcing-Tagesgeschäft ausgeführt wird, verfügt auch über Gremien, die zur taktischen Ebene hin durchlässig sind. Hier werden die IT-Systeme betrieben, Projekte umgesetzt, Performance an IT-Indikatoren und SLAs gemessen.

Bereits oberhalb einfacher Dienstleistungsverträge ist zu empfehlen, diese Organe nach einem „Quasi-Joint-Venture-Organisations-Modell" aufzustellen und zu verfassen, so dass Informationsdurchlässigkeit, Partizipation, gemeinsames Kommunizieren, Entscheiden und Eskalieren, gemeinsame Zielverfolgung und Konsensfindung im Vordergrund stehen. Weitere Organe – temporär oder ständig – können geschaffen werden, wenn es der Vertragszweck erfordert, etwa: Innovations- und Transformations-Gremien oder Gremien, in denen die Geschäftsbereiche wie auch die zentrale Informatik vertreten sind.

- Die Prozesse:
  Der oben beschriebenen Strukturorganisation muss ein zweiter Baustein zur Seite gestellt werden – die Prozesse zur Vertragsadministration sowie zur Leistungserbringung und -anpassung. Erforderlich sind eindeutige Prozessablaufbeschreibungen, Organisationsdiagramme, Eskalations- und Berichtswege, um eine dynamische Stabilität, die gesetzten Ziele und damit die Zufriedenheit der Partner zu erreichen. Um die Vertragssubstanz zu managen, bedarf es stabiler, robuster und gleichzeitig flexibler administrativer und technischer Verfahren, die es den Gremien erlauben, den Vertrag mit seinen finanziellen und IT-technischen Bestandteilen über die Laufzeit zu steuern. Allgemein setzt sich die Erkenntnis durch, dass einige wenige, klar strukturierte und gute Grundprinzipien besser sind als ein dickes bürokratisches Regelwerk. Der Vertragsgegenstand und die Beherrschung inhärenter Risiken werden immer über das Prozessorale mitentscheiden. Die Erfahrung lehrt, dass die eigentliche, oft übersehene Herausforderung eigentlich in der direkten Zusammenarbeit der Akteure liegt – hierzu braucht es belastbare Prozessvorgaben.

- Die Protokolle:
  Organisatorische Zuständigkeitsbetrachtungen und der Verweis auf detaillierte, oft als unnötig bürokratisch empfundene Prozesse und Regelwerke reichen selten aus, wie ein Blick auf typische Schwachstellen der Zusammenarbeit im Outsourcing zeigt.

Negative Wahrnehmung, Missverständnisse, Schuldzuweisungen, Stress im Umgang miteinander, Vertrauensverlust, sich verfestigende Konflikte können beim IT Outsourcing durchaus auftreten. Als mögliche Ursachen nennen Berater und Projekt-Manager häufig unabgestimmte Erwartungshaltungen und Interessen, unzureichende Kommunikation, kulturelle Verschiedenheit, ineffiziente Entscheidungsfindung und mangelnden Konsens über Grundregeln der Zusammenarbeit. Dem kann erfolgreich entgegengewirkt bzw. vorgebeugt werden und zwar mit einem institutionalisierten, professionellen Beziehungs-Management.

Dazu gehört etwa die Einsetzung von Beziehungs-Managern auf beiden Seiten. Diese Rolle sollte von ausgewählten Führungskräften beider Geschäftspartner an der Spitze des gemeinsamen Management-Komitees wahrgenommen werden. Ein Beziehungsmanagement erfordert Führungskompetenz und vor allem die Fähigkeit, Vertrauen zu schaffen, die Bereitschaft, auch einmal mit „anderen Augen" zu sehen; gute taktische Fähigkeiten und eine strategische Perspektive zugleich.

Des Weiteren sind der Aufbau und die Nutzung angemessener Grundregeln und Protokolle der Zusammenarbeit auf allen Ebenen der Governance zu empfehlen. Diese können entscheidend dazu beitragen, Herausforderungen wie Erwartungsmanagement, gemeinsame Entscheidungsfindung, wirkungsvolle Kommunikation sowie produktive Konfliktlösung zu meistern. Dann eröffnen sich realistische Möglichkeiten, firmenkulturelle Unterschiede zu überbrücken und Konflikte im Dreieck von Fachbereichen, Outsourcing-Partner und zentraler Informatik nicht zu unterdrücken, sondern vielmehr positiv für alle Seiten zu nutzen. Entscheidungen können zeitnah und mit hoher Akzeptanz getroffen werden. Konflikte, die in diesem Dreieck stecken, bergen durchaus ein positives Potenzial. Sie sorgen dafür, dass wichtige Fragen auf die Tagesordnung der Gremien kommen, fördern Kreativität, lösen Innovationen aus und stoßen Transformationsprozesse an – vorausgesetzt, die Beteiligten verfügen über die Fähigkeit und den Willen, diese zu managen. Dazu dienen professionelle und erprobte Mechanismen der Zusammenarbeit.

Gutes Beziehungsmanagement in diesem Sinne muss langfristig wirken und auch Personal- und Managementwechsel überstehen. Dies erfordert eine gewisse Institutionalisierung und die Implementierung von Governance-Mechanismen und Protokollen der Zusammenarbeit.

2.6 Aufbau und Erhalt der Beziehungs-Governance

Das Mandat der Sourcing-Strategie ist nicht mit der Betreiber-Auswahl beendet. Die Einrichtung einer Governance, der Organisation und vor allem der Arbeitsbeziehungen ist in jedem Fall strategisch zu leisten und zu verantworten.

Das IBM Governance-Modell mit seinen Elementen, Erfolgsfaktoren und Implementierungsschritten.

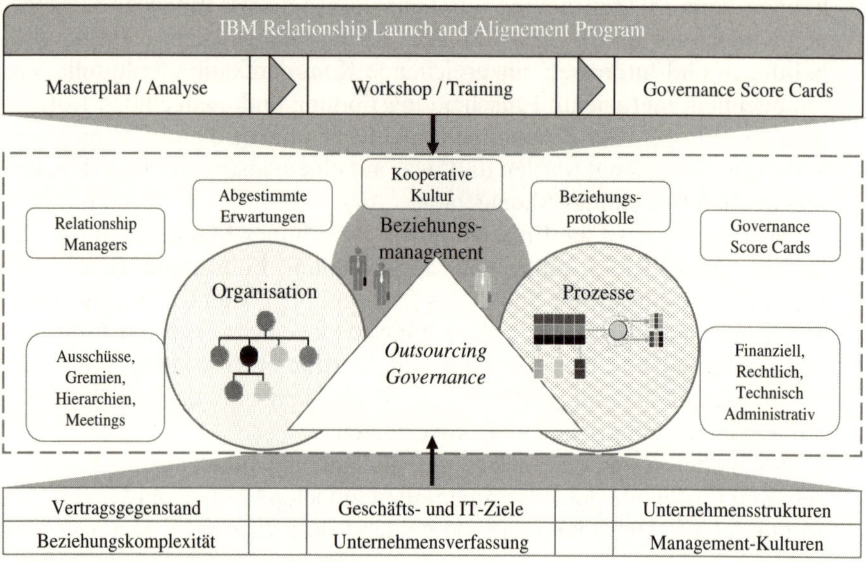

Abbildung 4-4: IBM Governance-Modell

Es ist vor Vertragsabschluß zu fixieren, was die Ziele, der Zweck und die typischen Elemente einer Governance-Struktur sind. Unvorhergesehene Schwierigkeiten in einer neuen Outsourcing-Beziehung können schon dadurch auftreten, dass nach dem Abschluss der Verhandlungen auf beiden Seiten personelle Veränderungen stattfinden. Die Verhandlungsphase folgt üblicherweise auch einer anderen Mechanik als die spätere Transition- und Betriebsphase, hier treten andere Personen auf den Plan.

Die Findung einer geeigneten Governance-Struktur, die durch gemeinsame Workshops, Informationsveranstaltungen und Kommunikationspakete unterstützt werden sollte, muss darin bestehen, einen möglichst reibungslosen und verlustfreien Übergang von den Architekten und Entscheidungsträgern des Vertrages hin zu den ausführenden Teams zu erreichen und die bereits während der Verhandlungen entwickelte gute Beziehung in die Ausführungsphase hinüberzutransportieren.

Es zahlt sich aus, im Rahmen dieser Maßnahmen etwa folgendes zu tun:

- Ausrichtung der Zusammenarbeit an beidseitigen Geschäftszielen, Interessen, Erwartungen und der daraus folgenden notwendigen Qualität der Governance, insbesondere der Zusammenarbeit
- Abstimmung, Aktualisierung und Bestätigung der gegenseitigen Erwartungen

- Gemeinsames Verstehen firmen- und arbeitskultureller Unterschiede
- Vereinbarung kollaborativer Grundregeln und vertrauensbildender Maßnahmen
- Einüben und Benutzen von Methoden und Techniken zur Optimierung der Zusammenarbeit, etwa zur Entscheidungsbildung, Kommunikation, Problem- und Konfliktbeherrschung.

Dieses auch Relationship-Launch genannte Programm sollte von Governance-erfahrenen Spezialisten ausgestaltet und später auch moderiert werden. Die auf diese Thematik spezialisierten Berater können zudem in regelmäßigen Abständen über anonymisierte Interviews eine Überprüfung der Beziehungsqualität durchführen, die anders als die klassische Kundenzufriedenheits-Analyse die gesamte bilaterale Beziehungslage erfasst und z. B. Auskunft über das Maß des Vertrauens, die Qualität der Kommunikation oder der Konflikthandhabung gibt. Weitere Maßnahmen – sozusagen ein kontinuierliches Governance-'Kaizen' – können in Abhängigkeit von den gefundenen Ergebnissen durchgeführt werden.

Es ist diese partnerschaftliche und professionelle Gestaltung des Sourcing-Managements und der Governance, die auch schon Henry Ford in seiner Epoche als entscheidend ansah, als er sagte: „Coming Together is a Beginning – Working Together is Success".

II. Service-Modelle in der IT

TK-Services als Outsourcing-Leistung

Mirko Obert

1. Einführung

Seit Jahren stehen in Unternehmen die zuständigen Abteilungen für Informations- und Telekommunikationstechnik (ITK) vor der Herausforderung, Betriebskosten senken zu müssen. Gleichzeitig sind sie es aber, die immer mehr zur treibenden Kraft hinter den unternehmerischen Wachstumsplänen werden.

Die Schnittstellen zwischen Information und Kommunikation werden immer enger, Telekommunikations- und IT-Systeme wachsen zusammen. Der strategische Einsatz effizienter Telekommunikation (TK) kann einen entscheidenden Einfluss auf Produktivität und Wettbewerbsfähigkeit haben. Dabei ist Kommunikation, und damit auch das Medium Sprache, eine Schlüsselfunktion innerhalb der ITK.

Die Beschaffung einer neuen Telekommunikationsinfrastruktur lief bis vor wenigen Jahren oft nach einem ähnlichen Muster ab. Ein Unternehmen kaufte eine Telekommunikationsanlage, ließ diese installieren und schloss einen Wartungsvertrag, um für den möglichen Störungsfall abgesichert zu sein. Bis zur nächsten Investition, etwa aufgrund einer neuen Anlagengeneration, vergingen meist Jahre. Diese Situation hat sich im Telekommunikationsmarkt grundlegend verändert, die Ansprüche an Funktionalität und damit die Komplexität der Systeme sind rasant gestiegen. Sich stets verkürzende Innovationszyklen, neue Technologien, Integration von Sprache und Daten sowie global agierende TK-Anbieter und -Netzbetreiber stellen die Unternehmen vor immer größere Aufgaben. Mehr denn je sind sie heute gefordert, ihre Ressourcen auf Entwicklungen und Projekte des eigenen Kerngeschäftes auszurichten und der wachsenden Vielschichtigkeit der ITK zu begegnen.

Im Zuge dessen entwickelt sich die Auslagerung von Funktionen der TK-Infrastruktur und der jeweiligen Applikationen, die nicht unmittelbar zu den Kernprozessen des Unternehmens zählen, zu einer interessanten strategischen Option.

Der Sourcing-Markt hat sich seit den 90-er Jahren stark entwickelt und gewandelt. Begriffe wie Outsourcing, Outtasking, Co-Sourcing und Insourcing sind heute in aller Munde – und die Abgrenzung der Begriffe ist dabei nicht selten fließend. Auch Telekommunikation wird dabei zunehmend zur Dienstleistung mit definierten Leistungsmerkmalen und vereinbarten Service Levels.

2. TK-Services

2.1 Sourcing-Modelle

Moderne TK-Anlagen arbeiten heutzutage überwiegend IP- und Software-basiert – VoIP (Voice over IP). Sie verdrängen schrittweise klassische Telefonanlagen herkömmlicher Bauart, wobei sich zunehmend Mietmodelle im Markt etablieren. Aspekte eines IT-Sourcings betreffen deshalb oft auch das Thema TK-Sourcing. In den letzten Jahren hat sich an dieser Stelle der Begriff „Managed Services“ durchgesetzt. Unter Managed Services wird der Betrieb von Sprach-, Daten- und konvergenten Netzen sowie die Bereitstellung von entsprechenden Informations- und Kommunikationsdiensten verstanden. Dabei handelt es sich um die Übertragung definierter Teilfunktionen, die von einem Dienstnehmer jederzeit kontrollier- und reintegrierbar bleiben sollten. Welche Aufgaben und in welchem Umfang diese ausgelagert werden könnten, entscheidet jedes Unternehmen individuell.

Nachfolgend eine kleine begriffliche Klärung in Bezug auf die möglichen Modi für TK-Services im Markt:

- **Hosted VoIP:**
  Der Betrieb einer IP-basierten TK-Anlage erfolgt hier teilweise durch einen Dienstleister in seinem Rechenzentrum. Dieser stellt aber lediglich die (oft dedizierte) Hardware-Umgebung zur Verfügung und hostet darauf die eigentliche TK-Software. Das Management der TK-Software (Call-Server) obliegt komplett dem Anwenderunternehmen.
- **IP-Centrex:**
  Ein Dienstleister betreibt in diesem Fall die komplette TK-Infrastruktur und stellt entsprechende TK-Funktionen als Service zur Verfügung. Aus Sicht des Dienstnehmers handelt es sich dabei um eine „virtuelle“ (shared) TK-Anlage, da er sich die nötige Infrastruktur mit einer Vielzahl von Unternehmen teilt. Der Provider verantwortet den Betrieb der TK-Anlage vollumfänglich. Dienstnehmer können aber in der Regel einzelne administrative Aufgaben wie Ruf- und Faxnummernänderung, Rufweiterleitung, u.s.w. über ein Online-Interface ausführen.
- **Managed VoIP/Managed TK-Services:**
  Dies ist ein im Gebrauch eher unscharfer Begriff. Einerseits kann es sich um eine Hosting-Variante handeln, mit je nach Festlegung unterschiedlicher Tiefe der betrieblichen Verantwortung des Providers (bis hin zum Management der TK-Software). Andererseits kann auch eine Remote-Lösung gemeint sein, bei der die TK-Serverhardware zwar beim Dienstnehmer steht, die entsprechende TK-Software aber per Fernwartung von einem Dienstleister gemanagt wird.

Nachfolgend wird in Bezug auf den Betrieb einzelner Funktionen der Telekommunikation der Begriff Managed TK-Services verwendet.

2.2 Markt und Trend

Mit dem Zusammenwachsen von Daten und Sprache nimmt die Betrachtung von Managed Services bei Outsourcing-Vorhaben eine immer wichtigere Rolle ein.

Globalisierung, virtuelle Teams und zunehmende Mobilität stellen die Unternehmen vor die Herausforderung, Daten- und Telefonnetze effizient miteinander zu verknüpfen. Ineffiziente Kommunikationsnetze und -abläufe können nach Berechnungen des kanadischen Marktforschers Insignia Research eine Firma bis zu neun Millionen Euro pro Jahr und 1.000 Mitarbeiter kosten.

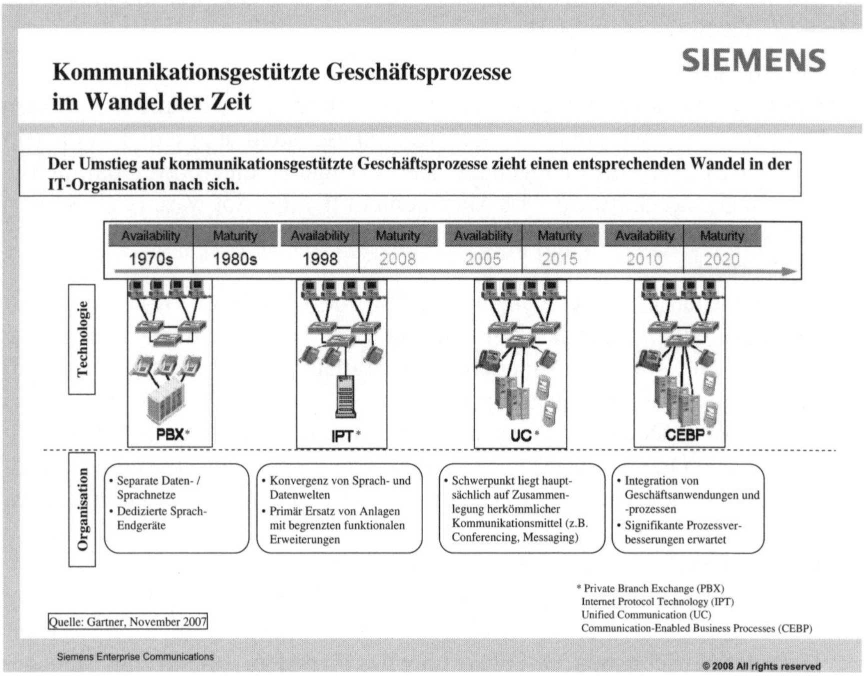

Abbildung 5-1: Kommunikationsgestützte Geschäftsprozesse im Wandel der Zeit

Der Trend zur Digitalisierung von Telefonnetzen hat mit Voice over IP, der Sprachübertragung über das Internet, Einzug gehalten. Später folgte die Anforderung der Einbettung von Kommunikation und Kollaboration in die Geschäftsprozesse – d. h. Arbeitsgruppen können virtuell und über mehrere Kommunikationskanäle gleichzeitig miteinander kommunizieren – mit der Zielsetzung, Produktivität und Effektivität am Arbeitsplatz zu steigern.

Solche SW-basierten Lösungen werden als „Unified Communications" (UC) bezeichnet und setzen im Kern auf das Medium Sprache. UC-Dienste, zu denen u. a. Präsenzinformationen, Instant Messaging, Audio-/Video- und Webkonferenzen, Call Center, Unified Messaging und Mobility-Lösungen gehören, sind aufgrund offener Standards in der Regel in jede ITK-Umgebung integrierbar.

2.3 Risiken und Chancen

Das Zusammenwachsen von Daten-, Sprach- und Mobilfunknetzen auf Grundlage des Internetprotokolls stellt einerseits einen der wichtigsten Trends dar, kann andererseits im Einzelfall aber mit erheblichen Herausforderungen verbunden sein. Eine der größten stellt die Integration der Sprachkommunikation in die bestehenden Datennetze dar. Die Sprachübertragung richtet hohe technische Anforderungen an ein IP-Netz und ist nicht nur einfach eine weitere Applikation im Datennetz. Sprache bedeutet Kommunikation in Echtzeit: synchron, ohne Verzögerung und ohne Ausfall. Anwender sind es gewohnt, jederzeit telefonieren zu können, das erfordert eine stete Verfügbarkeit und hohe Qualität der Infrastruktur und Applikationen. Die in einem Netzwerk bestehenden aktiven Komponenten (Switches) können für einen VoIP-Service nicht leistungsfähig genug sein und müssen in diesem Fall getauscht werden. Ferner kann schon die Netzwerkarchitektur grundlegenden Redundanzanforderungen nicht genügen, was weitere Maßnahmen erfordern könnte.

Die mit Managed TK-Services verbundenen Risiken sind indes weitgehend identisch mit den grundsätzlichen Risiken bei einem Outsourcing-Vorhaben, jedoch im Allgemeinen in verringerter Form, da meist nur einzelne Dienste der ITK ausgelagert werden und oftmals leicht reintegrierbar bleiben.

Folgende Hauptrisiken sind von Unternehmen zu Unternehmen individuell zu betrachten und sollten während der Entscheidungsfindung in einer Bewertungsmatrix gemeinsam mit den Vorteilen analysiert werden:

- Abhängigkeit vom Dienstleister
- Kontrollverlust an Dienstleister
- Know-how-Verlust innerhalb des Unternehmens
- Verzögerte Umsetzungsdauer des Projektes
- Nicht einkalkulierte Mehraufwendungen
- Kostenvorteile stellen sich in der Praxis nicht ein

Mit der Umsetzung von Managed Services Konzepten lassen sich für Unternehmen auf der anderen Seite vielfältige Vorteile erzielen. Diese liegen insbesondere im finanziellen, operativen und strategischen Bereich:

- Günstigere Kostenstruktur:
  Kosteneinsparungen im Vergleich zum Eigenbetrieb anhand einer TCO-Betrachtung. Durch die Auslagerung entstehen u.a. durch wegfallende Investitionen in die ITK-Infrastruktur, Standardisierung von Systemen und

Endgeräten, günstigere Netzbetreibertarife und Skaleneffekte des Dienstleisters bei Standardaufgaben.

- Höhere Kostentransparenz und Flexibilität:
  Managed Services machen Kosten transparent und teilen das Risiko für den Betrieb der Infrastruktur zwischen dem Dienstnehmer und dem Dienstgeber. Bezahlt wird nur, was auch tatsächlich genutzt wird. Dadurch können Unternehmen wirtschaftlicher disponieren und entsprechende Budgets in anderen Geschäftsfeldern gewinnbringend einsetzen.
- Konzentration auf das Kerngeschäft:
  Die Auslagerung setzt in den Unternehmen Ressourcen frei, die an anderer Stelle nutzbringender eingesetzt werden können. Aufgrund vieler operativer Aufgaben im Netzbetrieb kommen strategische Fragen bei der Gestaltung der Informations- und Kommunikationsinfrastruktur häufig zu kurz. Durch Managed Services können diese erforderlichen Ressourcen für wichtige strategische Arbeiten innerhalb der Kernkompetenzen und -prozesse des Unternehmens freigesetzt werden.
- Stärkere Orientierung an Anwenderanforderungen:
  Durch klar definierte Service Level Agreements werden das erforderliche Qualitätsniveau festgelegt und den Anwendern diejenigen Services zur Verfügung gestellt, die sie für ihre tägliche Arbeit auch tatsächlich benötigen.
- Beschleunigung des Time-to-Market: Unternehmen stärken ihre eigene Wettbewerbsposition, wenn der Zugriff auf neue Technologien rechtzeitig und automatisch erfolgt, da der Managed Services Anbieter die Anforderungen seiner Kunden und die Potenziale der am Markt verfügbaren Technologien am besten zusammenführen kann.
- Erhöhte Verfügbarkeit und Zuverlässigkeit:
  Eine professionelle Überwachung der Sprach- und Datennetze durch ein proaktives Monitoring erhöht die Verfügbarkeit der ITK-Infrastruktur. Durch die Aufdeckung von Kapazitätsengpässen und schlecht konfigurierten Komponenten können Fehler zeitnah erkannt und behoben werden.
- Zugriff auf externes Fachwissen:
  Die Anforderungen wie auch die Möglichkeiten der ITK-Technik nehmen stetig zu. Der Managed Services Anbieter garantiert den Unternehmen das benötigte Fachwissen. Durch seine Fachkompetenz verfügt der Managed Services Anbieter über Know-how in neuen Technologien und kann beurteilen, ob und wie diese für das Unternehmen sinnvoll einzusetzen sind.

2.4 Managed TK-Services

Im Bereich Service Management wird heute oft Information Technology Infrastructure Library (ITIL) verwendet. Sie enthält eine umfassende und öffentlich verfügbare Dokumentation zur Planung, Erbringung und Unterstützung von Managed TK-Services.

- Service Management:
  Steuerung aller mit dem Betrieb der gesamten TK-Infrastruktur verbundenen Service-Prozesse, insbesondere das Service Level Management. Auch das Management heterogener Infrastrukturen gehört dazu.
- Availability Management:
  Sicherstellung der Netzqualität und der Verfügbarkeit der TK-Infrastruktur, gerade auch im Umfeld von VoIP-Implementierungen.
- Capacity Management:
  Überwachung und Sicherstellung der für die eigentlichen Geschäftsprozesse der Unternehmen notwendigen Netzkapazitäten.
- Financial Management:
  Ermittlung der Infrastrukturkosten (z. B. Netzbetreiber-Leistungen) und Überwachung der geplanten Zielkorridore der Budgets.
- Service Desk Services:
  Unterstützung von Mitarbeitern bei Hardware- und Softwareproblemen sowie der Benutzung von Endgeräten und Applikationen.
- Configuration Management:
  Ermittlung und Darstellung aller im Netz verfügbaren und installierten Komponenten sowie deren Release-Zustand und deren Änderungen.
- Release Management:
  Durchdachte und nach den Geschäftsprozessen der Unternehmen ausgerichtete Implementierung von neuen Systemreleases.
- Change Management:
  Durchführung und Dokumentation von Änderungen im Netz aufgrund von Kunden-, User- oder Technologieanforderungen.
- Network Control Services:
  Proaktive Überwachung aller Netzkomponenten.

Im Mittelpunkt des ITIL-Modells steht das Service Management mit den Teilbereichen Service Delivery und Service Support. Unter Service Delivery werden im ITIL Modell alle taktischen Prozesse des Service Managements beschrieben. Diese steuern die Gestaltung, Planung, Vereinbarung, Überwachung, Controlling sowie Optimierung der TK-Services. Unter Service Support werden die operativen Prozesse des Service Managements beschrieben. Diese steuern die Servicequalität unmittelbar in den Leistungserstellungsprozessen.

Die folgende Abbildung gibt eine exemplarische Übersicht über typische Managed TK-Services, die in Anlehnung an ITIL am Markt angeboten werden und proaktives End-zu-End-Management umfassen:

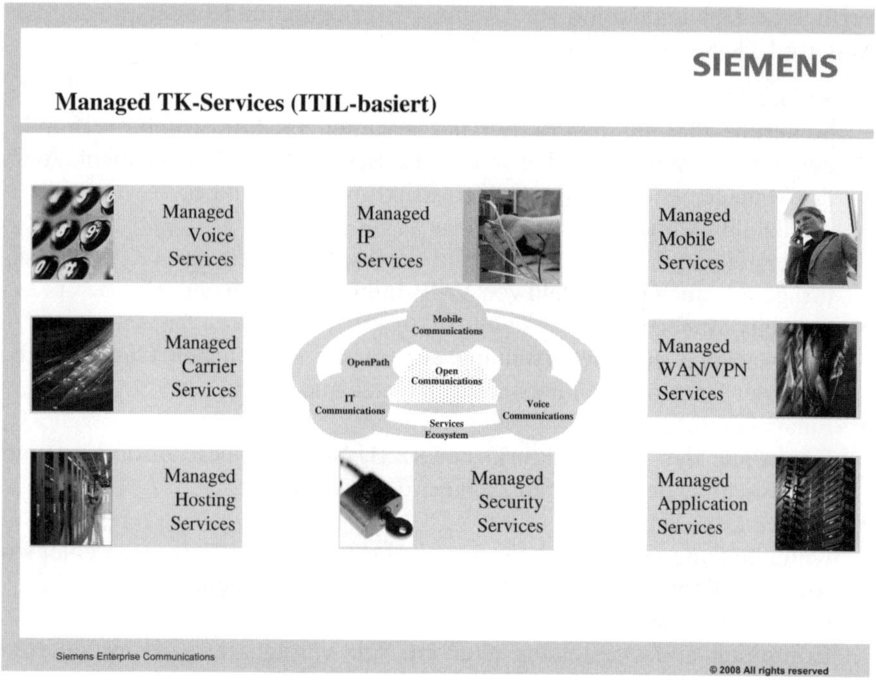

Abbildung 5-2: Managed TK-Services

2.5 Projektleitfaden Managed TK-Services

Häufig werden die Zielsetzungen in Outsourcing-Projekten nur unscharf formuliert. Das gilt auch für Vorhaben, welche TK-Services zum Inhalt haben. Oft werden die tatsächlichen Anforderungen nur unzureichend ermittelt, keine durchgängigen Konzepte erarbeitet und notwendige Entscheidungen zu langsam getroffen. Die Folge sind Projekte nach dem Trial-and-Error-Prinzip mit einem erhöhten Ressourceneinsatz und einer erhöhten Wahrscheinlichkeit des Scheiterns. Eine zielführende Unterstützung durch einen professionellen Sourcing-Berater kann an dieser Stelle sinnvoll sein.

Im Folgenden wird ein idealtypisches Vorgehen vorgestellt, wie sich Projekte zur Auslagerung bestimmter TK-Services systematisch durchführen lassen. Der dabei zugrunde liegende Prozess besteht aus den folgenden fünf Schritten:

1. Definition der Zielsetzung

Das Projekt sollte mit einer klaren Definition der Zielsetzungen beginnen. Insbesondere sollte seitens der Geschäftsführung die mit dem Projekt verbundene Erwartungshaltung kommuniziert und Ziele möglichst konkret festgelegt werden. Letzteres kann beispielsweise die Modernisierung der Sprach- und Datennetze, die Vorgabe von Kosteneinsparungen oder die Erhöhung von Verfügbarkeiten umfassen. Ein zweiter Schwerpunkt der ersten Projektphase stellt die Identifizierung geeigneter Managed TK-Services dar. Dies kann beispielsweise mit Hilfe einer Checkliste und einer damit verbundenen Potenzialabschätzung geschehen.

2. Analyse der Anforderungen

Die endgültige Entscheidung über die auszulagernden Services sollte erst nach einer eingehenden Analyse der Anforderungen und einer detaillierten TCO-Betrachtung von Eigen- vs. Fremdbetrieb erfolgen. Als Grundlage dienen neben Erhebungen in einer Due Diligence die Erstellung einer detaillierten Prozesslandkarte, entlang derer technische, organisatorische und personelle Anforderungen ermittelt und konkrete Zielvorgaben für den Dienstleister ausgearbeitet werden.

3. Auswahl geeigneter Anbieter

Die Auswahl geeigneter Anbieter ist stark von der Art der auszulagernden Managed TK-Services und den jeweiligen Anforderungen abhängig. Wichtige Kriterien sind zumeist die Prozess- und Technologie-Kompetenz, die Erfahrung des Dienstleisters (insbesondere auch Referenzen), die Marktposition und Zukunftsfähigkeit, die internationale Präsenz, ein stimmiges Preis-Leistungs-Verhältnis und ein transparentes Angebot. Aber auch übereinstimmende oder zumindest vergleichbare Unternehmensphilosophien sowie persönliche Beziehungen und gegenseitiges Vertrauen sind zunehmend entscheidende Punkte. Die Auswahl eines geeigneten Anbieters endet schließlich mit dem Abschluss eines Vertrags mit detaillierten Service Level Agreements (SLAs). Diese regeln vertraglich, welcher Service bei welchem Vorfall vom Dienstleister bereitgestellt werden muss. Eine wichtige Voraussetzung hierfür sind klar definierte Pflichten, Service-Portfolien und -Prozesse.

4. Implementierung

Mit der Implementierung wird der operative Betrieb vorbereitet. Hierunter fallen die Übernahme, Modernisierung bzw. Bereitstellung der erforderlichen TK-Infrastruktur sowie die Einführung der vereinbarten Service Level Agreements in die existierenden Serviceprozesse. Sofern kritische Personalentscheidungen mit der Auslagerung verbunden sind, ist hier mit Widerständen der Beschäftigten zu rechnen. Die frühzeitige Information, Kommunikation und Einbindung der betroffenen Mitarbeiter sind ein wesentlicher Faktor für den Erfolg des Projekts.

5. Betrieb

Was den anschließenden Betrieb angeht, so erfolgt hier die geregelte Erbringung der vereinbarten Leistungen durch den Dienstleister. In festgelegten Abständen sind Prozesse und Service Levels kritisch zu hinterfragen sowie der Dienstleister und dessen Leistungen zu evaluieren. Darüber hinaus sind Entscheidungen hinsichtlich der Relevanz neuer Technologien und möglicher Modernisierungen der eigenen Infrastruktur zu treffen. Regelmäßige Statusmeetings der Verantwortlichen des Dienstnehmers und des Dienstleisters sind unumgänglich.

3. Fallstudie

3.1 Das Unternehmen

Das Unternehmen ist einer der weltweit führenden Zulieferer der Automobilindustrie. Zu den Kernaufgaben gehören die Entwicklung und Fertigung von Gesamtfahrzeugen, Systemen, Komponenten und kompletten Modulen für die Automobilindustrie. Die Kunden stammen aus der gesamten Automotive Branche.

3.2 Anforderungen

Eine wichtige Anforderung war die Verkürzung der Bearbeitungszeit für die Lösung aller TK-Servicefälle. Durch die Auslagerung des Helpdesks sollten 70 Prozent der Service Tickets sofort lösbar sein. Eine weitere Anforderung bestand in der Verfügbarkeit eines Komplettangebots „Telefonielösung" aus einer Hand mit vollständiger GSM-Integration. GSM ist ein Mobilfunknetz-Standard, der hauptsächlich für Telefonie, aber auch für leitungs- und paketvermittelte Datenübertragung genutzt wird. Hiermit waren die Reduzierung verfügbarer Ansprechpartner sowie die technische Bündelung von Telefon, Hard- und Software verbunden. Durch die Managed TK-Services sollten Kosten in Höhe von 20 Prozent eingespart werden.

3.3 Umsetzung

Für die Realisierung der Managed TK-Services wurden eine Anforderungsanalyse sowie eine Kosten- und Nutzenbewertung durchgeführt sowie ein Pflichtenheft mit allen erforderlichen Leistungsbestandteilen erstellt. Auf Basis des Pflichtenheftes wurde ein geeigneter Anbieter mit dem benötigten Know-how ausgewählt.

Die Managed TK-Services beziehen sich auf den Unternehmensbereich »Service Support« des Automobilzulieferers und umfassen:

- Helpdesk-Services
- Telefonielösung
  - Wartung von Hardware und Software
  - User-Verwaltung
  - Carrier-Management
  - Arbeitsplatzservices

Die Managed TK-Services wurden stufenweise umgesetzt: In der ersten Stufe wurden die Helpdesk-Services ausgelagert, in der zweiten Stufe erfolgte die Realisierung der Telefonielösung mit anderen Unternehmen aus der Unternehmensgruppe. In der dritten Stufe wurde die komplette Implementierung der Services im Unternehmen umgesetzt. Im Ergebnis entstand eine technisch hochinnovative TK-Lösung, welche auch die Anforderung an eine Kosteneinsparung von 20 Prozent erfüllte. Dabei spielten die Auswahl eines geeigneten Anbieters und eines sinnvollen Betreibermodells sowie die vertragliche Gestaltung der Managed TK-Services auf Basis von Service Level Agrements (SLAs) eine erfolgsentscheidende Rolle. Die frühzeitige und kontinuierliche Kommunikation der Managed TK-Services führte schnell zu einer breiten Akzeptanz der Lösung im Unternehmen.

3.4 Fazit

Mit der Auslagerung der TK-Lösung wurde insgesamt eine höhere technische Leistung bei gleichzeitig reduzierten Kosten realisiert.

Im Rahmen der Auslagerung der Helpdesk-Lösung ließ sich die Bearbeitungszeit von Serviceaufträgen soweit verkürzen, dass 70 Prozent der Servicefälle über das Helpdesk-System sofort lösbar waren. Managed TK-Services führten zu der im Rahmen der Zielsetzung des Automobilzulieferers gewünschten Zeiteinsparung.

Als größter Qualitätsvorteil wird der erzielte Technologievorsprung eingestuft, der durch die strategische Planung und Umsetzung einer innovativen Lösung, wie die Integration von GSM-Lösungen, erzielt wurde. Auch die interne Verrechnung von Leistungen konnte umgestellt und verbessert werden.

SAP-Infrastruktur als Managed oder Remote Services

OLIVER SCHREIBER UND ULRICH MEINE

1. Einleitung

Die Vielfalt der Varianten von Dienstleistungen im Umfeld von IT-Services nimmt gerade im IT-Outsourcing weiterhin stark zu. Im Rahmen der zahlreichen Konzepte und Lösungen rund um Outsourcing-Dienstleistungen haben sich Zwischenformen und Varianten mit besonderem Nutzen für Anwender und IT-Fachabteilungen etabliert, die auf die individuellen Anforderungen und Rahmenbedingungen der Unternehmen eingehen und so eine flexible Ergänzung zu den internen IT-Serviceleistungen der Unternehmen bilden.

In Abhängigkeit von der Leistungsfähigkeit der eigenen IT-Organisation erscheinen „Remote“ oder „Managed Services“ oft besonders geeignet, um unter Nutzung vorhandener Personal- und Infrastrukturressourcen die erforderliche Qualität des IT-Supports im Hinblick auf das Unternehmen und den Endanwender zu gewährleisten.

Dabei ist der Begriff „Managed Services“ zunächst recht weitreichend und steht grundsätzlich für eine Leistung, die regelmäßig als in sich geschlossener Service mit Mehrwerten erbracht wird. In diesem Beitrag werden anhand von Systembetriebs-Dienstleistungen im Markt bestehende Formen von Managed Services dargestellt, bei denen ein Dienstleister unter Nutzung von vorhandener Rechenzentrums-Infrastruktur seitens der Kunden die Verantwortung für den Betrieb von zentralen Anwendungen übernimmt.

2. Abgrenzung von IT-Servicekonzepten

IT-Servicekonzepte sind zunächst einmal durch ihre Nachhaltigkeit charakterisiert. Einmalige Dienstleistungen sowie Projekte fallen nicht in diese Kategorie. Serviceleistungen unterstützen die IT-Organisation in der Erbringung regelmäßiger Arbeiten zur Aufrechterhaltung des IT-Betriebes. Als Managed Services werden sie dabei als abgegrenztes Leistungspaket verstanden, das klar fokussiert einen Mehrwert in Bezug auf eine festumrissene Serviceeinheit liefert. „Managed Services“ lassen sich nach unterschiedlichen Dimensionen gliedern:

Die Art der Leistungserbringung, die generell noch in unterstützend oder verantwortlich unterschieden werden kann, wird hier nicht weiter differenziert, da wir bei Managed Services immer von der verantwortlichen Übernahme von Diensten ausgehen. Ebenso könnten einige dieser Services temporär, z. B. als Urlaubsvertretung für den Systemadministrator erbracht werden, was hier ebenfalls nicht weiter betrachtet werden soll.

Hosting-Dienstleistungen klassischer Art lassen sich insofern unter dem Begriff Managed Services ebenso fassen wie die Vor-Ort Unterstützung im Bereich von Anwender-Services. Allgemein hat sich jedoch das Verständnis durchgesetzt, Managed Services als entfernte, nicht vor Ort, erbrachte Leistung

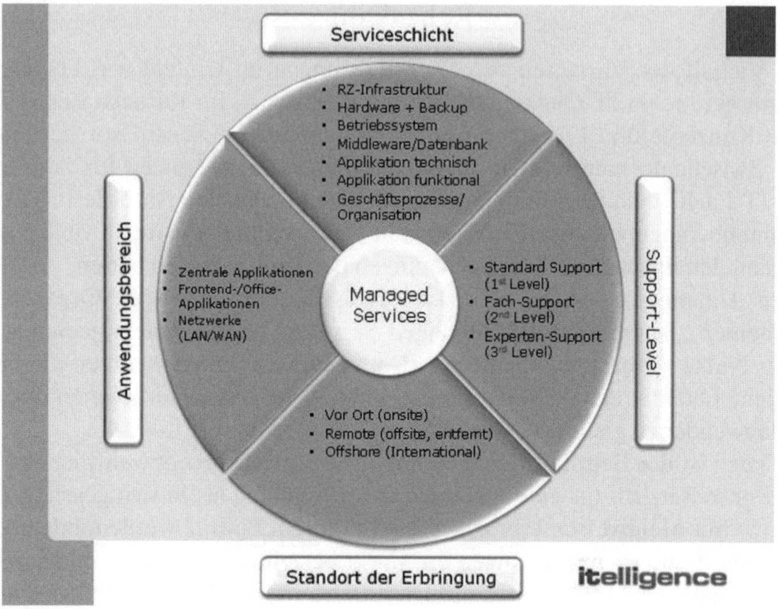

Abbildung 6-1: Dimensionen von Managed Services

zu interpretieren, weswegen im Folgenden diesbezüglich zum leichteren Verständnis auch ausschließlich von „Remote Services" gesprochen werden soll.

Nach dieser Kategorisierung von Remote Services lässt sich die Vielfalt der Möglichkeiten solcher Dienstleistungen erahnen. Vom WAN-Management über Helpdesk- und Callcenter-Services bis hin zu BPO-Angeboten (Business Process Outsourcing), beispielsweise für Personalabrechnungen, reicht die Bandbreite des Marktes und hört hier noch lange nicht auf. Diese Angebote sind nützlich, entlasten sie doch die eigene Organisation in Bereichen, die nicht unmittelbar zum Wertschöpfungsprozess des Unternehmens gehören, gleichzeitig aber eine hohe Qualität sowie vielfach eine erhebliche fachliche Qualifikation erfordern.

3. Motivation für die Nutzung von Remote Services

Es gibt verschiedene Faktoren, warum Remote Services für Unternehmen eine geeignete Form der Unterstützung ihres Geschäftes darstellen können. Neben strategischen Erwägungen kann man betriebliche, technologische und kaufmännische Aspekte differenzieren, die gemeinsam die Entscheidungsgrundlage für die Inanspruchnahme von Remote Services darstellen. Diese Kriterien sind auch die Grundlage für die Entscheidung zwischen verschiedenen Formen von

Managed Services, z. B. der Alternativentscheidung, ob ein Service selbst oder durch einen Dienstleister remote erbracht werden soll oder ob man diese Leistung komplett fremd vergibt, also entfernt bei einem Dienstleister erbringen lässt.

Grundsätzlich lassen sich damit diese drei Alternativen gegeneinander abwägen:

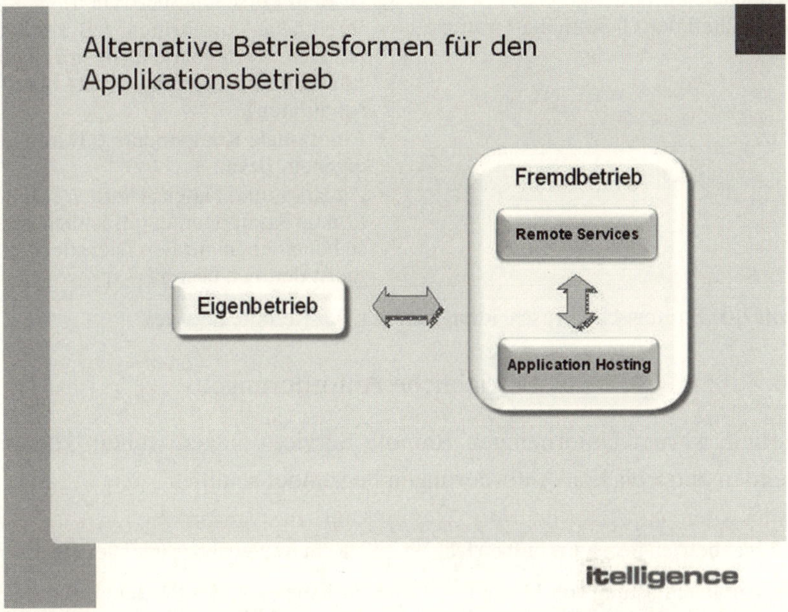

Abbildung 6-2: Alternative Betriebsformen für den Applikationsbetrieb

Im Entscheidungsprozess über Managed Services empfiehlt sich die Vorgehensweise, zuerst über die Durchführung der Administration (eigene IT oder extern) und dann über den Ort des Betriebes (eigenes RZ oder externes RZ) zu entscheiden.

Dieses Vorgehen hat verschiedene Entscheidungskriterien in ihren zwei Phasen, die in den jeweiligen Tabellen der folgenden Kapitel dargestellt sind.

3.1 Strategische Aspekte

Als strategische Aspekte einer Entscheidung über Remote Services sind vorwiegend folgende faktische und emotionale Kriterien relevant, die entweder im Entscheidungsschritt Eigenbetrieb gegenüber Fremdbetrieb oder bei der Abwägung zwischen Remote versus Hosting Betrieb eine Rolle spielen.

Beispielsweise ist ein wichtiges Kriterium für die zweite Entscheidung die Unabhängigkeit von Dienstleistern, da gegenüber einem Hostingbetrieb ein

Wechsel des Dienstleisters bei Wahl der Variante „Remote Services" einfacher und die Bindung der Vertragsverhältnisse geringer ist.

Eigenbetrieb gegen Fremdbetrieb	Remote Betrieb gegenüber Hosting
• Unabhängigkeit von einzelnen Mitarbeitern mit Expertenwissen in kritischen Bereichen • Bestandteil der IT-Sourcing-Strategie	• Unabhängigkeit von Dienstleistern • Lokale Datenverfügbarkeit für Audits (z. B. in Forschungsbereichen) • Rechtliche Vorschriften, z. B. zur lokalen Datenverfügbarkeit (in einzelnen Ländern für Rechnungswesen- oder Personaldaten) • Emotionale Komponente („Daten in eigenem Besitz") • Zugangs- und Datensicherheit (oft emotionale Komponente; tatsächlich ist diese bei einem neutralen Dienstleister meist deutlich besser)

Tabelle 6-1: Strategische Entscheidungkriterien bei Remote Services

3.2 Betriebliche Anforderungen

Kriterien, warum Unternehmen Remote Services nutzen wollen, können in folgenden betrieblichen Anforderungen begründet sein:

Eigenbetrieb gegen Fremdbetrieb	Remote Betrieb gegenüber Hosting
• Kapazitätsentlastung von IT- und Anwendungspersonal für betrieblich bedeutendere Aufgaben, wie z.B. die Betreuung der Geschäftsprozesse • Abdeckung von Randzeiten (z. B. Nachschicht, Support in der Frühschicht, ...) • Verfügbarkeit von Experten, die selbst nicht eingestellt werden können	• Abhängigkeit der Produktions- oder Lagertechnik von räumlich nahe stehenden Systemen • Absicherung von erforderlichen Mindestverfügbarkeiten, die mit eigenen Investments nicht wirtschaftlich dargestellt werden können.

Tabelle 6-2: Betriebliche Entscheidungkriterien bei Remote Services

3.3 Technologische Anforderungen

Generell kann man feststellen, dass Unternehmen in immer komplexere und höher integrierte IT-Lösungen investieren müssen, um weitere Fortschritte in der Automatisierung und Prozessverbesserung zu erzielen.

Die Möglichkeiten von Unternehmen, technologische Anforderungen moderner IT-Lösungen selbst zu erbringen, sind aber mit abnehmender Unternehmensgröße zunehmend eingeschränkt. Besonders im Mittelstand wächst also der Druck aufgrund technologischer Anforderungen, externe Leistungen im IT-Bereich in Anspruch zu nehmen, da die Komplexität der Technologien und ihrer Betreuung weiterhin stark steigen. Insbesondere spielen folgende Aspekte eine entscheidende Rolle:

Eigenbetrieb gegen Fremdbetrieb	Remote Betrieb gegenüber Hosting
• Zugang zu Spezialwissen in vielen Bereichen (Aufstellung s. u.) • Zugang zu Prozess-Know-how, Tools und Supportorganisationen im Bereich von Monitoring und Betrieb zentraler Anwendungen • Zugang zu Hersteller-Know-how und höheren Support-Levels im HW- und SW-Bereich über Support-Rahmenverträge von Dienstleistern	• Ausschluss von WAN-Ausfallrisiken gegenüber Fremdbetrieb (aber: nur für den Standort gegeben, der auch IT-Standort ist; ggf. angebundene weitere Standorte haben immer ein WAN-Risiko) • Enge, synchrone Kopplung von steuernden Systemen mit z. B. Lagertechnik und sehr hohen Bandbreiten- oder kurzen Latenzzeit-Anforderungen

Tabelle 6-3: Technologische Entscheidungkriterien bei Remote Services

Spezialwissen im Sinne dieser Kriterien sind vor allem folgende Themen:

- Anwendungstechnologie und Überwachung spezieller Anwendungen auf der systemtechnischen Ebene (bei SAP: SAP Basis)
- Datenbanken und Betriebssysteme
- Web-Anwendungen
- Betriebskonzepte für Hochverfügbarkeiten, wie z. B. Cluster oder Schatten-Datenbanken
- Virtualisierungskonzepte
- IT-Sicherheit
- Netzwerke (LAN und WAN) und Netzwerkmanagement
- Backup- und Rechenzentrums-Tools
- Schnittstellentechnologie
- weitere Technologiethemen

3.4 Kaufmännische Aspekte

In Entscheidungen über die externe Vergabe von Leistungen steht sehr oft die kaufmännische Sicht im Vordergrund, obwohl man die Qualität der eingekauften Leistung (sh. Beispielkriterien in Abschnitt 3.4 „Strategische Aspekte“) oft selbst nicht gleichartig erbringen kann. Folgende Kriterien sind kaufmännisch relevant:

Eigenbetrieb gegen Fremdbetrieb	Remote Betrieb gegenüber Hosting
• Kostengünstiger Zugang zu IT- und Betriebs-Know-how durch anteilige Nutzung von zentralen Ressourcen professioneller Dienstleister (Virtualisierung und Nutzung von „Shared Resources“); Vermeidung eigener Investitionen in Personal mit Spezialwissen • Investitionsvermeidung in Ausbildung • Investitionsvermeidung bei Tools, z. B. System-Monitoring, Helpdesk, Change Management, etc. • Planbare und regelmäßig feste Kosten • Absicherung gegen Ausfallrisiken, soweit das bei Remote Services möglich ist (Versicherungsleistung)	• Investitionsschutz und Auslastung vorhandener Investitionen in z.B. ein eigenes Rechenzentrum oder von HW-/SW-Investitionen, sofern sie für andere, zwingend lokal abzusichernde Anwendungen notwendig oder getätigt sind • Einsparung von WAN-Kosten • Investitionsvermeidung in Ausbildung (RZ-Infrastruktur, Backup, ...) • Investitionsvermeidung bei Tools und RZ-Software, z. B. Backup-SW, Monitoring-SW, Infrastruktur, etc. • Absicherung gegen Ausfallrisiken mit Verantwortung des Dienstleisters (Versicherungsleistung)

Tabelle 6-4: Kaufmännische Entscheidungkriterien bei Remote Services

3.4.1 „On-Demand“-Modelle

Die hohe Leistungsfähigkeit heutiger Server sowie die technische Entwicklung im Bereich der Virtualisierung haben einen Trend zur dynamischen Bereitstellung von Hardware und flexiblen Abrechnung entsprechender Leistung begründet. Im unternehmenseigenen Rechenzentrum lassen sich diese Möglichkeiten in kleinerem Umfang über „On-Demand“-Modelle der Hersteller abbilden (Capacity-on-Demand, Storage-on-Demand). Hardware-Kapazitäten werden dabei vom Systemhersteller bereitgestellt und in Teilen nur bei tatsächlicher Nutzung abgerechnet.

Es ist offensichtlich, dass nur temporär genutzte Kapazitäten dem eigenen Unternehmen dennoch geliefert werden müssen und insofern der Hersteller auf seine Kosten kommen muss. In diesem Modell ist daher zwar eine Kostenverteilung nach Leistungsverbrauch zu erwarten, eine tatsächliche Kostenreduktion im Vergleich zur einmaligen Beschaffung der maximal benötigten Kapazitäten aber schwerlich möglich.

IT-Dienstleister hingegen haben bei flexibel vereinbarten Abrechnungsmodellen andere Spielräume. Dort, wo große Ressourcenpools vielen Dienstnehmern bereitgestellt werden können, ist der kurzfristige Abruf von Kapazitäten, die andere Unternehmen gerade nicht nutzen, möglich. Damit kann z. B. Rechenleistung für Lastspitzen zur Verfügung gestellt werden, ohne diese Ressourcen ständig reservieren zu müssen. Dies schafft Spielräume und Einsparungspotenziale.

4. Aufgaben und Inhalte von Remote Services bei zentralen Serversystemen

4.1 Remote Services am Beispiel des SAP-Serverbetriebs

Die in Abschnitt Motivation für die Nutzung von Remote Services genannten Kriterien gelten ebenso und insbesondere für den technischen Betrieb von SAP-Systemen. Sie stellen regelmäßig die zentralen IT-Prozesse eines Unternehmens dar und bilden damit das Herzstück der eigenen Informationstechnologie. Entsprechend kritisch ist die unterbrechungsfreie Bereitstellung dieser Anwendungen.

4.2 Serviceschichten im SAP-Serverbetrieb

Der Betrieb von IT-Anwendungen lässt sich strukturiert in verschiedenen Ebenen betrachten. In jeder Ebene sind Aufgaben wahrzunehmen, die ein externer IT-Partner ganz oder teilweise übernehmen kann.

4.2.1 RZ-Infrastruktur

Typisch für Remote Services ist, dass die RZ-Infrastruktur, also das Rechenzentrum inklusive der nötigen technischen Ausstattung wie Stromversorgung, Klimatisierung, Feuerüberwachung, Sicherheit und Netzwerkinfrastruktur vom Unternehmen selbst gestellt wird. Dies beinhaltet jedoch auch eine große Verantwortung und erfordert Sorgfalt in der Bereitstellung und dem Betrieb dieser Umgebung.

4.2.2 Hardware und Backup-Infrastruktur

Hierunter fallen die für die Applikation(en) eingesetzten Server sowie weitere Systeme und Tools, soweit sie für den Betrieb der Anwendung erforderlich sind. Die Hardware wird im Zusammenhang mit Remote Services oft vom Unternehmen gestellt, was aber nicht zwingend erforderlich ist. Die Problematik der Datensicherungsumgebung wird im Abschnitt 5.3.2 erläutert.

4.2.3 Betriebssystem (OS)

Das Betriebssystem stellt eine eigene Serviceebene im Anwendungsbetrieb dar, die sinnvollerweise durch den Dienstleister betreut wird. Die Qualität der hier zu erbringenden Services bildet eine wesentliche Grundlage für die Verfügbarkeit der gesamten Umgebung. Die OS-Ebene ist üblicherweise eng verzahnt mit den Aktivitäten der nachfolgenden Ebenen. Dies kann dann anders gehandhabt werden, wenn vom Provider ausschließlich eine unterstützende Funktion in den Bereichen Datenbank und/oder SAP Basis Administration gefordert wird und die Gesamtverantwortung im Unternehmen verbleibt.

4.2.4 Datenbank

Die Datenbankaktivitäten lassen sich grundsätzlich von denen der SAP Basis Administration und Applikationsbetreuung trennen. In größeren IT-Organisationen gibt es hierfür eigene Abteilungen, die entsprechendes Expertenwissen bereitstellen. Durch die enge Verzahnung zwischen Applikation und Datenbankebene ist eine gemeinsame Betreuung insbesondere im SAP-Umfeld aber dringend geraten.

4.2.5 SAP Basis Administration

Der technische Basisbereich nimmt in SAP-Applikationen einen großen Anteil ein. Diese Komponente hat auch einen eigenen Namen – Web Application Server – bekommen. Die Betreuung erfordert hohes fachspezifisches Wissen und ist oft ein Treiber für die Auslagerung dieses und weiterer Teilbereiche des SAP-Anwendungsbetriebes.

4.2.6 Applikationsbetrieb

Während die SAP Basis Administration den ordnungsgemäßen Betrieb der technischen SAP-Plattform sicherstellt, beschreibt der Applikationsbetrieb die wiederkehrenden Tätigkeiten zur laufenden Unterstützung der betriebswirtschaftlichen Funktionalitäten von SAP. Dies beinhaltet z. B. die Job- und Schnittstellenbetreuung sowie die Beobachtung der Anwenderaktivitäten. Da diese Aufgaben bereits sehr prozessnah und damit unternehmensspezifisch sind, verbleiben sie üblicherweise in der Verantwortung der hausinternen IT-Mannschaft.

4.2.7 Applikationsmanagement

Die Steuerung einer SAP-Applikation, die Klärung und Priorisierung neuer Anforderungen und das vollständige Change-Management sind typische Tätigkeiten im Verantwortungsbereich des Dienstnehmers. Serviceanbieter können hier üblicherweise mit Fachwissen, Methodiken und Personalkapazitäten unterstützen, sollten aber nicht die zentrale Steuerung innehaben.

4.2.8 Organisation und Geschäftsprozesse

Was für das Applikationsmanagement gilt, hat umso mehr Bedeutung für die Ebene der Organisation und der Geschäftsprozesse. Dies sind die Kernkompetenzen des eigenen Unternehmens, wo ein externer Partner höchstens unterstützend tätig werden kann. Eine verantwortungsbewusste Firma kann und sollte diese Bereiche eher nicht auslagern.

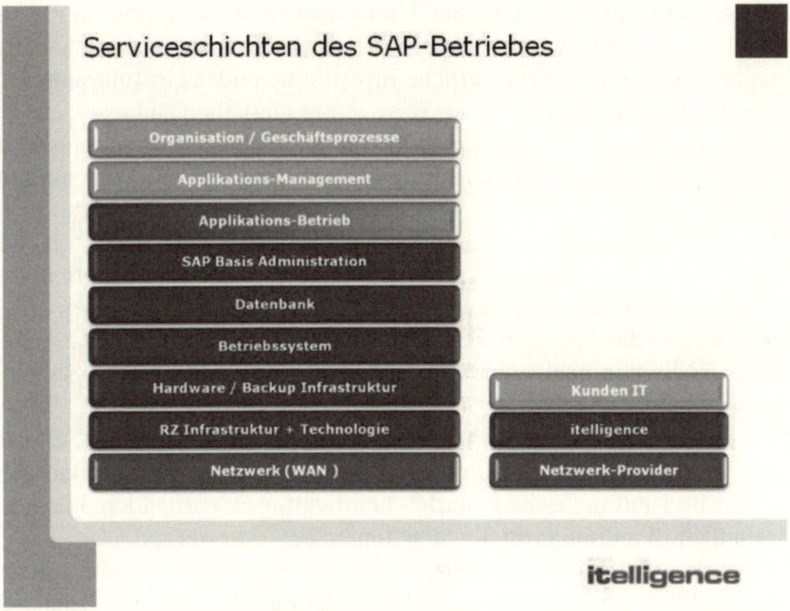

Abbildung 6-3: Serviceschichten des SAP-Betriebes

5. Erfolgsfaktoren für den Remote Service Betrieb

Der technische Betrieb bindet vielfach Personalkapazitäten in erheblichem Umfang. Vor allem aber erfordert er ein hohes Maß an fachlichem Wissen, dass oft nur bei einem einzigen Mitarbeiter - und damit nicht ausreichend - oder nicht mit dem notwendigen Praxisbezug verfügbar ist. Hier liegt die Nutzung von Managed SAP Services nahe. Steht vor Ort eine geeignete Infrastruktur in Form von Servern und RZ-Flächen bereit, bietet sich scheinbar der Einsatz von Remote Services an. Doch welche Voraussetzungen müssen noch erfüllt sein, welche Qualitäten darf ein Unternehmen erwarten und unter welchen Bedingungen ist die Wahl dieser Service-Variante eher nicht zu empfehlen?

5.1 Infrastruktur und Unternehmensprozesse

Rechenzentren seriöser Provider genügen heutzutage üblicherweise hohen Ansprüchen. Wachschutz, Brandschutzzonen mit automatischen Feuerlöscheinrichtungen, mehrfach abgesicherte Stromversorgung sowie hochwertige Datensicherungseinrichtungen und Security-Routinen sollten erwartet werden können. Auch weitergehende Anforderungen wie getrennte RZ-Standorte sind häufig erfüllbar.

Bei Remote Services muss ein Unternehmen diese Infrastruktur selbst bereitstellen. Hier gilt es, im Vorfeld die Qualität dieser RZ-Umgebung zu beurteilen und eventuell erforderliche Investitionen oder Leistungsunterschiede in die Entscheidung für Remote Services mit einfließen zu lassen.

RZ-Räumlichkeiten mit Doppelboden und Klimatisierung mit ausreichender Fläche sind im Unternehmen häufig verfügbar, ebenso unterbrechungsfreie Stromversorgungen (USV) zur Absicherung der Server. Dies reicht, je nach Relevanz der Applikation und der Verfügbarkeitsanforderungen, oft jedoch nicht aus, da USVs in der Regel kurzfristige Stromausfälle im Minutenbereich überbrücken. Wenn jedoch eine USV den Serverbetrieb für 20 Minuten sicherstellen kann und die Applikation zum Herunterfahren davon 15 Minuten benötigt, muss 5 Minuten nach einem Stromausfall ein Shutdown der Systeme eingeleitet werden.

Unterschiede existieren oft auch im Bereich des Feuerschutzes. Selten sind die im Unternehmen bestehenden Serverräume als separate Brandabschnitte ausgeführt und automatische Feuerlöscheinrichtungen vorhanden. Dann sollte eine räumliche Trennung von Serversystemen erwogen werden.

Moderne Serversysteme produzieren Abwärmemengen, welche die klassische Luftkühlung an ihre Grenzen führen. Häufig erfordert eine Neubeschaffung von Rechnern teure Nachinvestitionen im Bereich Klimatisierung.

Bei der Entscheidung für Remote Services vernachlässigt werden häufig die lokalen Gegebenheiten der Netzwerkverkabelung und des Systemzugriffsschutzes. Geeignete Redundanzen für das Campus-Netzwerk sind dringend zu empfehlen, sollen alle anderen Bemühungen für eine höhere Serververfügbarkeit an dieser Stelle nicht konterkariert werden. Gleiches gilt für den Zugriffsschutz, um ein versehentliches Abschalten von Systemen durch fachfremdes Personal zu vermeiden.

Ein wesentliches Argument bei der Entscheidungsfindung für Remote Services sind Einspareffekte bzw. eine eventuell eingeschränkte Verfügbarkeit im Bereich der WAN-Anbindung. Für einen entfernten Systemzugriff zu Administrationszwecken genügen, im Gegensatz zur Datenversorgung von ggf. vielen hundert Anwendern, kleine, preiswerte Datenverbindungen. Dies gilt allerdings nur dann, wenn auch der wesentliche Teil der Anwender zentral an einem Standort sitzt. In heutigen, dezentral organisierten Unternehmen befinden sich die meisten Anwender aber häufig aus Sicht des zentralen Server-Standortes „entfernt" und müssen über geeignet ausgelegte WAN-Verbindungen auf die Applikationen zugreifen.

5.2 Remote Services erfordern Support

Es liegt in der Natur der Sache, dass ein Dienstleister bei der Erbringung von Remote Services zwingend (und vor allem umgehend) erforderliche Vor-Ort-

Aktivitäten nicht erbringen kann. Er ist hier auf die Kooperation und Leistungsfähigkeit seines Auftraggebers angewiesen. Die heutige Servertechnologie ist in dieser Hinsicht weit fortgeschritten, so dass nahezu alle technischen Eingriffe in die Systeme über einen Remote-Zugriff möglich sind. Gerade in Situationen, wo ein Rechner nicht mehr betriebsbereit ist, kann ein Aus- und Einschalten auch ferngesteuert durchführt werden.

Dennoch bleiben Aktivitäten, die vom Unternehmen geleistet werden müssen. Störungen und Kontrollen der Netzwerkumgebung fallen in diese Kategorie genauso wie die Vor-Ort-Betreuung von Servicetechnikern der Hersteller im Falle einer Hardwarestörung. Je nach vereinbarten Servicezeiten und Systemverfügbarkeiten ist eine kurzfristige Unterstützung auch außerhalb der üblichen Bürozeiten durch die eigene Organisation zu gewährleisten. Dies ist ein Punkt, der die sonst pragmatische Variante von Remote Services häufig undurchführbar macht.

Des Weiteren ist das Handling der Speichermedien der Datensicherungsumgebung zu erbringen, was in der Regel unkritisch ist.

Um u.a. technische Konzepte und Problemlösungen eng abstimmen zu können, ist im Unternehmen in jedem Fall ein IT-erfahrener Ansprechpartner für den Service Provider erforderlich. Dessen Koordinatorenrolle ist fachlich ausgeprägter zu gestalten als in anderen Outsourcing-Servicevarianten, weil Infrastrukturfragestellungen bei Remote Services zwangsläufig eine intensivere Abstimmung erfordern.

SAP bietet mit dem kostenlosen Solution Manager ein sinnvolles Tool zur Dokumentation der gesamten SAP-Applikationen, aber auch zur Abwicklung von Support- und Change-Management-Prozessen. Eine ideale Unterstützung, um im wichtigen Umfeld der Abstimmung und Zusammenarbeit die erforderlichen Prozesse Tool-basiert zu strukturieren. Über das SAP Transport-Management-System ist ferner eine Technologie verfügbar, mit der gezielt und sorgfältig Änderungen an der Produktionsumgebung gesteuert werden können. Diese Tools machen SAP-Systeme für einen entfernten Betrieb der Applikation besonders geeignet.

5.3 Hardwaretechnologie und Tools

5.3.1 Server

Die eingesetzte Hardware muss zur Eignung für Remote Services einige wesentliche Eigenschaften erfüllen:

- Verfügbarkeit geeigneter Fernsteuerungstechnologien, wie etwa autarke Service-Boards
- Ausreichende Leistung in Hinsicht auf Rechengeschwindigkeit und Speicherkapazität

- Geeignete Qualität für die Ansprüche an die Applikationsverfügbarkeit und redundante Hardwarekomponenten
- Entsprechend abgeschlossene Wartungs-Serviceverträge

Moderne Serversysteme verfügen in der Regel über geeignete Fernsteuerungsmöglichkeiten und ermöglichen die Ausstattung mit redundanten Bauteilen, die sich im laufenden Betrieb austauschen lassen.

5.3.2 Datensicherung und weitere zentrale Servicesysteme

IT-Dienstleister verwenden in ihren Rechenzentren üblicherweise zentrale Datensicherungssysteme mit großen Tape-Robotern und Auslagerungsmöglichkeiten. Im Falle von Remote Services müssen die Unternehmen diese Infrastruktur selbst in angemessener Qualität bereit stellen.

Viele Unternehmen verfügen bereits über eine – oft auch geeignete – zentrale Infrastruktur für Datensicherungen. Bei Remote Services bedeutet dies, dass sämtliche Backups von unternehmenseigenen Mitarbeitern durchgeführt und verantwortet werden müssen, vor allem, wenn die bestehende Datensicherungsumgebung auch noch für andere, nicht in externem Service stehende Applikationen eingesetzt werden soll.

Die Steuerung solcher Komponenten (siehe auch Abschnitt Service Level Agreement) kann immer nur einer der Partner innehaben. Soll aber der Dienstleister die Datensicherung durchführen und einen Datenverlust verantwortlich ausschließen, ist eine separate Infrastruktur (Server, Datensicherungslaufwerke und Software) für die betreute Systemumgebung bereitzustellen.

Grundsätzlich sollte die Leistung der Backupsoftware sowie weiterer Komponenten wie Firewalls und Netzwerkkomponenten an den Anforderungen eines Rechenzentrumsbetriebes ausgerichtet werden. Kleine Lösungen für Backoffice-Systeme wie Mail- und Fileserver eignen sich nicht zwingend auch für die dem Dienstleister übergebene zentrale ERP-Anwendung.

5.4 Shared Services

IT-Dienstleister bieten in ihren Rechenzentren oft die Möglichkeit, gewisse Technologien oder Services anteilig (shared) zu nutzen und so erhebliche Kosten zu sparen. Verbreitet ist dies z. B. für Serverkapazitäten und Datenspeichersysteme, für Fax- und Maildienste und Archivlösungen. Diese Optionen stehen bei einer Entscheidung für Remote Services teilweise nicht oder nur eingeschränkt zur Verfügung. Es ist offensichtlich, dass sich Hardwarekapazitäten bei Remote Services nicht anteilig nutzen lassen.

In jüngster Zeit beeinflusst die technische Entwicklung im Bereich der Virtualisierung und damit die optimierte Nutzung anteiliger Ressourcen die strategische Entscheidung zur Nutzung von Managed Services intensiv. Die Verwendung von Private oder auch Public Clouds offenbart zukünftig vielfache Einsparungspotenziale. Dienstleister mit ihren Möglichkeiten der Ressourcenteilung über viele Unternehmen hinweg können diese deutlich besser ausnutzen, als dies für eine einzelne Organisation möglich wäre.

5.5 SLA-Definition und Verträge

Wesentliche Grundlage für die Erbringung von Remote-Dienstleistungen ist wie bei anderen Outsourcing-Varianten auch die Vereinbarung klar definierter Leistungs- und Qualitätseckpunkte im Service Level Agreement (SLA). Es muss zwingend Bestandteil eines jeden Vertrages sein.

5.5.1 Service Level Agreement

Nur mit Hilfe eines SLAs lassen sich eindeutig die Erwartungshaltungen und Notwendigkeiten des Remote Services Betriebes definieren. Dies vermeidet nicht nur Missverständnisse in Hinsicht auf die zu erbringende Dienstleistung, sondern bildet auch die einzige Grundlage zur Messung der erbrachten Leistung und zur Beurteilung der Servicequalität.

Sämtliche Leistungsziele und -erwartungen sind in Form von Service Leveln und mit eindeutigen Messkriterien festzuhalten. Dies beinhaltet u. a. Definitionen zur Systemleistung (Systemgröße, Anzahl), zu den Applikationsdimensionen und Speicherkapazitäten, zu Service- und Reaktionszeiten ebenso wie Vereinbarungen zu Verfügbarkeiten und Antwortzeiten.

Ein besonderes Augenmerk ist auf die Definition der SLAs bei flexiblen Abrechnungsmodellen zu werfen, sofern sie bei Managed Services zum Einsatz kommen. Es gilt, den Zusammenhang zwischen Zusage von Leistung und Antwortzeiten auf der einen und der flexiblen Bereitstellung von Rechnerleistung bei erhöhten Anforderungen auf der anderen Seite präzise abzubilden. Daher ist festzulegen, bis zu welchem Punkt die zugesagte Grundleistung des Dienstleisters greift und wo das dynamische Leistungswachstum (mit den damit verbundenen Kosten) beginnt.

Schließlich gehört zum SLA neben Qualitätsausprägungen auf jeden Fall auch eine umfangreiche Auflistung der Aktivitäten, die von den beteiligten Parteien zu erbringen sind. Sie sind der Verteilungsschlüssel für die im Vertrag inkludierten Tätigkeiten und stellen die Grundlage zur Verantwortungsabgrenzung im täglichen IT-Betrieb dar.

5.5.2 Verantwortungsabgrenzung

Jede IT-Komponente und Tätigkeit sollte hinsichtlich ihrer Verantwortung und Ausübung ausschließlich einem Partner zugeordnet sein. Zusammen mit eindeutig definierten Service Levels ist ein zuverlässiger Betrieb sicher zu stellen und gleichzeitig eine ordentliche Beurteilung der Servicequalität möglich.

Eine unscharfe Verantwortung, etwa für eine Firewall, an der beide Partner Filterregeln ändern dürfen, ist schwer umsetzbar. Kein seriöser IT-Partner kann in diesem Fall eine definierte Servicequalität zusichern und auch einhalten. Gleiches gilt bei einer geteilten Administration von Datensicherungssystemen.

Vor diesem Hintergrund wird klar, dass eine Verfügbarkeitszusage, wie sie Provider im eigenen Rechenzentrum etwa für einen Serverbetrieb leisten könnten, bei Remote-Service-Verträgen nur eingeschränkt möglich ist. Sie ist – neben einer sorgfältigen Überwachung und Administration der Systeme – eben auch abhängig von einem verlässlichen Infrastrukturumfeld inklusive Netzwerk, einer zuverlässigen Datensicherung und gegebenenfalls einer schnellen Vor-Ort Reaktion. Diese Punkte sind nur über eine vertrauensvolle Zusammenarbeit zwischen Unternehmen und Dienstleister zu erreichen und schließen eine einseitige Zusicherung in der Regel aus.

5.5.3 Zusammenarbeit zwischen den Partnern

Was kennzeichnet eine partnerschaftliche und vertrauensvolle Zusammenarbeit bei Remote Services, wo eine Abgrenzung der Verantwortung nicht so trennscharf erfolgen kann, wie beispielsweise bei einem vollständigen SAP Hosting in einem externen Rechenzentrum?

Wichtigste Voraussetzung ist das gegenseitige Kennenlernen der Teams. Namentlich bekannte Ansprechpartner auf beiden Seiten für stets enge und regelmäßige Abstimmungen sind notwendig, gerade wegen der oft großen räumlichen Trennung der zusammenarbeitenden Parteien im Vergleich zu einem vor Ort durchgeführten Projekt. Service Control Boards und entsprechende Meetings zur Bewertung der Servicequalität und zur gemeinsamen Planung künftiger Projekte sollten regelmäßig stattfinden. Die Zusammenarbeit und die Distanz werden oft unterschätzt. Gerade in Fehlersituationen kann es dann zu ungewollt hektischen Korrekturmaßnahmen kommen.

Die externe Übergabe bestimmter IT-Aufgaben und die Erwartung konkreter Servicequalitäten bedeutet nicht gleichzeitig die Abgabe der Verantwortung. Das Unternehmen bleibt in der Gesamtverantwortung des Systembetriebes und hat sie u. a. durch die sorgfältige Auswahl und Überwachung des Service Providers sicher zu stellen. Eine gemeinsame Erarbeitung von System- und Bedienkonzepten ist dabei genauso wichtig, wie eine eigenständige und sorgfältige Ausarbeitung von Testszenarien zur Sicherstellung der Qualität nach wesentlichen Konfigurationsänderungen. Schließlich ist der Anwender im Unternehmen der Experte der eigenen Applikationsprozesse.

5.6 Anforderungen an den Dienstleister – Kriterien für die Auswahl

Ein Unternehmen sollte zur Auswahl eines geeigneten Dienstleisters für Remote Services vor allem im SAP-Umfeld verschiedene Kriterien zur Bewertung vorab fest definieren. Es empfiehlt sich, für eine derartige Entscheidung eine auf diesem Gebiet spezialisierte Beratungsgesellschaft hinzuzuziehen, von denen sich in den letzten Jahren im deutschen Markt mehrere Anbieter etabliert haben.

Die wichtigsten Kriterien zur Anbieterauswahl lassen sich grob in die folgenden fünf Fragestellungen zusammenfassen:

1. Besitzt der Anbieter die passende fachliche Leistungsfähigkeit?
2. Ist der Anbieter organisatorisch entsprechend aufgestellt?
3. Passt der Anbieter zum Kunden (sogenannte weiche Faktoren)?
4. Passen die kaufmännischen Rahmenbedingungen zur Leistung?
5. Hat der Anbieter passende Referenzen?

Jede dieser Fragestellungen kann in weitere verschiedene Teilaspekte differenziert werden, die für die jeweilige Entscheidung im Einzelfall bedeutend sein können und zumindest betrachtet werden sollten:

Es ist sehr zu empfehlen, vor allem die so genannten weichen Faktoren gleichberechtigt in die Entscheidung mit einzubeziehen. Der Gesamterfolg eines selektiven Outsourcings von IT-Diensten hängt letztlich oft mehr von der Flexibilität des Anbieters und der funktionierenden Zusammenarbeit ab, als vom finalen Preisnachlass. Ebenso sollte die Gewichtung der Kriterien zueinander in angemessenem Bezug zu den zu vergebenen Diensten stehen. Bei Remote Services zum Beispiel ist die Abhängigkeit vom Anbieter sehr viel geringer als beim Application Hosting, wo sich die zentralen Anwendungen im Anbieter-Rechenzentrum befinden. Die Bedeutung der finanziellen Stabilität des Remote Services Anbieters ist viel geringer als etwa bei Hosting Services.

6. Fazit

SAP-Landschaften im Betrieb durch einen externen Dienstleister remote überwachen und administrieren zu lassen, ist eine stabile und auf hohem Qualitätsniveau verfügbare Dienstleistung. Sie kann unabhängig vom Standort in Anspruch genommen werden und viele qualitative und kaufmännische Vorteile gegenüber dem Eigenbetrieb bieten.

Die Abwägung zwischen einem Eigenbetrieb einerseits sowie einem externen SAP Hosting oder Remote Service andererseits hängt von vielen Kriterien ab, die einer sorgfältigen Prüfung und individuellen Einzelbewertung bedürfen. Bestehende rechtliche Notwendigkeiten, technische Zwänge oder getätigte hohe Investitionen in die IT-Infrastruktur sprechen für den Einsatz von Remote

Services, letztere müssen aber im Einzelfall hinsichtlich ihrer Eignung konkret geprüft werden.

Die enge Verflechtung mit den Dienstleistungen des Serviceanbieters erfordert eine jederzeit gut abgestimmte Kommunikation und Zusammenarbeit. Es bietet sich dann die Chance einer individuellen, qualitativen Ergänzung der eigenen Leistungsfähigkeit. Sind der Anbieter gewissenhaft ausgewählt und die Serviceinhalte und Qualitätserwartungen sorgfältig bestimmt, steht einer erfolgreichen Zusammenarbeit nichts im Wege. Allerdings ist die Möglichkeit, die Verantwortung für einen verpflichtenden Service Level eindeutig dem Dienstleister aufzuerlegen, in dieser Konstellation eingeschränkt. Da er keinen Einfluss u. a. auf die Zuverlässigkeit der Stromversorgung, Klimatisierung, lokale Verkabelung, physischen Vor-Ort-Aktivitäten und meist auch nicht auf den Hardware- oder Software-Support hat, kann er für die Verfügbarkeit der betreuten IT-Systeme nicht ohne Weiteres einstehen. Hier sind ausgewogene Regelungen zu finden und zu vereinbaren.

Im Entscheidungsprozess Eigenbetrieb gegenüber Fremdbetrieb dominieren in den Unternehmen zunächst Kriterien wie Zugang zu Know-how und Kapazitäten sowie die Vermeidung von Investitionen in Personal. In der folgenden zweiten Entscheidung über die Art des Fremdbetriebes – Remote Service oder Hosting – dominieren Themen wie Investitionsvermeidung in Infrastruktur und Technologie sowie emotional-strategische Faktoren und Risiko-Absicherungsaspekte. Investitionsvermeidungsüberlegungen zielen dabei zunehmend auf die Erschließung von Kostenpotenzialen durch Skaleneffekte bei der Nutzung zentraler virtueller Server- und Storagekapazitäten bei Dienstleistern mit flexiblen Abrechnungsmodellen.

Wird eine Entscheidung für einen Fremdbetrieb getroffen, sind Unternehmen jenseits der emotionalen Faktoren meist besser mit einer Hosting Lösung gestellt. Sie lässt eine klare Abgrenzung der Verantwortungen zu und oft auch eine höhere Anwenderzufriedenheit und eindeutigere Kostenvorteile. In jedem Falle bedarf es einer individuellen Analyse der Unternehmenssituation sowie einer Bewertung der Entscheidungskriterien, um eine erfolgreiche Partnerschaft mit einem Dienstleister für den SAP-Betrieb auf- und umzusetzen.

Managed Security Services

Anke Thomas

1. Einführung

Die Gewährleistung einer funktionstüchtigen und sicheren IT-Infrastruktur ist existenziell für Unternehmen und Verwaltungen. Dies erfordert ein umfassendes Sicherheitskonzept, für dessen Umsetzung oft erhebliche finanzielle und personelle Ressourcen vonnöten sind. So sind insbesondere für ein Bankunternehmen sichere Informationssysteme die Grundvoraussetzung für das Vertrauen seiner Kunden und seinen geschäftlichen Erfolg. Angesichts knapper Budgets und Sparzwänge wird in vielen Unternehmen jedoch von der Unternehmensführung und der Controlling-Abteilung jeder Kostenblock in der IT-Abteilung kritisch unter die Lupe genommen, dabei eingeschlossen die Aufwendungen für das eigene IT-Sicherheitsmanagement.

Das Kostenmanagement von IT-Sicherheit beinhaltet jedoch auch eine kontinuierliche Überprüfung, ob die internen Leistungen in diesem Bereich tatsächlich effizient und den individuellen Schutzbedürfnissen entsprechend erfolgen (können). So entsteht in Unternehmen verstärkt die strategische Überlegung, dass eigene IT-Sicherheitsmanagement durch ein Auslagern dedizierter Sicherheitsaufgaben an einen Dienstleister nachhaltig zu verbessern.

Die Spannungsfelder der Thematik „Sourcing von IT-Sicherheit", der Markt dieser Dienstleistung, relevante Motive, aber auch Chancen und Risiken einer solchen strategischen Grundsatzentscheidung werden im folgenden Beitrag betrachtet.

1.1 Option im IT-Risikomanagement: Sourcing von IT-Sicherheit

Der Trend, im Zuge einer fundierten Auslagerungsstrategie einzelne Infrastrukturaufgaben, wenn nicht sogar alle operativen IT-Aktivitäten, an externe Dienstleistungsunternehmen (Outsourcing-Provider) auszulagern, beschäftigt große wie mittelständische Unternehmen gleichermaßen. Ihr Hauptmotiv ist in der Regel die Reduzierung von Kosten. Daneben erwarten sie durch strategisches Outsourcing flexibler und effizienter arbeiten sowie ihre Geschäftsprozesse und Servicequalität verbessern zu können.

Analog zu dieser Entwicklung betrachten Unternehmen schrittweise auch die Vergabe von Teilaufgaben bzw. des gesamten IT-Sicherheitsmanagements an einen spezialisierten Dienstleister als eine Möglichkeit zur Verbesserung ihres operativen IT-Risikomanagements. Insbesondere für Organisationen, die erkannt haben, dass zwischen ihren konkreten Sicherheitsbedürfnissen und ihren eigenen Sicherheitsmaßnahmen eine erhebliche Lücke klafft, könnte dies eine sinnvolle Alternative darstellen. Immer öfter wird deshalb auch im Bereich IT-Sicherheitsmanagement die Frage „Make or Buy" erörtert, d.h. interne oder (komplette bzw. nur in Teilbereichen) externe Gewährleistung des Sicherheitsmanagements.

1.2 Definition und Markt für Managed Security Services

Für die Begriffe „Managed Security Services" (MSS) bzw. „Managed Security Service Provider" (MSSP) existieren bisher keine einheitlichen Definitionen. In einem sehr allgemeinen Verständnis können MSS-Dienste wie folgt definiert werden: „Eng zusammengefasst umfassen Managed Security Services (MSS) das Management und das Monitoring von sicherheitsrelevanten IT-Systemen. Breiter gefasst sind MSS jedoch ein Typ von Services im IT-Umfeld, die sich operativ mit der Sicherheit von IT-Systemen und IT-gestützten Prozessen befassen."[1]

Die Geschäftsmodelle von MSSP sind insgesamt sehr heterogen und reichen vom Anbieten standardisierter Dienste rund um Netzsicherheit bis hin zur Realisierung komplexer und hochsicherer Lösungen. Die als MSS angebotenen Dienstleistungen sind dabei in der Regel auf längere, zum Teil unbestimmte Zeit ausgerichtet und vor allem bei produktnahen Dienstleistungen, wie etwa Firewalls, IDS (Intrusion Detection System) etc., an den Lebenszyklus des Produktes geknüpft (vgl. Abbildung 7-1).

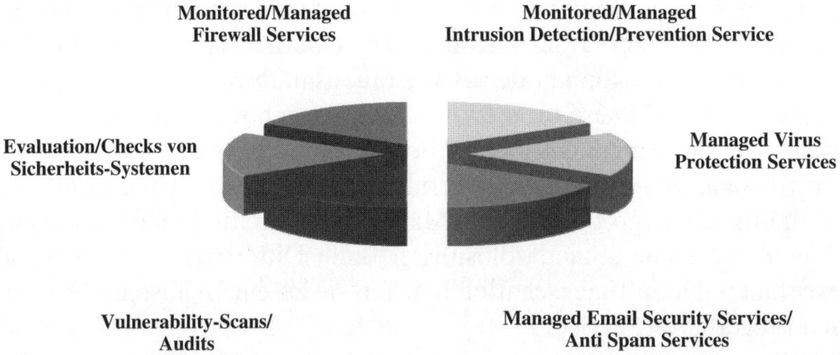

GRÜNDER CONSULTING WIR MACHEN OUTSOURCING ERFOLGREICH

Abbildung 7-1: Typische Managed Security Services[2]

Stetig nachgefragt sind weiter Wartungs- und Support-Services, Beratung sowie Implementierungs- und Integrationsdienste sowie Schwachstellen-Audits.[3] Bevorzugt werden heute noch vergleichsweise einfache und wenig individualisierte Tätigkeiten an externe Anbieter ausgelagert, wie etwa Vulnerability-Scans oder die Evaluation von Sicherheitssystemen. Services mit geringer Komplexität finden bei Unternehmen bisher die größte Akzeptanz, so dass der

1 Sunner/Bertram (2007): S. 128.

2 Vgl. ebenda: S. 129f..

3 Friedmann (2009): [Stand: 18.10.2010].

Einsatzgrad bei Virenschutzlösungen, Firewalls und Spamfiltern mittlerweile am höchsten ausgeprägt ist.

Während MSS in der frühen Marktphase von kleinen spezialisierten Anbietern in den Markt getragen wurden, dominieren in diesem Segment heute Provider, die MSS im Rahmen umfassender IT-Outsourcing-Dienstleistungsverträge erbringen bzw. als Zusatzangebot offerieren. Der Markt für MSS (neben dem Bereich Storage) stellt das wohl einzige Marktsegment in der IT dar, das von aktuellen IT-Krisen bisher kaum betroffen wurde, und ist weiterhin auf dem Vormarsch.[4]

1.3 Können IT-Sicherheitsdienste ausgelagert werden?

Sicherheit ist Vertrauenssache. Kein Unternehmen kann es sich leisten, seinen Ruf und damit seine Kunden und Geschäftspartner aufgrund mangelnder Absicherung seiner Informationsverarbeitung zu verlieren. Sein IT-Sicherheitsmanagement muss transparent, umfassend und zielgerichtet, aber auch schnell und kostengünstig realisierbar sein. Angesichts dieser Herausforderungen fällt es den Unternehmen immer schwerer, ihre IT unter diesen Prämissen in Eigenregie angemessen zu schützen. Eine Lösung scheint manchen, ihr IT-Sicherheitsmanagement oder Teile davon einem externen spezialisierten Partner anzuvertrauen. Doch können derart vertrauensintensive Aufgaben überhaupt ausgelagert werden? Diese für die Unternehmen zentrale Frage kann zunächst grundsätzlich mit einem JA beantwort werden. Sicherheitsdienstleistungen gehören nicht zu den strategischen Kernkompetenzen eines Unternehmens. Sie sind vielfältig und in großer Zahl am Markt verfügbar, für jeden frei zugänglich und bieten als solche „Standardlösungen" kein Differenzierungspotenzial für Unternehmen. Diese Eigenschaften machen sie zu einem austauschbaren und somit auslagerbaren Service.

Jedoch müssen auslagerungswillige Unternehmen für eine externe Beauftragung von IT-Sicherheitsaufgaben deutlich gesteigerte Sorgfalt auf die Ausgestaltung der Leistungs- und Berichtspflichten sowie die Sicherung von Transparenz, Maßnahmenfähigkeit und Steuerbarkeit legen.

Solange IT-Sicherheitsaufgaben ausweislich von Experten wahrgenommen werden, können sich Unternehmen auf ihre Kernkompetenzen und auf die Verbesserung ihrer Wettbewerbsfähigkeit konzentrieren. Zudem ist IT-Sicherheit zwar jedermanns Aufgabe im Unternehmen, doch aufgrund ihrer Komplexität bleibt sie eine Spezialdisziplin und als solche ein Thema für Experten, die in der Lage sind, den nötigen Rahmen, die dazugehörigen Standards, Methoden und Prozesse für die Informationssicherheit zu schaffen und effizient wahrzunehmen. Aufgrund ihrer Kenntnisse können externe Spezialisten eines Dienstleis-

4 Wendel (2009): [Stand: 19.10.2010].

ters dedizierte Tätigkeiten genauso gut oder möglicherweise besser erledigen als die eigenen Mitarbeiter.

2. Motive für das Outsourcen von IT-Sicherheitsdiensten

Beim allgemeinen IT-Outsourcing stehen neben finanziellen Erwägungen oft strategische Überlegungen im Vordergrund, wie etwa die Konzentration auf Kernkompetenzen, fehlendes Wissen sowie die Erzielung von Kosteneinsparungen. Dagegen zählen bessere Kostentransparenz, Rentabilität und die Beseitigung von Kapazitätsengpässen zu den operativen Gründen eines Outsourcings. Die Motive für eine Auslagerung bzw. Teilauslagerung von IT-Sicherheitsdienstleistungen sind im Wesentlichen gleichartig, einige weitere werden im Folgenden aufgeführt:

- Zugriff auf Spezialwissen: Viele Unternehmen verfügen nicht über ausreichend qualifiziertes Personal, um den wachsenden Sicherheitsanforderungen gerecht zu werden. Die ständige Weiterentwicklung der Technologien, neue Bedrohungspotenziale und sich rasch ändernde Kundenbedürfnisse erfordern das Wissen von Spezialisten. Durch Outsourcen haben die Unternehmen Zugriff auf gebündeltes Know-how, auf umfassende Informationen und Möglichkeiten zur frühzeitigen Bedrohungserkennung.
- Risikoverteilung: Investitionen in Technologien, Prozesse, Ressourcen für IT-Sicherheit, etc. sind für ein Unternehmen immer mit einem Risiko verbunden, insbesondere bei langfristigen Investitionsvorhaben. Externe Dienstleister übernehmen das Risiko dieser Investitionsvorhaben. Sie investieren in eine geeignete Sicherheitsinfrastruktur, um die Anforderungen mehrerer Kunden gleichzeitig erfüllen zu können und verteilen die Kosten hierfür auf mehrere Beteiligte. Daraus resultiert eine Verteilung des Kostenrisikos und das finanzielle Gesamtrisiko eines Unternehmens wird reduziert.
- Finanzplanung/Kostenkontrolle: Outsourcing bietet Unternehmen die Möglichkeit, eine moderne und professionelle IT-Sicherheitsinfrastruktur zu festen überschaubaren monatlichen Kosten zu nutzen. Eigene hohe anfängliche und andauernde Investitionen in Technologie, Einrichtungen und in den Aufbau interner Ressourcen können dadurch – je nach Grad des Outsourcings – reduziert werden. Zudem ist eine Senkung der Gesamtbetriebskosten des Unternehmens erzielbar, wenn der Dienstleister eine effiziente Überwachung und Verwaltung der implementierten Sicherheitstechnologien zu niedrigeren Kosten realisieren kann.

2.1 Für wen ist ein Sicherheits-Outsourcing empfehlenswert?

Alle Unternehmen, egal welcher Größe, sind den Gefahren und Bedrohungen für IT-Sicherheit gleichermaßen ausgesetzt. Dies bedeutet, dass sich große, mittlere und kleine Unternehmen der Herausforderung IT-Sicherheit widmen müssen und der Einbezug von Spezialwissen zur Bewältigung dieser Aufgabe für diese gleichermaßen empfehlenswert erscheint.

Insbesondere für kleine und mittlere Unternehmen könnte das Auslagern dedizierter IT-Sicherheitsaufgaben sinnvoll sein. Sie verfügen, im Gegensatz zu großen Firmen oder Konzernen, nicht über hohe finanzielle Ressourcen zur Anschaffung benötigter Technologie für eine IT-Sicherheitsinfrastruktur oder zur Einstellung qualifizierter Mitarbeiter für das Sicherheitsmanagement.

Jedoch: IT-Sicherheit und Outsourcing wollen im Markt nicht recht zueinander finden. Trotz erkennbarer Vorteile eines Sicherheits-Outsourcings fällt nach wie vor vielen Organisationen die Entscheidung für eine entsprechende Auslagerung sehr schwer. IT-Sicherheit ist sensibel und eine fehlgeschlagene Outsourcing-Initiative im Mittelstand kann eher in einer existenzbedrohenden Situation münden als für ein Großunternehmen. Dies führt dazu, dass sich der Mittelstand in diesem Bereich bislang zurückhaltend zeigt. Eine sachliche Gegenüberstellung der Chancen und Risiken bei einem Sicherheits-Outsourcing jedenfalls ist stets erforderlich.

3. Risiken

Den vielfältigen Motiven eines IT-Sicherheits-Outsourcings stehen Risikopotenziale in verschiedenen Bereichen gegenüber. Ob eine (Teil-)Auslagerung für ein Unternehmen tatsächlich vorteilhaft ist, hängt immer von der spezifischen Situation eines Unternehmens und dessen individuellen Sicherheitsbedürfnissen und -anforderungen ab. Durch eine sorgfältige Abwägung der Chancen und Risiken kann ein erstes Fazit über die Vorteilhaftigkeit oder Nachteiligkeit eines solchen Vorhabens gezogen werden. Die wichtigsten Risiken lassen sich grob in die folgenden Problemaspekte gliedern:

- Risiko des Wissen- und Personaltransfers,
- Wirtschaftliche Risiken,
- Organisatorische und prozessuale Risiken,
- Rechtliche Risiken.

- Risiko des Wissen- und Personaltransfers: Werden die Dienste eines MSSP in Anspruch genommen, hat dieser im Zuge der Erbringung seines Dienstes Zugriff auf alle sicherheitsrelevanten Informationen, wie Sicherheitsstand, Schwachstellen, etc. eines Unternehmens. Ein Verstoß gegen den Datenschutz durch den Dienstleister, z.B. durch ein öffentliches Bekanntwerden dieser Daten, birgt ein hohes Risiko- und Schadenspotenzial für das Unternehmen in sich. Ein vertrauensvoller Umgang mit diesen Daten ist daher unumgänglich und muss vertraglich abgesichert werden. Ein Verstoß gegen den Datenschutz kann allerdings originär nicht im Interesse eines MSSP sein, denn dies würde seine Vertrauensposition nachhaltig schädigen und die Grundlage seiner Geschäftstätigkeit zerstören. Entscheidend zur Beurteilung dieses Risikos durch den Dienstnehmer sind an dieser Stelle Vertrauensaspekte und weiche Faktoren, wie eine funktionierende und verlässliche Partnerschaft mit dem Dienstleister. Unternehmen fürchten auch das Risiko, im Zuge des Outsourcings kritisches betriebsinternes oder technisches Know-how durch den Übergang einzelner IT-Mitarbeiter an den Dienstleister zu verlieren, was zu einer Schwächung der Wettbewerbsposition führen könnte. Da Sicherheitsdienstleistungen überwiegend nicht zu den Kernkompetenzen eines Unternehmens gehören und Personal mit entsprechendem Wissen auf den Märkten verfügbar ist, besteht hier eine geringere Gefahr der Abhängigkeit.

- Wirtschaftliche Risiken: Eine Organisation kann durch den Bezug von MSS in seinen operativen Geschäftsprozessen von einem einzelnen Dienstleister und dessen finanzieller Verfassung abhängig werden. Auch die Gefahr einer möglichen Insolvenz des Dienstleisters ist zu berücksichtigen. Dieses Risiko wäre durch eine Auslagerung an einen solventen MSSP bzw. an mehrere Dienstleister reduzierbar, doch dem stehen zusätzliche Kosten und Schwierigkeiten beim Management dieser komplexen Vertragsbeziehungen gegenüber. Zusätzlich ist das nicht unwesentliche Risiko von Subkontraktoren zu berücksichtigen, die der MSSP eventuell selbst (verdeckt) einsetzt, um seine Dienste erbringen zu können oder zu wollen. Hier ist eine sorgsame Überprüfung erforderlich, ob die nötigen Kontroll- und Sicherungsmechanismen zur Gewährleistung des Dienstes etabliert sind.
- Shared Environment: Das Risiko einer gemeinsam mit anderen MSS-Anwendern genutzten Sicherheitsinfrastruktur, wie sie von vielen MSSP angeboten/bevorzugt wird, um ihre Dienste (für verschiedene Unternehmen zugleich) kostengünstiger zu erbringen, ist höher anzusehen als bei einer eigenbetriebenen internen Infrastruktur. Die gemeinsame Nutzung von Datenübertragungs- und -verarbeitungstechnologien durch mehrere Unternehmen, z.B. einer Firewall zur Übermittlung des Datenverkehrs an den Dienstleister, kann die Wahrscheinlichkeit erhöhen, dass ein Unternehmen Zugriff auf sensitive vertrauliche Daten eines anderen (ggf. auch Wettbewerbers) erhält.
- Hidden Costs: Immer wieder werden Kostenarten bei der Planung/Bewertung eines IT-Sicherheits-Outsourcings vernachlässigt bzw. gar nicht berücksichtigt, etwa weil sie schwer zu quantifizieren sind. Eine hinreichende

Berücksichtigung aller Aufwände ist jedoch unumgänglich, um eine aussagefähige Wirtschaftlichkeits- und Risikoanalyse als Basis eines professionellen Entscheidungsfindungsprozesses vor einem Outsourcing-Vorhaben erstellen zu können. Einige dieser versteckten Belastungen sind z.B. die Aufwände, die in der Vertragsanbahnungs- und Transitionphase stecken, sowie die durch eine unzureichend genaue Leistungsbeschreibung, in der Inflexibilität der Leistungsbeziehung oder im Zuge einer Vertragsbeendigung (Providerwechsel, Insolvenz, frühzeitiges Projektscheitern) entstehen.

- Organisatorische und prozessuale Risiken: Ein IT-Sicherheits-Outsourcing führt in der Regel zu umfassenden organisatorischen und prozessualen Veränderungen im Unternehmen. Das Ausmaß der zu treffenden Anpassungen in Organisations- und Prozessgestaltung muss daher im Vorfeld eines Outsourcings detailliert beschrieben und konkret festgelegt werden. Eine sorgfältige Gestaltung von Verantwortungs- und Kommunikationsprozessen zwischen Dienstnehmer und Dienstleister ist erfolgskritisch für die Gestaltung eines zukünftig reibungslosen und partnerschaftlichen Verhältnisses mit dem Dienstleister. Werden z.B. Verantwortlichkeiten, Leistungsparameter und Eskalationsmechanismen nicht im Vorfeld eines Outsourcings eindeutig festgelegt, führt dies später zu nicht unerheblichen Diskussionen und Reibungsverlusten aufgrund überzogener Forderungen oder enttäuschter Erwartungen.
- Rechtliche Risiken: Im Zuge der Vertragsverhandlungen zwischen Dienstnehmer und MSSP ist neben den Hauptleistungspflichten unter anderem zu regeln, wie das Monitoring der Aktivitäten des Dienstleisters zur Abnahmekontrolle der Leistung erfolgt. Dabei ist auch festzulegen, welche Sanktionen bei Nichteinhaltung bzw. Nichterfüllung vertraglicher Leistungspflichten drohen. Haftungsfragen sind ein immanenter Bestandteil des Dienstleistungsvertrages bzw. der Leistungsscheine. In der Verhandlungspraxis geben sie immer wieder Anlass für Diskussionen – gerade für kleinere Unternehmen wäre aber ein ungeregelter Schadenfall aufgrund ihrer meist eingeschränkten finanziellen Robustheit existenzbedrohend. Ein Dienstnehmer muss sich dabei die Frage stellen, ob sein künftiger Vertragspartner im Schadenfall liquid genug ist, um seinen Haftungsansprüchen entsprechen zu können. Doch in den meisten Fällen wird in den Verträgen die Haftung durch den Provider auf Vorsatz und grobe Fahrlässigkeit beschränkt. Das führt dazu, dass die Beweispflicht für ein mögliches Verschulden des MSSP beim auslagernden Untenehmen selbst liegt, für dieses jedoch in den seltensten Fällen der Beweis erbringbar ist – mit den entsprechenden Konsequenzen.

Es ist festzustellen, dass eine Make-or-Buy-Entscheidung für ein IT-Sicherheits-Outsourcing Risiken umfasst, die solchen einer herkömmlichen

IT-Sourcing-Entscheidung vergleichbar sind. Allerdings ist und bleibt eine Fremdvergabe von IT-Sicherheitsdienstleistungen an einen Dritten eine Vertrauensfrage, die von jedem Unternehmen auf individueller Grundlage zu entscheiden ist. Unter der Voraussetzung, dass es vor seiner Auslagerungsentscheidung systematisch alle Risiko- und Chancenfaktoren berücksichtigt und bewertet hat, kann erwartet werden, dass sich die geplanten Entlastungseffekte, Leistungs- und Qualitätsverbesserungen sowie Kostenvorteile einstellen. Hierbei ist externe Beratungsexpertise oft von großem Vorteil. Tragfähige Kooperations- und Beteiligungsstrategien verbunden mit entsprechenden Anreizmechanismen für den Dienstleister und zielführende Controlling-Konzepte machen die meisten Risiken des IT-Sicherheits-Sourcings beherrschbar. Hilfreich sind beispielsweise als Stufenkonzept realisierte Risikominderungsstrategien. Dabei werden anfänglich noch gewisse Sicherheitsdienstleistungen mit Eigenkapazitäten erbracht, später erfolgen aber schrittweise weitere Anpassungen in Richtung Externalisierung. Zudem lässt sich eine Risikostreuung durch das Eingehen von Vertragsbeziehungen mit mehreren Dienstleistern erzielen oder es wird ein weiterer unabhängiger Dienstleister zur Überprüfung hinzugezogen (mehrdimensionales ITO-Controlling). Ebenso für eine nachhaltige Risikokontrolle unerlässlich sind regelmäßige Überprüfungen (Audits) des MSSP, etwa um seine Professionalität, vertragswidrige Subkontraktion sowie auch die Qualität und, besonders wenn er seine IT-Sicherheitssysteme für mehrere Dienstnehmer einsetzt, die Mandantenfähigkeit seiner Infrastruktur sicher zu stellen.

Der erste Schritt zur Realisierung eines erfolgreichen IT-Sicherheits-Sourcing ist jedoch durch jedes Unternehmen selbst durch zu führen. Dies beinhaltet vor allem die Definition des Stellenwertes von IT-Sicherheit im Unternehmen, die Einplanung eines festen Budgets für Sicherheitsmaßnahmen und die Aufstellung einer geeigneten Security-Policy verbunden mit einem entsprechenden Maßnahmenkatalog. Dem Top-Management kommt dabei die Verantwortung für die IT-Sicherheit und die Schaffung notwendiger Rahmenbedingungen zu. Werden diese Maßnahmen durch einen Bezug bzw. das Auslagern dedizierter Aufgaben des IT-Sicherheitsmanagements sinnvoll unterstützt, kann das Unternehmen von einem unkalkulierbaren zu einem vertretbaren Risiko gelangen und eine tragfähige Balance zwischen Chance und Risiko finden.

4. Mögliche MSS-Modelle

Die verschiedenen im Rahmen eines IT-Sicherheits-Outsourcings möglichen Betreibermodelle unterscheiden sich neben dem Inhalt der an einen Dienstleister übertragenen Tätigkeiten vor allem durch die Tiefe der Übertragung und Wahrnehmung von Verantwortung. Entscheidend bei der erfolgreichen Inanspruchnahme von Managed Security Services ist, ob und wie das outsourcende Unternehmen sowie der MSSP je ihrer besonderen Verantwortung nachkommen.[5] Erste Voraussetzung dafür ist eine genaue Abgrenzung der Verantwortlichkeiten zwischen den beiden Partnern. Grundsätzlich sind dabei folgende Modelle möglich:

- **Eigenbetrieb:** Im klassischen Fall wird das IT-Sicherheitsmanagement vom eigenen Personal selbst ausgeführt und die Infrastruktur befindet sich in der Regel auch im unternehmenseigenen Rechenzentrum. Organisatorisch sind die verantwortlichen Mitarbeiter meistens der IT-(Sicherheits-)Abteilung des Unternehmens oder einer IT-Tochter zugehörig. Die Verantwortung liegt also intern. Unbezwingbarer Vorteil des internen Modells ist sicherlich das (intime) Insiderwissen der Mitarbeiter. Sie kennen alle Prozesse des Unternehmens, wissen genau um dessen Schwachstellen und sind in der Lage, die Sicherheitsbedürfnisse der Fachabteilungen, d.h. ihrer „Kunden“, jederzeit gut einzuschätzen. Ihr Kenntnisstand über das Unternehmen ist umfassender, als es ein externer Dienstleister je könnte. Akute Bedrohungspotenziale und Gefahrenmomente können mit diesem Kenntnisstand und Ressourcen (rasch) erkannt und unmittelbar vor Ort gelöst werden. Ein weiterer nicht zu unterschätzender Vorteil der internen Diensterbringung besteht darin, dass der (oft schlecht aufgesetzte) Prozess des Managements externer Partner, wie er im Zuge eines Outsourcings unverzichtbar ist, entfällt. Häufig sprechen auch individuelle Unternehmensbefindlichkeiten für die interne Abteilung, denn „eigene“ Leute genießen einen höheren Vertrauensbonus beim Schutz der sensitiven Daten des Unternehmens. Ferner ist es oft unerwünscht, dass ein externes Unternehmen Einblick in die eigenen Datensysteme erlangen kann. Kehrseite dieser positiven Binnensituation sind Nachteile für die IT-Sicherheit ganz allgemein, denn den Mitarbeitern fehlt oft der wichtige Rundumblick bzw. der Blick „von oben“.
- **Mix-Modell (Outtasking):** Hier übernimmt qualifiziertes externes Personal eines Sicherheitsdienstleisters von einem sicheren externen Rechenzentrum aus (Secure Operation Center – SOC) bestimmte Überwachungs- und Wartungsaufgaben für Unternehmen. In dieser Variante, auch als Outtasking bezeichnet, erfolgt die Übertragung einzelner Sicherheitstätigkeiten im Rahmen einer sicherheitsrelevanten Prozesskette. Hierzu gehören die typischen Managed Security Services, wie Monitored oder Managed Firewall/ Managed IDS. Die Appliances selbst befinden sich dabei überwiegend im Unternehmen vor Ort, nachdem sie vom MSSP auf die Anforderungen einer Fernwartung/-zugriff (Remote Access) angepasst wurden. Typisches Beispiel ist ein „sicherer“ Internet-Anschluss, der vom Provider über eine

5 Vgl. Sunner/Bertram (2007): S. 134.

Firewall mit Virenscanner bereitgestellt wird. Der Dienstnehmer kann über diese sichere Leitung (VPN) auf die zentrale Sicherheitsinfrastruktur seines Providers zugreifen und diese z.B. auch gemeinsam mit anderen Unternehmen nutzen. Oft werden beim Outtasking Services ausgegliedert, die durch die Mitarbeiter des Unternehmens selbst nicht (wirtschaftlich) erbracht werden können. Es umfasst in der Regel Tätigkeiten, die eine „rund-um-die-Uhr"-Abdeckung erfordern (z.B. Erfassung und Auswertung der Log-Dateien von IDS-Systemen) und dadurch sehr personalintensiv sind. Häufig sind auch Vulnerability-Scan-Verfahren, bei denen die Anfälligkeit eines Unternehmens für Viren- und Hacker-Attacken untersucht wird. Die Übertragung solcher Tests an externe neutrale Anbieter erscheint sinnvoll, da die eigenen Mitarbeiter bei der Erstellung eines Gutachtens über Systeme, die sie selber betreuen, befangen sind. Für Unternehmen ist ein Ausgliedern einzelner operativer IT-Sicherheitsdienste vergleichsweise einfach umsetzbar. Es greifen die klassischen Methoden des Qualitätsmanagements, in dessen Rahmen ein adäquates Reporting mit Stichprobenkontrollen der Arbeitsergebnisse des Dienstleisters zu etablieren ist. Die Verantwortung für das IT-Sicherheitsmanagement ist also eine geteilte und deshalb scharf abzugrenzen. Die Kontrollfunktion intern wird dabei typischerweise von der Organisationseinheit wahrgenommen, in deren Verantwortungsbereich die ausgegliederten Aufgaben fallen, also regelmäßig die IT-Abteilung.

- **Fremdbetrieb:** Bei dieser Variante wird nicht nur die Durchführung einzelner Tätigkeiten übertragen, ganze Unternehmensfunktionen bzw. -prozesse können zum Dienstleister wechseln. Beim Outsourcing des IT-Sicherheitsmanagements managt der MSSP zwar alle nötigen Komponenten und verantwortet alle relevanten operativen Aufgaben, die Haftung für die Sicherheit seiner IT-Infrastruktur und seiner Daten verbleibt aber weiterhin beim Unternehmen. Deshalb ist die Ausgestaltung und Abgrenzung von Verantwortung in diesem Modell besonders entscheidend. In der Regel existiert jedoch nach einer erfolgten Auslagerung keine interne Organisationseinheit mehr, die die Arbeitsergebnisse des Dienstleisters beurteilen kann. Es ist aber unverzichtbar, dass das Unternehmen auch künftig qualifiziertes Personal zur Qualitätskontrolle und Dienstleistersteuerung vorhält bzw. neu aufbaut (Retained Organisation), um im Rahmen der IT-Sicherheit seine Governance-Hoheit gegenüber dem Dienstleister behalten und wahrnehmen zu können.

Für eine sachliche Bewertung einer (Teil-)Auslagerung von IT-Sicherheitsdiensten ist es immer auch erforderlich, sich anfänglich einen realistischen Überblick über die im Rahmen des IT-Sicherheitsmanagements weiterhin intern anfallenden Tätigkeiten zu verschaffen. Ferner ist deren Einbindung in die organisatorischen und prozessualen Abläufe des Unternehmens zu überprüfen. Unter Umständen erscheint eine Übertragung bestimmter Aufgaben an einen MSSP sinnvoll, sind diese jedoch zu spezifisch und/oder mit zu vielen anderen betrieblichen Funktionen verknüpft, könnte sich eine Auslagerung als nicht vorteilhaft erweisen. Der umfassende Prozesscharakter von IT-Sicherheit erfordert zwischen dem Dienstnehmer und seinem MSSP neben einer klaren Vereinbarung über die Parameter und Inhalte der Dienste (Service Level Agreement) vor allem auch eine eindeutige Definition der Verteilung der Verantwortlichkeiten innerhalb der Sicherheits- und Eskalationsprozesse im Unternehmen.

5. Mögliche Preismodelle für Managed Security Services

Für Managed Security Services sind je nach Art des in Anspruch genommenen Services sowie Umfanges der jeweiligen Sicherheitsdienstleistung verschiedene Preismodelle möglich. Sie reichen von fixen bis flexiblen Abrechnungsmodellen, die auch miteinander gekoppelt werden können (Bündelpreise).

Typisch ist etwa die Vereinbarung von Festpreisen bei systembezogenen Services, z.B. sind die Überwachung einer Infrastruktur (Managed IDS) oder das Management einer Firewall zu einem Fixpreis möglich. Ergänzt werden kann solch ein Grundpreis je Device, z.B. bei einer Firewall, durch flexible (Preis-)Parameter wie etwa der Anzahl von Regeländerungen je Monat oder der Höhe des jeweiligen sicherheitsrelevanten Datendurchsatzes der Firewall. Hingegen haben sich im Bereich der Managed Email Security Services eher einfache und flexible Abrechnungsmodelle durchgesetzt, die sich an der Anzahl der Anwender des Unternehmens (je Monat) orientieren und die Aufwände des Dienstleisters für Hardware und Software sowie den kompletten Service und Support umfassen.

In jedem Fall jedoch sollte das Unternehmen sicherstellen, dass der MSSP sein Abrechnungsmodell transparent, verständlich und verbrauchsorientiert gestaltet.

6. Ermittlung der Sinnhaftigkeit eines IT-Sicherheitsoutsourcings

Für ein effektives Security-Management wird ein komplexes System aus Policies, Prozessen, Software und Hardware, Mitarbeitern und Fachwissen benötigt. Die Entscheidung darüber, ob Security-Services intern erbracht oder an einen externen MSS Provider teil- oder ganz ausgelagert werden, ist somit eine herausfordernde und vielschichtige Aufgabe für jedes Unternehmen. Sie muss individuell auf der Basis einer gründlichen Analyse der einzelnen Gegebenheiten und Bedürfnisse des Unternehmens getroffen werden. Eine sachliche Qualitäts- und Kostenbetrachtung sowie Transaktionskostenanalyse spielen bei dieser Entscheidung eine wichtige Rolle, stellen jedoch nur einen Teilaspekt der Gesamtanalyse dar.

6.1 Was lässt sich nicht outsourcen im Bereich IT-Sicherheit?

Outsourcing bedeutet nicht die Abgabe (Auslagerung) von Managementverantwortung. Es kann ein Unternehmen nicht aus kritischen Situationen heraus manövrieren oder unternehmensinterne Probleme lösen. Vielmehr muss das Unternehmen selbst in der Lage sein, jederzeit seine Erwartungen und Anforderungen an die benötigten IT-Services und -Prozesse zu definieren und diese an den Dienstleister kommunizieren. Nur so ist es in der Lage, ein Outsourcing aktiv zu steuern und erfolgversprechend zu gestalten.

Bei der Erwägung/Entscheidung für den Fremdbezug von MSS unterliegen Unternehmen indes zum Teil einem gefährlichen und weit verbreiteten Trugschluss: Sie glauben, im Zuge des Outsourcings sich neben der operativen Aufgabenerledigung zugleich des „lästigen“ und teuren (Verantwortungs-)Risikos für die eigene IT-Sicherheit entledigen zu können. Doch während die Überwachung oder etwa der Betrieb bestimmter Komponenten der IT-Sicherheitsinfrastruktur externalisierbar sind, können das Systemrisiko sowie die strategische und die Managementverantwortung für das Thema „IT-Sicherheit“ nicht auf Externe übertragen werden.

Ein weiteres zentrales Kriterium wird von Unternehmen gleichsam nicht gebührend berücksichtigt: Nach Abschluss des Vertrages verlassen sich zahlreiche Unternehmen vollständig, teilweise sogar blind auf ihren Dienstleister: Sie erliegen der Annahme, dass dieser jetzt alles für sie richten werde. In der Folge vernachlässigen sie u.a. die Weiterbildung ihrer ehemals für die IT-Sicherheit verantwortlichen Mitarbeiter und riskieren einen umfassenden Know-how-Verlust. Damit wird die (selbstverschuldete) Gefahr einer schleichenden Abhängigkeit vom Dienstleister in einem Bereich verstärkt, in dem existentielle Bedrohungen für das Unternehmen möglich sind.

Beim Outsourcing liegt zwar die operationale IT-Sicherheit der Infrastruktur eines Unternehmens teilweise oder ganz in den Händen eines MSSP. Aber das Unternehmen bleibt für das (administrative) IT-Risikomanagement selbst verantwortlich. Der MSSP ist nur ausführendes Organ, er bleibt stets und in jeder Situation Auftragnehmer. Zu den fortlaufenden Aufgaben des auslagernden Unternehmens gehört es also, ihm klare Weisungen und vertragliche Vorgaben zu machen und zwar im Rahmen eines intern organisierten IT-Sicherheitsmanagementprozesses. Diese Direktiven sollten – zumindest beim heutigen Stand der Technik und Controlling-Möglichkeiten – niemals in externe Hände gegeben werden. Wo sie fehlen, wird es problematisch. Der Dienstleister kann und soll im Rahmen seiner Pflichten verschiedene (Informations-)Dienste erbringen, etwa berichten, dass ein bestimmter Vorfall stattgefunden hat und wie dieser einzuordnen ist, wie auf diesen reagiert werden sollte. Doch im konkreten Schadensfall trägt er nur die vertraglich vereinbarten bzw. gesetzlichen Haftungsrisiken, z.B. grobe Fahrlässigkeit.

Das Bewusstsein für die dauerhaft intern verbleibenden administrativen Aufgaben ist in den Unternehmen verbesserungswürdig. Es spiegelt den grundsätzlichen Stellenwert des Themas IT-Sicherheit in der Wirtschaft wider. Selbst bei einer kompletten Auslagerung der IT-Sicherheit sind sie zu erfüllen und dafür zumindest Basiskenntnisse bezüglich IT-Sicherheit im Unternehmen zu erhalten.

6.2 Erfolgsfaktoren

Entscheidend für den (auch ökonomischen) Erfolg einer Partnerschaft insbesondere im MSS-Bereich sind die „weichen“ Faktoren wie Unternehmenskultur und gegenseitige Wertschätzung, denn schließlich ist eine langfristige, vertrauliche und tragfähige Zusammenarbeit sicher zu stellen. Dies bedeutet, dass beide Parteien frühzeitig ihre Ziele und Erwartungen miteinander abgleichen, um zu gewährleisten, dass von der Partnerschaft auch beide profitieren. Daneben sind einige weitere Themen erfolgsentscheidend:

- Partnerschaft: Neben der Übernahme von operativen Tätigkeiten im Rahmen der Auslagerung von IT-Sicherheitsdienstleistungen erhält der Aspekt „Managed“ im Kontext von Managed Security Services eine zusätzliche Dimension: Das Managen von Krisensituationen mit entsprechend vorbereiteten individuellen Eskalationsprozeduren. Sicherheit ist somit eine Frage des Beherrschens von Prozessen und schneller Reaktionsfähigkeit, die nur durch ein definiertes, enges und partnerschaftliches Verhältnis von Dienstnehmer und MSSP realisierbar ist. Reine Sicherheitstechnologie umfasst heute nur noch einen kleinen Anteil an einer Gesamt-IT-Sicherheitslösung.[6]
- Integration der Services: Der Anwendernutzen von Managed Security Services hängt überwiegend auch davon ab, ob sie in die bestehenden IT-Betriebsprozesse im Unternehmen erfolgreich integriert werden können.
- Branchenkenntnisse: Der Provider sollte die Geschäftsprozesse und das Branchenumfeld seines Dienstnehmers verstehen. Risiken, denen das Unternehmen in Abhängigkeit von seinem Geschäftsfeld und Informationsaustausch in seinem Netzwerk ausgesetzt ist, können dann vom Dienstleister besser verstanden, exakter eingestuft und in der Serviceerbringung berücksichtigt werden. Stehen Empfehlungen eines MSSP in direktem Zusammen-

6 Vgl. Sunner/Bertram (2007): S. 128.

hang mit den Geschäftszielen des Unternehmens, sind sie besonders hilfreich.

Die Berücksichtigung der vorstehenden Herausforderungen ist unabdingbar, um die Risiken, die ein IT-Sicherheits-Outsourcing durchaus mit sich bringt, für ein Unternehmen kalkulierbar zu gestalten. Dies erfordert ein konsequenteres Umdenken auch der MSS-Dienstleister. Sie müssen mehr leisten, als nur ihre Dienstleistungen am Markt verkaufen zu wollen: Von ihnen wird der anspruchsvolle Wandel vom reinen „Betreiber" zum beratenden und kompetenten Lösungsanbieter sowie Problemlöser erwartet. Das nötige Vertrauen der Unternehmen in das Geschäftsmodell MSS kann wachsen, externes IT-Sicherheitsmanagement sich langfristig als sinnvolle Alternative zu einem internen Modell etablieren.

7. Schlussgedanken

Ein Fremdbezug von IT-Sicherheitsdienstleistungen kann zu einer nachhaltigen Verbesserung des IT-Sicherheitsmanagements in Unternehmen und zur Senkung der Betriebskosten für die Sicherheit bei erhöhter Qualität der Dienste beitragen.

Dies ist ein anspruchsvolles Ziel. Es bedarf einer sorgfältigen, mit Umsicht und Erfahrung ausgeführten Planung im Vorfeld und eines methodisch fundierten Projektmanagements (ggf. unterstützt durch professionelle Beratung). Die Chancen und Risiken eines Security-Sourcings sind von jedem einzelnen Unternehmen umfassend zu würdigen und sorgfältig gegeneinander abzuwägen. Neben Kostenaspekten sind auch Qualitäts- und Effizienzgewinne in einer dualen Wirtschaftlichkeitsbetrachtung zu ermitteln. Besonnene Entscheidungsprozesse statt eines schnellen reaktiven Handelns erweisen sich langfristig als die erfolgreichere Strategie. Trotz fundierter Entscheidung, Outsourcing bleibt nicht ohne Risiko.

Bei der Entscheidungsfindung für ein IT-Security-Sourcing sind vor allem die Kosten relevant. Doch bei vielen bisher abgeschlossenen MSS-Verträgen zeigt sich, dass die Unternehmen mehr noch als bei klassischen IT-Outsourcing-Verträgen auf das Fachwissen, die Reputation und Kapazitäten der externen Dienstleister bauen. In diesem Zusammenhang ist es neben der primären Leistungserfüllung für die MSS-Dienstleister erfolgskritisch, das Vertrauen ihrer zukünftigen Auftraggeber zu erringen.

IT-Field-Services

MICHAEL GRÜNSCHLOß

1. Einführung

Der Begriff „Field-Service" ist heute weder in der Literatur noch in der Praxis einheitlich und genau definiert. Leistungen, die als Field-Services erbracht werden, sind Tätigkeiten vor Ort beim Anwender. Mitarbeiter im Field-Service erbringen in aller Regel Teilleistungen im Kontext eines Outsourcing- oder Outtasking-Auftrages direkt für Endanwender eines Unternehmens und ersetzen oder ergänzen dabei dessen interne Ressourcen bei Arbeiten, die aus technologischer Sicht oder auf Wunsch zwingend vor Ort zu erbringen sind.

Dieser Beitrag befasst sich mit der Thematik Field-Services im IT-Outsourcing-Kontext. Andere Ausprägungen, wie beispielsweise klassische herstellerbezogene Service-Techniker-Konzepte zur Störungsbehebung vor Ort, werden explizit nicht betrachtet.

1.1 Umfang der Field-Services

Field-Services umfassen jegliche Art von Leistungen im Rahmen der Ausführung von IT-Outsourcing-Aufträgen, die „Hands-on", also direkt vor Ort erbracht werden müssen.

Hierbei handelt es sich einerseits um technologienahe Tätigkeiten, die nicht remote erbracht werden können oder sollen, z. B. eine spezifische Router-Konfiguration oder wo eine Sicherheitsvorschrift einen Fernzugriff nicht erlaubt.

Andererseits handelt es sich um Arbeiten im Rahmen eines First Level und Second Level Supports, die von Mitarbeitern des Service-Providers beim Dienstnehmer geleistet werden, etwa wenn ein Anwender der persönlichen Unterstützung bedarf.

Je nach Interessenlage und abgestimmt auf die Bedürfnisse des Dienstnehmers im Einzelfall kann es sinnvoll sein, auch Tätigkeiten innerhalb einer Systemlandschaft durch Techniker und Administratoren des Dienstleisters vor Ort zu erbringen, selbst wenn diese über andere Wege (Remote-Zugriff) leistbar wären. Gleiches gilt für alle sonstigen Arbeiten, die sich technisch remote nicht erledigen lassen und deshalb eine direkte Ausführung oder Fehlerbehebung vor Ort notwendig machen.

Eine Leistungserbringung in Form von Field-Services wird außerdem häufig dann gewählt, wenn die durch IT zu unterstützenden Kernprozesse des Unternehmens eine sofortige, also umgehende Reaktion und das direkte, unmittelbare Zusammenwirken zwischen dem Endanwender, den Organisationseinheiten des Dienstnehmers und dem Mitarbeiter des Service-Providers notwendig machen. Dieses Modell wird häufig bei Outsourcing-Fällen in Unternehmen angewendet, die eine sehr komplexe und sich wenig wiederholende Prozesskette haben, z. B. im Bereich des Anlagenbaus oder bei Einzelfertigern, die sehr prozessnahe Applikationen und Sonderprogramme einsetzen.

1.2 Ausprägung

Bei der Ausprägung von Field-Services wird in aller Regel nach den eingesetzten Ressourcen des Providers und nach dem zeitlichen und räumlichen Umfang der Leistungserbringung unterschieden.

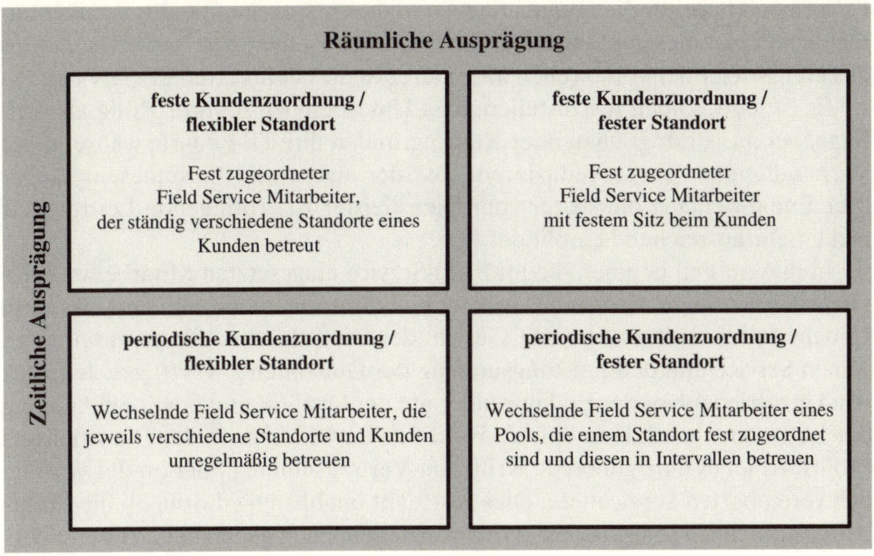

Abbildung 8-1: Ausprägung von Field-Services

Die eingesetzten Ressourcen des Dienstleisters können dedizierte (namentlich definierte) Mitarbeiter sein, denen eine bestimmte Aufgabe oder ein Aufgabenspektrum beim Dienstnehmer fest zugewiesen werden.

Im Gegensatz dazu können Field-Services im anspruchsvollen Technikbereich (u. a. Verzeichnisdienste) oder im sogenannten Commodity-Bereich (etwa bei der Fehleranalyse an einem Endgerät) von einem Mitarbeiter-Pool erbracht werden. In dieser Variante erfüllen die eingesetzten Mitarbeiter ihre Aufgaben abhängig von ihrer Verfügbarkeit und der Notwendigkeit einer Vor-Ort-Präsenz. Dabei folgt ihr Einsatz keinem vorab festgelegten Personalschema und sie sind keinem bestimmten Dienstnehmer zugeordnet.

Bei der Betrachtung des zeitlichen Umfangs von Field-Services sind sowohl der zeitlich begrenzte Einsatz von Mitarbeitern vor Ort in sich fest wiederholenden Zeitabständen als auch der permanente Einsatz von Service-Mitarbeitern vor Ort möglich.

1.2.1 Leistungsempfänger und Vertragspartner

Vertragspartner und Leistungsempfänger in einem Unternehmen sind nicht identisch. In seiner Funktion als Auftraggeber definiert ein Unternehmen als Vertragspartner (i. d. R. die IT-Abteilung, strategische IT, Einkauf) seine IT-Bedarfe, die den Umfang und die Qualität der gewünschten Services definieren. Es verhandelt weiter die nötigen SLAs und die entsprechenden Preise. Der tatsächliche Leistungsempfänger im Unternehmen ist aber der Endanwender als direkter Nutzer der vorab (eben an anderer Stelle) definierten IT-Services.

Es ist jedoch auch festzustellen, dass Unternehmen in ihrer Rolle als Auftraggeber aus strategischen oder Kostengründen ihre IT-Bedarfe während der Verhandlungen so weit reduzieren, dass der eigentliche Leistungsempfänger (der Endanwender) die später vom Dienstleister zu erbringende Leistung als nicht mehr ausreichend empfindet.

In diesem Fall nehmen die im Field-Service eingesetzten Mitarbeiter eines Dienstleisters immer eine besondere Funktion ein, denn sie sind das vom Endanwender wahrgenommene Gesicht des Dienstleisters. Sie repräsentieren seinen Service und den Leistungsumfang des Outsourcing-Vertrages. Jede Art von Unzufriedenheit der Endanwender mit der Qualität und/oder dem Umfang der Leistungen wird dann auf die Field-Service-Mitarbeiter des Dienstleisters projiziert, sei es eine generelle Kritik am Vertragsumfang oder an der vertraglich vereinbarten Servicetiefe. Dies geschieht unabhängig davon, ob die Mitarbeiter tatsächlich selbst Anlass zur Unzufriedenheit gegeben haben oder nicht.

2. Leistungsinhalte

2.1 Ausgestaltung der Leistungsinhalte

Neben dem Service Desk stellen klassische Field-Services eine weitere Schnittstelle zwischen dem IT-Endanwender im Unternehmen einerseits und dem IT-Dienstleister andererseits dar. Die Ausgestaltung der konkreten Leistungsinhalte im Bereich Field orientiert sich dabei immer an der im Unternehmen individuell bestehenden Bedarfssituation. Typischerweise stellen Field-Services den Hauptanteil der dezentral zu erbringenden IT-Leistungen innerhalb eines Outsourcing-Auftrages dar.

Wesentlich bei der Gestaltung und preislichen Betrachtung der Services ist die Tatsache, dass der Kostenaufwand für Field-Services hauptsächlich durch die Personalaufwände für die vom Dienstleister eingesetzten Mitarbeiter bestimmt wird. Je individueller und größer der Anteil einer Vor-Ort-Betreuung ist, desto höher fallen also die Kostenbeiträge für Field-Services anteilig zu den Gesamtkosten (und damit den Preis der Leistung) eines Outsourcing-Vertrages aus.

2.2 Typische Aufgabenbereiche im Field-Service

Klassische Aufgaben einer Field-Service-Organisation sind beispielsweise:

- First Level Support
- Second Level Support
- Trouble-Shooting für End- und Peripherie-Geräte (PCs, Notebooks, Beamer, etc.)
- Applikationsunterstützung
- Infrastruktur-Services (u. a. Netzwerk).

2.3 Sinnvolle Ausprägungen von Field-Services

In der Praxis besonders bewährt haben sich zwei Arten von Endanwender-orientierten Field-Services (vgl. auch Abbildung 9-1).

– **Permanente Vor-Ort Betreuung:**
Zum einen gibt es die permanente Vor-Ort Betreuung eines Dienstnehmerstandortes durch fest zugeordnete Betreuer. In diesem Fall agiert der Servicemitarbeiter aus den Räumlichkeiten des Dienstnehmers heraus und hat dort seinen festen Standort und Arbeitsplatz. Diese Variante wird häufig von Unternehmen mit vielen großen dezentralen Niederlassungen und Standorten gewählt. Zu deren IT-Versorgung wird eine Betreuungsstruktur vereinbart, die sich meist regional und an der Größe und Endanwenderanzahl je Standort orientiert.

Die im Field-Service eingesetzten Mitarbeiter übernehmen dabei im Zusammenspiel mit einem zentralen Service Desk die Rundum-Betreuung der IT-Anwender. Sie koordinieren und steuern die notwendigen IT-Ressourcen, die zur Lösung von Anwendungsproblemen oder technischen Störungen notwendig sind. Aus Sicht des Endanwenders übernehmen sie die Rolle des „Kümmerers", der namentlich und persönlich bekannt ist und der sich ihrer IT-Probleme annimmt.

– **Zeitlich befristete, unregelmäßige Vor-Ort Betreuung:**
Die zweite, in der Praxis häufiger anzutreffende Variante ist die zeitlich befristete, unregelmäßige Vor-Ort Betreuung durch eine Field-Service-Organisation, die als Personal- oder Know-how-Pool aufgestellt ist. Diese Form kommt oft dann zur Anwendung, wenn die Größe eines zu betreuenden Standortes aus Kostengründen keine permanente Vor-Ort Betreuung durch einen Dienstleister zulässt.

Qualifizierte Mitarbeiter werden dabei in Know-how-orientierten Technologie-Pools oder als Shared Service Ressourcen zur Versorgung und Betreuung verschiedener Dienstnehmer eingesetzt, was zu einem vorteilhafteren Kostenverhältnis von Ressourcennutzung und -einsatz beiträgt.

3. Field-Services aus Sicht des Dienstnehmers

Unternehmen, die sich für ein IT-Outsourcing in Teilen oder insgesamt entscheiden, erwarten beste Leistungen zu optimalen Preisen. Sie tragen damit dem Umstand Rechnung, dass der Betrieb von IT-Systemen in der Regel nicht zum Kernprozess eines Unternehmens gehört oder sich die permanent steigende Komplexität einer modernen IT wirtschaftlich durch eigenes Personal nicht mehr erbringen lässt.

3.1 Erwartungen

Die Erwartungen an den mit der Erbringung der Field-Services beauftragten Dienstleister sind klar. Der Dienstnehmer erwartet eine optimale, kostenoptimierte Leistungserfüllung bei vollständiger Einhaltung der vereinbarten Service Level mit folgenden Prämissen:

- Jederzeit aktueller technischer Ausbildungsstand der im Field-Service eingesetzten Mitarbeiter
- Hohe Dienstleistungs- und Serviceorientierung
- Einhaltung der vereinbarten Prozesse
- Umsetzung und Anwendung vereinbarter Standards (z. B. Durchsetzung bestehender Policies durch den Provider) gegenüber und innerhalb der Organisation
- Volle Integration in die Organisation des Dienstnehmers unter Wahrung des externen Dienstleisterstatus.

Der Dienstnehmer als Auftraggeber hat gegenüber dem Dienstleister als Auftragnehmer zudem das besondere Interesse, über die Field-Service-Organisation des Anbieters Hinweise auf weitere Optimierungspotenziale im Bereich der IT zu erhalten. Neben den wirtschaftlichen Aspekten beinhaltet dies vor allem Hinweise und Vorschläge, z. B. für technologische Innovationen, welche die Geschäftsprozesse noch besser unterstützen könnten.

3.2 Erwartungen des Leistungsempfängers

Wie bereits ausgeführt (vgl. Kapitel 1.2.1), sind Vertragspartner und Leistungsempfänger oftmals nicht identisch in ihren Rollen und Funktionen. Deutlich werden der Unterschied zwischen den beiden Rollen und der damit häufig verbundene Widerspruch in den Erwartungen an einem Beispiel:

Der kaufmännische Leiter eines Kunden wird in seiner Rolle als Vertragspartner die Service Level und die damit verbundenen Aufwände besonders hart unter Kostenoptimierungsgesichtspunkten verhandeln und dabei den individuellen Betreuungsgrad durch einen Field-Service als untergeordnete Größe zugunsten eines reduzierten Servicepreises definieren. Indes wird er eine komplett andere Erwartungshaltung zeigen, wenn er in seiner Rolle als Anwender (Leistungsempfänger) ein IT-Problem hat und die Lösung dieses eigenen Problems vom Field-Service dringend erwartet.

Der Endanwender als Leistungsempfänger der von anderen Funktionen für ihn ausgehandelten Service Level und Leistungen wird seine individuellen Interessen immer über die unternehmensweit geltenden Standards stellen, sofern er subjektiv andere Dinge erwartet. Maßstab ist dann die typische Äußerung: „Ich brauche das .... um meine Hauptaufgabe zu erledigen. Alles andere interessiert mich nicht."

In solch einem Fall ist eine weitere typische Fähigkeit eines guten Field-Service-Mitarbeiters gefragt. Er muss in geeigneter und freundlicher Weise dem Endanwender verdeutlichen, welche Leistungen er erbringen kann und darf sowie welche nicht, und dies, ohne den Endanwender vor den Kopf zu stoßen.

3.3 Field-Services als externer „Enabler" der internen IT-Strategie – Erwartung

Ein typischer Field-Service-Mitarbeiter kann sehr schnell zum „Enabler" der IT-Strategie eines Unternehmens werden. Dies zeigt sich an folgendem Beispiel:

Alle Entscheidungen im Unternehmensumfeld zur IT-Strategie eines Unternehmens werden zumeist zentral getroffen. Sie sind entweder bei Verhandlung und Vergabe des IT-Outsourcing-Auftrages bereits klar strukturiert vorhanden oder wurden in Vorbereitung des Ausschreibungsprozesses, oft unter Zuhilfenahme externer Berater, entwickelt.

Häufig unterbleibt jedoch ein wichtiger Umsetzungsschritt. Die beschlossene IT-Strategie wird vom Unternehmen nicht in die eigene Organisation hinein kommuniziert und nicht oder nur rudimentär erläutert. Dies führt dazu, dass die Endanwender die Konsequenzen einer gefassten IT-Strategie erst durch den Outsourcing-Dienstleister und im besonderen Fall durch den Field-Service bei Umsetzung und Implementierung der an den Dienstleister vergebenen IT-Prozesse zu spüren bekommen.

In diesem Fall sind die Fähigkeiten der Field-Service-Mitarbeiter gefragt, in die Organisation des Kunden hinein positiv die Umsetzung der IT-Strategie zu bewirken und gleichzeitig eine höchstmögliche Zufriedenheit der Endanwender zu erreichen, die wiederum maßgeblich zum Gesamterfolg eines IT-Outsourcings beiträgt. Somit stellt eine Field-Service-Organisation immer auch ein wesentliches Element zur Erreichung und Einhaltung der internen IT-Strategie des Kunden dar.

4. Der Field-Service aus Sicht des Dienstleisters

Gute und erfolgreiche Field-Service-Organisationen vereinen breites technisches Wissen, einen hohen Ausbildungsstand und die Fähigkeit, unter Druck strukturiert und zielorientiert Problemlösungen vorzunehmen. Sie sind weiterhin in der Lage, dies kundenorientiert und mit dem entsprechenden Gefühl für den Endanwender zu tun.

Für den Dienstleister ist eine gut strukturierte und funktionierende Field-Service-Organisation ein wesentliches Motiv, sein Leistungsangebot zu verbreitern und die Leistungstiefe zu erhöhen. Der Dienstleister ist mit ihr in der Lage, seinen Kunden ein volles Spektrum an IT-Leistungen anzubieten.

4.1 Interessen des Anbieters/Leistungserbringers

Aufbau und Steuerung einer Field-Service-Organisation bei einem IT-Dienstleister werden sich daran orientieren, geeignete Mitarbeiter in die jeweilige Kundensituation entsenden zu können. Dabei trifft man beim typischen Field-Service-Mitarbeiter meist nicht auf den hochspezialisierten Technikfachmann, sondern auf den Endanwender-orientierten Allrounder, der Visitenkarte und Vertreter des Dienstleisters gegenüber der Kundenorganisation sein kann.

Der Anbieter hat dabei das Interesse, seinen Kundenauftrag optimal und kostengünstig im Rahmen der ursprünglichen Kostenkalkulation abzuwickeln. Gleichzeitig hat die Field-Service-Organisation, wie oben erwähnt, auch maßgeblich die Kundenzufriedenheit mit zu verantworten.

Zusätzlich ist jeder Mitarbeiter einer Field-Service-Organisation immer und jederzeit auch vertrieblich aktiv. Ein guter Field-Service-Mitarbeiter wird immer erkennen, wo noch Optimierungspotenziale bei den eigenen Leistungen zur Serviceerbringung bestehen. Außerdem registriert er zielgerichtet, welche weiteren Potenziale auf Kundenseite vorhanden sind und wird den vertrieblichen Kundenbetreuer darüber in Kenntnis setzen und zusätzliche Leistungsangebote initiieren.

4.2 Umsetzung der Kundenvorgaben

Die Field-Service-Organisation ist für die Erfüllung der Vorgaben aus den vertraglichen SLA-Inhalten des Outsourcing-Auftrags mit verantwortlich. Besonders vor Ort in der direkten Kundenumgebung, eingebettet in die Organisation des Kunden und im täglichen Umgang mit den Endanwendern, ist die richtige und korrekte Umsetzung der Kundenvorgaben Grundlage für die Vertragserfüllung. Der Kundenvertrag definiert dabei genau die Leistungstiefe und den Leistungsumfang, den die Field-Service-Organisation liefern soll. Die Umsetzung dieser Vorgaben in einen Service, den der Endanwender als gut und persönlich zufriedenstellend empfindet, ist die Herausforderung an die Mitarbeiter der Field-Service-Organisation.

Hervorzuheben gilt hier in besonderem Maße, dass die Bewertung der Kriterien „gut" und „persönlich zufriedenstellend" subjektive Wertmaßstäbe sind, die nicht mit eindeutigen Kriterien messbar sind. Trotzdem ergibt die Summe der subjektiven Einzelmeinungen der Anwender die gesamte Anwenderzufriedenheit, die z. B. in regelmäßigen Benutzerumfragen zur Messung der Leistungserfüllung als Kriterium herangezogen wird.

Aus Sicht des Dienstleisters sind die Kundenvorgaben dann gut erfüllt, wenn die vorhandenen Budgets optimal ausgenutzt werden, die vereinbarten Service Level eingehalten werden können und die Kundenzufriedenheit, die ja eigentlich eine Endanwenderzufriedenheit ist, gegeben ist.

4.3 „Anwalt" des Anwenders

In der Praxis ist immer wieder ein spezieller Typ des Field-Service-Mitarbeiters anzutreffen; der „Anwalt des Endanwenders". Er setzt sich im Rahmen seiner Möglichkeiten unter Ausnutzung aller ihm zur Leistungserbringung zur Verfügung gestellten Möglichkeiten so stark für den Endanwender ein, dass er beinahe eine „Anwaltsrolle" übernimmt. Er betrachtet die Endanwender als seine Anwender und Kunden und wird nichts unversucht lassen, bis seine Kunden zufrieden gestellt sind.

Dazu wird er in der Regel auch sehr offen und kritisch Hinweise, Anforderungen und Veränderungsvorschläge an seine eigene Dienstleisterorganisation geben, häufig mit dem Ziel, Optimierungen und Verbesserungen für seine Endanwender über den Dienstleister als Vertrags- und Gesprächspartner an die Kundenorganisation zu adressieren. Der Field-Service bildet in diesem Fall einen weiteren Kommunikationskanal zwischen dem Endanwender und seiner Kundenorganisation unter Ausnutzung anderer, aus Kundensicht informeller Kommunikationswege.

Dieser häufig konfliktreiche Versuch zeigt zum einen die Verbundenheit des Field-Service-Mitarbeiters mit dem Kunden, kann aber andererseits auch problematisch werden, sofern es zu Interessenkonflikten des Field-Service-Mitarbeiters zwischen seinen Aufgaben und Vorgaben durch den Dienstleister und der Wahrnehmung der Interessen für seine Endanwender geht.

4.4 „Vertreter" des Auftragnehmers

Als Schnittstelle zwischen Kunde und Dienstleister ist der Field-Service der für die Kundenorganisation sichtbare und wahrnehmbare Vertreter des Dienstleisters, der personifiziert auftritt. Er steht für den Anbieter und ist „Visitenkarte" und Aushängeschild. Auftreten, Kommunikationsfähigkeit, Einfühlungsvermögen, aber auch Kostenbewusstsein und das Erkennen von Veränderungs- und Optimierungspotenzialen zeichnen eine gut funktionierende Field-Service-Organisation aus. Sie ist täglich im direkten Kundenkontakt und wird damit auch zu einem wichtigen Marketinginstrument des Dienstleisters.

Gut funktionierende Leistungen, insbesondere im Infrastrukturumfeld werden vom Endanwender als selbstverständlich erwartet und nicht besonders wahrgenommen. Das Gegenteil ist der Fall, wenn eine Störung auftritt und die Arbeitsfähigkeit des Endanwenders eingeschränkt ist.

Hier kann der Field-Service durch entsprechendes Einwirken und transparente Kommunikation im Laufe der Zeit ein Bewusstsein für die Qualität der erbrachten Leistungen des Dienstleisters schaffen, in dem er einfach und verständlich im Rahmen seiner täglichen Arbeit erläutert, welche permanenten Anstrengungen notwendig sind und erbracht werden, um diesen selbstverständlichen Zustand der funktionieren IT dauerhaft und stabil herbei zu führen.

Alles in allem hat die Field-Service-Organisation die Funktion eines flexiblen Gelenks zwischen der Kundenorganisation und dem Dienstleister. Ein guter Field-Service-Mitarbeiter balanciert dabei die Interessen des Endanwenders und seine klaren Dienstleistungsaufgaben sehr ausgewogen, ohne die Interessen seines Arbeitgebers, des Dienstleisters, zu vernachlässigen.

5. Abrechnungsmodelle

Die Abrechnung von Field-Service-Leistungen bietet verschiedene grundsätzliche Modelle. Diese sind unter anderem:

Pauschale Abrechnung

- Arbeitsplatzbezogene Pauschalen
- Standortbezogene Pauschalen
- Servicepauschale

Aufwandsbezogene Abrechnung

- Preis je Servicefall
- Material- und Zeitaufwand auf Nachweis
- sonst. Verrechnungseinheit innerhalb eines Festbudgets.

Exemplarisch sollen hier die „Arbeitsplatzbezogene Pauschale“ und die Abrechnung als „Material- und Zeitaufwand auf Nachweis“ näher betrachtet werden.

Bei der „Arbeitsplatzbezogenen Pauschale“ ist die Verrechnung des Field-Services nicht mehr zwingend transparent als Preisbestandteil einzeln sichtbar. In vielen Fällen werden die Field-Service-Tätigkeiten als Kalkulationsbestandteil des gesamten anwenderbezogenen Supports einkalkuliert. Alternativ kann auch der Field-Service mit einem Pauschalpreis pro Monat ausgewiesen werden. Beide Varianten haben den Vorteil, dass der Vor-Ort-Support für den Endanwender sofort und ohne vorherige, aufwändige Genehmigungs- und Freigabeprozeduren durchgeführt werden kann. Ebenfalls sinkt die Hemmschwelle der Anwender, sich an den Field-Support mit Anfragen und Unterstützungsverlangen zu wenden, da keine Rechtfertigung der im Einzelfall verursachten Kosten zu befürchten ist.

Für den Dienstleister ist die „Arbeitsplatzbezogene Pauschale" schwieriger zu kalkulieren. Da die Endanwender die unlimitierte und wenig kontrollierte Zugriffsmöglichkeit auf den Field-Service haben, wird dieser im Zweifel häufiger und intensiver als vielleicht notwendig in Anspruch genommen. Es obliegt in diesem Fall besonders der Fähigkeit der Field-Service-Mitarbeiter, die Balance zwischen vollem Endanwendersupport und dem Verfolgen jeder nicht notwendigen und nicht unbedingt im Service Level enthaltenen Anfrage zu finden und zu halten. Diesen nicht vermeidbaren Umstand wird der Dienstleister bei der Kalkulation grundsätzlich berücksichtigen und entsprechend mit einem Risikoaufschlag versehen.

Da einige Unternehmen die Gesamtkosten durch Vermeidung zu allgemein gefasster Pauschalen reduzieren wollen, findet man in Outsourcing-Verträgen auch immer wieder die Abrechnung nach „Aufwand der benötigten Material- und Zeitaufwände". Allerdings bringt diese Methode nur vordergründig Vorteile mit sich. Obwohl Kunde und Dienstleister die Möglichkeit einer fairen und transparenten Abrechnung der tatsächlichen Aufwände haben, ist dieses Verfahren extrem aufwändig in der Abrechnungspraxis. Zum einen ist jeder Servicefall mit erheblichen Dokumentationspflichten verbunden, zum anderen wird es in vielen Fällen nachträglich Diskussionen bei der Prüfung der verbrauchten Zeiten und des Materials zwischen dem Kunden und dem Dienstleister über die Angemessenheit der Aufwände kommen.

Desweiteren wird die Zufriedenheit des Endanwenders im Laufe der Zeit sinken, da die Rechtfertigungspflichten für die verursachten Kosten eher dazu führen wird, dass so lange wie möglich eine Supportanfrage an den Field-Service vermieden wird. Dies führt in vielen Fällen dann zu unproduktiven Zeiten und geht am Sinn eines professionellen Outsourcings vorbei, da sich der Endanwender mit Themen beschäftigt, für die er weder ausgebildet ist, noch wirklich Zeit hat.

Es macht also Sinn, sich der Frage nach der passenden Abrechnungsmethode von Field-Services bereits im Vorfeld, also bei der Ausverhandlung des Vertrages zu stellen und Vor- und Nachteile nüchtern abzuwägen. In jedem Fall werden eine transparente Dokumentation und ein offener und fairer Umgang zwischen Dienstleister und Kunde viele Unsicherheiten und Konfliktpotentiale im Nachgang vermeiden.

6. Zusammenfassung

Field-Services stellen einen wesentlichen Leistungsprozess im Rahmen eines IT-Outsourcings dar. Es handelt sich dabei nicht um eine reine Make-or-Buy Entscheidung für den Vor-Ort-Support, sondern um eine wichtige Funktion im Rahmen eines Gesamt-Outsourcings. Die Mitarbeiter des Dienstleisters, die Field-Service-Funktionen für Kunden erbringen, repräsentieren dabei in einem besonderen Maße den Dienstleister und sind das „Gesicht", das für den Outsourcing-Dienstleister und dessen Qualität steht.

Als Gelenkfunktion zwischen Endanwender und Dienstleister übernehmen diese Mitarbeiter eine wichtige Rolle bei der Durchsetzung von Standards im Rahmen der IT-Strategie des Kunden. Sie müssen diese gegenüber dem Endanwender vertreten, ohne an deren Gestaltung beteiligt gewesen zu sein. Als Teil des Leistungsprozesses für den Kunden arbeiten sie permanent oder zeitweise in dessen Organisation und haben dadurch einen erheblichen Einblick in die betrieblichen Abläufe des Kunden. Field-Services sind ein wesentlicher und wichtiger Baustein bei der Leistungserbringung für ein IT-Outsourcing.

Application Management Services

PATRICK PRASHANTHA RAO UND DIRK BORCHERS

1. Einführung

Veränderung ist eine Konstante. Auch Softwareanwendungen benötigen genauso viele Upgrades, wie auf den Anwender Veränderungen einwirken. Spätestens, wenn eine Anwendung vom funktionalen Standpunkt betrachtet den idealen Zustand erreicht hat, treten immer wieder externe Faktoren auf, die Upgrades, also Veränderungen, der Anwendung erforderlich machen, wie z.B. neue Technologien, verbesserte Hardware, multiple Plattformen, tiefergehende Kenntnisse des Anwenders, fortschrittlichere Visualisierungstechniken oder auch höhere Anforderungen an die Performance und Robustheit der Applikation.

Im Konflikt dazu steht das Ziel der Kostenoptimierung. Dabei besteht die größte Herausforderung darin, die richtige Balance zwischen Applikationsmanagement und Kerngeschäftsfunktionen zu finden, ohne die Betriebsbereitschaft der Anwendungen zu gefährden. Dieser Herausforderung müssen sich alle Unternehmen stellen, egal wie groß oder klein sie sind und wie gut oder schlecht ihre Applikationen laufen.

Schon seit über einem Jahrzehnt treffen Unternehmensführer daher immer öfter die Entscheidung, Application Management Services (AMS) outzusourcen mit dem Ziel, Kosten zu verringern, die Produktivität der Applikationen zu erhöhen und natürlich auch, um den Fokus ihrer Tätigkeit verstärkt auf das Kerngeschäft richten zu können. Vor allem letzterer Punkt hat sich für viele Unternehmen als vorteilhaft erwiesen.

So besteht kein Zweifel, dass das Outsourcen von AMS zu den wichtigsten strategischen Entscheidungen von Organisationen gehört. Jede neue strategische Initiative wirft jedoch Fragen auf und birgt Ungewissheiten und Risiken, dies insbesondere, wenn man sich dieser Herausforderung zum ersten Mal stellt.

2. Definitorische Abgrenzung und Gründe für AMS-Outsourcing

Die folgenden beiden Abschnitte widmen sich der begrifflichen Abgrenzung von Outsourcing und Application Management Services sowie der Darstellung von Gründen für das Outsourcen von AM Services.

2.1 Outsourcing und AMS: Definition

Unter Application Management Services versteht man umfassende Dienstleistungen rund um den gesamten Lebenszyklus einer Applikation – von der Idee bis zur Ablösung. Dies umfasst neben Anwendungssupport und -pflege auch kleinere Erweiterungen bzw. Verbesserungen der Softwareanwendung.

Im Regelfall werden AM Services dabei von einer eigenen spezialisierten Organisationseinheit innerhalb der IT-Abteilung eines Anwenderunternehmens erbracht.

Outsourcing umfasst die Auslagerung von Geschäftsfunktionen, die üblicherweise zuvor überwiegend im eigenen Hause erbracht worden hin zu einem externen Anbieter.[1]

AMS Outsourcing als Kombination von Outsourcing und AM Services ist eine Vereinbarung zwischen einem Unternehmen, das eine Anwendung besitzt und einem auf Application Management Services spezialisierten Anbieter, bestimmte Applikationsdienste zu erbringen. Die vom Dienstleister zu erbringenden AM Services variieren dabei von Vereinbarung zu Vereinbarung. In strategischen Outsourcing-Verträgen für AMS ist Anwendungsentwicklung ein Hauptbestandteil.

2.2 Gründe für AMS Outsourcing

Es gibt verschiedene Gründe, die für ein Outsourcen von Application Management Services sprechen. Die drei wichtigsten sind diese:

- Höhere Fokussierung auf das Kerngeschäft und Konzentration der unternehmenseigenen Ressourcen auf die Steigerung von Umsatz und Marktanteilen
- Erhöhung der Verlässlichkeit und Verfügbarkeit der Applikationen durch die Erbringung von AMS-Services von einem professionellen Dienstleister sowie
- Verbesserung von Applikationssupport und -produktivität.

Indes gilt auch für das Outsourcen von AMS „A Dollar not spent is a Dollar saved". So kann beim Offshoring in ein Entwicklungsland (d.h. Outsourcing nach Übersee, z.B. nach China oder Indien) das Einsparungspotenzial mit Blick auf die Kosten zunächst sehr attraktiv erscheinen. Jedoch sollte der Fokus nicht nur einseitig auf die Senkung von Kosten gelegt werden. Vielmehr sind qualitative Aspekte und Themen – wie erforderliche Abstimmungsaufwände von auslagerndem und Dienstleisterunternehmen, der unterschiedliche Sprach- und Kulturraum, Zeitversatz und die Nähe bzw. Distanz des AMS-Dienstleisters zu den Anwendern im eigenen Unternehmen – zu berücksichtigen.

1 o.V.: elektronisch veröffentlicht [Stand: 22.09.2010].

3. Varianten vertraglicher Vereinbarungen und Services

Im folgenden Abschnitt werden kurz die wesentlichen Formen möglicher Vertragsbeziehungen innerhalb eines AMS Outsourcings sowie typische Application Management Services dargestellt.

3.1 Formen möglicher AMS-Servicevereinbarungen

Im Bereich AMS Outsourcing sind vier Hauptformen vertraglicher Vereinbarungen zwischen Anwenderunternehmen und Serviceanbietern möglich: Staff Augmentation, partielle Teilhaberschaft, Co-Management und strategisches Outsourcing (vgl. Abbildung 9-1).

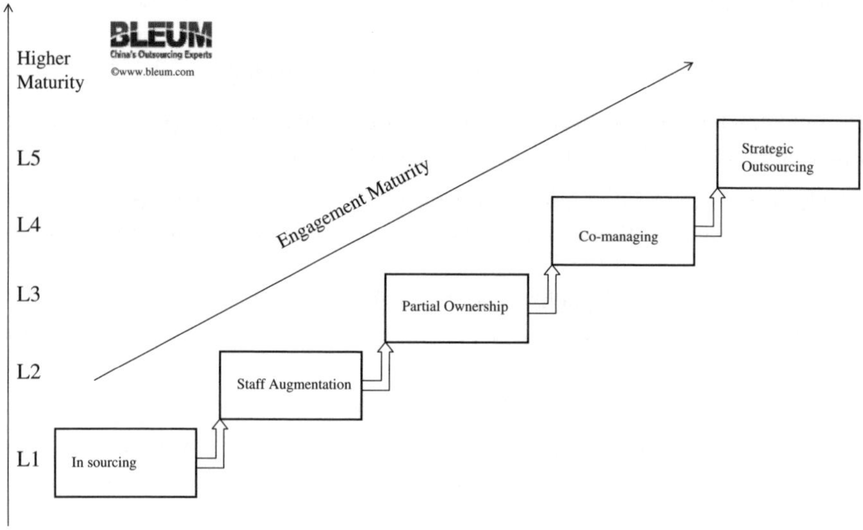

Abbildung 9-1: Formen möglicher AMS-Vereinbarungen

Bei der Vereinbarung „Staff Augmentation Services“ unterstützen qualifizierte Mitarbeiter eines Dienstleisters Unternehmen beim Management ihrer Anwendungen, einschließlich Entwicklungs-, Wartungs- und Supportaufgaben. Dabei werden die Mitarbeiter des Dienstleisters bedarfsgerecht und direkt vor Ort im Unternehmen eingesetzt, z.B. wenn bei zeitkritischen Projekten nicht ausreichend eigenes qualifiziertes Personal zur Verfügung steht. Das Unternehmen definiert die jeweils täglich zu erledigenden Aufgaben, die Bereitstellung von Arbeits- und Kommunikationsmitteln sowie Gehaltsabrechnung, etc. indes für die Mitarbeiter liegen im Verantwortungsbereich des Serviceanbieters.

Bei dem Modell der partiellen Teilhaberschaft verantwortet der Dienstleister einige Funktionalitäten der Applikation eines Unternehmens. Hierfür organisiert ein Manager des Dienstleisters das AMS-Team beim Kunden vor Ort, trägt die Verantwortung für die Ablaufplanung und -überwachung der Tätigkeiten als auch die Statusreports der aktuellen AMS-Aktivitäten. Normalerweise werden bei dieser Variante AMS-Aufgaben an einen Dienstleister übertragen, die nicht das Kerngeschäft des Unternehmens berühren.

In der Variante „Co-Management" agiert der Dienstleister als strategischer Partner eines Unternehmens und unterstützt es in der Anwendungsentwicklung und im Anwendungsmanagement. Er kontrolliert das AMS-Team vollständig und ist für die Einstellung von Mitarbeitern, deren Training und – falls notwendig – auch deren Ersatz verantwortlich. Der Dienstleister kann beim Co-Management Eigentümer des größten Teils einer Applikation sein. Der Scope der Anwendung als auch ihr Lebenszyklus sind dem Kunden und dem Serviceanbieter bekannt, oft ist die der Anwendung zugrundeliegende Strategie sogar gemeinsam von beiden erarbeitet worden. Zum Teil hat der Dienstleister sogar direkten Kontakt zum Anwender, um Fragen zu adressieren oder neue Bedarfe aufzunehmen.

Im Modell des strategischen Outsourcings werden AMS-Aufgaben vollständig an einen Dienstleister übertragen. Der Serviceanbieter übernimmt die volle Verantwortung sowohl für die Applikation, als auch für die gesamte damit verbundene Infrastruktur wie Hardware, Help Desk etc. Die Zusammenarbeit ist langfristig ausgelegt und wird zum Teil erst beendet, wenn der Kunde die Applikation nicht mehr verwendet.

3.2 Typische AMS-Formen

Grundsätzlich kann man vier wesentliche Typen von Dienstleistungen im AMS-Bereich unterscheiden: Unterstützung (Support), Pflege und Instandhaltung (Maintenance), Erweiterung und Verbesserung (Enhancement) sowie Verifikation und Validation (V&V).

1. Support – Unterstützung oder Support umfasst Aktivitäten wie Performancekontrolle, Management des Help Desks, Hilfe bei der Userdokumentation und Dokumentation von Fehlerreports, deren Überführung in Service Request Tickets und die Weiterleitung an die zuständigen Support-Einheiten beim Kunden. Support schließt indes Veränderungen an der Applikation nicht mit ein.
2. Maintenance – Diese Services umfassen die Pflege und Instandhaltung einer Anwendung. Werden Defekte oder Fehler in der Applikation selbst behoben, spricht man von korrektiver Maintenance. Bei der adaptiven Instandhaltung hingegen wird z.B. die Anwendung entweder von einer Plattform auf eine andere kopiert oder das Benutzerinterface von einem Webbrowser zu einem Rich Client verändert. Häufige Änderungen an einer Applikation sowie eine täglich größere Anzahl von Usern führen

zwangsläufig zu einer Verringerung der Performance einer Anwendung.[2] Diesem Applikationsverhalten begegnet man mit vorausschauender Maintenance, die sich damit befasst, latente Fehler in der Anwendung frühzeitig zu erkennen.

3. Enhancement – Bei dieser Variante erweitert man eine Anwendung um zusätzliche oder verbesserte Funktionen. Kleinere Enhancements können im Rahmen der adaptiven Maintenance implementiert werden, größere Erweiterungen hingegen werden in der Regel in einem gesonderten Projekts umgesetzt.
4. Verification und Validation (V&V) – Der Servicetyp Verification und Validation umfasst Test-Dienstleistungen. Der Serviceanbieter erarbeitet Teststrategien, testet Applikationen und Systeme mit effektiven Testmethoden und erstellt entsprechende Fehlerberichte. Typischerweise hat der Serviceanbieter nur die Aufgabe, auf Fehler in der Anwendung hinzuweisen, aber nicht, diese zu korrigieren.

4. Auswahl der richtigen vertraglichen Vereinbarung

Ein Unternehmen, das sich nach reiflicher Überlegung für ein Outsourcing seiner Applikationsmanagementaufgaben an einen Dienstleister entschieden hat – ob ganz oder auch teilweise – steht vor der Herausforderung, das für das Unternehmen passende AMS-Modell zu finden. Im Folgenden sollen daher zur Orientierung kurz die Vor-und Nachteile sowie Einsatzszenarien der möglichen Vereinbarungen dargestellt werden.

- Die Variante „Staff-Augmentation" ist dann empfehlenswert, wenn der Applikationseigentümer kurzfristig zusätzliche Personalressourcen benötigt. Ein Kostenvorteil entsteht in der Regel erst bei längerfristigen und wachsenden Kooperationen, z.B. wenn der Serviceanbieter den Anteil seiner Fixkosten aufgrund eines größeren Vertragsvolumens reduzieren und dadurch niedrigere Stundensätze anbieten kann. Doch Vorsicht: Da sich die Mitarbeiter des Dienstleisters häufig weder dem einen noch dem anderen Unternehmen zugehörig fühlen, sind deren Motivation und Lernkurve entsprechend gering. Diese Situation kann man durch eine gute Personalpolitik und das Setzen von Anreizen vermeiden.
- Die partielle Teilhaberschaft stellt eine gute Alternative für Unternehmen dar, die AMS-Outsourcing ernsthaft in Betracht ziehen, jedoch zunächst testen wollen, ob der Serviceanbieter ihren qualitativen Anforderungen gewachsen ist. Durch die schrittweise Übergabe von Aufgaben an einen Dienstleister kann die Leistungsfähigkeit des Serviceanbieters genau ausge-

2 Siehe auch ISO/IEC 14764:2006.

lotet werden und das Unternehmen selbst Outsourcing-Kompetenz erwerben. Dieses Vorgehen erfordert initial höhere Aufwände und ein Return on Investment (ROI) stellt sich etwas später ein, aber dafür fällt das Risiko für das Unternehmen auch geringer aus. Bestätigt der Dienstleister kontinuierlich das Vertrauen in seine Leistungsfähigkeit, kann eine partielle Teilhaberschaft in ein Co-Management münden.
- Bei dem Modell des Co-Managements wird dem Serviceanbieter eine noch höhere Verantwortung als bei der partiellen Teilhaberschaft übertragen, da er technische und operative Entscheidungen während des gesamten Lebenszyklus der Applikation selbständig treffen kann. Motivationsgrad und Zugehörigkeitsgefühl der Mitarbeiter zum Team des Anwenderunternehmens steigen. Das Unternehmen kann sich voll auf sein eigentliches Kerngeschäft konzentrieren und eine Win-Win-Konstellation für beide Seiten entstehen.

Die größtmögliche Unabhängigkeit erhält ein Serviceanbieter, wenn ein Unternehmen sich für die Form des strategischen Outsourcings entscheidet. Ob diese Form vorteilhaft für das Unternehmen ist, hängt entscheidend von seiner Outsourcing-Kompetenz selbst, der Größe und Lebensdauer der entsprechenden Applikation und natürlich auch von den Fähigkeiten des Serviceanbieters ab. Als Einsteigermodell ist es nicht zu empfehlen.

Am besten geeignet ist ein phasenweises Vorgehen, bei dem AMS-Aufgaben sukzessive an einen Dienstleister übertragen werden und die Outsourcing-Beziehung „reifen" kann. Dieser Reifeprozess dauert in der Regel 18 bis 24 Monate und kann bei komplexeren Applikationen noch längere Zeit in Anspruch nehmen. Ein strategisches Outsourcing sollte, wenn überhaupt, frühestens am Ende dieses Reifeprozesses stehen.

Die obige Abbildung (siehe S. 138) verdeutlicht das Verhältnis von Aufwänden für eine AMS-Partnerschaft zum möglichen Mehrwert der verschiedenen Formen einer AMS-Vereinbarung. Die vorteilhafteste Form der Vereinbarung stellt somit die partielle Teilhaberschaft dar, die nach einem Reifeprozess im Co-Management münden kann.[3]

5. Auswahl der richtigen Dienstleistung

Die Auswahl des passenden AMS-Services und Servicegrades hängt von unterschiedlichen Faktoren ab, wie z.B. der Applikationskritikalität (welche Konsequenzen hat ein Ausfall der Applikation?), der Lebensdauer der Anwendung, aber auch von Aspekten rund um das Thema geistiges Eigentum (IP) und eingesetzte Technologien.

3 Vgl. Bloch/Boskovic/Weinberg (2009): Feature article.

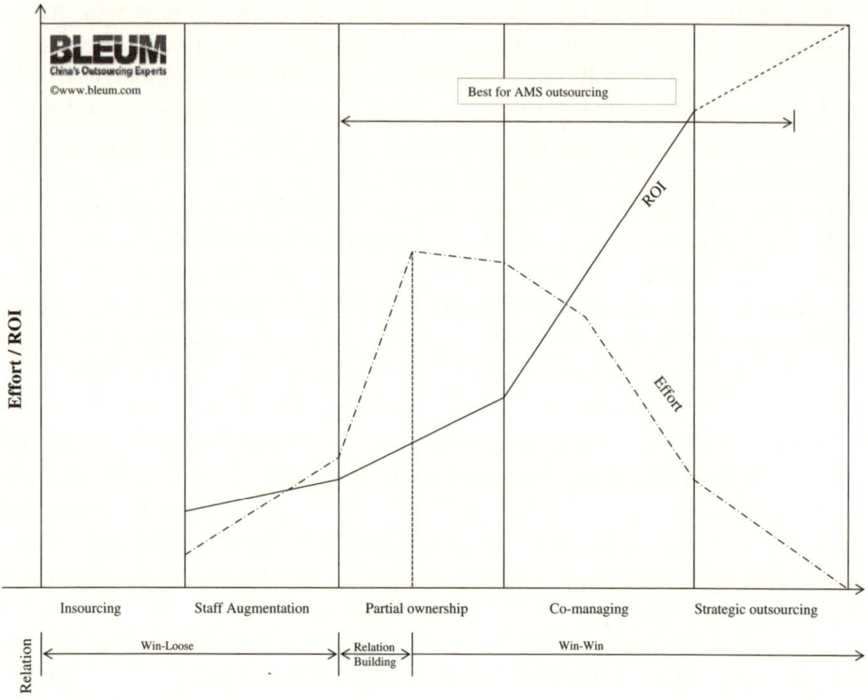

Abbildung 9-2: Reifegrad von AMS Outsourcing-Beziehungen

Wenn eine Applikation sehr kritisch ist und ihr Ausfall zu hohen Kosten für das Unternehmen führen kann, sollte ein hoher Fokus auf den Support-Bereich gelegt und genau geprüft werden, ob der Serviceanbieter den erforderlichen Qualitätsanforderungen entspricht.

Für eine Applikation mit einer eher kurzen Lebensdauer ist meist eine reine Bedarfswartung ausreichend, bei der auftretende Fehler zügig behoben werden. Bei langlebigeren Anwendungen empfiehlt sich indes eine Kombination aus Bedarfswartung und Produktpflege, bei der zusätzlich zur Fehlerbehebung auch Verbesserungen an der Anwendung vorgenommen werden.

Sobald eine Applikation eigenes geistiges Eigentum (IP) enthält, entsteht beim Outsourcing von AMS-Dienstleistungen ein Risiko. In diesem Fall sollte eine partielle Teilhaberschaft in Betracht gezogen werden, bei der die Wartung und Pflege vom Serviceanbieter vorgenommen werden, die Entwicklung und Erweiterung von Modulen mit IP jedoch weiterhin beim Eigentümer der Applikation verbleiben. Auch wenn es sich bei der Anwendung um eine Entwicklung basierend auf einer Nischentechnologie handelt oder um eine sehr spezielle Anwendungsdomain, sollte der Eigentümer die Fäden in der Hand behalten und von einem Outsourcing dieser Bereiche absehen.

Ein gutes und vertrauensvolles Verhältnis zwischen den beiden Partnern ist unabdingbar für den Erfolg von AMS-Outsourcing. Ein idealer Anfang für eine Beziehung ist das Outsourcen von Testing Services. Der Serviceanbieter kann die Applikation und seine Funktionen – auch aus der Sicht eines Users – kennenlernen, und der Kunde erhält eine gute Gelegenheit, die Fähigkeiten des Dienstleisters einzuschätzen, bevor er die Beziehung auf ein höheres Level überführt – das des Outsourcens von Maintenance und Enhancement-Aufgaben.

6. Preismodelle im AMS-Outsourcing

Zeit und Material, Fixpreisvertrag und Ergebnisabhängiges Preismodell – das sind kurz gefasst die drei gängigsten Preismodelle in AMS.

1. Zeit und Material (Time and Material) – Bei diesem Preismodell wird der Anbieter nach seinem Aufwand bezahlt, d.h. nach Mannstunden bzw. Manntagen. Dieses Modell kommt oft dann zum Einsatz, wenn der Umfang des AMS-Engagements bei Projektbeginn noch unklar ist. Allerdings kann dieses Modell den Dienstleister zu einem ineffizientem Arbeitsstil führen: Wenn er für eine gewisse Leistung weniger Zeit benötigt, dann erhält er weniger Geld. Also wird er versuchen, den Zeitaufwand immer so hoch wie möglich zu gestalten.
2. Fixpreis (FP) – Bei Fixpreisverträgen muss der Anbieter eine Applikation oder Entwicklungsarbeit zu einem festen Termin zu einem fixen Preis abliefern. Dieses Modell ist geeignet, wenn der Arbeitsumfang klar definiert ist und der Anbieter über ein in diesem Modell erfahrenes Team verfügt. Das Erfüllungsrisiko wird vollständig auf den Dienstleister übertragen. Wenn der Anbieter aber, um einen Auftrag zu gewinnen, zu niedrig angeboten hat, wird er – bestenfalls – nur die Minimalanforderungen erfüllen. Eventuell kann er aber auch diese nicht erreichen und das gesamte Projekt damit gefährden. Die vereinbarte Pönalezahlung wird dann nur in den seltensten Fällen den tatsächlichen Verlust des Kunden ausgleichen können.
3. Ergebnisabhängiges Preismodell – Dieses Modell basiert auf klaren Vorgaben für vom Dienstleister zu erreichende Service- und Qualitätsparameter. Abhängig von der Art der Applikation und der Dienstleistung werden unterschiedliche Kennzahlen (Service Level) herangezogen, wie z.B. die Anzahl der reparierten Defekte pro Monat, die Anzahl gelöster Nutzeranfragen oder die Einhaltung der vereinbarten Applikationsverfügbarkeit, um nur einige zu nennen. Dieses Modell ist geeignet, wenn Art und Umfang solcher Tätigkeiten quantifizierbar sind. Dies ist normalerweise nur dann gegeben, wenn das Engagement bereits einen fortgeschrittenen Reifegrad wie den beim Co-Management erreicht hat.

Um die oben genannten Nachteile zu vermeiden, empfiehlt sich ein Mixmodell der beiden Varianten „Time and Material“ und „Ergebnisorientiertes Preismodell“.

7. Die Wahl des richtigen Outsourcing-Partners

„Drum prüfe, wer sich ewig bindet“ heißt es ganz richtig. Auch wenn Unternehmen ihre Vertragsbeziehung zu einem Dienstleister regelmäßig neu verhandeln sollten und die Anzahl potenziell geeigneter neuer AMS-Dienstleister größer wurde, spricht für ein Unternehmen grundsätzlich nichts dagegen, mit dem richtigen Partner über viele Jahre hinweg zusammen zu arbeiten. So lautet z.B. der vierte Punkt aus W. Edwards Demings „14-Punkte-Programm für ein besseres Management“[4]: „Beende die Praxis, Geschäfte auf Basis des niedrigsten Preises zu machen. Minimiere stattdessen die Gesamtkosten auf längere Zeit. Wähle einen einzelnen Lieferanten für eine Komponente auf der Basis einer lang anhaltenden Beziehung von Loyalität und Vertrauen aus.“ Deming, ein Experte im Bereich des Qualitätsmanagements, hat seine 14 Prinzipien auf Grundlage seiner Erfahrungen in Produktionsbetrieben erarbeitet, aber sie sind im Bereich AMS heute genauso gültig und richtig wie noch vor 50 Jahren bei Toyota.

Doch wie findet man den richtigen Outsourcing-Partner? Hier eine kleine Checkliste:

- Gemeinsamer Nutzen – Mit dem Outsourcing von AMS kann ein Unternehmen, wie oben beschrieben, verschiedene Ziele verfolgen. Aber auch der Anbieter will wachsen und Gewinne erzielen. Eine Kooperation muss also beiden Partnern den gewünschten Nutzen bringen. Tut es das? Die Antwort muss auf jeden Fall Ja lauten. Nur eine Win-Win-Konstellation ist auf Dauer erfolgversprechend. Eine Win-Lose-Konstellation kann zu keinem erfolgreichen AMS-Outsourcing führen.
- Prozessorientierung – Stellen Sie sicher, dass der Anbieter prozessorientiert arbeitet. Besuchen Sie die Büros des Outsourcing-Dienstleisters und schauen Sie sich an, wie dort gearbeitet wird. Lernen Sie das eingesetzte Qualitätsmanagementsystem (QMS) kennen, informieren Sie sich über Sicherheitsvorkehrungen, sprechen Sie mit Managern und Mitarbeitern und versuchen Sie, die Firmenkultur des Anbieters zu verstehen. Zu sehen, dass der Anbieter klar definierten Prozessen folgt, schafft Vertrauen. Zertifizierungen wie CMMi oder ISO 9000 unterlegen diese Prozessorientierung. Da Ihre Prozesse und die des möglichen Outsourcing-Dienstleisters sich voneinander unterscheiden, sollten Sie sich die Frage stellen: Ist der Outsourcing-

4 Demings, W.E. (2000).

Partner in der Lage, die Kompatibilität der jeweiligen Prozesse zu gewährleisten?

- Governance-Mechanismen und Projektmanagement – Wenn eine Tätigkeit, die zuvor intern erbracht wurde, plötzlich durch einen Externen erledigt werden soll, erzeugt dies verständlicherweise Nachfragen. Daher ist es nachvollziehbar, dass Sie vom Dienstleister größtmögliche Transparenz über seine Tätigkeit erwarten. Der Partner sollte diesem Ansinnen gegenüber offen sein und plausibel darlegen können, wie er die geforderte Transparenz sicherstellen wird. Diese und andere Governance-Mechanismen müssen in seinem QMS klar definiert sein! In den vergangenen Jahren konnten sich einige Outsourcing-Anbieter durch die Implementierung eines ausgereiften Projektmanagements von ihrer Konkurrenz abheben. Zu den Standards an dieser Stelle gehören bereits heute Prozessautomation, Leistungsdiagramme und -reports in Echtzeit und auch Measurement Driven Support Systeme. Kann Ihr Partner Ihnen diese bieten?

8. Risiken eines AMS-Outsourcings

Genauso wie man keine Probleme auslagern kann, kann man auch das eigene Unternehmensrisiko nicht auslagern. Zum Teil entstehen Risiken sogar erst dadurch, dass man das Outsourcing von AMS unvorbereitet, überhastet und nicht fundiert ins Auge fasst. Im Folgenden soll auf drei Risiken eingegangen werden, die bei den meisten Outsourcing-Projekten in unterschiedlicher Ausprägung auftreten können.

1. Mitarbeiter – Sobald Sie offen in Ihrer Firma über Outsourcing nachdenken, werden Ihre Mitarbeiter nervös. Gute Leute finden schnell einen anderen Arbeitsplatz, im schlimmsten Fall bei der Konkurrenz. Erklären Sie ihnen daher rechtzeitig, dass der Grund für das Outsourcing nicht einfach nur eine unausweichliche Kostenreduzierung ist, sondern vielmehr ein Vorgehen, durch das sich das Stammpersonal verstärkt auf das Kerngeschäft konzentrieren kann. Beteiligen Sie ihre Mitarbeiter daher frühzeitig an den wesentlichen Entscheidungsprozessen. Machen Sie Ihre wichtigsten Leute zu „Erfolgsmanagern" der Outsourcing-Initiative. Geben Sie ihnen eine klare Road Map an die Hand, an der sie sich orientieren können.
2. Kommunikation – In der Wissensindustrie sind Menschen die wichtigste Ressource. Stellen Sie sicher, dass Ihr Partner die Kunst der Kommunikation beherrscht und stellen Sie ihm in Ihrer Organisation einen Ansprechpartner an die Seite, der Ihrer Outsourcing-Initiative offen gegenüber steht. Viele Projekte sind nicht an einem Mangel an fachlicher

Kompetenz gescheitert, sondern schlicht und ergreifend an einem Mangel an Kommunikation. Man hat sich nicht verstanden.

3. Prozesskompatibilität – Dass Prozesse und Abläufe in allen Organisationen unterschiedlich sind, stellt ein grundsätzliches Risiko für das Outsourcing dar. Daher gilt zuallererst: Respektieren Sie die Prozesse und Abläufe des Partners. Verwenden Sie ausreichend Zeit darauf, diese zu verstehen. Definieren Sie die Schnittstellen und etablieren Sie ein optimales, kompatibles Set von Prozessen. Erstellen Sie Berichtsmasken, die beide Seiten verstehen. Und vor allem: Keep It Simple!

Der Beitrag ist aus der englischen in die deutsche Sprache übersetzt worden.

Application Service Providing – Software as a Service

DR. STEFAN SCHRÖDER

1. Applikations-Outsourcing – Die Wiederentdeckung eines Erfolgsmodells

Was bedeutet Application Service Providing (ASP) bzw. Software as a Service (SaaS)? Was bringt, was nützt diese Form des Applikations-Outsourcings? Was gibt es beim ASP-Modell zu beachten? Auf diese und weitere Fragen soll der Beitrag eine Antwort geben.

Ein Blick in die Vergangenheit zeigt, dass Applikations-Outsourcing eigentlich das Nutzungsmodell der frühen Computer-Jahre (Mainframes) gewesen ist – zentraler Applikationsbetrieb und -pflege, dezentrale Nutzung. Durch den Siegeszug des PC mit lokalen Applikationen (Vor-Ort-Verarbeitung) geriet diese Art des Outsourcings zunehmend in Vergessenheit. Sie erlebt nun eine Renaissance, nicht zuletzt wegen der ständig steigenden Komplexität der Soft- und Hardware und den damit verbundenen Pflege- und Betreuungszeiten.

Um das Jahr 2000 etablierte sich für das Outsourcing von Software und deren Betrieb der Begriff Application Service Providing oder das entsprechende Kürzel ASP. Heute setzt sich immer mehr die Bezeichnung „Software as a Service“, abgekürzt SaaS, durch, wobei u. a. der deutsche Industrieverband BITKOM in seiner folgenden Definition[1] nur marginale Unterschiede zwischen den beiden Spezialformen des Applikations-Outsourcings sieht.

Application Service Providing (ASP) und Software as a Service (SaaS) sind Geschäftsmodelle für die zentrale Bereitstellung und Ausführung von vorkonfigurierten, serverbasierten Softwarelösungen und der damit verbundenen Dienstleistungen für eine Vielzahl von Kunden über öffentliche oder private Netze.“

Die wichtigen Merkmale sind also:

- Zentrale Bereitstellung von serverbasierten Softwarelösungen
- Vorkonfigurierte Softwarelösungen für eine Vielzahl von Kunden
- Zugriff über öffentliche oder private Netze

1.1 Applikations-Outsourcing – Ein bewährtes Erfolgsmodell

Betrachtet man die oben beschriebenen Merkmale des Geschäftsmodells, sind erhebliche Übereinstimmungen zum erfolgreichen IT-Betriebsmodell der 60-er und 70-er Jahre, dem Rechenzentrum, zu entdecken. Von zentraler Stelle wurden Anwendungen angeboten – der Zugriff erfolgte über Terminals, die mit einem Großrechner verbunden waren.

Ursache für die in dieser Zeit erfolgreiche Entwicklung der Rechenzentren waren die beträchtlichen Kosten, die mit dem Erwerb und Betrieb eines Com-

1 BITKOM Leitfaden Benchmarking in IT-Outsourcing-Projekten: S. 57, S. 87.

puters damals verbunden waren. Diese konnten nur durch eine Vielzahl an Benutzern ausgeglichen werden, die sich die Computer-Kapazitäten und die im Rechenzentrum verfügbaren Anwendungen teilten.

Aus genau diesem Grund wurde 1966 die DATEV[2] als Genossenschaft der Steuerberater gegründet. Die Idee stand im Zusammenhang mit dem immensen Wirtschaftswachstum dieser Jahre, welches bei zahlreichen mittelständischen Unternehmen den Wunsch nach einer verstärkten steuerlich-betriebswirtschaftlichen Beratung weckte. Gleichzeitig verlagerten die Betriebe – insbesondere nach der Einführung der Mehrwertsteuer – wegen des Mangels an qualifiziertem Personal die Erledigung der Buchführung auf den Steuerberater. Der litt unter demselben Mangel und ohne den Einsatz von EDV war diesem Dilemma nicht beizukommen. Da aber der Einsatz von EDV für durchschnittliche Kanzleien insbesondere damals weder finanziell tragbar noch personell und räumlich umsetzbar war, entstand die Idee, EDV-Infrastruktur gemeinsam für die Erledigung der Buchführung anzuwenden und sich dafür in einer Genossenschaft zusammenzutun.

Seit nunmehr über 40 Jahren bietet die DATEV in ihren redundanten Rechenzentren zentrale, serverbasierte und vorkonfigurierte Applikationen für eine Vielzahl von Nutzern an. Und schon frühzeitig hat das Unternehmen mit dem Aufbau eines privaten Netzwerks in der Bundesrepublik Deutschland auch die Grundlage für den Zugang zu den zentralen Systemen über dieses Netzwerk geschaffen.

1.2 Vom Rechenzentrum zur Vor-Ort-Verarbeitung

Doch nicht nur die DATEV musste sich den Veränderungen im Bereich der EDV stellen. Alle Rechenzentrumsbetreiber sahen sich ab Mitte der 80-er Jahre einem zunehmenden Trend zur Vor-Ort-Verarbeitung in Verbindung mit dem Siegeszug des PCs gegenüber. Der Einzug der PCs erschloss viele Vorteile, wie z. B. den jederzeitigen Zugriff auf die Daten, das Arbeiten mit komfortablen Oberflächen, Plausibilitätsprüfungen direkt bei der Eingabe und der Möglichkeit, vor Ort Dokumente ausdrucken zu können.

Im Gegenzug mussten die Anwender administrative Tätigkeiten für den Betrieb der EDV selbst übernehmen, die bis dahin vom Rechenzentrum geleistet wurden. Dazu gehören u. a. die Sorge um den aktuellen Stand der Anwendung, die Sicherung der Programme und Daten sowie die Behebung von Netzwerk- und Druckerproblemen.

2 Teile des Beitrags sind dem Artikel „DATEVasp – Komplettlösung aus einer Hand“ von Stefan Kukla entnommen, erstmals veröffentlicht im DSWR-Magazin 07/2002, S. 210f. mit freundlicher Genehmigung der DSWR-Redaktion Verlag C.H. Beck.

Mit der Zeit wurde es immer aufwändiger, die EDV vor Ort zu organisieren und zu betreiben. Immer mehr Programme wurden parallel eingesetzt und auch die Systemkomponenten und ihr Zusammenspiel wurden zunehmend komplexer. Der Begriff des „Rechenzentrums im Betrieb“ beschreibt recht gut, dass nicht nur die Computerleistung schon lange die Werte der alten Rechenzentren erreicht hat, sondern dass eben auch die weiteren RZ-Aufgaben vor Ort zu bewerkstelligen sind. Aus einer Nebentätigkeit wurde so mit der Zeit immer mehr eine Vollzeitaufgabe. Oft leisten heute gerade bei kleinen und mittleren Unternehmen die Mitarbeiter oder gar der Chef selbst neben ihren fachlichen Tätigkeiten die EDV-Arbeiten und müssen sich dafür das notwendige Know-how aneignen.

Auch die Verlagerung der Betreuung der Vor-Ort-EDV auf IT-Spezialisten schafft keine vollständige Entlastung, denn die Verantwortung für notwendige Investitionen und vor allem strategische EDV-Entscheidungen bleiben Aufgaben des jeweiligen Unternehmens, das allein aus diesem Grund ohne ein bestimmtes EDV-Detailwissen nicht auskommt. Dabei sollte die EDV eigentlich nur ein Hilfsmittel sein, vergleichbar dem elektrischen Strom. Kein Stromkunde muss sich genau mit Elektrotechnik auskennen, um Elektrizität nutzen zu können.

So kam der Wunsch nach einer Lösung auf, bei der die Software quasi wie Strom aus der Steckdose kommt. Eine Alternative sollte es sein, bei der der Anwender nicht auf die Vorteile der Vor-Ort-Verarbeitung verzichten muss, die aber trotzdem nicht von ihm verlangt, sich EDV-Spezialwissen anzueignen oder ein kleines Rechenzentrum zu betreiben. ASP und SaaS erfüllen genau diese Anforderungen.

2. Applikations-Outsourcing heute

Was unterscheidet nun ein heutiges Outsourcing-Angebot vom Rechenzentrum der 70-er Jahre und was ist doch gleich oder ähnlich?

Gegenüber der früher üblichen zeitlichen und/oder räumlichen Entkoppelung der Eingabe, Verarbeitung und Ausgabe erfolgt heute die Anwendungsnutzung direkt, interaktiv und im Dialog. Statt einer Eingabe via Lochkarte oder Lochstreifen, der planmäßigen Verarbeitung in einer Batch-Umgebung und der Ausgabe auf zentralen Druckern mit anschließendem Versand der Listen interagiert ein Anwender mittels einer Benutzer-Schnittstelle (User Interface) direkt mit dem System. Im Regelfall enthält diese Schnittstelle entsprechend dem gewohnten Verhalten am lokalen PC auch grafische Elemente und lässt sich z. B. mit der Maus bedienen.

Im Kern wird Applikations-Outsourcing durch den zentralen Betrieb der Server, auf denen die bereitgestellten Programme laufen, umgesetzt. Diese

Leistungen erbringt ein ASP-Anbieter (Application Service Provider). Die Anwender greifen mit ihren gewohnten PCs über öffentliche oder private Netze auf diese Server zu. Dabei sind vor allem zwei Technologien verbreitet – die Bereitstellung einer Benutzeroberfläche in einem Standard-Internet-Browser oder die Nutzung so genannter Terminal-Dienste.

Windows-Terminal-Dienst

Der Windows-Terminal-Dienst (Windows Terminal Server, WTS) erlaubt den Betrieb originärer Windows-Programme in einem ASP-Modell. Aus der Sicht eines Nutzers verhält sich eine Anwendung dabei sowohl an der Oberfläche als auch in Bezug auf die Laufzeit wie ein lokal genutztes Programm.

Browser-Technik

Auch bei der Verwendung der Browser-Technik sorgen das HTTP-Protokoll und die HTML-Darstellung im Browser dafür, dass nur die Oberflächenelemente und die Eingaben (Tastatur, Maus) übertragen werden, während die Programmlogik auf dem Server läuft. Auf diese Weise lassen sich im ASP-Modell auch Anwendungen anbieten, die nicht in einer Windows-Umgebung lauffähig sind.

3. Rollenmodelle beim Applikations-Outsourcing

Neben dem ASP-Anbieter selbst, der direkter Geschäftspartner der Kunden ist, gibt es bei ASP und SaaS weitere Funktionen bzw. Rollen, die ausgefüllt werden müssen. Das Rollenmodell aus dem BITKOM Leitfaden ASP-Geschäftsmodelle[3] zeigt diese wie folgt:

Dem Kunden gegenüber tritt nur der ASP-Anbieter in Erscheinung, mit dem dieser einen Vertrag abschließt. Der ASP-Anbieter selbst muss dem Kunden gegenüber die Erfüllung der im Vertrag und in den Service Level Agreements vereinbarten Leistungen garantieren. Ob er dazu die weiteren Rollen selbst abdeckt – wie z. B. weitgehend bei DATEV – oder die Dienstleistung zusammen mit Partnern anbietet, ist seine Entscheidung und hängt natürlich eng mit seinen Kernkompetenzen bzw. denen der Partner zusammen. Die Aufgabe des ASP-Anbieters ist es, das für ein marktadäquates Angebot geeignete Verhältnis zwischen Komplexität aufgrund verschiedener Partner und Effizienz aufgrund Spezialisierung zu finden.

DATEV deckt z. B. als ASP-Anbieter sowohl die Rollen Datacenter-Betreiber, Applikations-Betreiber und ASP-Business-Manager vollständig ab.

3 BITKOM: Leitfaden zur Umsetzung von ASP-Geschäftsmodellen: S. 8.

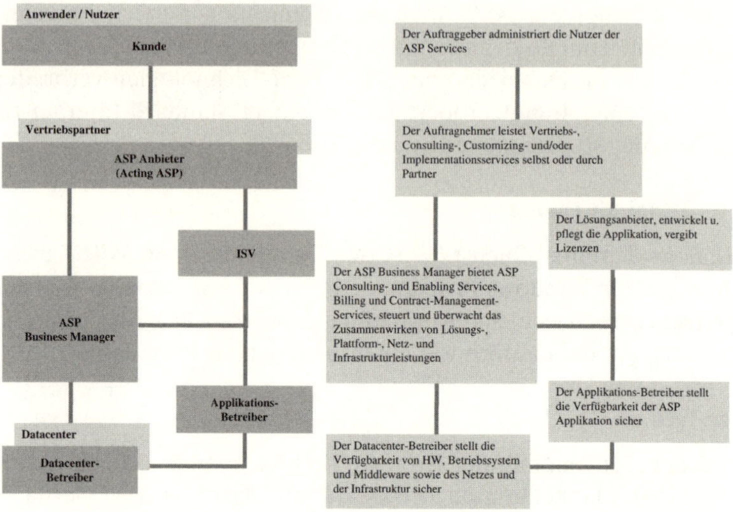

Abbildung 10-1: Grobstruktur des Rollenbildes der Beteiligten an der ASP Wertschöpfungskette

Als Lösungsanbieter (ISV) sind aber neben der DATEV selbst mit den Software-Produkten ihres Portfolios auch andere Anbieter, z. B. Microsoft mit Exchange und Office, beteiligt.

4. Leistungsanforderungen an einen ASP-Anbieter und seine Partner

Die Nutzung des ASP-Modells bietet mehr als nur die Unabhängigkeit von laufenden Investitionen in leistungsfähige Hard- und Software. Aus Sicht des Kunden übernimmt der ASP-Anbieter eine ganze Reihe von Aufgaben, die er sonst selbst zu bewältigen hätte. Tatsächlich können dies aber, wie im vorhergehenden Abschnitt beschrieben, unterschiedliche Dienstleister sein, die entsprechende Aufgaben übernehmen. Abbildung 10-2 (siehe S. 149) zeigt diese verschiedenen Dienstleistungen im ASP-Modell.

Typische Servicepalette eines ASP-Anbieters und seiner Partner (jeweils in Klammern die zugehörige Rolle gemäß obiger Abbildung):

- **Software-Update (Applikations-Betreiber):** Programminstallationen bei neuen oder geänderten leistungserbringenden Programmen obliegen dem Dienstleister. Er sorgt dafür, dass solche Updates zeitnah – z. B. bei gesetzlichen Änderungen – zur Verfügung gestellt werden.
- **Datensicherung (Datacenter-Betreiber):** Da die Programme auf dem Server des Datacenter-Betreibers laufen, gehört auch die Datensicherung zu sei-

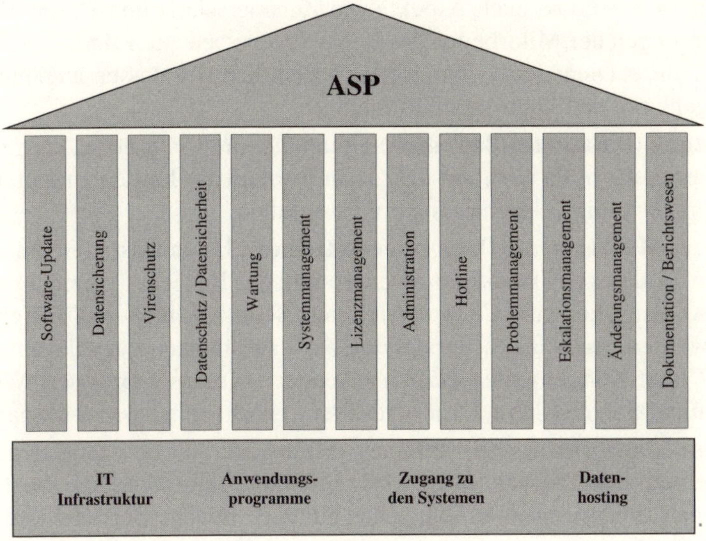

Abbildung 10-2: Dienstleistungen im ASP-Modell

nen Aufgaben. Dabei sind Zyklus und Art der Datensicherung darauf auszurichten, dass auch nach einer Betriebsstörung schnellstmöglich der Dienst wieder aufgenommen werden kann. Außerdem ist die im Regelfall hohe Vertraulichkeit der Daten zu berücksichtigen. Sicherungskopien müssen in ausreichender Menge, räumlich getrennt und angemessen abgesichert hinterlegt werden.

- **Virenschutz (Datacenter-Betreiber):** Da ein Applikationszugang über private oder öffentliche Netze erfolgen kann und der Datacenter-Betreiber keine vollständige Kontrolle über das vom Kunden verwendete System sowie die dort praktizierte (oder möglicherweise auch nicht stattfindende) Absicherung hat, muss eine Virenschutz-Funktion unbedingt integriert sein. Jeder ASP-Nutzer muss sich fest darauf verlassen können, dass sein lokales System nicht über einen ASP-Server aufgrund einer Schwachstelle eines Dritten infiziert wird.
- **Datenschutz und Datensicherheit (Datacenter-Betreiber):** Zusätzlich zum Virenschutz sind auch Datenschutz und Datensicherheit Aufgaben des Datacenter-Betreibers. Wie oben ausgeführt, ist eines der Merkmale des ASP-Modells die Bereitstellung vorkonfigurierter Software für eine Vielzahl von Nutzern. Diese haben die berechtigte Erwartung, dass die Abschottung der Daten mindestens in dem Maße erfolgt, wie diese durch eine lokale Datenhaltung gegeben wäre. Hierzu gehört insbesondere die logische Trennung der Daten verschiedener Benutzer. Oft sind zudem zumindest Teile der beim Dienstleister gespeicherten Daten aus Sicht des Dienstnehmers

vertraulich, so dass auch Aspekte wie Zugangsschutz und Datenschutzverpflichtungen der Mitarbeiter des Betreibers zu beachten sind. Das Vertrauen in einen Dienstleister hängt ganz wesentlich von dessen angemessenem Umgang mit den Dienstnehmerdaten ab.

- **Wartung (Datacenter-Betreiber):** Hierzu gehören sämtliche Aufgaben und Prozesse, die nötig sind, um das Gesamtsystem am Laufen zu halten – u. a. eine regelmäßige Optimierung der Festplatten.
- **System-Management (Datacenter-Betreiber):** Es umfasst z. B. die notwendigen Updates der Basiskomponenten und der Betriebssysteme. Dabei darf die Abhängigkeit zum Client-System des Benutzers nicht außer Acht gelassen werden. Auch die Sicherstellung der Lauffähigkeit der relevanten lokalen Client-Komponenten beim Anwender – Internet-Browser, Windows-Terminal-Server-Client, Druckertreiber – gehört zum System-Management.
- **Lizenz-Management (ASP-Business-Manager):** Auf den zentralen Server-Systemen des Dienstleisters wird Software eingesetzt, die bestimmten Lizenzbedingungen unterliegt. Dies gilt z. B. für das Betriebssystem, aber auch für die Anwendungen – etwa Microsoft Office. Aufgabe des Anbieters ist es, die Einhaltung der Lizenzbedingungen gegenüber dem Lizenzgeber zu gewährleisten. Ein Dienstnehmer muss sich darum nicht selbst kümmern. Häufig kann und muss er auch gar nicht genau wissen, welche Software in welchen Lizenzformen auf den Servern zum Einsatz kommt.
- **Administration (ASP-Business-Manager):** Hierzu zählen insbesondere die Verwaltung der Benutzer und Zugangsberechtigungen, aber auch beispielsweise die Zugriffe auf die Server-Ressourcen müssen verwaltet werden.
- **Hotline (ASP-Business-Manager):** Während der vereinbarten Service-Zeiten benötigt der Dienstnehmer bei Fragen und möglichen Problemen, die im Zusammenhang mit dem Service auftreten können, einen direkt erreichbaren Ansprechpartner. Diese zentrale Hotline ist für alle möglichen Aufgabenstellungen im Hinblick auf das ASP-Angebot zuständig, auch dann, wenn in den konkreten Fällen auf Hotlines der Partner, z. B. Hotline des ISV, bei Fragen zur Software, zurückgegriffen werden muss.
- **Problem Management (ASP-Business-Manager):** Ein ASP-Kunde erwartet beim Auftreten von Problemen aktive Unterstützung. Diese muss, unabhängig von der Problemursache, durch einen definierten Ansprechpartner erbracht werden. Neben den in der direkten Verantwortung des Dienstleisters stehenden Komponenten können z. B. die Kommunikation zwischen Client und Server sowie lokale Komponenten auf dem System des Kunden als Ursache in Frage kommen. Auch fachliche Probleme hinsichtlich der beim ASP laufenden Applikationen wird der Kunde adressieren. Für ihn ist die systemtechnisch gegebene Trennung der Verantwortungen nicht trans-

parent und auch nicht relevant. Er hat sich als Nutzer eines ASP-Dienstes die „Software aus der Steckdose“ gewählt und benötigt für diese „Steckdose“ Hilfe.

- **Eskalations-Management (ASP-Business-Manager):** Oft ist die Wahrheit bei auftretenden Problemen komplizierter, als es sich ein Kunde vorstellen will und muss. Damit eine möglichst rasche Problembehebung erfolgen kann, sind definierte Kommunikations- und Eskalationsprozesse sowie Verantwortlichkeiten nötig. Dazu gehören die Netzwerkprovider ebenso wie die anderen Partner im ASP-Modell. Die vertragliche Bindung zwischen Kunde und ASP-Anbieter enthält im Regelfall auch definierte Verfügbarkeitsgarantien und Service-Level-Zusagen. Deren tatsächliche Umsetzbarkeit, u. a. durch geeignete Vereinbarungen mit anderen Beteiligten (z. B. Hersteller-Support), abzusichern ist eine weitere Aufgabe des Dienstleisters.
- **Änderungs-Management (ASP-Business-Manager):** Die vielen Änderungen, die sich durch Updates, Release-Wechsel und ähnliche Ereignisse ergeben, müssen vom ASP-Business-Manager nicht nur verwaltet, sondern auch aktiv gestaltet werden. Obgleich für den Kunden die Software immer einfach verfügbar ist und er sich nicht mehr um die zugehörige IT-Infrastruktur kümmern muss, bleiben die mit den Änderungen einhergehenden Aufgaben bestehen. Ein umfangreiches Update eines Betriebssystems auf dem Server etwa bedeutet weiterhin eine bestimmte Ausfallzeit. Aufgabe des Dienstleisters ist es daher, eine sinnvolle Bündelung von Aktivitäten am Server vorzunehmen und die mit diesen Aktivitäten verbundenen Ausfallzeiten an den Kundenbedürfnissen auszurichten. Ob dabei eine individuelle Abstimmung möglich ist oder allgemeine Wartungsfenster festgelegt werden, muss jeweils für das konkrete ASP-Modell festgelegt werden.
- **Dokumentation / Berichtswesen (ASP-Business-Manager):** Unverzichtbar ist für den Anbieter eine umfassende Dokumentation seiner Tätigkeiten, etwa um sich für den Fall von Streitigkeiten über die Einhaltung von Service Levels oder das zeitnahe Update von Programmen abzusichern. Daneben kann sich aus einer möglichen (gesetzlichen) Verpflichtung des Kunden, seine geschäftlichen Vorgänge zu dokumentieren, auch eine entsprechende Verpflichtung für den Anbieter ergeben, wenn dieser die Produktiv-Systeme des Dienstnehmers betreibt. Wäre der Dienstnehmer bei einem Software-Einsatz vor Ort selbst für die Dokumentation – z. B. zum Nachweis der ordnungsgemäßen Buchführung – verantwortlich, so muss im ASP-Modell zwangsläufig der Anbieter diese Dokumentationsaufgabe zuverlässig übernehmen.

5. Entscheidungskriterien Pro und Kontra ASP

5.1 ASP aus Sicht des Dienstnehmers

Selbst wenn oft die eigene (interne) EDV als Quelle regelmäßiger Probleme angesehen wird, ist für den potenziellen Kunden vor der Entscheidung für ein ASP-Modell eine detaillierte Betrachtung der Kriterien unverzichtbar. Die Nutzung von Software als Service klingt häufig reizvoll, doch vor einer Entscheidung muss zunächst unbedingt der ganzheitliche Nutzen für das Unternehmen ermittelt werden.

Mit zunehmend günstigen Rahmenbedingungen (z. B. breitbandiges Internet zu adäquaten Kosten) ergeben sich für die Kunden heute vielfältige Vorteile durch die Nutzung von ASP:

- Fokussierung auf Kernkompetenzen
- Plan- und kontrollierbare Kosten statt Kapitalbindung und Investitionsrisiken
- Minimierung des Einführungsaufwandes neuer Anwendungen
- Aktualisierungsgarantie für Hard- und Software.

Die Mitglieder des Arbeitskreises ASP im BITKOM haben deshalb eine Online-Entscheidungshilfe erarbeitet, den ASPomat (www.aspomat.de). Erstmalig zur CeBIT 2007 veröffentlicht, existiert er inzwischen in der zweiten Version. Die Auswertung der Nutzung dieses Tools brachte interessante Ergebnisse.[4]

Die überwiegende Mehrheit der Befragten bewerteten die Vorteile des ASP-Modells insgesamt höher als die mit ASP verbundenen Nachteile. Als Hauptvorteil steht dabei das erschließbare Kostensenkungspotenzial im Vordergrund, und das zeigt, dass die qualitativen Aspekte noch nicht deutlich genug geworden sind. Dagegen steht auf der anderen Seite die Angst vor allzu großer Abhängigkeit vom ASP-Dienstleister an erster Stelle. Dies kann aber auch als Chance für die ASP-Dienstleister verstanden werden. Denn Vertrauen in die Leistungsfähigkeit und Verlässlichkeit des ASP-Dienstleisters, aber auch klare und vollständige vertragliche Regelungen sind Grundvoraussetzungen einer erfolgreichen Geschäftsbeziehung.[5]

Betrachtet man die Kostenfaktoren näher, dann ist es von entscheidender Bedeutung, dass ein potenzieller Kunde im jeweils konkreten Fall analysieren muss, ob die durch den Skalierungsfaktor einer vorkonfigurierten Lösung für viele Anwender erwartbaren Kostenvorteile wirklich realistisch sind. Zur Beantwortung dieser Frage müssen alle mit einem lokalen EDV-Betrieb ver-

4 Wegweiser GmbH (2007): S. 64ff.

5 Vgl. auch BITKOM Beispielvertrag für Application Service Providing.

bundenen Kosten offen gelegt werden. Dazu gehören auch die gern versteckt gehaltenen Personalkosten im eigenen Unternehmen. Danach ist zu klären, ob sich mit einem ASP-Modell tatsächlich Kostenreduzierungen erzielen lassen. Bestehen für die Mitarbeiter, die bisher mit den EDV-Aufgaben betraut waren, weiterhin im gleichen Maße wertschöpfende Tätigkeiten oder können diese Stellen gegebenenfalls abgebaut werden? Entspricht das üblicherweise hohe Qualitätsniveau der IT-Betreuung durch einen ASP dem bisher gewohnten? Ist der Kunde vielleicht sogar bereit, für ein deutliches „Mehr" an Qualität auch mehr zu bezahlen? Aus der Beantwortung dieser Fragen ergibt sich eine individuelle Bilanz, die mögliche Kostenvorteile einer ASP-Lösung aufzeigt.

Und auch in Hinblick auf das notwendige Vertrauen gegenüber dem Anbieter lassen sich weitere Fragen definieren, die zur Beantwortung der Grundfrage beitragen. Verfügt der ASP-Anbieter über ein personell und organisatorisch auf den Anwendungsbereich zugeschnittenes Know-how? Welche Erfahrungen besitzt er im ASP-Geschäft? Wie ist seine wirtschaftliche Substanz und Innovationsfähigkeit einzuschätzen? Welche Sorgfalt besteht im Umgang mit den Daten der Dienstnehmer?

Den Weg in eine ASP-Lösung kann man nicht von heute auf morgen einschlagen – und erst recht kehrt man nicht von morgen auf übermorgen wieder um. Dies liegt nicht primär an der Technik, denn technisch ist eine Umkehr jederzeit möglich. Allerdings sind die Hemmschwellen hoch, besonders wenn das vorher vorhandene IT-Personal gezielt abgebaut worden ist.

Aus diesem Grund hat eine Entscheidung für oder gegen ASP immer eine strategische Komponente für das Unternehmen mit einer zumindest mittelfristigen Tragweite.

5.2 ASP aus Sicht des Anbieters

Aus der Sicht des Betreibers ergibt sich vor allem die Frage nach dem Vertrauen in die eigenen Fähigkeiten. Ein ASP muss, wie oben erläutert, zur Erbringung erfolgreicher ASP-Services ein komplexes Leistungspaket – evtl. im Zusammenspiel mit anderen Partnern – bewältigen. Insbesondere im Hinblick auf Datenschutz, Datensicherheit und den vertraulichen Umgang mit den Dienstnehmerdaten besteht im Vergleich zu einem internen EDV-Betrieb ein deutlich höheres Maß an Verantwortung. Es sind eben nicht die ASP-eigenen Daten, Programme und Systeme, sondern die seiner Kunden.[6]

Außerdem muss sich ein Anbieter sicher sein, die mit den Dienstnehmern vereinbarten Service Level auch einhalten zu können. Dies ist der zweite wichtige Aspekt, da eine Nichteinhaltung im Regelfall mit hohen Sanktionen belegt ist. Somit muss ein erhebliches Maß an System- und Prozesssicherheit existie-

6 Vgl. auch BITKOM Sicherheitsleitfaden für Application Service Providing.

ren, damit ein Sanktionsfall niemals eintritt. Dabei spielen nicht nur die eigenen Fähigkeiten und Vorarbeiten eine Rolle, sondern insbesondere auch die der beteiligten Partner.

Eine weitere notwendige Eigenschaft eines ASP ist die Fähigkeit, Risiken in der zuverlässigen Service-Erbringung frühzeitig erkennen und minimieren zu können. Die konsequente Orientierung an den Bedürfnissen der Dienstnehmer ist dabei eine Voraussetzung für erfolgreiche Serviceleistungen – die Lieferung von „Software aus der Steckdose". Den Anwendern ermöglicht ASP die Konzentration auf das eigene Kerngeschäft – unterstützt durch leistungsfähige IT-Dienste.

6. Zusammenfassung

ASP bzw. SaaS bedeutet die Bereitstellung von Software-Lösungen als Service. Diese Form des Outsourcings ist nicht neu. Sie war schon ein Erfolgsmodell in der Blütezeit der Großrechner und Rechenzentren. Heute ist dieses Geschäftsmodell – gerade durch das Internet – moderner denn je. Der zwischenzeitliche Siegeszug der PCs und der damit einhergehenden Vor-Ort-Verarbeitung hat daran nicht viel ändern können.

Nicht nur in wirtschaftlich schwierigen Zeiten ist die Konzentration auf die Kernkompetenzen ein Mittel zur Steigerung der Unternehmenseffizienz und zu diesen gehört bei vielen kleinen und mittleren Unternehmen eben nicht die EDV. Das ASP-Modell erlaubt die Nutzung von Software vergleichbar dem Strom aus der Steckdose. Bei konsequenter Umsetzung und vollständiger Betrachtung der Kosten einer Vor-Ort-Lösung beinhaltet ASP auch ein Potenzial zur Kostensenkung. Allerdings sollte wegen der langfristigen Auswirkungen nicht allein die kurzfristige Kostensituation die Entscheidung für oder gegen ASP steuern. Vielmehr sind die zahlreichen Aspekte von ASP als Basis einer strategischen Unternehmensentscheidung zu berücksichtigen.

Entscheidet sich ein Unternehmen für ein ASP-Modell und setzt es dieses mit einem kompetenten und vertrauenswürdigen Anbieter als Partner um, eröffnet diese Partnerschaft für beide Seiten Vorteile. Der ASP-Anbieter kann seine Kompetenz im Bereich EDV einbringen und der Kunde sein Geschäft ohne die ständige Sorge um die EDV vorantreiben.

Software Asset Management als Service

DIETER ZOELLNER

1. Software Asset Management (SAM) im IT-Outsourcing

Seit die ersten kommerziellen Softwareprodukte auf den Markt gebracht wurden, achten die Hersteller im Sinne ihrer Gewinnmaximierung darauf, dass Anwender die eingesetzten Produkte richtig und umfassend lizenziert haben. Anfangs wurden hierzu ausgeklügelte Kopierschutzmechanismen, etwa verschlüsselte Sektoren auf Disketten, Hardware Dongels und DRM verwendet. Heute sind es in erster Linie von den Herstellern initiierte Audits und Lizenzplausibilisierungen, die eine korrekte Einhaltung der Lizenzbestimmungen überwachen sollen. Unterstützt werden diese Bemühungen zudem u. a. durch eine Verschärfung und Konkretisierung des gesetzlichen Urheberrechtsschutzes auf nationaler und internationaler Ebene.

Die Thematik rückt daneben auch in den Fokus der Compliance-Bestrebungen in den Unternehmen. Nicht nur der externe Druck durch die Gesetz- und Lizenzgeber, sondern zunehmend auch die internen Bemühungen der eigenen Revisionsabteilung zwingen die Unternehmen zu einer Auseinandersetzung mit dem Thema Software-Compliance.

Software Asset Management vs. Lizenzmanagement

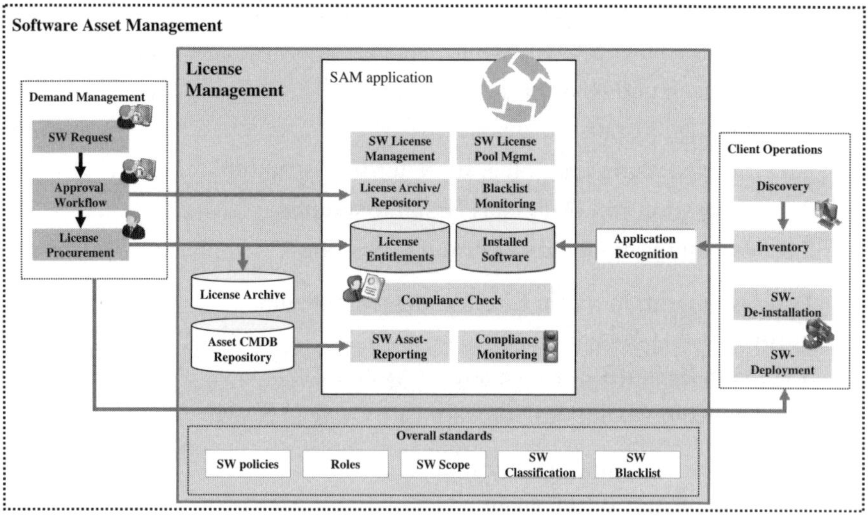

Abbildung 11-1: Lizenzmanagement versus Software Asset Management

Eine tatsächliche Software-Compliance setzt die Einführung eines effektiven Lizenzmanagements voraus. Unter dem Begriff Lizenzmanagement versteht man in erster Linie das Verwalten der bestehenden Software-Lizenzen und -Verträge (sog. License Entitlement) sowie deren regelmäßiger Abgleich mit der Summe der tatsächlich installierten Software-Produkte. Ziel ist es, fehlende Lizenzen bzw. falsche Lizenzierungen durch Nachkauf, De-Installation oder Wechsel zu anderen Versionen auszugleichen, um eine Compliance (also Übereinstimmung mit den Lizenzverträgen) herbeizuführen. Damit wird jedoch nur eine Berichts- bzw. Kontrollinstanz geschaffen. Um einen wirklichen Nutzen für die Anwender herbeizuführen, ist eine Integration des Lizenzmanagements in den Software-Lifecycle nötig – angefangen beim Bedarf des Anwenders, über die Beschaffung durch den Einkauf, dem Verteilen der Software auf dem Endgerät, bis hin zur Ausmusterung einer Software. Dieser Themenkomplex wird unter dem Begriff Software Asset Management (SAM) zusammengefasst und ist Gegenstand dieses Buchbeitrags.

1.1 Anforderungen des Dienstnehmers

Im Rahmen eines IT-Outsourcings ist ein Dienstnehmer bestrebt, seinen IT-Betrieb einem Dienstleister zu übertragen und IT-Leistungen in Form von Services zu beziehen.

Damit einher geht oft der Wunsch des Dienstnehmers, zusammen mit der Hardware auch die installierte Software bzw. die vorhandenen Software-Lizenzen und -Verträge auf den Dienstleister zu übertragen. Abgesehen von der rechtlichen Komplexität ist eine solche Übertragung durch den Lizenzgeber vertraglich oft ausgeschlossen oder zumindest eingeschränkt. Spezielle Lizenzvertragsarten (z. B. Microsofts Service Provider License Agreements – SPLA) eignen sich ferner schon aus Kostengründen eher weniger für eine Übertragung.

Das Thema Lizenzierung muss aber bei einem Outsourcing etwa von Clients (PC, Notebooks) und Servern im Rechenzentrum betrachtet werden, da die Unternehmen die Verantwortung für eine Software-Compliance nicht per Vertrag einfach übertragen können. Ein IT-Dienstleister kann aber seinerseits ein Leistungsangebot für das nötige Lizenzmanagement in seine Services integrieren, das sowohl den Anforderungen des auslagernden Unternehmens und der Lizenzgeber gerecht wird und zudem ein attraktives Serviceangebot darstellt.

1.2 Möglichkeiten eines Dienstleisters beim Enduser Computing

Erbringt ein IT-Provider im Rahmen seiner vertraglichen Leistungspflichten bereits Enduser Computing Services (Betrieb von Desktops, Notebooks und Peripherie), sind die technischen Voraussetzungen für die Einführung eines Lizenzmanagements weitgehend gegeben.

Zum Standardserviceumfang im Bereich Enduser Computing gehören neben dem Führen einer Datenbank mit allen notwendigen Asset-Informatio-

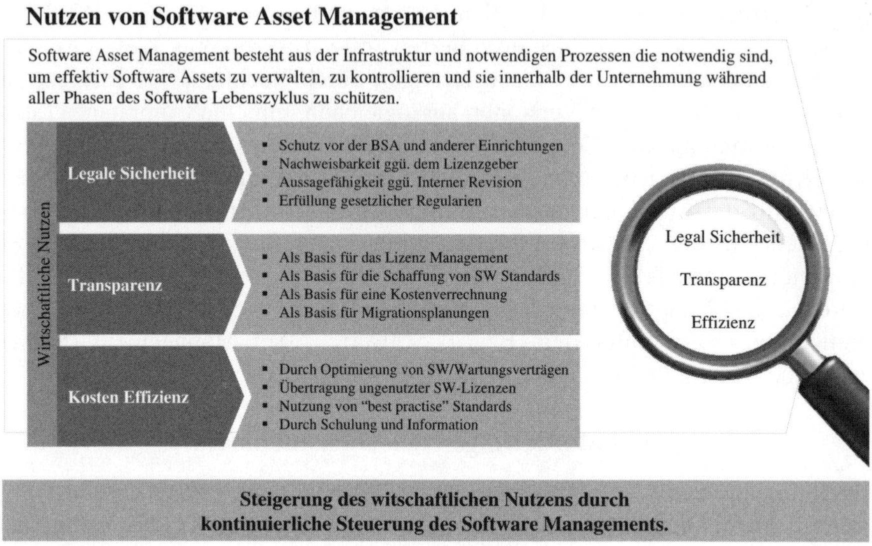

Abbildung 11-2: Nutzen von Software Asset Management

nen (CMDB) in der Regel auch der Einsatz eines Tools zur Verteilung von Software-Paketen, eine regelmäßige Software-Inventarisierung und möglicherweise eine Nutzungsmessung (Metering). Darüber hinaus sind weitere Daten erforderlich, entweder als Bestandteil der CMDB oder in Form einer gesonderten Datenbank, die Auskunft darüber geben, zu welcher Organisationseinheit bzw. Kostenstelle ein System (z. B. ein Laptop oder Desktop) und somit die darauf installierten Software-Produkte gehören.

Der Dienstleister kann bereits bei der Paketierung von Software den Lizenzmanagement-Gedanken unterstützen. Dies geschieht ohne Aufwand durch das bloße Einhalten lizenzrechtlicher Regeln beim Skripten der Verteilungspakete, indem u.a. für die Erstellung eines Standard-Office-Paketes der richtige Datenträger (Volumenlizenz, richtige Grundversion Office Standard) verwendet und die gemäßen Produktversionen und Herstellernamen im Skript korrekt bezeichnet werden.

Eine weitere Möglichkeit zur Unterstützung des Lizenzmanagement-Prozesses besteht in einer optimalen Umsetzung der Datenerhebung. Die Softwareinventarisierung sollte alle installierten SW-Produkte – gleichgültig ob durch Verteilung oder den Anwender selbst installierte Software – zuverlässig erkennen und identifizieren. Das Active Directory, die CMDB oder andere Datenquellen sollten, eine akkurate Pflege vorausgesetzt, ausreichend Informationen über die Zuordnung der Endgeräte zu den entsprechenden Organisationseinheiten ermöglichen, damit im Lizenzmanagement auch die „verbrauchten" (tat-

Einbettung des Lizenzmanagements in ein Enduser-Computing

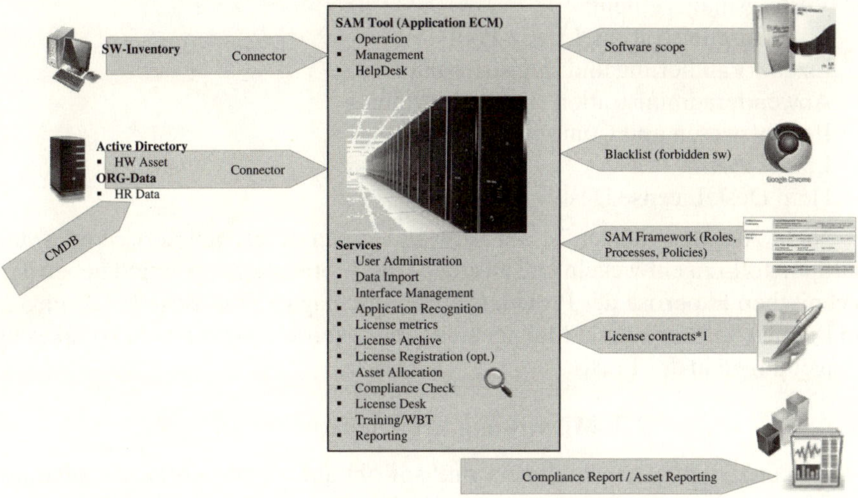

Abbildung 11-3: Einbettung Lizenzmanagement in ein Enduser Computing

sächlich installierten) Softwarepakete stets mit dem Lizenzbestand verglichen und den Organisationseinheiten zugeordnet werden können.

Sind diese Voraussetzungen beim Enduser Computing geschaffen, ist die Einrichtung einer SAM-Applikation, die sowohl vom Dienstnehmer als auch vom Dienstleister betrieben und bedient werden kann, eine einfache Aufgabenstellung.

Zudem kann der im Enduser Computing für die Anwender typischerweise vorhandene Service bzw. Help Desk, ein entsprechendes Applikationstraining vorausgesetzt, zur Abarbeitung von Anfragen und die Bearbeitung von Incidents/Problems rund um das Lizenzmanagement eingesetzt werden.

2. Lizenzmanagement als Service

2.1 Typische Serviceinhalte

Besonders im Bereich Lizenzmanagement kann ein IT-Dienstleister von einer hohen Integration in das Enduser Computing profitieren, indem er eine gehostete SAM-Applikation sowie Services rund um das Lizenzmanagement anbietet. Folgende SAM-Services kann ein Dienstleister konkret anbieten:

- Schnittstellenmanagement/Datenimport (Inventarisierung, Organisationsdaten, Einkaufsinformationen)

- Applikationserkennung und -normierung
- SAM Application Operation und Management
- Lizenzmetriken/Standards/Normierung
- Vertragsmanagement
- Lizenzadministration, Lizenz-Pool
- Lizenz-Validierung und -registrierung
- Anwenderadministration/Anwendertraining
- Berichtswesen und Compliance-Reporting
- Lizenz-Archiv
- Help Desk/License Desk.

Nicht zu unterschätzen ist der Aufwand, einen derartigen Service als Standardportfolio zu entwickeln und zu etablieren. Voraussetzungen sind neben der technischen Expertise des Providers auch einschlägige praktische Erfahrungen im Bereich Software Asset Management und Lizenzmanagement in komplexen Umgebungen in der Praxis.

2.2 Mitwirkung des Dienstnehmers

Mitwirkungen des Dienstnehmers sind sowohl auf organisatorischer Seite als auch auf prozessualer Seite notwendig. Neben der Ausübung der üblichen Service Governance kommt bei SAM in erster Linie der Ausgestaltung der SAM-Prozesse (sei es nach ITIL v3 SAM, ISO oder eigenen sogenannten „Best Practices"), der Rollenbeschreibung für die Core-SAM-Rollen und auch den Richtlinien für den Softwareeinsatz und deren Beschaffung eine hohe Bedeutung zu. Darüber hinaus sind vom Dienstnehmer die notwendigen Datenlieferungen (SW-Inventardaten, Organisationsdaten, Lizenzdaten) einzufordern, sofern der Dienstleister nicht selbst direkten Zugriff darauf hat.

2.3 Vorteile einer SAM-Lösung

- **Für den Dienstleister:**

Für einen Anbieter von Outsourcing-Leistungen im Bereich der IT macht es durchaus Sinn, Lizenzmanagement als Service (mit-)anzubieten, insbesondere aus folgenden Gründen:

- Erwartung des Dienstnehmers, dass im Umfeld Enduser Computing (Field Services) Lizenzmanagement selbstverständlich „mitgemacht" wird
- Mehrwertangebot an die Dienstnehmer (Transparenz, rechtliche Sicherheit, Kosteneffizienz)
- Leichte technische Integration beim Vorhandensein von Inventarisierungs- und Organisationsdaten, Netzwerk, Server-Kapazitäten

- **Für den Dienstnehmer:**
- – Kostengünstige Lösung der Anforderungen im Lizenzmanagement durch Verlagerung des operativen Teils auf den Dienstleister
- – Lizenzmanagement und Enduser Computing aus einer Hand erbracht erlauben eine einfache Ausübung der Governance
- – Relativ geringe eigene Aufwände und Kosten bei der Realisierung des Services
- **Zu beachten sind allerdings folgende Aspekte:**
- – Expertise des Providers rund um Tools, Prozesse, Rollen und Lizenzmodelle im Client- und evtl. auch Server-Bereich ist erforderlich
- – Auswahl einer geeigneten und skalierbaren Software Asset Management Applikation
- – Verfügbarkeit von Daten (SW-Inventory, Organisationsdaten, Lizenzbestand)
- – Vorhandensein der entsprechenden Rollen (Lizenzadministrator, Lizenzmanager), zugehörigen Regularien und Prozesse
- – Klare Definition von Verantwortlichkeiten und Service Levels.

2.4 Chancen und Risiken

Mit Software Asset Management als Service kann sich ein IT-Dienstleister maßgeblich an der Software-Wertschöpfungskette beteiligen. Die für den Dienstnehmer anfallenden Kosten für die Serviceerbringung werden durch Einsparungen in den Bereichen Risikominimierung, Optimierung der Lizenzverträge, erneute Nutzung abgemeldeter Lizenzen und verbesserte Prozesse mehr als aufgewogen und erlauben einen schnellen Return on Invest.

Voraussetzung hierfür ist allerdings eine konsequente Umsetzung des SAM-Servicemodells, inklusive einer vollständigen Prozessintegration (z. B. die Etablierung einer Softwarebeschaffung über einen Softwarekatalog, einen Genehmigungsworkflow, der Überprüfung des vorhandenen Lizenzbestandes bis hin zur Auslösung von Bestellungen oder auch die Ansteuerung einer Softwareverteilung) sowie die Ausnutzung sämtlicher Effizienzmöglichkeiten (etwa hohe Standardisierung des Software-Warenkorbes, zentraler Einkauf, Umverteilung von Lizenzen, Ausnutzung sämtlicher lizenzrechtlicher Nutzungsmöglichkeiten).

2.5 Wichtige Voraussetzungen

Bei jeder Bereitstellung von IT-Services spielt die Abgrenzung der Dienstnehmerverantwortung grundsätzlich eine große Rolle. Oft herrscht die Erwartung, dass der Dienstleister voll- und alleinig verantwortlich ist und keine weiteren Leistungen durch den Dienstnehmer zu erbringen sind. Speziell im Lizenzmanagement ist dem jedoch nicht so, denn die Kernrollen des Lizenzmanagements:

- Lizenzadministrator (Erfassung, Validierung und Authentifizierung von Lizenzen)
- Lizenzmanager (Zuordnung von Lizenzen zu Organisationen, Lizenzadministration)

verbleiben in der Regel weiterhin beim Dienstnehmer. Denkbar ist eine zusätzliche Dienstleistung zur Übernahme dieser Rollen im Namen des Dienstnehmers. Die Verantwortung für die ordnungsgemäße Lizenzierung des Dienstnehmers verbleibt aber in jedem Fall bei diesem und kann keinesfalls an den Dienstleister delegiert werden, auch wenn so mancher Vertrag das so vorsieht.

Daneben spielt die Governance nicht nur im Sinne der Dienstleistersteuerung, sondern gerade auch intern gegenüber den eigenen Unternehmenseinheiten eine herausragende Rolle.

Vergleicht man die generischen Rollen und Verantwortungen, wie sie sich z. B. aus ITIL v3 für ein SAM ergeben, könnte eine Aufteilung der Verantwortlichkeiten wie folgt aussehen:

Mögliche Aufteilung von Verantwortlichkeiten nach ITIL v3 SAM

ITIL Processes	Customer Responsibility	Provider Responsibility
Overall Management Process ▪ Overall Management Responsibility ▪ Policies & Procedures (including roles, circular, responsibility) ▪ Risk Assessment ▪ Competence, Awareness & Training (Vision, Strategy) ▪ Performance Metrics & Contin. Improvement ▪ Service Continuity & Availability	**Corporate Governance** ▪ Governance ▪ Steering ▪ Service Management ▪ Change Management	**Service Delivery** ▪ Service Management ▪ SLA Reporting
Verification & Compliance Process ▪ Verification and Audit ▪ License Compliance ▪ Security Compliance ▪ Other Compliance	**SAM Core Roles** ▪ Use of SAM application for core SAM purposes	**Service Delivery** ▪ Provide functionality of SAM application ▪ License Registration (optional)
Core Asset Management Processes ▪ Asset Identification ▪ Database Management ▪ Asset Control ▪ Financial Management ▪ Status Accounting	**SAM Core Roles** ▪ Data entry in SAM application (license entitlements, …) ▪ License Management	**Service Delivery** ▪ User Administration/Training ▪ License Metrics/standard ▪ Application Recognition ▪ Compliance Reporting ▪ Interface Mgmnt./Import of Data (Inventory, Org., purchasing,…) ▪ License Archive ▪ Help Desk/License Desk
Logistic Processes (Software Lifecycle) ▪ Software Demand ▪ Operation ▪ Procurement ▪ Optimization ▪ Deployment ▪ Retirement	**Corporate IT** ▪ Operate systems	**Service Delivery** ▪ Import data ▪ Report information ▪ Trigger action
Relationship Management Processes ▪ Contract Management ▪ Outsourcing Management ▪ Supplier Management ▪ Intrnl. Bus. Relationship Management	**Corporate Procurement** ▪ Governance	none

Abbildung 11-4: Mögliche Verantwortungsaufteilung nach ITIL v3 für SAM

2.6 Bereitstellung und Integration der Infrastruktur

Die für ein Lizenzmanagement notwendige Infrastruktur stellt der IT-Dienstleister. In Abhängigkeit von den zum Einsatz kommenden Applikationen sind in der Regel ein zentraler Server, eine Datenbank für die Ablage der Massendaten aus der Inventarisierung und die Lizenzdaten, ausreichend Speicherplatz für das Speichern von Kopien der Lizenznachweise im Lizenzarchiv sowie verschiedene Interfaces zur CMDB, zu bestehenden Inventarisierungssystemen oder anderen anzubindenden Systemen bereit zu stellen.

Sofern der Provider bereits Dienstleistungen im Bereich Rechenzentrum oder Field Services erbringt, dürfte die für einen SAM-Dienst notwendige Infrastruktur schon vorhanden sein: Rechenzentrum, Backup-Möglichkeiten, Systemmanagement, Vernetzung und Anbindung an das Intranet des Dienstnehmers. Mit dieser können auch ein Anwenderportal für das Unternehmen sowie die Bereitstellung der notwendigen Berichte sichergestellt werden.

2.7 Integration von Daten aus Bestandssystemen

Die wichtige Anbindung der Inventarisierungssysteme, eine abgestimmte Datenstruktur vorausgesetzt, lässt sich über XML-Schnittstellen oder direkte Integration in die Datenbank auf regelmäßiger Basis einrichten. Die Übernahme von Client-Asset-Informationen, vorzugsweise aus der CMDB oder aus dem Active Directory (mit gepflegten Feldern wie „managed by") lassen sich mittels geeigneter Schnittstellen oder direkter Datenbankanbindung realisieren.

Schwieriger gestaltet sich in der Praxis die eventuell gewünschte Anbindung an Beschaffungssysteme, um die Daten neu gekaufter Lizenzen nicht manuell ein zweites Mal eingeben zu müssen. Dabei spielt die technische Anbindungsumsetzung die kleinere Rolle, entscheidend ist der Inhalt der Datenfelder im Beschaffungssystem, vor allem die Qualität der Beschaffungsdaten, die bereit gestellt werden können. Meist sind diese Systeme nicht ausgelegt, um die notwendigen Lizenzinformationen (Lizenzname, Anzahl, Lizenzform, Hersteller, Vertrag, etc.) zu liefern.

2.8 Vergütungsmodell und Leistungsmessung

In der Praxis hat sich die monatliche Abrechnung auf Basis der Anzahl von verwalteten Clients als Vergütungsmodell durchgesetzt. Dieses Verfahren nutzt die im System bestehenden Informationen bezüglich der verwalteten Hardware-Assets (Clients). Über die Reportingfunktion werden diese Daten mindestens monatlich verfügbar gemacht. Die vorhandenen Informationen erlauben eine Zuordnung etwa der betreuten Clients zu den nutzenden Organisationseinheiten bzw. Kostenstellen. Damit lässt sich eine granulare und transparente Verrechnung ohne großen zusätzlichen Aufwand realisieren.

Die Kostentreiber bei der Berechnung der Servicekosten setzen sich zusammen aus:

- Hard- und Software der technischen Infrastruktur inklusive der SAM-Applikation, Datenbanken und Lizenzarchiv sowie Lizenzkosten
- Aufwand für die Softwareinventarisierung bzw. für die Einbindung der Daten
- Anzahl der im System aufzusetzenden verschiedenen Lizenzen und Verträge
- Aufwand für kundenspezifische Applikationsanpassungen bezüglich Berichtswesen, Funktionen, Spezialanforderungen, …
- Umfang der beauftragten Services und der damit verbundene Personalaufwand
- Die Leistungsmessung lässt sich kombinieren mit verschiedenen Service Levels und konkreten Leistungsparametern (KPIs), z. B.:
- Anzahl der verwalteten Clients
- Anzahl der im System abgebildeten Lizenzmodelle und Verträge
- Verfügbarkeit der SAM-Applikation für die Anwender
- Erreichbarkeit eines evtl. vereinbarten Help Desks
- Service Level für die Verarbeitung von Daten.

Bei einer Abrechnung pro Client spielt somit deren Anzahl eine entscheidende Rolle, ohne dass die Clients selbst einen großen Kostentreiber darstellen, abgesehen von den Lizenzkosten der SAM-Applikation, die meist darauf basiert.

3. Prozessintegration – vom Lizenzmanagement zum Software Life Cycle in SAM

Während unter dem Begriff Lizenzmanagement allgemein nur das Verwalten von Softwarelizenzen verstanden wird, ist auch eine vollständige Prozessintegration möglich. Der Prozess richtet sich dabei nach dem Lebenszyklus der betroffenen Software.

3.1 Vom Backoffice- zum Enduser-System

Von besonderer Bedeutung sind die Beschaffungs- bzw. Logistikprozesse. Während ein Lizenzmanagementsystem ein reines Backoffice-System darstellt (Nutzung ausschließlich durch den IT-Dienstleister sowie einige Kernrollen des Dienstnehmers), werden in einem Software-Asset-Management-System auch dem Endanwender Funktionen bereit gestellt. Dies kann auf zweierlei Weise erfolgen:

- Erweiterung der Lizenzmanagement-Applikation um ein Endanwender-Portal mit Bestell- und Workflow-Funktionalitäten, oder

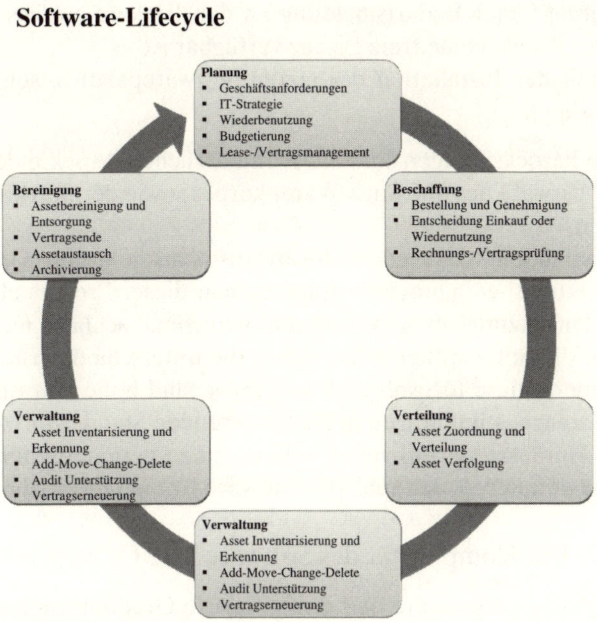

Abbildung 11-5: Software Lifecycle

- Prozessintegration der Lizenzmanagement-Applikation mit anderen Beschaffungs- und Verteilungs-Prozessen.

Folgende Funktionalitäten und Voraussetzungen sind für die Abbildung des SW-Lebenszyklus notwendig:

1. Standard-Softwarekatalog (inklusive lizenzrechtlicher Transparenz, lizenzkonforme Paketierung)
2. Bestell-Portal für Endanwender, verknüpft mit dem Standard-Softwarekatalog
3. Durchgängiger Genehmigungsprozess, bei dem neben der Autorisierung der Software-Installation auch eine eventuell notwendige Investition für die Beschaffung von Lizenzen vorgenommen wird
4. Möglichkeit der Installation eines neuen Softwarepaketes, sofern die notwendige Lizenz aus dem Lizenzmanagementsystem als verfügbar gemeldet wird, oder
5. Möglichkeit der Installation eines neuen Softwarepaketes, sofern die hierfür notwendige Lizenz nachbeschafft werden kann (Installation als Test-Lizenz, dann Kauf oder alternativ einfach eine Meldung an den Lizenzgeber über Neuinstallation und nachfolgende Berechnung der Lizenz)

6. Weiterleitung einer Bedarfsmeldung an den Einkauf zwecks Beschaffung der Lizenz, sofern keine freie Lizenz verfügbar ist
7. Möglichkeit der Installation des neuen Softwarepaketes, sobald die neue Lizenz vorliegt.

Ferner zu berücksichtigen sind die grundsätzlichen Aspekte der Standardisierung und Auswahl des Software-Warenkorbes sowie der Software-Politik im Unternehmen.

Wichtig ist zudem, dass jede Software-Installation konform zu den jeweiligen Lizenzierungsbedingungen erfolgt. Genau dieser Prozess aber ist in der praktischen Umsetzung oft schwierig und manchmal schlicht nicht automatisierbar, denn die Softwarehersteller haben die unterschiedlichsten Lizenzmodelle und ändern diese fortwährend. Die Folge sind hohe Aufwände, die sich ändernden Lizenzbestimmungen in die bestehenden Standardprozesse zu integrieren. Die Herausforderung besteht darin, einen pragmatischen Softwarelebenszyklus zu definieren, der auch die Software Compliance sicherstellt.

3.2 Die Komplexität des Software Life Cycle in SAM

Speziell für global aufgestellte und diversifizierte Großunternehmen mit zahlreichen Unternehmensbereichen und dementsprechend unterschiedlichen Anforderungen erweist sich die Abbildung des kompletten Softwarelebenszyklus in der Praxis als schwierig und aufwändig. Die Abbildung eines Logistik-Prozesses beispielsweise muss neben den unterschiedlichen lizenzrechtlichen Vorgaben (Test- und Entwicklungssysteme, Installationen mit nachträglichem Reporting, Lizenz muss vorhanden sein) und Lizenzmodellen (u. a. pro Client, Concurrent User, Named User, Floating) auch die unterschiedlichen Beschaffungsvorgänge und -systeme sowie Technologien und Prozesse im Bereich der Softwareverteilung berücksichtigen. Je standardisierter die Verfahren und je weiter die Prozesse etabliert sind, desto höher ist die Aussicht auf Erfolg bei der Abbildung des kompletten Softwarelebenszyklus.

4. Praktischer Rück-und Ausblick

4.1 Wunsch und Wirklichkeit

Ein Vergleich von Ausschreibungen für ITO-Services im Bereich Enduser Computing zeigt, dass das Thema Lizenzmanagement immer öfter als Bestandteil der geforderten Services gesehen wird. Zunehmend wächst auch die Erwartungshaltung der Unternehmen an eine vollständige Integration ihrer Logistikprozesse eben auch durch Einbindung des Lizenzmanagements in ihr Anforderungs-Management mit dem Ziel eines vollständigen SAM-Services.

In den heutigen Ausschreibungen wird das Thema Lizenzmanagement oft nur rudimentär und eher unkonkret beschrieben. Die Verantwortung für die korrekte Lizenzierung der Clients wird mittels wenig konkreter Angaben nicht selten vom Dienstleister erwartet. Aber auch diese übersehen die Thematik – absichtlich oder unabsichtlich – nur zu gerne, da es meist als unbedeutendes Randthema betrachtet wird, sie über kein vernünftiges Angebot dafür verfügen und die Zeit für eine Ausschreibungsbeantwortung oft zu kurz ist, um sich mit den gestellten Anforderungen auseinander zu setzen und eine solide sowie effiziente Lösung entwickeln zu können.

Dienstnehmer und Dienstleister legen bei einem Vertragsabschluss dann aber die Grundlage für einen vorprogrammierten Konflikt. Ein Unternehmen entzieht sich durch einen ITO-Vertrag keinesfalls der Verpflichtung einer ordnungsgemäßen Lizenzierung, glaubt sich jedoch oftmals durch den Vertrag der Verantwortung entbunden. Der Dienstleister hingegen ist sich mit der Feststellung, dass die Lizenzen im Besitz seines Auftraggebers verbleiben, keiner wirklichen Verantwortung bewusst. Sollte durch ein internes oder externes Audit eine Unter- oder Falschlizenzierung oder das Fehlen eines effizienten Lizenzmanagementverfahrens festgestellt werden, ist es mit einem bloßen Bericht nicht getan. Es drohen erhebliche Nachforderungen des Softwareherstellers für fehlende Lizenzen, Strafzahlungen aus Organisationsverschulden, Vertragsstrafen und ein Imageverlust bei einem öffentlichen Bekanntwerden des Vorgangs.

4.2 Weniger ist mehr

Bei ITO-Projekten stehen Kostensenkungen im Vordergrund. Daher muss es gemeinsames Anliegen des Dienstnehmers und seines Dienstleisters sein, sich auf die wesentlichen Merkmale von SAM, nämlich auf das Lizenzmanagement zu konzentrieren:

- Herstellen von Transparenz über installierte Software (welche, wie viele und wo) und vorhandene Lizenzen (welche und wie viele)
- Sicherstellen der Compliance durch permanenten Abgleich installierter Software zu den bestehenden Lizenzen sowie Ergreifen von Maßnahmen im Falle von erkannter Unter-, Falsch- oder Überlizenzierung
- Nutzung von Maßnahmen zur Kostensenkung durch vorausschauende Planungen und Tätigkeiten, wie die Schaffung von standardisierten Prozessen, Rollen, Policies sowie eines Standardwarenkorbes für Software, Ausgleich von Lizenzierungssituationen auf Unternehmensebene und Optimierung der Beschaffung bei Volumenlizenz- und Wartungsverträgen.

In einem zweiten Schritt kann ein Dienstleister Optimierungsvorschläge hinsichtlich einer Erweiterung seiner Services in Richtung eines vollumfänglichen SAM-Prozesses erarbeiten und seinem Dienstnehmer vorschlagen.

Nicht zu unterschätzen aber bleibt der tatsächliche Zeitaufwand für den Aufbau eines effektiven Lizenzmanagements inklusive der Aus- und Überarbeitung aller nötigen Prozesse, der initialen Datenerhebung und der Implementierung des eigentlichen Services. Ein Zeitraum, so die Erfahrungen bei größeren Unternehmen und einer Menge ab ca. 10.000 Clients, von sechs bis zwölf Monaten ist durchaus einzuplanen.

Cloud Computing – IT-Dienste der nächsten Generation

JÜRGEN DETTLING UND MICHAEL EBERHARDT

1. IT-Trend: Cloud Computing

Die Erwartungen der IT-Branche und der Fachpresse zur Entwicklung des Cloud Computings sind hoch. Tatsächlich ist zur Zeit ein verstärktes Interesse an Cloud-basierten Diensten zu verzeichnen (siehe auch Abb. 13-1). Neben dem permanenten Streben nach einer noch kosteneffektiveren IT ist heute zusätzlich ein erweiterter Nutzen für das Geschäft das Hauptargument, das diese Entwicklung vorantreibt. Geschäftsprozesse, so der Anspruch, können durch Cloud-Dienste nicht nur verbessert, sondern innovative, bisher nicht umsetzbare Anwendungen könnten realisiert werden. Auch in der Vergangenheit viel diskutierte Risiken und Nachteile der Cloud-basierten IT scheinen langsam in den Hintergrund zu treten.

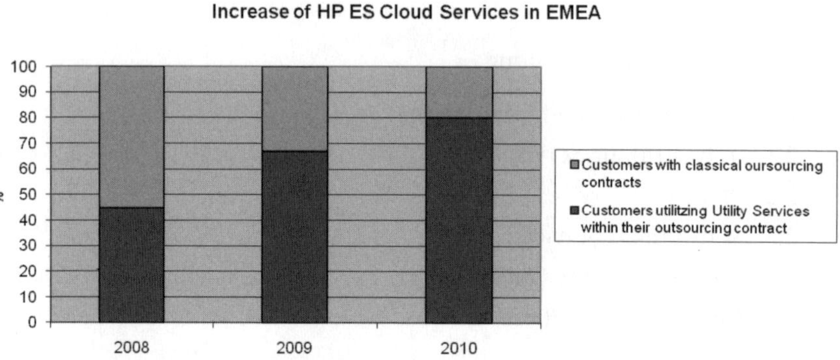

Abbildung 12-1: Zunahme der Cloud-basierten Dienste[1]

Der Begriff Cloud Computing geht auf Prof. Ramnath K. Chellappa[2] zurück, der 1997 in Dallas auf einer Fachkonferenz das Cloud Computing als neues Paradigma der Datenverarbeitung einführte. Dabei werden Rechenleistungen aus dem Internet bezogen, das in Netzwerkplänen als Wolke (cloud) dargestellt wird.

Der folgende Beitrag geht zunächst darauf ein, was eine Cloud-Lösung ausmacht und skizziert die vielfältigen Aspekte von Cloud-Diensten. Basierend auf der aktuellen Situation der IT in den Unternehmen wird aufgezeigt, wie eine erfolgreiche Entwicklung des Cloud Computings nicht nur die IT-Lieferkette verändert. Die IT-Abteilung der Unternehmen wird voraussichtlich einem Wandel unterzogen werden: Weg von einer technologiefokussierten Lieferorganisation hin zu einer zentralen Stelle zur Beschaffung, Integration und

1 Hewlett-Packard GmbH (2010a).
2 Vgl. Chellappa (1997): [Stand 06.08.2010].

Management von strategischen Diensten für die Geschäftsbereiche im Unternehmen.

2. Die Ebenen des Cloud Computings

Hewlett-Packard definiert Cloud Computing als „*standardisierte und modularisierte IT-Dienstleistungen, die hoch skalierbar aus dem Internet bezogen werden und nach Verbrauch abgerechnet werden*". Das bedeutet auch, dass die zugrundeliegende Technologie schnell und flexibel auf unterschiedliche Bedarfe reagieren können muss. Wichtige weitere Aspekte sind eine kurze Vertragsbindung und die Tatsache, dass keine Investitionen erforderlich sind sowie nur rein operationale Kosten entstehen.

Wichtigste Vorteile des Cloud Computings:

- **Vereinfachung/Optimierung der IT-Umgebung:** Durch geringere eigene IT-Umgebung und den dadurch reduzierten Betriebsaufwand.
- **Vermeidung von Investitionsausgaben:** Durch nutzungsbasierte Abrechnung entstehen nur operationale Kosten.
- **Schnellerer ROI:** Weniger eigene Entwicklungen und Installationsprojekte bewirken eine schnellere Bereitstellung von Diensten. Dadurch wird erwartet, einen schnelleren Return-on-Investment zu erreichen.
- **Höhere Agilität:** Schneller Zugriff auf die verschiedensten externen Dienste verspricht schnellere Reaktionszeiten auf geänderte Geschäftsanforderungen.

Die Umsetzung in Cloud-Lösungen geschieht auf vielfältige Weise. Entsprechend dem Zwiebelprinzip werden Lösungen auf unterschiedlichen Ebenen angeboten, die von bloßer Rechnerkapazität bis hin zur Durchführung von kompletten Geschäftsprozessen reichen (siehe auch Abb. 12-2, S. 172)[3].

2.1 Infrastruktur-Services

Infrastructure as a Service (IaaS) ist die Kernebene des Cloud Computings. Es handelt sich hierbei um fundamentale IT-Leistungen wie Rechner-, Speicher- oder Netzwerkkapazität. Typischerweise hat der Nutzer durch das Betriebssystem Zugriff auf die Lösungen dieser Ebene. IaaS-Lösungen werden heute zunehmend auf virtualisierten Betriebssystem-Abbildern realisiert, um die darunterliegende Hardware und ihre Anpassungen transparent für den Anwender zu halten. Dieser Lösungsansatz kann auch unternehmensintern implementiert

3 Cutter (2009): S. 14.

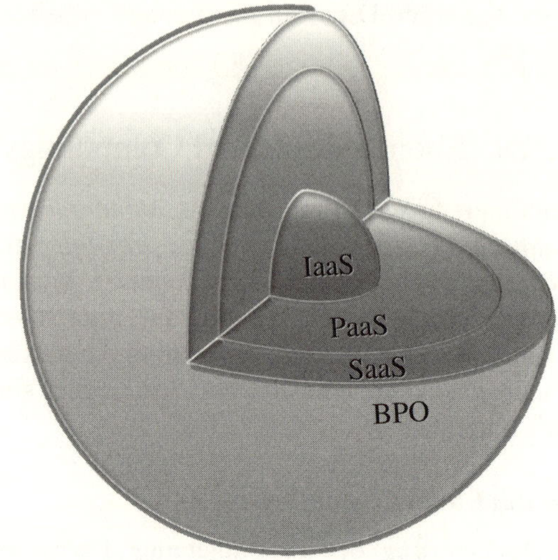

Abbildung 12-2: Ebenen der Cloud[4]

werden und wird bei nutzungsabhängiger, interner Verrechnung auch als Shared-Service-Center- oder interne Cloud-Lösung bezeichnet.

2.2 Plattform-Services

Die nächste Schicht – Platform as a Service (PaaS) – baut auf der IaaS-Ebene auf. Unterstützt von speziellen Werkzeugen implementiert der PaaS-Anbieter auf der Cloud-Infrastruktur verschiedene Anwendungen seiner Dienstnehmer. Diese haben die volle Kontrolle über diese Anwendungen, sind jedoch frei von Betriebsaufgaben an der zugrundeliegenden Infrastruktur. Die so erzeugte Transparenz erhöht die Flexibilität für die Anwender erheblich, da sie sich bei geänderten Anforderungen lediglich um die Anpassung der Anwendungen, nicht aber um die Anpassung der darunterliegenden Infrastruktur kümmern müssen. PaaS-Lösungen sind z. B. Test- und Entwicklungsumgebungen. Sie können auch Anwendungen wie Web-Dienste, Team-Kollaboration oder Datenbankintegration beinhalten. Üblicherweise werden derartige Dienste als integrierte Lösungen angeboten, die über das Internet geliefert werden, ohne direkten Kontakt zwischen Anbieter und Dienstnehmer. Ein Beispiel hierfür ist die Azure Plattform von Microsoft.

4 Ebenda (2009): S. 14.

2.3 Software als Service

Aufbauend auf der o. g. Flexibilität der PaaS-Umgebung bietet die Ebene der Software as a Service (SaaS) anwendbare Applikationen an. Lizenz- und Administrationskosten der Anwendung entfallen hier für den Nutzer, da nach Verbrauch abgerechnet wird (nutzer- oder transaktionsorientiert). Dabei kann vielfältige Software zum Einsatz kommen – von Standardbüroanwendungen bis zu Spezialsoftware, wie z. B. Programmen für Customer Relationship Management (CRM), etwa Salesforce.com, oder für ein End-to-End-Applikationsmonitoring. Das SaaS-Modell ermöglicht den Nutzern eine Steigerung der Wirtschaftlichkeit und Flexibilität dadurch, dass sie nur so viel bezahlen, wie sie tatsächlich nutzen. Gleichzeitig entfallen Kosten für Upgrade-Aktivitäten, da diese durch den Anbieter durchgeführt werden.

2.4 Business Process Outsourcing

Als oberste Ebene des Cloud Computings folgt das Business Process Outsourcing (BPO). Oft wird BPO auf den ersten Blick nicht als Cloud-Service betrachtet. Die Mandantenfähigkeit und oft nutzungsbezogene Abrechnung rechtfertigt diese Einordnung aber durchaus. Man könnte diese Ebene auch „Business Process as a Service" nennen. Der Dienst beinhaltet standardisierte Systeme, Prozesse, Infrastruktur und Personal, um einen Geschäftsprozess durchzuführen. Buchhaltung oder Gehaltsabrechnung sind hierfür weitere Beispiele.

2.5 Cloud-Implementierung

Neben den verschiedenen Ebenen des Cloud Computings gibt es derzeit ein breites Spektrum an Implementierungsstrategien einer Cloud (siehe Abb. 13-3). Sollen Cloud-Dienste eingesetzt werden, ist es wichtig, die unterschiedlichen Optionen sowie ihre Vor- und Nachteile zu verstehen, um die richtige Auswahl treffen zu können.

Abbildung 12-3: Spektrum des Cloud Computings[5]

5 Cearly/Brooks (2010): S. 7.

In Abhängigkeit der jeweiligen Bedürfnisse bezüglich Sicherheit, Kosten, Grad der Standardisierung, Service Level, Integration in das Unternehmen, um die wichtigsten zu nennen, kommen jeweils unterschiedliche Ansätze in Betracht. Die wichtigsten Unterscheidungsmerkmale sind die Zugriffsmöglichkeit der Dienste (exklusiv oder offen) und der Grad der Kontrolle und des Eigentums[6].

Cloud-Implementierungsmodelle:

- **Enterprise Private Cloud**: Die Cloud-Infrastruktur wird ausschließlich für eine Organisation betrieben. Sie kann im Hause oder auch extern implementiert sein und bietet den Vorteil der vollständigen Kontrolle. Andererseits erfordert eine Private Cloud aber umfangreiches Cloud-Know-how im Hause. Darüber hinaus ist dieser Ansatz aufgrund der benötigten Skaleneffekte nur bei entsprechender Größe (>500 Betriebssystem-Instanzen) der Umgebung finanziell sinnvoll.
- **Managed Private Cloud**: Wie Enterprise Private Cloud jedoch von einem externen Dienstleister betrieben.
- **Virtual Private Cloud:** Hier handelt es sich um eine dedizierte Cloud-Umgebung bei einem Cloud-Anbieter, der diese exklusiv für seinen Auftraggeber betreibt. Der Anbieter stellt standardisierte Dienste zur Verfügung, die er entsprechend kostengünstig unterhalten und anbieten kann. Der Dienstnehmer hat wenig Einfluss auf und Kontrolle über die Dienste.
- **Community Cloud:** Eine Cloud-Umgebung, die von verschiedenen Organisationen gemeinsam genutzt wird. Sie dient einem gemeinsamen Zweck oder Ziel. Mehrere Unternehmen können gemeinsame Dienste oder Funktionen zusammenlegen, z. B. um sich auf das Kerngeschäft zu konzentrieren oder Kosteneinsparungen durch Skaleneffekte zu realisieren. Auch neue, innovative Dienste werden damit realisierbar (vgl. Kapitel 3).
- **Public Cloud:** Die Cloud-Infrastruktur ist der breiten Öffentlichkeit einfach und kostengünstig zugänglich. Der Cloud-Dienstleister bietet fest definierte Dienste, wie z. B. Email-Postfächer, an. Die Nutzer haben keinen Einfluss auf Serviceaspekte wie Speicherort, Verfügbarkeit oder sog. Datenwiederherstellung bei Verlust.
- **Hybrid Cloud:** Verschiedene Clouds (Private, Public oder Community) werden gebündelt. Spezielle Technologie ermöglicht es, die jeweils unabhängigen Clouds gemeinsam zu nutzen (z. B. greifen Applikationen auf Daten verschiedener Clouds zu).

Je weiter eine Lösung in Richtung einer Public Cloud tendiert, umso mehr kann ein Nutzer von der Größe und den Innovationen eines Anbieters profitie-

6 Ebenda (2010): S. 7.

ren. Je mehr indes eine Lösung in Richtung einer Private Cloud geht, umso eher wird der Nutzer die o. g. eigenen oder speziellen Bedürfnisse kontrollieren können und ggf. auch wollen. Viele der derzeitig verfügbaren und zukünftigen Cloud-Dienste positionieren sich innerhalb dieses Rahmens. Für ein Unternehmen ist es daher wichtig, sich das richtige Verständnis über die verfügbaren Optionen anzueignen, um die adäquate Lösung für den bestehenden eigenen Bedarf zu finden.

3. IT-Dienste heute und morgen

Warum sollten sich Unternehmen für Cloud-Lösungen interessieren?

3.1 Ausgangssituation

Unternehmen müssen sich immer schneller den Marktgegebenheiten anpassen können, d. h. langfristiges Planen wird schwieriger – nicht nur getrieben durch die Globalisierung. Komplexe Lieferkettenmodelle, ein zunehmend auf Just-in-Time-Fertigung ausgelegter Produktionsprozess sowie neue Geschäftskonzepte und -modelle erfordern ein hohes Maß an Innovation im Bereich der IT. Die Realität der heutigen IT-Dienste ist jedoch oft aus Sicht der Nutzer negativ geprägt:

- Was gebraucht wird, wird nicht zum richtigen Zeitpunkt geliefert.
- Keine wirkliche Kontrolle über die Dienste, die bezogen werden.
- Geschäftsprozesse werden nicht durchgängig und zeitnah unterstützt.
- IT-Dienstleistungen sind zu teuer und nicht ausreichend.

Zusammenfassend ist die traditionelle IT-Lieferkette oft zu lang, komplex und nicht effizient genug. Sie ist z.B. durch eine dedizierte, unausgelastete Infrastruktur und manuelle, arbeitsintensive über mehrere Teams verteilte Prozesse gekennzeichnet (vgl. Abb. 12-4, S. 176).

3.2 Wandel in der IT

Um die traditionellen Probleme der IT-Lieferkette zu überwinden, sind innovative Vorgehensweisen erforderlich. Diese sollen helfen, Anforderungen schneller zu verstehen und umzusetzen, die vorhandenen Kapazitäten effektiver zu nutzen, Kosten zu reduzieren bzw. zugunsten von mehr Innovation umzuverteilen. Viele IT-Abteilungen haben diesen Wandel in Angriff genommen durch:

- Konsolidierung (Rechenzentren, Server, Storage, Netzwerk)
- Zusammenführung der Infrastruktur (ganzheitliche Betrachtung Server/Storage/Netzwerk/Management)

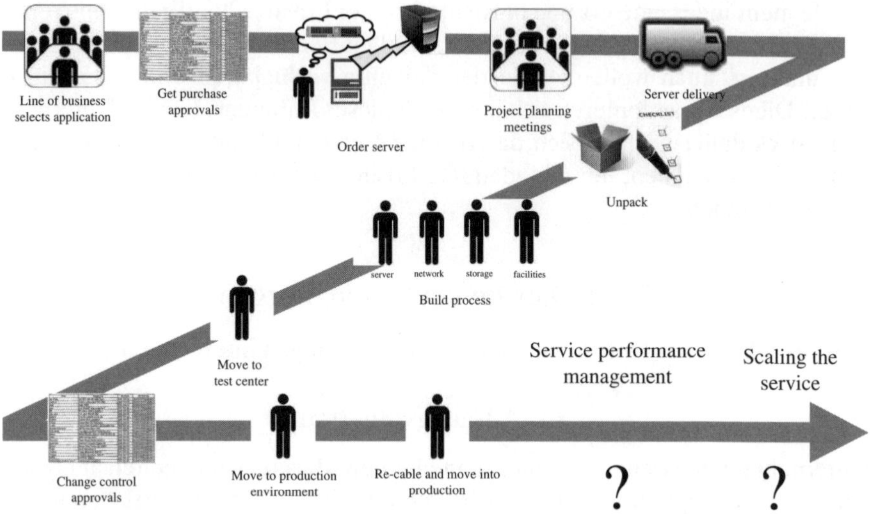

Abbildung 12-4: Traditionelle IT-Lieferkette [7]

- Automation und virtuelle Rechenzentren (Infrastruktur, Management, Dienste, Governance, Compliance)
- Reduktion von Betriebsaufgaben durch o. g. Aktivitäten und organisatorische und prozessspezifische Optimierungen.

Entwicklungen des Internets und seiner Nutzung geben ebenfalls wichtige Impulse zur innovativen Weiterentwicklung von IT-Diensten. Mobiles Internet, soziale Netzwerke, permanente Verfügbarkeit von Informationen, Vermischung von geschäftlicher und privater Nutzung von IT-Ressourcen, etc. sind hierfür maßgeblich verantwortlich. Der Kernfokus bei neuen IT-Diensten muss in jedem Fall darauf liegen, den Anwendern einen messbaren Mehrwert zu liefern und verbesserte bzw. sogar neue Geschäftsprozesse zu ermöglichen.

Bereits die heute verfügbare Cloud-Generation, wozu auch IT-Utilities und oben beschriebene As-a-Service-Lösungen gehören, hat dazu geführt, dass viele der oben erwähnten Probleme gelöst wurden. IT-Dienste können beispielsweise per Katalog ausgewählt werden. Das dazu verwendete Web-Portal erlaubt es den Nutzern, Optionen auszuwählen und damit den Bereitstellprozess per Mausklick anzustoßen. Die Bereitstellung wiederum erfolgt oft hoch automatisiert und zeitnah innerhalb von wenigen Minuten je nach angefordertem Dienst (vgl. Abb. 12-5).

Diese neuen IT-Fähigkeiten erzeugen auch neue Ideen für betriebliche Innovationen, sie ermöglichen nicht nur eine höhere IT-Effizienz. Kreative

7 Gill (2010): S. 11.

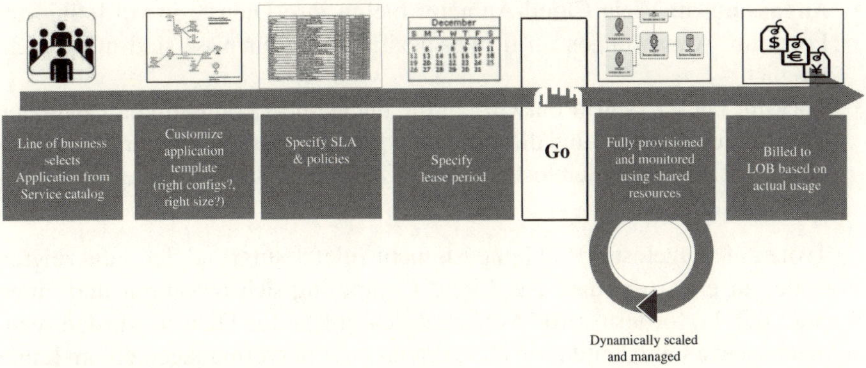

Abbildung 12-5: Optimierte IT Lieferkette[8]

Geschäftsleute sehen Beispiele moderner IT-unterstützter Prozesse bei Wettbewerbern oder in anderen Branchen, ferner erleben sie die Möglichkeiten des Internets im Privatgebrauch. Doch das Gesehene bzw. Erlebte im eigenen Unternehmen umzusetzen, stößt heute noch oft an Grenzen. Sei es, weil die IT eines Unternehmens gerade ihre IT-Planung abgeschlossen hat und kein weiteres Budget oder Personal zur Verfügung steht oder weil die Entscheidungsträger einige Bedenken bezüglich des Cloud Computings haben.

Herausforderungen des Cloud Computings

- **Sicherheit**: Kontrollmechanismen und -prozesse sind noch jung und unausgereift. Das Risikomanagement bzgl. Datensicherheit und der Einhaltung gesetzlicher Bestimmung ist schwierig.
- **Service-Verfügbarkeit und -Performance**: Oft geben Cloud-Anbieter keine oder schlechte Verfügbarkeits- und Performancezusicherungen. Sollen die Dienste die Geschäftsabläufe zuverlässig unterstützen, sind jedoch fest vereinbarte Serviceparameter (SLA) erforderlich.
- **IT-Management:** Daten, Dienste und Dienstleister müssen kontrolliert und umfassend gesteuert werden. Genauso wie für die internen IT-Dienste werden dazu Werkzeuge benötigt. Diese sind für die Cloud-Anwender kaum vorhanden.
- **Integration:** Cloud-Lösungen sind oft als Einzel- oder eigenständige Dienste konzipiert. Damit wird die Einbindung in eine bestehende IT-Landschaft schwierig. Auch bestehen heute noch technische Kompatibilitätsfragen, welche kurzfristig gelöst werden müssen.

8 Gill (2010): S. 14.

- **Anpassungen:** Viele Cloud-Anbieter bieten ihre Dienste in vordefinierter Form an. Anpassungen an firmenspezifische Bedürfnisse sind meist nicht möglich.
- **Lock-in:** Dieser Begriff umschreibt die mangelnde Kompatibilität zwischen Cloud-Dienstleistern und die fehlenden Daten- und Betriebsstandards. Dies erschwert einen problemlosen Wechsel zwischen Anbietern oder zurück ins eigene Haus.

Trotz z. T. ungelöster Probleme ist, nicht zuletzt aufgrund der aufgezeigten Vorteile, zu erwarten, dass das Cloud Computing sich bewähren und einen Wandel der IT fördern wird. Aufgrund des Fokus auf Dienste werden technologiebasierte Fähigkeiten wie Datenbank- oder Servermanagement im Laufe der Zeit in den Hintergrund treten. Getrieben durch schnelllebige Märkte fordern die Geschäftsbereiche in zunehmendem Maß neue oder angepasste Dienste. Diese zeitnah, kostengünstig und benutzerfreundlich anzubieten, stellt den IT-Bereich vor große Herausforderungen. Dabei ist zu beachten, dass die Geschäftsbereiche schon mit den aktuell verfügbaren Cloud-Diensten in der Lage sind, die IT-Abteilung zu umgehen. Eine Vertriebsorganisation z. B. kann eine CRM-Lösung direkt über das Internet abonnieren und nutzen, ohne dass die eigene IT-Abteilung involviert werden müsste. Für das IT-Management ist es daher wichtig, die IT-Funktion auf den anstehenden Wandel vorzubereiten. Dazu schlägt Hewlett-Packard einen vierstufigen Ansatz vor, der darauf abzielt, ein flexibles Umfeld zu schaffen, die Auslastung der IT zu maximieren und gleichzeitig die Vorteile von Cloud-Lösungen auszunutzen, wo dies möglich und sinnvoll ist:

1. **Entwicklung eines Servicefokus:** Implementierung eines integrierten Steuerungsansatzes mit dem Ziel, den kompletten Lebenszyklus der IT-Dienste zu verwalten. Dies beinhaltet auch aktuelle oder zukünftige Cloud-Dienste.
2. **Modernisierung der Applikationen:** Alt-Anwendungen ermöglichen oft keine flexiblen Änderungen und leichte Integration mit anderen Systemen.
3. **Virtualisierung der IT-Landschaft:** Zur Optimierung der verfügbaren Kapazität. Dies kann ein erster Schritt in Richtung einer internen Cloud-Infrastruktur sein.
4. **Integration von Cloud-Diensten:** Nutzung oder Einbindung von Cloud-Diensten, z. B. um Kapazitätsspitzen transparent abzudecken.

Die IT-Funktion gestaltet durch diese Vorgehensweise den Wandel aktiv mit und schafft die Voraussetzungen, in einem servicedominierten Umfeld weiterhin eine zentrale Rolle für die Geschäftsbereiche zu erfüllen.

4. Umsetzung des Cloud-Konzepts für den Geschäftserfolg

Der zunehmende Servicefokus stellt die IT-Abteilungen vor neue Aufgaben. Bezogen auf das Cloud Computing müssen folgende Fragen beantwortet werden: Welches Modell aus dem Spektrum der Cloud-Dienste soll Anwendung finden? Private Cloud? Dediziert? Virtuell? Welche As-a-Service-Ebene soll wie eingesetzt werden? Dazu kommt auch die Frage: Wie erreiche ich das beste Ergebnis mit dem größten Nutzen für die Geschäftsbereiche? Wie werden eine ausreichende Verfügbarkeit, Performance, Compliance, Sicherheit, Kontrolle usw. bei zufriedenstellender Wirtschaftlichkeit und Benutzerfreundlichkeit erreicht?

4.1 IT als Anbieter von Cloud-Diensten

Cloud-basierte Dienste können auf vielfältige Art und Weise genutzt werden. Die grundsätzliche Aufgabe der IT ist es, die Dienste bereitzustellen und so zu steuern, dass der erforderliche Geschäftsnutzen optimal erzielt wird.

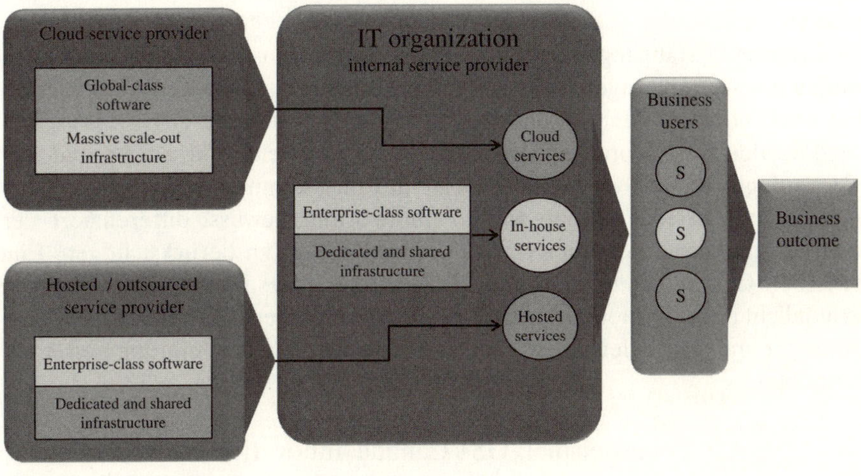

Abbildung 12-6: IT als interner Serviceanbieter

Abbildung 12-6 verdeutlicht dieses Modell. Die IT-Organisation fungiert als zentrale Institution. Sie stellt eigene Dienste ebenso bereit, wie z. B. Hosting- und Managed-Services von externen Dienstleistern sowie Dienste aus der Cloud. Die traditionellen IT-Rollen werden sich dadurch stark ändern und weiter entwickeln. Beispielsweise könnte die Projektmanagementfunktion vermehrt das Portfoliomanagement der angebotenen Dienste und die Bereitstellungsstrategie verantworten. Durch die zentrale Funktion kann sichergestellt werden, dass das Unternehmen selbst eine hohe Beschaffungskompetenz und -macht behält, nicht nur um entsprechend vorteilhafte Preiskonditionen zu erreichen. Bei Verzettelung durch unabhängige Beschaffung der einzelnen Geschäftsbereiche wäre diese Synergie nicht zu erreichen. Essentiell bei dieser veränderten IT-Lieferkette ist, dass alle Dienste einen nützlichen Beitrag zur Erreichung der unternehmerischen Ziele leisten.

4.2 Cloud-Lösungen realisieren – Praktische Schritte

Viele Unternehmen stehen vor der Frage, wie sie mit der Cloud umgehen sollen. Wie könnten die ersten Schritte in Richtung Cloud Computing aussehen? Schließlich gibt es nicht bereits für alle Probleme und Risiken eine zufriedenstellende Antwort. Noch ist Cloud Computing nicht wirklich etabliert, der langfristige Trend oft kaum zu verstehen. Dies bedeutet einerseits, dass sich Firmen nicht allein daran orientieren sollten, welche Lösungen aktuell auf dem Markt angeboten werden und welche nicht. Gleichzeitig heißt das aber auch, dass Unternehmen sich schon heute mit dem Thema Cloud Computing und dem entsprechenden Trend befassen müssen. Sie werden sich zusammen mit der Cloud weiterentwickeln und von der daraus resultierenden Innovativkraft profitieren.

Bisherige Erfahrungen haben gezeigt, dass ein Einstieg in das Cloud Computing mit Anwendungen, die nicht die unternehmerischen Kernkompetenzen betreffen oder die generell unkritisch sind, oft schnell und erfolgreich umgesetzt werden kann. Vorab ist konkret zu definieren, welche Geschäfts- und auch Technologiebereiche für Cloud-Dienste in Frage kommen könnten. Zwischen interner und externer Cloud sollte verantwortungsbewusst differenziert werden, um mögliche Sicherheits- und Kontrollaspekte zu berücksichtigen. Eine zwischen Geschäftsbereichen und IT-Abteilung abgestimmte Cloud-Strategie ermöglicht ein konsistentes Vorgehen im Unternehmen. Die führenden Cloud-Anbieter und -Dienstleister jedenfalls werden das Cloud Computing weiter vorantreiben.

4.3 Praxisbeispiel: GS1 Canada, innovative Dienste in einer Community Cloud

Cloud-Lösungen für Unternehmen spielen heute beispielsweise schon eine Rolle bei der Planung der internen IT-Architektur. Insbesondere erlauben sie, innovative Lösungen umzusetzen, die so bisher nicht oder nur mit erheblichem Aufwand realisierbar waren. Am Beispiel der Initiative für Produktrückruf und -zurückverfolgung der GS1 Canada soll dies gezeigt werden.

GS1 Canada ist eine Non-Profit-Organisation mit dem Ziel, Lieferketten durch Einsatz bewährter elektronischer Vorgehensweisen zu standardisieren, um so die Effizienz und Kosteneffektivität zu steigern. Auslöser für die Entwicklung der Lösung waren oft kostspielige Lebensmittelrückverfolgungen, hervorgerufen etwa durch Salmonellenvorkommen. Durch die Vielzahl der daran beteiligten Lieferkettenakteure – von den Herstellern der Lebensmittelrohstoffe über die Transporteure, die Groß- und Einzelhändler sowie Restaurantbesitzer bis zu den Endverbrauchern ist der Aufwand der zielführenden Ursachenfindung immens. Zwei- bis dreistellige Millionensummen sind in solchen Fällen nicht ungewöhnlich. Die GS1 hat zusammen mit Hewlett-Packard eine Cloud-Lösung aufgebaut, in die sich alle in der Lebensmittelkette beteiligten Unternehmen einbringen können.

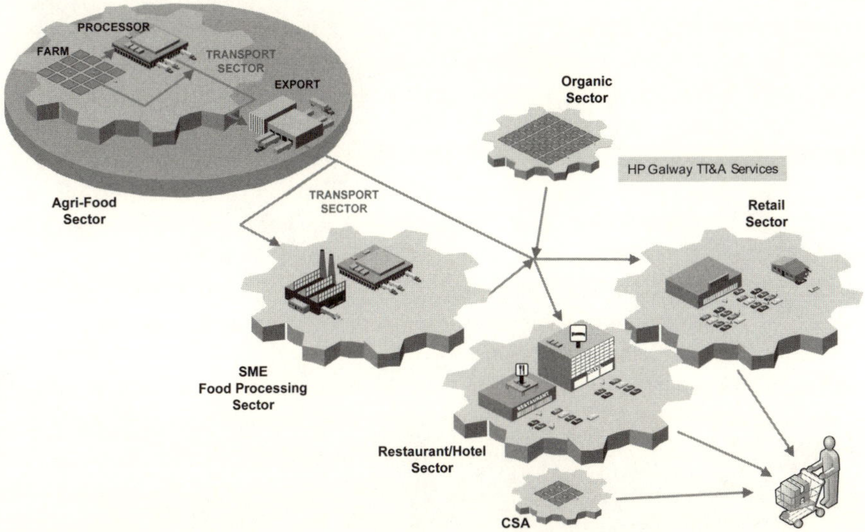

Abbildung 12-7: Durch GS1 Cloud-Lösung abgedeckte Lebensmittelkette[9]

Dadurch ist es heute erstmals möglich, in Echtzeit alle Lebensmittel zurückzuverfolgen. Spezifische, ein Endprodukt betreffende Rückverfolgungen und Rückrufe erhöhen zusätzlich die Schnelligkeit und Präzision des Vorgangs. Waren können bei Bedarf gezielt aus der Lieferkette entfernt, breit angelegte und rufschädigende Rückrufaktionen so verhindert werden. Die umgesetzte Lösung mit traditionellen Technologien, etwa durch Zusammenschluss der Supply-Chain-Systeme, der beteiligten Unternehmen zu erreichen, wäre, sofern überhaupt realisierbar, sehr zeitaufwendig, kostenintensiv und am Ende wohl auch unflexibel.

9 Hewlett-Packard (2010b).

Cloud-Lösungen erlauben also schon heute objektive Nutzenszenarien – sei es durch objektive Kosten- und Zeitersparnisse, höhere Flexibilität, verbesserte Reaktivität oder durch spezifische Wettbewerbsvorteile im Falle einer Private Cloud. Die Fortentwicklung des Cloud Computings wird auch in Zukunft interessante und innovative IT-Dienste ermöglichen. Der Futurist und Autor T. Kouloupulos bezeichnet die Cloud u. a. auch deshalb als den „ersten *Megatrend des 21. Jahrhunderts*“.[10]

10 Koulopoulos (2010): S. 4.

Business Process Outsourcing

Hansjörg Siber und Dr. Adam Bujak

1. Einleitung

Der internationale Wettbewerbsdruck verlangt von Unternehmen die ständige Reduzierung der Prozesskosten und damit einhergehend die Überprüfung der Prozesskomplexität und die konsequente Rationalisierung der Geschäftsprozesse. Dies und die Fokussierung auf Kernkompetenzen durch das Streben nach mehr unternehmerischer Agilität und Flexibilität sind die entscheidenden Faktoren, die die Unternehmen zur Auslagerung von Geschäftsprozessen bewegen. Seit Jahren wächst der weltweite Markt des Business Process Outsourcing (BPO) zweistellig. Der heutige BPO-Markt wird von der fortschreitenden Globalisierung – ermöglicht technologische Entwicklungen – und den steigenden Kundenanforderungen geprägt.

2. Definitorische Grundlagen

Business Process Outsourcing gibt es bereits seit langem. Es wurde nur nicht so genannt. Der Begriff BPO taucht zum ersten Mal in den 90-er Jahren des letzten Jahrhunderts auf und steht für die Auslagerung von Geschäftsprozessen an Dritte. Die nachfolgenden zwei Abschnitte widmen sich der begrifflichen Abgrenzung des Outsourcings und des Business Process Outsourcings.

2.1 Definition Outsourcing

Outsourcing bezeichnet in der Ökonomie eine besondere Form des Fremdbezugs von Leistungen, die bisher ausschließlich oder überwiegend intern erbracht wurden. Der Begriff stammt ursprünglich aus dem angelsächsischen Sprachraum und setzt sich zusammen aus den Wörtern Outside und Resourcing bzw. Outside Resource Using.[1] In Abhängigkeit von der Rechtsstellung der Vertragspartner unterscheidet man zwischen Ausgliederung (internes Outsourcing) und Auslagerung (externes Outsourcing).[2] Die Ausgliederung umfasst eine Übertragung von Unternehmensfunktionen an rechtlich nichtselbständige Einheiten (cost oder profit centers) oder an rechtlich eigenständige Unternehmen, die als Tochterunternehmen unter Einfluss des Unternehmens stehen (in der Praxis als „captives“ bezeichnet). Im Falle der Auslagerung erfolgt die Übertragung von Unternehmensfunktionen an externe Unternehmen (in der Praxis als „third party“ bezeichnet), die rechtlich selbständig sind. Gegenwärtig werden diese „captives“ oft von „third party“ Anbietern übernommen (ein gutes Beispiel für diesen Trend stellt die im Oktober 2006 vollzogene Übernah-

1 Riedl/Kepler (2003): S. 7.

2 Bruch (1998): S. 55.

me des Shared Services Center (SSC) der Unilever Gruppe – zuständig für Asien und Afrika – in das globale BPO-Netzwerk von Capgemini dar).

2.2 Definition Business Process Outsourcing

Der Begriff BPO wird als Verlagerung eines bzw. mehrerer Geschäftsprozesse an einen externen Dienstleister definiert. *„BPO involves the transfer of management and execution of one or more business processes or entire business functions to an external service provider.*"[3] Es zeichnet sich durch folgende Merkmale aus:

- die Orientierung des dienstleistenden Unternehmens an strategischen Zielen (z. B. Verbesserung des Servicegrades) und
- die Individualität der Geschäftsbeziehung zwischen Dienstleistungsgeber und Dienstleistungsnehmer[4].

Die Verantwortung für den ausgelagerten Prozess trägt der Outsourcing-Dienstleister, der anhand vorgegebener Kriterien den Prozess nach eigenen Standards gestalten kann. Gegenstand des BPO sind sowohl Primärfunktionen als auch Sekundärprozesse, zum Beispiel aus dem Finanz- und Rechnungswesen oder Personalfunktionen.

3. Chancen und Risiken bei BPO

Die herkömmlichen Wachstumsstrategien – sowohl das organische als auch das akquisitorische Wachstum – sind oft mit hohen Kosten oder einem hohen Risiko verbunden. Neben den traditionellen Wachstumspfaden existiert jedoch eine dritte Alternative: „mit den Ressourcen Dritter zu wachsen".[5]

Im Folgenden wird auf die wichtigsten Chancen und Risiken bei BPO näher eingegangen. Neben der direkten Kosteneinsparung erhoffen sich Unternehmen insbesondere auch eine Erhöhung der Agilität und Flexibilität, eine Steigerung der Prozessqualität und -transparenz sowie eine Verbesserung der Wettbewerbsposition durch die Konzentration auf Kernkompetenzen. Darüber hinaus handelt es sich bei Business Process Outsourcing um einen strategischen Aspekt, nämlich das Wachstum mittels fremder Ressourcen. Neben den Chancen werden anschließend auch Risiken der Auslagerung von Prozessen beschrieben.

---

3 Friend et al. (2002): S. 11.
4 Riedl/Kepler (2003): S. 7.
5 Fink/Wamser (2006): S. 5.

3.1 Kostensenkung

Durch eine gezielte Spezialisierung sind die Outsourcing-Anbieter in der Lage, Skalenvorteile („Economies of Scale“) zu generieren. Der Einsatz von Technologie ermöglicht weitgehende Prozessrationalisierung verbunden mit einer signifikanten Kostenreduzierung. Der dadurch erreichte Kostenvorteil kann teilweise an den Kunden weitergegeben werden. Bedeutende und schnell zu realisierende Kostenvorteile ergeben sich zusätzlich aus der Verlagerung der Prozesse in Niedriglohnländer in Zentral- und Osteuropa, nach Indien oder China. Hier lassen sich direkte Einsparungen von bis zu 50 % erzielen. Da dieses hohe Lohnkostengefälle (Labour Arbitrage) jedoch nur ein zeitweiliges Phänomen ist und voraussichtlich in der nächsten Dekade an Bedeutung verlieren wird, sollte es gleichzeitig zu Investitionen in strukturelle Prozessverbesserung und somit zur dauerhaften Kostenoptimierung genutzt werden. Ein global agierender und erfahrener Outsourcing-Anbieter hat typischerweise die notwendigen Voraussetzungen, um eine dauerhafte Prozessverbesserung und damit auch langfristig optimale Kostenstruktur – jenseits der Labour Arbitrage – für seine Kunden zu erreichen.

Die Voraussetzungen für eine reibungslose und kostengünstige Prozessverlagerung wurden durch die Entwicklung der Informationstechnologie ermöglicht.[6] Geschäftsprozesse werden heute weitgehend elektronisch abgewickelt. Nach dem Zerplatzen der „Internetblase“ im Jahre 2000 stehen in ausreichendem Maße kostengünstige Breitbandkapazitäten zur Verfügung. Diese technischen Möglichkeiten erlauben geographische Verteilung und somit eine steigende Globalisierung von BPO-Dienstleistungen. Des Weiteren existieren inzwischen spezialisierte technische Lösungen, die ein reibungsloses Zusammenspiel von BPO-Centern mit dem auslagernden Unternehmen ermöglichen.

BPOpen™

Capgemini entwickelte mit BPOpen™ eine offene Integrationsplattform zur Erbringung von globalem Business Process Outsourcing (BPO) im Rahmen von Dienstleistungen wie Finanzbuchhaltung, Einkauf und Personalwesen. BPOpen™ basiert auf einer Serviceorientierten Architektur (SOA), bietet eine sichere Verbindung zu Kundenumgebungen, erlaubt Produktivitätssteigerung, Prozesstransparenz, Überwachung der Regelkonformität (Compliance) und dient damit zur Senkung der TCP (Total Cost of Process) verbunden mit der Verringerung von Risiken bei der globalen Serviceerbringung.

Ein weiterer Vorteil resultiert aus einer erhöhten Kostenflexibilität beim Leistungsnehmer. BPO trägt zur Variabilisierung fixer Kosten bei. Dies ist bei kurz- aber insbesondere bei langfristigen Bedarfsschwankungen der ausge-

6 Friedmann (2006): S. 166ff.

lagerten Prozesse vorteilhaft. Es müssen keine Kapazitäten für Spitzenbelastungen vorgehalten werden, da der Outsourcing-Anbieter diese Spitzen über mehrere Kunden ausgleichen kann bzw. der Outsourcing-Anbieter über mehr Möglichkeiten der längerfristigen Kapazitätsanpassung verfügt.

3.2 Fokus auf Kernkompetenzen

Prahalad und Hamel (1990) bezeichnen die Kernkompetenzen als „*...the skills that enable a firm to deliver a fundamental customer benefit*“.[7] BPO ermöglicht den Unternehmen, sich auf die Fähigkeiten zu konzentrieren, die das Unternehmen in die Lage versetzen, wesentlichen Kundennutzen zu liefern.

Die Auslagerung von Geschäftsprozessen ermöglicht einen gezielten Einsatz der „freiwerdenden“ Mitarbeiter in Bereichen mit höherem Beitrag zum Kundennutzen. Der Geschäftsprozess muss nicht mehr vom Leistungsnehmer selbst durchgeführt werden. Die Leistung wird lediglich „eingekauft“, was keine eigene Infrastruktur für die Durchführung der ausgelagerten Geschäftsprozesse erforderlich macht. Dadurch verringern die Leistungsnehmer ihre fixen Kosten bzw. wandeln diese in variable Kosten um. Die dadurch erzielte Leistungsbindung mit dem Outsourcing-Anbieter ermöglicht den Leistungsnehmern demzufolge die Kosten besser zu steuern und auf der Basis des tatsächlichen Erfolges abzustimmen. Auf diese Weise schafft sich das auslagernde Unternehmen Freiräume, sich auf eigentliche Wertschöpfung und die Erhöhung des Kundennutzens zu konzentrieren und damit die eigene Wettbewerbsposition zu sichern und auszubauen. In diesem Sinne angewandt, ist Business Process Outsourcing (BPO) nicht primär eine Maßnahme zur Kostensenkung, sondern vielmehr ein Schritt hin zu mehr Wettbewerbsfähigkeit und Wachstum.

3.3 Erhöhung der Transparenz und Konsistenz der Prozesse

Die Auslagerung und Zusammenführung von Prozessen bei einem Drittanbieter führen zu einer gewissen Standardisierung von betroffenen Funktionen und Prozessschritten. Durch den Abgleich mit einem „best practice“ Prozessmodell ermöglicht man eine Prozesstransformation hin zu schlanken und weitgehend optimierten Prozessabläufen. Die einzelnen Schritte werden transparenter und deren Konsistenz kann laufend überwacht werden. Daraus resultieren Optimierungspotenziale, die möglicherweise ohne Auslagerung nicht erreichbar wären. Durch die erhöhte Transparenz der einzelnen Prozesse kann ein Unternehmen zudem den wachsenden internen und externen Compliance-Anforderungen besser gerecht werden.

7 Vgl. Prahalad/Hamel (1990): S. 79ff.

Global Process Model©

Mit dem Global Process Model© (GPM) definiert und dokumentiert Capgemini Finanz- und Rechnungswesensprozesse auf eine innovative Art. Es handelt sich hierbei um ein Zielmodell (Target Delivery Model) unterstützt durch eine umfassende Datenbank mit definierten „best in class" Abläufen, Kontrollen und Kennzahlen. GPM ermöglicht eine schnelle Prozesstransformation und eignet sich als Benchmark für optimierte Finanz- und Rechnungswesensprozesse.

Mit der räumlichen Entfernung zu den Dienstleistungszentren (offshore) ist ein erhöhter Bedarf an strukturierter Prozesskontrolle verbunden. Dem kann am besten mit umfassenden und zugleich einfach handhabbaren Informationen über Performance Parameter Rechnung getragen werden. Webbasierte Werkzeuge ermöglichen eine Zusammenfassung der wichtigsten Indikatoren und falls notwendig die Verfeinerung („drill down") der Angaben, um in die interessierenden Details Einblick zu gewinnen. Die von Capgemini verwendete Technologie BPOpen™ bietet dazu geeignete Portale, über die sowohl die Fachabteilung des BPO-Leistungsempfängers als auch das Management immer auf aktuelle Informationen zugreifen können. Dabei soll natürlich die Pflege der persönlichen Kontakte auf der Arbeits- und Managementebene nicht außer Acht gelassen werden.[8]

3.4 Erhöhung der Prozessqualität

Die oben beschriebene Transparenz und Konsistenz der Prozesse bilden eine Voraussetzung, um die Qualität der Prozesse zu steigern. Die Auslagerung der Prozesse an einen spezialisierten Outsourcing-Anbieter ist mit der Erwartung verbunden, dass nicht nur die Ausschöpfung der Kostensenkungspotenziale und Fokussierung auf Kernkompetenzen erreicht werden, sondern auch die Qualität der Prozesse wesentlich erhöht wird.

Der Outsourcing-Anbieter kann dank seines Prozess-Know-hows und Erfahrungsschatzes eine entsprechend hohe Qualität sicherstellen. Eine wichtige Rolle spielt hierbei eine IT-gestützte Prozess-Standardisierung, die eine effiziente und qualitativ hochwertigere Abdeckung und Umsetzung der flächendeckenden Veränderungen, wie z. B. die Umstellung der Rechnungslegung auf die International Financial Reporting Standards (IFRS) oder die Umsetzung von Sarbanes Oxley ermöglicht. Der Umstellungsaufwand in den einzelnen Standorten, Werken sowie Tochtergesellschaften kann zum größten Teil entfallen, weil die Umstellung zentral im BPO-Center stattfindet. Darüber hinaus ist der Auftragnehmer in der Lage, Prozessabläufe zu optimieren und diese viel effizienter zu überwachen. Sobald Abweichungen in der Qualität festgestellt

8 Siber/Guth (2003): S. 22.

werden, kann der Auftragnehmer (Outsourcing Provider) schnell und effektiv eingreifen.

3.5 Mit Ressourcen Dritter wachsen: Der strategische Nutzen von Outsourcing

Auf der einen Seite scheitert das organische Wachstum an der mangelnden Fähigkeit, die existierenden Märkte noch stärker zu bearbeiten. Auf der anderen Seite wird es für die Unternehmen immer schwieriger, die vorhandenen Märkte auszuweiten oder mit den innovativen Produkten und Leistungen in die neuen Märkte einzutreten. Die mangelnden Wachstumsperspektiven erfordern die Suche nach einer plausiblen Strategie, die den wachsenden Anforderungen gerecht wird.

Der strategische Nutzen des Outsourcings spielt eine immer stärker werdende Rolle in der Überlegung der Entscheidungsträger. Die anfänglichen Outsourcing-Motive waren mit der Kostensenkung im operativen Geschäft verbunden. Es handelte sich hierbei um Reduzierung und Flexibilisierung der Kosten (siehe oben). Im Gegensatz dazu richten sich die strategischen Outsourcing-Überlegungen an die gezielte Erschließung von Wachstums- und Innovationspotenzialen.[9] Es erfordert ein Umdenken der Zusammenarbeit mit externen Dienstleistern hin zu partnerschaftlichen Geschäftsbeziehungen, die eine gemeinsame Erschließung der aufsteigenden Geschäftsgelegenheiten ermöglichen. Bei dem strategisch ausgerichteten Outsourcing „*...ergänzen sich die Partner in ihrer Unterschiedlichkeit, so dass sie ihre jeweiligen Stärken kombinieren können, individuelle Schwächen wettgemacht werden und schließlich Leistungen resultieren, die keiner von beiden allein hätte erbringen können*“.[10] Der gerade entstehende Markt bietet enorme Wachstumschancen nicht nur für die Unternehmen, die die Ausschöpfung der strategischen Potenziale von Outsourcing anstreben, sondern auch für die Dienstleister, die sich bereits für das entstehende Geschäft rüsten (das Marktpotenzial für Deutschland beläuft sich auf ca. 150 Milliarden Euro[11]).

3.6 Risiken bei BPO

Neben den oben beschriebenen Chancen der Auslagerung von Prozessen sind auch Risiken – die eine Outsourcing Entscheidung wesentlich beeinflussen – erwähnenswert.

An der ersten Stelle wird das Kompetenzrisiko genannt. Hierbei handelt es sich um den Verlust von Know-how und kritischer Kompetenzen, die durch eine

9 Fink/Wamser (2006): S. 33.
10 Ebenda (2006): S. 38.
11 Ebenda (2006): S. 41.

Auslagerung verursacht werden. Das Kompetenzrisiko ist auch direkt mit dem Abhängigkeitsrisiko verbunden. Die Übertragung von Prozessen an einen externen Outsourcing-Anbieter resultiert in einer weitgehenden und meistens längerfristigen Bindung. Eine eventuelle Reintegration der ausgelagerten Prozesse stellt einen nicht unerheblichen Aufwand dar. Diesem Risiko steht in einigen Bereichen, wie z. B. im Finanz- und Rechnungswesen, ein zwischenzeitlich reifer Anbietermarkt entgegen, so dass Prozesse nach Vertragsablauf mit überschaubarem Aufwand an einen anderen Anbieter übertragen werden können und damit das Risiko der Reintegration entfällt. Des Weiteren ist es notwendig, ein Qualitätsrisiko zu berücksichtigen, das aus einer Veränderung der Leistungen nach dem Vertragsabschluss erfolgt. Dieser Aspekt ist direkt mit dem Vertragsrisiko verbunden, welches die erst nach dem Vertragsabschluss erkannten Definitionslücken umfasst. Abschließend soll noch das operative Risiko erwähnt werden, welches mit dem Ausfall oder der Insolvenz des Anbieters verbunden ist.[12]

Neben den oben beschriebenen Risiken ist es auch notwendig, die Verteilung existierender Risiken zwischen dem Leistungsnehmer und dem -anbieter zu analysieren. Hierbei handelt es sich um eine Vereinbarung der Risikoallokation in Bezug auf die eventuellen Veränderungen der Faktorkosten, Marktpreise und Leistungsmengen (die in den sog. „Baselines“ festgelegt werden) sowie des Haftungsrisikos (welche Seite haftet bei aus Fehlern und Mängeln resultierenden Konsequenzen). Es darf dabei nicht übersehen werden, dass diese Risiken bei einer internen Lösung bislang vollständig von dem ausgliedernden Unternehmen getragen wurden. Eine gut durchdachte und faire Verteilung der Risiken wird somit zum signifikanten Erfolgsfaktor eines Outsourcing-Vertrages.

4. Governance

Eine vordefinierte und klare Governance-Struktur bildet die stabile Grundlage für eine gelungene Partnerschaft im Rahmen eines BPO-Vertrags. Es handelt sich hierbei um die Sicherung eines kontinuierlichen Optimierungs- und Anpassungsprozesses. Es gibt in der Praxis zwei existierende Ebenen einer Governance-Struktur (siehe Abbildung 14-1, S. 191): die strategische Ebene (Führung) und die operative Ebene (Fachabteilung und Vertragsmanagement).

Die Struktur bestimmt die Häufigkeit, Inhalte und die Art der Zusammenkünfte auf unterschiedlichen Ebenen. Sie klärt auch die Vorgehensweise bei Entscheidungsfindung, Problemlösung und Eskalation.

12 Nettesheim et al. (2003): S. 26f..

Abbildung 13-1: Governance: strategische und operative Ebene

4.1 Vertragsgestaltung

Der BPO-Vertrag definiert eine langfristige Zusammenarbeit der beiden Vertragspartner. Die wichtigste Herausforderung bildet hierbei ein Gleichgewicht zwischen festen Verpflichtungen und zugleich flexibler und vertrauensbasierter Zusammenarbeit. Die Gestaltung eines Outsourcing-Vertrags erfordert die Mitwirkung von Spezialisten aus verschiedenen Gebieten, deren Know-how in den Vertrag einfließt. Fink und Wamser nennen hier Ziviljuristen, Arbeitsrechtler, strategische Planer, Kostenrechner, Controller, Finanzexperten und Informatiker.[13] Um eine bessere Überschaubarkeit zu erreichen, verwendet man heutzutage modulare Lösungen, die aus einem Rahmenvertrag und ergänzenden Einzelverträgen bestehen. Diese Vorgehensweise sichert eine notwendige Flexibilität, weil die Einzelverträge im Laufe der Zeit modifiziert werden können, ohne den Rahmenvertrag verändern zu müssen.

Obwohl keine Standardverträge existieren, gibt es einige Aspekte, die jeder Vertrag beinhalten sollte. Hierzu gehört die klare Definition des Vertragsgegenstandes, der Vertragslaufzeit und des überschaubaren Preis- und Abrechnungsmodells. Einer der wesentlichen Bestandteile bildet auch das sogenannte

13 Vgl. Fink/Wamser (2006): S. 209.

Service Level Agreement (SLA), in dem sämtliche wiederkehrenden Leistungen mit den dazugehörigen Kennziffern (Baselines) festgelegt werden.

Ergänzend müssen Kontrollmechanismen eingeführt werden, die eine Überprüfung der Einhaltung von vereinbarten Service Levels ermöglichen, auch Key Performance Indicators (KPI) genannt. Die Service Level Agreements und die dazu gehörenden KPI sollten Innovationen fördern und kontinuierliche Prozessverbesserung unterstützen. Ein weiterer Aspekt, der in einem BPO-Vertrag festgelegt werden muss, umfasst die Führungsstrukturen der Outsourcing-Partnerschaft. Hierbei handelt es sich vor allem um die Weisungsbefugnisse, Berichtswege, Eskalationsverfahren, Finanzierung und Kosten, Investitionsbedarf, den eventuellen Übergang von Mitarbeitern sowie die Regelung eines regulären und vorzeitigen Endes der Partnerschaft.[14]

4.2 Strategische Partnerschaft

Die strategische Partnerschaft soll auf sowohl klaren als auch fairen Regelungen aufgebaut werden, die einen Schutz der beiden Partner sichern und zugleich den gemeinsamen Zielhorizont bestimmen. Der Erfolg eines Business Process Outsourcing-Vorhabens basiert nicht auf der Leistungsfähigkeit von einzelnen Geschäftsprozessen, sondern vielmehr auf dem Willen der beteiligten Partner, komplementäre Ressourcen und Fähigkeiten zielgerichtet zusammenzuführen. Deshalb sollen die Zielvereinbarungen, die Vergütung und die Risikoverteilung an das langfristige wirtschaftliche Geschäftsergebnis angepasst werden und nicht an die Teilleistungen der einzelnen Partner.[15] Die Erfüllung der festgelegten Wachstumsziele bestimmt den Erfolg einer Outsourcing-Partnerschaft. Die taktischen und operativen Angaben, die den Weg dorthin bestimmen, können nur beispielhaft zur Aufklärung der Zielsetzung dienen. Von dem festgelegten Kurs kann abgewichen werden, wenn dies von den beiden Partnern als notwendig gesehen wird. Die Bereitschaft zu permanenten Veränderungen bildet eine unabdingbare Voraussetzung für die Verbesserung. Eine erfolgreich gestaltete Partnerschaft muss in der Lage sein, die Veränderungsprozesse zu ermöglichen und zu fördern.

Der richtigen internen und externen Kommunikation kommt eine strategische Bedeutung für den Erfolg eines Business Process Outsourcing Projektes zu. In die Durchführung von ersten Machbarkeitsanalysen sollte nur ein sehr enger Kreis mit einbezogen werden, um Spekulationen und Unruhe zu vermeiden. Sobald die Beschlüsse vorliegen, werden die Managementkreise samt der Belegschaft informiert und auf die bevorstehenden Veränderungen vorbereitet. Die Bedeutung der Kommunikation in dieser Phase ist enorm. Aus diesem

14 Vgl. Fink/Wamser (2006): S. 211.
15 Ebenda (2006): S. 212.

Grunde ist es notwendig, ein professionelles Projektteam mit dieser Aufgabe zu beauftragen. Auch während der gesamten Laufzeit des Outsourcing-Vertrages ist eine regelmäßige Kommunikation und die klare Unterstützung durch das Top Management gefordert, das der Wichtigkeit und Relevanz des BPO-Projektes für das auslagernde Unternehmen Rechnung trägt.

Darüber hinaus sollte der interkulturellen Kommunikation, insbesondere bei länderübergreifenden Outsourcing-Verträgen (Offshoring) genügend Aufmerksamkeit gewidmet werden. Sowohl der Outsourcing-Anbieter als auch das auslagernde Unternehmen können weitgehende kulturelle Unterschiede aufweisen. Die Untersuchungen von Capgemini haben bestätigt, dass „*…most companies focus 90 per cent of their procurement process on technical delivery and only ten per cent on the cultural fit of the potential business partners*".[16] Der interkulturelle Aspekt spielt eine nicht zu unterschätzende Rolle und sollte daher bei der Gestaltung der Partnerschaft ständig berücksichtigt werden. Die Outsourcing-Partner müssen eine entsprechende Verteilung der Back und Front Office-Prozesse auf die Onshore- und Offshore-Zentren sichern, damit die kulturellen Unterschiede nicht zur Hürde einer erfolgreichen Partnerschaft werden.[17]

Einer klaren und sehr disziplinierten Governance kommt dabei wiederum sehr große Bedeutung bei. Dabei handelt es sich vor allem um das beiderseitige Einhalten von Terminen und der vereinbarten Qualität sowie Transparenz der Leistungen. Die strategische Partnerschaft kann nur durch weitgehende Transparenz der Strukturen und Prozesse zum Erfolg werden.

5. Praxisbeispiele

Der oben beschriebene theoretische Teil des Beitrags wird um praktische Beispiele der Auslagerung von Prozessen bereichert. Nach der Beschreibung des auslagernden Unternehmens erfolgt eine detaillierte Darstellung der BPO-Leistungen und des erzielten Nutzens.

5.1 International Paper

International Paper entstand 1898 durch die Fusion von 17 Papier- und Pappewerken im Nordosten der Vereinigten Staaten. Das Unternehmen ist weltweit auf den Märkten für Papier und Papiervertrieb, Holzprodukte, Plastikgeschirr und Tassen sowie Baustoffe in mehr als 40 Ländern tätig. Es exportiert seine Produkte in mehr als 120 Nationen. Im Unternehmen sind rund 83.000 Mitarbeiter beschäftigt. Die Hauptmärkte und Produktions- sowie Ver-

16 Vgl. Smith (2006): [Stand: 14. 10. 2010].

17 Siber/Guth (2003): S. 21.

triebstätigkeiten befinden sich in den Vereinigten Staaten, Asien, Kanada, Europa und Lateinamerika.

Problembeschreibung:

- Gering standardisierte und unheitlich automatisierte Finanz- und Rechnungswesensprozesse in Westeuropa
- Vergleichsweise hohe Kosten der Transaktionsprozessdurchführung
- Suche nach einem qualitativ hochwertigen Dienstleister für eine langfristige Servicepartnerschaft
- Bedarf an Qualitäts- und Produktivitätsverbesserungen
- Lösungsansatz:
- Ursprünglich Durchführung aller zentralen Finanzprozesse durch das BPO-Center in Krakau, Polen
- Langfristige Geschäftspartnerschaft (12-Jahresvertrag beginnend in 2002)
- Vertragserweiterung - Shorewood Packaging: 7 Jahre in 2006; Xpedx: 8 Jahre in 2005
- Umfassende Finanz- und Rechnungswesenleistungen: Kreditoren-, Debitoren-, Finanzbuchhaltung, Reisekostenabrechnung, Treasury, Banken- und Zahlungsverkehr sowie Inkasso
- Dienstleistung von anfänglich 120 Mitarbeitern auf über 320 Mitarbeiter im Capgemini BPO-Center in Krakow, Polen, gewachsen
- Seit 2008 auch mit ca. 90 Mitarbeitern in Guangzhou, China
- Konsequente Prozessstandardisierung
- Unterstützung durch 32 juristische Einheiten in 12 Ländern und 240 Standorten
- Sprachen: Englisch, Deutsch, Französisch, Niderländisch, Polnisch, Russisch

Realisierter Mehrwert:

- Konsolidierte Prozesse, Einführung der klaren Trennung von Aufgabenbereichen - SOX-Compliance
- 1.500.000 bearbeitete Rechnungen pro Jahr als Basis für "Economics of Scale"
- Deutliche Kostenreduktion durch intelligentes BPO-Rightshoring in mehreren Standorten
- Hohe Qualität der Prozessdurchführung und Kommunikation durch einen sehr hohen Ausbildungsstand des BPO-Centers
- Aktiv gelebte Geschäftspartnerschaft zwischen dem Kunden und dem BPO-Center

5.2 Unilever

Unilever wurde 1930 als Vereinigung von Margarine Unie/Union und Lever Brothers Ltd. gegründet. Der niederländisch-britische Konzern gehört mit mehr als 400 Marken weltweit zu den größten Herstellern von Verbrauchsgütern. Die wichtigsten Geschäftsbereiche umfassen die Herstellung von Kosmetika, Nahrungsmitteln, Haushalts- sowie Körperpflege- und Textilpflegeprodukten. Unilever beschäftigt 163.000 Mitarbeiter und verkauft seine Produkte in 170 Länder.

Problembeschreibung:

- Starke Nachfrageverschiebung von reifen Märkten in Richtung Emerging Markets
- Erheblicher Kostendruck durch Handelsmarken (white labels)
- Reorganisation in eine globale Organisationsstruktur
- Gering standardisierte und uneinheitliche Finanz- und Rechnungswesensprozesse
- Anforderung nach erheblicher Senkung der Verwaltungskosten

Lösungsansatz:

- Übernahme von Unilever SSC Bangalore und Chennai (Indien) im Jahr 2006 sowie Unilever SSC Santiago (Chile) und Sao Paolo (Brasilien) im Jahr 2008
- Aufbau von Dienstleistungskapazitäten in China, um die ostasiatischen Länder zu bedienen
- Dienstleistungen für Unilever Geschäftseinheiten in 32 Ländern wie z. B. Indien, Sri Lanka, Singapur, Australien, China, Südkorea, arabischer Raum, Afrika, Süd- und Mittelamerika
- Umfassende Serviceleistungen in den Bereichen: Finanz- und Rechnungswesen, Personalwesen, „SOX-Compliance" und Materialwirtschaft (supply chain)
- Service in folgenden Sprachen: Englisch, Japanisch, Koreanisch, Mandarin, Portugiesisch, Spanisch und Thailändisch
- 1.325 Mitarbeiter in den Capgemini BPO-Zentren in Chennai, Bangalore, Santiago und Sao Paolo

Realisierter Mehrwert:

- Erhebliche Kostenreduktion im Verwaltungsbereich
- Harmonisierung und Verbesserung von Service Levels
- Standardisierte und konsolidierte Prozesse
- Erheblich verbesserte Prozesskontrolle und -transparenz
- Einführung von Prozessinnovationen unterstützt durch moderne Technologien
- Fokus auf strategische Geschäftseinheiten und Kernaufgaben
- Erhebliche Produktivitätssteigerungen

5.3 Zurich Financial Services

Zurich Financial Services ist ein im Versicherungsgeschäft verankerter Finanzdienstleister, der seine Tätigkeiten auf die Schlüsselmärkte in Nordamerika und Europa ausrichtet und sich dabei auf ein globales Netzwerk stützt. Die Zürich wurde 1872 gegründet und hat ihren Hauptsitz in Zürich, Schweiz. Sie ist in mehr als 50 Ländern vertreten und beschäftigt ungefähr 57.000 Mitarbeiter.

Problembeschreibung:

- Geographische Verteilung der Finanz- und Rechnungswesenabteilungen in Großbritannien, USA, Deutschland und der Schweiz
- Überfällige Kostensenkungsinitiative
- Großangelegte Kostensenkungs- und Operational Excellence Initiative in der Zurich Gruppe

Lösungsansatz:

- Vertrag unterschrieben für 7 Jahre in 2005
- Umfassende F&A-Leistungen: Kreditoren-, Debitoren-, Finanzbuchhaltung, Banken- und Zahlungsverkehr
- Service auf Englisch, Deutsch, Französisch, Italienisch, Spanisch und Polnisch
- 400 Mitarbeiter im Capgemini BPO-Center in Krakow, Polen
- Seit 2008 weitere 150 Mitarbeiter im Capgemini Center in Chennai, Indien

Realisierter Mehrwert:

- Alle Finanz- und Rechnungswesenprozesse werden aus Krakow erbracht
- Schnelle und signifikante Kostensenkung
- Laufende Verbesserungen der Services
- Bereichsübergreifende Vereinheitlichung und Standardisierung der Prozesse verbunden mit erhöhter Transparenz

6. Zusammenfassung

Business Process Outsourcing ist sicher ein bewährtes Mittel für Unternehmen zur Optimierung der Kostenstruktur. Im vorliegenden Beitrag wurde das strategische Potenzial von BPO beleuchtet. Qualifizierte und erfahrene BPO-Dienstleister bieten einerseits eine kostengünstige Dienstleistung aufgrund optimierter Standorte und Skalenvorteile, aber auch konsequente Prozessoptimierung und den Einsatz von modernster Technologie zur Leistungserbringung. Bedingt durch die erhöhten Anforderungen verschiedener Regulierungsstellen tritt in den letzten Jahren immer mehr die Erhöhung der Transparenz, Konsistenz, Qualität und Sicherheit der Prozesse in den Vordergrund. Es hat sich gezeigt, dass die Zusammenarbeit mit einem externen BPO-Anbieter auch dazu einen guten Beitrag leisten kann. Ein erfolgreiches Outsourcing von Geschäftsprozessen basiert immer auf einem guten und fairen Vertrag, einer erstklassig strukturierten und gelebten Governance, aber auch einer guten kulturellen Übereinstimmung der beteiligten Partner. Im Kapitel 3.5 wurde gezeigt, dass eine Fokussierung auf die sogenannten Kernkompetenzen es insbesondere kleineren und mittleren Unternehmen erlaubt, mit den Ressourcen anderer zu wachsen. Der Beitrag zum Unternehmenswachstum durch Kundensicherung oder -gewinnung wird in Zukunft für BPO zunehmend Bedeutung gewinnen. Capgemini zum Beispiel hat vor kurzem eine Initiative „BPO mit Business Insight“ vorgestellt. Der BPO-Dienstleister bietet hierbei eine Kombination von klassischer Prozessverarbeitung mit analytischen Fähigkeiten mit dem Ziel der Informationsgewinnung, z. B. über das Verhalten der Kunden. In Zukunft wird es beim BPO nicht mehr nur um Kostenoptimierung und Transparenz, sondern um die Frage gehen, wie wird echter Mehrwert beim auslagernden Unternehmen geschaffen.

Help Desk Services

RÜDIGER SCHMIEDER UND HANS-JÖRG TITTLBACH

1. Outsourcing von User Help Desks: Chancen und Vorteile

Vielerorts werden Mitarbeiter bei Problemen mit der Informationstechnik nicht immer optimal unterstützt. Die Bandbreite reicht vom unkoordinierten Kollegensupport („Hey Joe"), über den „Computerfreak" als Einzelkämpfer, der seinen Kollegen etwa per Handy Anweisungen gibt, bis hin zum professionell ausgestatteten zentralen Managed Service Desk mit geschulten Mitarbeitern.

Das Ergebnis solcher Konstellationen kann nicht befriedigend sein. Die Auslagerung des User Help Desks (UHD) an einen spezialisierten externen Dienstleister kann hier eine gute Lösung bieten – verbesserte Qualität und höhere Transparenz bei zugleich reduziertem Kostenaufwand.

Nachholbedarf bei der Professionalisierung des IT-Supports haben heute sicherlich Konzerne ebenso wie mittelständische Unternehmen. Im Zuge der Globalisierung werden Firmen zunehmend internationaler. Ihre Niederlassungen oder Fertigungsstätten kommunizieren weltweit, so dass ein Bedarf, z. B. an mehrsprachigem IT-Support, rund um die Uhr besteht.

Eine Auslagerung des User Help Desks ist nicht völlig risikofrei. Ein beauftragter Dienstleister muss nicht nur gesteuert werden, seine Mitarbeiter müssen vor allem erst einmal auch mit firmeninternen Prozessen und Anwendungen vertraut werden. Beim Dienstnehmer hingegen sind die nötigen Voraussetzungen für eine Auslagerung zu schaffen, etwa die bisherigen Prozesse zu analysieren, ggf. zu ändern und zu dokumentieren.

Ein ineffizientes User Help Desk, mit dem die Anwender unzufrieden sind, verwandelt sich durch Outsourcing nicht automatisch in einen gut funktionierenden Anwender-Support. Für den Erfolg des Projektes ist es unerlässlich, betroffene Mitarbeiter in der IT-Abteilung frühzeitig einzubeziehen, ebenso den Betriebsrat. So können Vorbehalte und Ängste ausgeräumt werden. Ziel einer Auslagerung sollte schließlich nicht die Kontrolle der Beschäftigten oder der Abbau von Arbeitsplätzen sein, vielmehr die Schaffung von Freiräumen für die Mitarbeiter in der IT-Abteilung, um sich strategischen Aufgaben und neuen Projekten widmen zu können.

2. Outsourcing als stufenweise Prozessoptimierung

In der Praxis hat sich bei einer Auslagerung von User Help Desks oder der Übernahme von Support-Services durch einen Dienstleister ein mehrstufiger methodischer Ablauf als empfehlenswert erwiesen. Wichtig dabei ist, sämtliche Schritte des Transitionplanes vorab miteinander abzustimmen und die Dokumentation des Transformationsprozesses stets von beiden Seiten freizugeben. So kann sichergestellt werden, dass auch alle Aspekte berücksichtigt wurden.

Sorgfältige Analyse, Prüfung und Bewertung (Due Diligence)

Vertraglich zu vereinbarende Aufgaben werden in dieser Phase anhand eines Fragenkatalogs auf ihre Optimierungsmöglichkeiten hin überprüft. Ziel ist es, die kostengünstigste und effektivste Lösung für die Anwender-Unterstützung zu finden. Mehrere Treffen zwischen den Partnern, die vollständig protokolliert werden müssen, sind dazu notwendig. Nach Klärung aller bestehenden Fragen kann mit dem schrittweisen Übergang begonnen werden.

Übergang (Transition)

- Projektplanung
  Ein Transition-Team ist einzusetzen, welches die Aufgabe hat, einen stringenten Kommunikationsplan zu entwickeln. Darin enthalten sind nicht nur die gesamte Definition und Beschreibung der Supportprozesse sowie deren Priorisierung, sondern auch die Vorgehensweise zur Deeskalation.
- Ausführung
  In dieser Phase erfolgt die technische Implementierung. Die ausgewählte Konfiguration des ACD-Systems (Automatic Call Distribution) der Telefonanlage im Call Center wird mit dem Netzwerk des Auftraggebers verbunden. Gleichzeitig werden die UHD-Mitarbeiter in verschiedenen Schulungen auf ihre zukünftigen Aufgaben vorbereitet (Prozesstraining, Applikationstraining, Soft Skill-Training).
- Test
  Sind alle operativen Voraussetzungen für die Erbringung der Support-Leistungen geschaffen, ist die realisierte Lösung fachlich und prozessual zu testen. In dieser Phase sind noch kleinere Änderungen zur Prozessoptimierung möglich.
- Übergabe (Go-Live)
  In der letzten Phase findet schließlich die Übergabe des Telefonsupports vom auslagernden Unternehmen an den Dienstleister statt. Die gemeinsam erarbeitete Lösung muss sich nun in der täglichen Praxis bewähren.

3. Zentralisierung wesentlich für Kosteneffizienz

Als singuläre Kontaktadresse (Single Point of Contact) für alle Störungen und Anfragen im Bereich der Informationstechnik sammelt und strukturiert der UHD alle IT-relevanten Daten (Asset Management Tool, Lösungsdatenbank) im Unternehmen. Deren gezielte Auswertung und Wiederverwendung für Support-Zwecke, aber auch zur Ermittlung von Schulungsbedarfen und Prozessoptimierungen schaffen Kosteneffizienz. Voraussetzung hierfür ist allerdings, den UHD als eine zentralisierte Service-Einheit zu begreifen.

Führung und Aufbau eines User Help Desks sind typischerweise personal- und damit kostenintensiv. Zur Steigerung der Effizienz ist es meist sinnvoll, die in einem UHD regelmäßig anfallenden Aufgaben an einen spezialisierten Dienstleister zu vergeben. Betreibt dieser einen professionellen Shared Desk, d.h. mehrere seiner Auftragnehmer teilen sich die notwendige UHD-Infrastruktur (Ticketing Tool, Server-Betrieb, CDS-Lösung), ist nur die vorher zu vereinbarende, tatsächlich notwendige Größe des Support-Teams auch zu bezahlen. Auslastungsschwankungen können auf diese Weise „geglättet" werden. Eine hohe Auslastung und gute Erreichbarkeit der Hotline können von einem spezialisierten Dienstleister qualitativ hochwertiger und effizienter realisiert werden.

Bei Firmen, in denen der „Umsatz pro Kopf" eine wichtige Kennzahl darstellt, trägt eine Auslagerung zu einer Erhöhung dieses Bilanzwertes bei. Die Arbeitsverträge der UHD-Berater sind mit dem Dienstleister abgeschlossen. Das gesamte Personalmanagement im UHD – vom Recruting bis zum Training – obliegt künftig ihm, was sich auch positiv auf eventuelle Folgekosten auswirken kann. Ein professionelles Personalmanagement des Outsourcing-Spezialisten bietet zudem die Möglichkeit, den Mitarbeitern eine abwechslungsreichere Tätigkeit anzubieten. Auf diese Weise kann eine höhere Motivation erreicht und stärker auf fachliche sowie kulturelle Anforderungen eingegangen werden.

Geeignete Abrechnungsmethoden sichern eine strikte Kostenkontrolle beim Dienstleister und schaffen eine größere Transparenz als im Eigenbetrieb. Eine Weiterverrechnung der Support-Leistungen an die Fachabteilungen ist so einfacher möglich. Auf Wunsch übernimmt der Dienstleister auch die entsprechende Rechnungsstellung oder das Einpflegen der Daten in das Buchhaltungssystem des Dienstnehmers.

In der Praxis sind unterschiedliche Abrechnungsmethoden üblich. Es kann nach Dauer der einzelnen Gespräche abgerechnet werden, aber auch nach dem Gesamtaufkommen an Anfragen. Eine Berechnung in Abhängigkeit von der Komplexität der zu lösenden IT-Anfragen ist ebenso möglich, wie die Berücksichtigung der innerhalb einer vereinbarten Frist tatsächlich mit Erfolg erledigten Anrufe von Anwendern.

Um eine Abrechnung nach einem dieser Modelle vornehmen zu können, müssen vorher genaue Ziele vereinbart werden. In einem mittelständischen Unternehmen aus der Lebensmittelbranche wurde beispielsweise folgendes Muster gewählt:

- *Erreichbarkeit des User Help Desks:* 90 % aller Anrufe müssen innerhalb von 20 Sekunden angenommen werden.

- *Abbruchrate:* Die Quote der Anrufer, die unverrichteter Dinge wieder auflegen, darf 10 % nicht überschreiten.
- *Eigenlösungsrate:* 95 % der Anfragen zu den SAP-Programmen müssen innerhalb von 10 Minuten fallabschließend gelöst werden, weitere 5 % innerhalb von 30 Minuten. Bei Problemen mit Lotus Notes sind 90 % der Anfragen innerhalb von 4 Stunden zu erledigen, 10 % innerhalb von 24 Stunden. Bei generellen Hard- und Softwareproblemen beträgt die Eigenlösungsrate 85 % innerhalb von 8 Stunden, 15 % innerhalb von 24 Stunden.
- *Lösungsquote:* 50 % aller angenommenen Anfragen sind erfolgreich zu lösen.
- *Qualifizierte Weiterleitungsrate:* 98 % aller Anfragen, die nicht selbst gelöst werden können, sind innerhalb von 10 Minuten weiterzuleiten, 2 % innerhalb von 30 Minuten.
- *Kundenzufriedenheitsindex:* 85 % aller Anwender müssen in regelmäßigen Befragungen mit dem Service „sehr zufrieden“ sein.
- *Lösungsdatenbankqualität:* 60 % aller in Frage kommenden Anfragen müssen mit Hilfe der Lösungsdatenbank gelöst werden.

In den ersten drei Monaten nach Übernahme des UHD gelten diese Zielwerte noch nicht. Diese Zeit steht für Lernprozesse und zur Optimierung von Abläufen zur Verfügung. Vertraglich ist der Dienstleister dann verpflichtet, den bestmöglichen Service zu leisten und Verbesserungen aufzuzeigen. Erkenntnisse während des Betriebes können, sofern vereinbart, zu einer Anpassung der vorher getroffenen Leistungsparameter führen. In jedem Fall müssen die Zielwerte für jedes Unternehmen individuell vereinbart werden, da unterschiedliche Voraussetzungen und Rahmenbedingungen bestehen.

Im Laufe der Zeit wachsen die technischen Anforderungen. Je höher die Integration des Providers in die IT-Umgebung des Dienstnehmers ist, desto effizienter kann sich die Zusammenarbeit gestalten. Das setzt Vertrauen voraus, auch weil beide Parteien gemeinsam Zugriff auf bestimmte Werkzeuge und sensible Informationen (z. B. Passwörter) haben müssen. Nicht wenige Outsourcing-Projekte sind daran gescheitert, dass diese Voraussetzungen nicht oder nur unzureichend erfüllt waren. Beispiele für Aufgaben, an denen der Auftraggeber unbedingt mitwirken muss, zeigt die folgende Tabelle 14-1.

Aufgabe	Art der Mitwirkung
Serviceoptimierung	Reviews, Beantwortung der Zufriedenheitsumfragen durch die Anwender
Erstellen eines Kundenzufriedenheitsumfragebogens	Freigabe
Serviceerweiterung	Bekanntmachung über neue Applikationen, Anzahl der Anwender, Standorterweiterungen
Kommunikationsmatrix	Erstellung, Definition und Freigabe
Eskalationsmatrix	Erstellung, Definition und Freigabe
Verfügbarkeit der Service Level Agreement Vorlagen für alle beteiligten Bearbeitergruppen	Bereitstellung der Dokumente
Dokumentationen, Handbücher und Applikationsbeschreibungen sowie interne Prozessbeschreibungen	Bereitstellung der Dokumente
Lösergruppen	Definition (Anzahl und Abgrenzung) der unterschiedlichen Lösergruppen (Standardfallvorlage)
Weiterleitungsmatrix gemäß Know-how und definierten Lösergruppen	Erstellung, Definition und Freigabe (Standardfallvorlage)
Rechtzeitige Bekanntgabe (mind. 5 Werktage vorher) über kurzfristig auftretende Anrufspitzen (etwa bei Produktneueinführung, Systemwartungen, Systemänderungen)	Meldung an Projekt- und Teamleitung UHD

Tabelle 14-1: Mitwirkungen des Auftraggebers

Professionelle Dienstleister verfügen über die Möglichkeit, bei der Gestaltung der Strukturen und Rahmenbedingungen auf Standardprozesse zurückgreifen zu können.

4. Wissensmanagement: Grundlage für Qualitätssicherung

Durch eine geeignete Teamstruktur beim Dienstleister und Train-the-Trainer-Programm wird unternehmensrelevantes Wissen an die UHD-Mitarbeiter weitergegeben. Regelmäßige Workshops beim und mit dem Dienstnehmer stellen eine hohe Identifikation der Mitarbeiter im User Help Desk (Support Agents) mit dem zu betreuenden Unternehmen sicher. Bereits zu Beginn einer neuen Partnerschaft sind sinnvolle Trainingsmaßnahmen erforderlich, um die neue Unternehmenskultur kennen zu lernen.

Das dienstnehmerspezifische Wissen liegt dann sicher und jederzeit abrufbar in der Hand des Dienstleisters und kann durch den gezielten Einsatz von Wissensmanagementwerkzeugen und Organisationsstrukturen in Wert gesetzt werden. Dazu zählen neben regelmäßigen Treffen auf allen organisatorischen Ebenen auch die gemeinsame Nutzung einer leistungsfähigen Lösungsdatenbank inklusive der fachlichen und redaktionellen Freigabe der dortigen Daten, der Einsatz einer webbasierten Portal-Lösung oder sogar eines gemeinsam genutzten Netzwerksegments.

Bei der Auswahl des Personals zur Betreuung der IT-Anwender richtet sich der Dienstleister nach den jeweils bestehenden Anforderungen. Neben fundierten, möglichst breiten IT-Kenntnissen sind vor allem auch gute Sprach- und Fremdsprachenkenntnisse, kommunikative Begabungen und psychologische Grundkenntnisse unentbehrlich, ebenso Fähigkeiten zur Problemeskalation.

Oftmals kommen UHD-Agenten in Ausübung ihrer Tätigkeiten mit sicherheitsrelevanten Informationen in Berührung, etwa wenn sie online auf die Computer der betreuten Anwender zugreifen können. Einstellungsbedingung für solche Mitarbeiter ist die Vorlage eines polizeilichen Führungszeugnisses ohne Eintrag. Ferner ist die Verpflichtung auf bestehende Datenschutz- und Sicherheitsregeln schriftlich zu dokumentieren.

Qualifizierte Dienstleister verfügen über Qualitätsrichtlinien, die regelmäßig durch externe Auditierungen geprüft werden.

5. Service Level Agreements und UHD: Beispiele

Die Vereinbarung bedarfsgerechter, individueller und messbarer SLAs sichert die Qualität und Transparenz einer UHD-Auslagerung. Einen beispielhaften Leistungskatalog für das Service Desk in einem mittelständischen Betrieb zeigt Tabelle 14-2.

Call Handling
Entgegennahme von Störungsmeldungen
Sprachen (Deutsch und Englisch)
Störungsanalyse
Erfassen der Meldungen im Request-/Incident-/Problem Management System
Symptom- / Ursachenkategorisierung und Lösungskategorisierung
Zuordnung und Weiterleitung der Meldung an die Support Einheiten
Rückmeldung während der Problembearbeitung
Dokumentation des Lösungsweges
1st Level Support
Problem-/Störungslösung (via Remote-Administrationstool, u.a.)
Unterstützung bei Anfragen/Requests und Incidents für alle eingesetzten Hard- und Softwareprodukte
Koordination
Auskunft über offene Probleme (Ticket Status inkl. Ticket-Online-Status via Intranet)
Allgemeine Auskünfte
Information über außerordentliche Störungen und geplante Wartungsarbeiten
Eskalation bei Überschreitung vereinbarter Termine
Management 2nd- und 3-rd-Level Support (Einbeziehung Hersteller, Dritter)
Steuerung des Fields Services / On-Site-Supports
Rückmeldung an Benutzer nach Problembehebung
Support Chain Management (Bestellungen entgegennehmen und Abwicklung steuern)
User Administration
Unterstützung bei allen Security- und Anmelde-Anfragen zu allen Anwendungen, Systemkomponenten (u.a. Passwort Reset, Account entsperren, ...)
Unterstützung beim Einrichten von dezentralen Netzwerkdruckern und Lösen von Druckerproblemen
Durchführung der Softwareverteilung auf die Clients
Inventory Management (aller Assets, Accounts und sonstiger Mengengerüste)
Proaktive Unterstützung bei Ursachenanalyse für Callaufkommen und Unterbreitung von Verbesserungsvorschlägen
Sofortige Information der betroffenen User bei Systemausfällen zur Vermeidung von Calls
Reporting von Service-Desk-Kennzahlen (SLAs, Fehlerstatistiken, usw.)

Tabelle 14-2: Leistungskatalog für einen Service Desk

In obigem Beispiel umfasst das SLA den „1st Level Support“ der Standardanwendungen, der Anwenderadministration und des Service Request Managements. Beinhaltet ist die Annahme aller Anfragen (per Anruf, Email,

Fax, Anrufbeantworter und Web), die Störungsaufnahme, die Qualifizierung der Probleme, die Lösung im Rahmen der vereinbarten Lösungsraten, die Weiterleitung im Bedarfsfall, das Eskalationsmanagement sowie die erfolgreiche Erledigung des Problems und das abschließende Reporting.

Die automatisierte Softwareverteilung auf PCs und Notebooks der Anwender zählt zum typischen Leistungsumfang wie die Verwaltung der IT-Infrastruktur, die Beschaffung von Ersatzteilen oder die Information der Mitarbeiter bei Systemausfällen.

Nicht alle Leistungen müssen mit SLAs belegt werden. Es kommt darauf an, eine effektive Steuerungsmöglichkeit zu schaffen, um die Qualität eines User Help Desks kontinuierlich messen zu können. Auch eine Priorisierung verschiedener SLAs findet in der Praxis statt. IT-Leistungen mit unmittelbarer Auswirkung auf das Tagesgeschäft eines Unternehmens können mit einer höheren Priorität versehen sein als andere. Ein SLA für die Kenngröße „UHD-Erreichbarkeit“ ist beispielhaft in Tabelle 15-3 beschrieben.

Service Level Agreement: UHD-Erreichbarkeit	Getronics a KPN company
Definition des SLA	X % aller Anrufe werden innerhalb von Y Sekunden beantwortet.
Messverfahren	Telefonanlage; Relation zwischen angenommenen und beantworteten Anrufen
Messzeitraum	Messung alle 15 Minuten (Tagesreport)
Bewertung	Monatsdurchschnitt
KPI-Definition	• Alle Anrufe, die durch den Anrufer innerhalb der ersten 20 Sekunden beendet werden, zählen nicht für die SLA-Berechnung. • Die Beantwortung kann sowohl durch eine automatische Anruferkennung als auch durch einen Mitarbeiter erfolgen. • Der Einsatz einer automatischen Anruferkennung ist nur bei Großstörungen sinnvoll und muss durch den Auftraggeber freigegeben werden.

Tabelle 14-3: UHD-Erreichbarkeit als SLA-Parameter

Die eindeutige Messbarkeit eines SLA-Parameters ist besonders wichtig, wenn seine Einhaltung mit einer Bonus-/Malus-Regelung verbunden ist (siehe Tabelle 15-4, S. 208).

Bonus/Malus-Regelung Getronics a KPN company

Qualitätskriterium	SLA-Definition	Unterschreitung des SLA um …	Preisreduktion	Unterschreitung des SLA um …	Preisreduktion
Erstlösungsrate	> 85 %	≤5 %-Punkte	per Seat: 2 %	> 5 %-Punkte	per Seat: 3 %
Telefonische Erreichbarkeit	90 % innerhalb von 20 Sek.	≤10 %-Punkte	per Seat: 2 %	> 10 %-Punkte	per Seat: 3 %
Durchführung der Benutzeradministration	90 % aller Vorgänge in < 24 h nach Anfrage-eingang	≤10 %-Punkte	per Seat: 2 %	≥ 10 %-Punkte	per Seat: 3 %

Tabelle 14-4: Beispiel für mögliche Sanktionen bei Nichteinhaltung des SLA

Eine Vergütungsreduktion kann in obigem Modell nicht innerhalb eines Monats kumuliert über mehrere Qualitätskriterien geltend gemacht werden. Nur der jeweils höchste Wert des Monats behält seine Gültigkeit.

6. Beispiele für ein User Help Desk-Reporting

Ein umfassendes, standardisiertes Reporting des Dienstleisters ermöglicht proaktiv jederzeit korrigierende Maßnahmen im Bereich der IT beim Dienstnehmer. Damit können etwa sich häufende Störungsquellen, aber auch technische Ressourcen- und Performanceengpässe einfach erkannt und schnell beseitigt werden. Solche Reports können u. a. sein:

- Täglicher Erreichbarkeitsreport:
  - Abbruch-Rate
  - Anzahl „Anrufe angenommen“ (Summe und pro ¼ Stunde)
  - Anzahl „Anrufe abgebrochen“ (Summe und pro ¼ Stunde)
  - Anzahl „Anrufe durch automatische Spracherkennung beantwortet“
  - Anzahl und Kurzbeschreibung der Großstörungen
- Täglicher Ticket-Tool-Report:
  - Lösungsraten
  - Kategorien
  - Häufigkeiten der Anfragen
  - Großstörungen und Probleme

- Monatsdurchschnittsauswertungen:
  - Durchschnittliche Lösungsquote
  - Durchschnittliche Erstlösungsquote
  - Durchschnittliche Erreichbarkeit
  - Durchschnittliche Abbruchrate
  - Kundenzufriedenheitsindex
  - Lösungsdatenbank Qualität
  - Detaillierte Qualitätsbeschreibung
- Kundenzufriedenheitsanalysen
  - Telefonische Befragung einer festgelegten Zahl von Anwendern.

Es sollte ein Portfolio an automatisierten Standard-Reports vereinbart werden, passend zu den jeweiligen Bedürfnissen des Unternehmens. Die Möglichkeit für den Dienstnehmer, online aktuelle Reports selbst zu generieren, ist eine sinnvolle Ergänzung. Dazu stellt der Dienstleister die entsprechenden Daten zentral auf einem eigenen Server bereit.

7. Preismodelle für UHD-Services

Spezialisierte UHD-Dienstleister bieten verschiedene Preismodelle an, die bestimmte Vor- und Nachteile kennzeichnet. Welches Modell zum Einsatz kommt, hängt von den konkreten Anforderungen ab. Unterschieden wird zudem zwischen einer kompletten Auslagerung und einer nur selektiven Unterstützung im Bereich UHD.

- 0900-Servicenummer
  - **Vorteile:** Auch kleinere Unternehmen können Supportleistungen in Anspruch nehmen, keine Vertragsbindung.
  - **Nachteile:** Ab einem gewissen Anrufvolumen (ca. 50-100 Anfragen pro Monat) wird diese Lösung zu teuer.
- Preis per Seat (Arbeitsplatz)
  - **Vorteile:** Transparente Abrechnung, eine Erweiterung des Services ist einfach und ohne Nachverhandlungen durchführbar, klare Weiterverrechnungsmöglichkeit im Unternehmen und Mandantenfähigkeit.
  - **Nachteile:** Intransparenz des Preises für das Unternehmen, wenn zu viele Services in das SLA integriert sind.
- Preis per Ticket (Störungsmeldung)
  - **Vorteile:** Bonus- / Malus-Systeme sind besser nachvollziehbar, ungelöste Störungsmeldungen („Trouble-Tickets“) müssen auch nicht bezahlt werden, ansonsten ähnliche Vorteile wie bei Preis per Seat.

  - **Nachteile:** das Reporting zur Abrechnung ist aufwendiger, ebenso die Prüfung der Abrechnung
- Preis per Call-Minute
  - **Vorteile:** Ähnlich wie bei Abrechnung per Ticket oder Seat, zusätzlich können auch andere Services, wie z.B. Training, auf Minutenbasis heruntergebrochen werden, ein Preis für den Kunden.
  - **Nachteile:** ähnlich wie bei Abrechnung per Ticket oder Seat

Kostenverlauf Beispielprojekt 5000 User, 5 Sprachen, 11 Länder		Getronics a KPN company		
	Monat 1	**Monat 2**	**Monat 3**	**Monat 4**
Projektverlauf ohne Partner/€	100.000 €	90.000 €	85.000 €	60.000 €
Projektverlauf Shared Services/€	80.000 €	75.000 €	70.000 €	60.000 €
Projektverlauf im reinen Outsourcing/€	80.000 €	80.000 €	70.000 €	55.000 €
Die Angaben sind gerundete Mittelwerte, die auf Erfahrungswerten und Kostenauswertungen basieren. Es handelt sich um Vollkosten inklusive Personal, Arbeitsplatz und Nebenkosten.				

Tabelle 14-5: Kostenverlauf in einem Beispielprojekt

Oft bieten Dienstleister zunächst einen kostenfreien Testlauf für einen Standard-Support, z.B. für Microsoft-Produkte, an. Damit kann schon vor einer möglichen Angebotserstellung beurteilt werden, welche und wie viele Anfragen innerhalb eines bestimmten Zeitfensters bei der Hotline auflaufen.

An Bedeutung gewinnen Shared Service-Modelle, bei denen die Aufgabenerfüllung durch beide, Dienstleister und Dienstnehmer, aufgeteilt erfolgt. Die gewählte Variante hat ebenfalls Auswirkungen auf die Kosten.

8. Risiken und Herausforderungen

Vor allem beim Remote-Support, bei dem sich ein UHD-Agent direkt in das IT-System eines Anwenders einwählt und dort auf Anwendungen zugreift, oder dem Mitschneiden von Telefonaten zur Qualitätssicherung sind vorab rechtliche Aspekte (u. a. Datenschutz) in Abstimmung mit dem Betriebsrat und dem Datenschutzbeauftragten zu klären. Auch die Einhaltung der Arbeitschutzvorschriften etwa im Schichtbetrieb ist zu beachten.

Erfahrungen mit Support-Hotlines im Ausland, bei denen bereits Sprachprobleme eine effiziente Hilfe behindern, lassen Unternehmen immer wieder vor einer UHD-Auslagerung zögern. Near- oder Offshore-Angebote senken zwar vordergründig die Kosten, können aber Qualitätsprobleme mit sich bringen. Sind die Support-Anfragen zum Großteil unternehmensspezifisch und

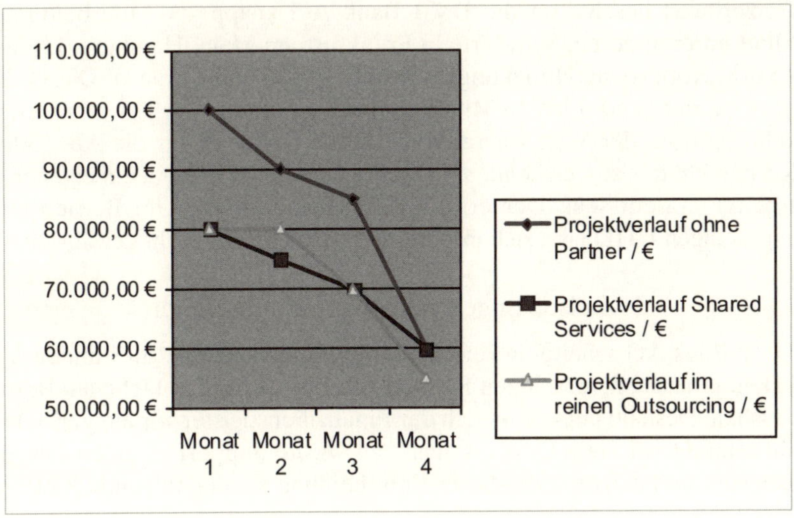

Tabelle 14-6: Kostenverlauf bei verschiedenen UHD-Projekten

spielen ländertypische Gegebenheiten eine wichtige Rolle, ist es meist sinnvoller, den UHD im eigenen Land zu betreiben.

Eine durchgängige Kostentransparenz ist unverzichtbar. Dazu gehören neben einem marktgerechten Preis auch eine hohe Preisstabilität und Budgetierbarkeit.

Die Qualität der Dienstleistung muss zum Bedarf ebenso wie der Dienstleister selbst zum Unternehmen passen. Outsourcing-Erfolg wird somit auch wesentlich von der richtigen Strategie und einem professionellen Projektmanagement bestimmt. Einen User Help Desk auszulagern, weil Outsourcing im Trend liegt, ist ebenso wenig erfolgversprechend wie der alleinige Fokus auf kurzfristige Kosteneinsparungen.

9. Fallstudie: DVB Bank AG

9.1 Ausgangssituation

Die DVB Bank AG, 1923 als Deutsche Verkehrs-Kredit-Bank AG gegründet, zählt heute international zu den führenden Adressen bei der Verkehrsfinanzierung. Zu ihren Kerngeschäftsfeldern gehören in erster Linie die Flugzeug- und Schiffsfinanzierung. Aber auch die Finanzierung von Eisenbahnen und anderen Verkehrsmitteln einschließlich der entsprechenden Infrastrukturprojekte wie Flughäfen, Bahnanlagen und Einrichtungen des öffentlichen Personennahverkehrs sind Kernprodukte des Instituts.

Konzernweit beschäftigt die DVB Bank AG knapp 400 Mitarbeiter und unterhält unter anderem Standorte in Frankfurt am Main, Hamburg, London, New York, Rotterdam, Hongkong, Singapur, Tokio und Curacao. Das bedeutet, dass sie mit rund 8 bis 15 Mitarbeitern pro Standort an jedem wichtigen Verkehrszentrum der Welt vertreten ist. Diese Größe ist für die Abwicklung des Kerngeschäftes ausreichend, aber nicht in jedem Büro kann ein eigener IT-Mitarbeiter präsent sein. Der erforderliche Rund-um-die-Uhr-Betrieb eines mehrsprachigen UHD lässt sich mit dieser Personaldecke nicht gewährleisten.

9.2 Zielsetzungen und Herausforderungen

Die DVB Bank AG arbeitet in verschiedenen Zeitzonen. Die 24-Stunden-Verfügbarkeit einer mehrsprachigen Support-Hotline ist für den täglichen Betrieb unerlässlich. Deshalb entschloss sich der Finanzdienstleister vor einigen Jahren sowohl seinen User Help Desk als auch den Onsite-Support an einen externen Dienstleister auszulagern. Mit dieser Entscheidung wurden folgende Ziele verbunden:

- Höhere Flexibilität bei Service und (variablen) Kosten
- Maximale Kosteneffizienz bei sämtlichen Leistungen und Kostensenkung bei allen Commodity-Services
- Mindestens die gleiche oder höhere Servicequalität als im Eigenbetrieb, Verringerung der Betriebsrisiken
- Höhere Kostentransparenz.

Entscheidend für die DVB Bank AG war allerdings das Kriterium Flexibilität. Um dieses Ziel optimal zu erreichen, verfolgte das Geldinstitut eine Multi-Vendor-Strategie: Für jedes benötigte Service-Modul wurde der jeweils am Besten spezialisierte Dienstleister beauftragt. Der Grund hierfür war, dass die zunächst verfolgte Strategie, möglichst viele Leistungen aus einer Hand zu beziehen, sich in der täglichen Praxis nicht bewährt hatte. Deshalb entschied sich die DVB Bank AG für eine Neuausschreibung der Leistungspakete User Help Desk und Onsite-Support.

9.3 Projektgestaltung und -umsetzung

Die DVB Bank AG verfügte bereits über vielfältige Erfahrungen in Sachen Outsourcing, weshalb auf professionelle Beratungsleistungen verzichtet werden konnte. Lediglich in der Transitionphase wurden gemeinsame Meetings und Workshops durchgeführt. Die Anforderungen an den externen Dienstleister waren trotzdem sehr hoch.

Das Projekt war von Anfang an einem enormen Zeitdruck ausgesetzt, da der Vertrag mit dem bisherigen Dienstleister bereits wenige Wochen nach der Vergabeentscheidung endete. Aus diesem Grund begann der neue Partner bereits vor dem offiziellen Wechseltermin, sich phasenweise in die neue IT-Umgebung einzuarbeiten, um so einen möglichst reibungslosen und umfassenden Know-how-Transfer sicherstellen zu können. Realisiert wurde ein Shared Services Modell in der Help-Desk-Organisation, bei dem die Rollenverteilung zwischen der IT-Abteilung der Bank und dem Dienstleister genau definiert ist.

Im Bereich SAP Support verblieben die strategische Planung, SAP Basis und bankfachliche Betreuung in den Händen der IT-Spezialisten des Geldinstituts, während dem Dienstleister die Zuständigkeit für alle Fragen zur SAP Benutzeroberfläche, des Passwort-Resets und der Anwenderanfragen zugeteilt wurden. Ähnlich wurde der Microsoft-Support geregelt: Der Dienstleister übernahm die Anwenderanfragen, die Client-Applikationen und die Serveradministration, während die DVB Bank AG weiter für die strategische Planung verantwortlich blieb.

Gleiches wurde für die Betreuung der Citrix-Systeme vereinbart. Die strategische Planung und Serverbetreuung oblagen der IT-Abteilung der Bank, User-Administration, Zugriffs- und Prozessüberwachung übernahm der Provider.

Grundlage für die Sourcing-Strategie der DVB Bank AG ist ein Service-Katalog, der auch die Basis für die Ausschreibungsunterlagen bildete und unverändert in die SLAs übernommen wurde. Geregelt wurden u. a. die Erreichbarkeit des Help Desks, die Erstlösungsrate von Problemen oder die Lösungszeiten im On-Site-Bereich. Über einen Reportingprozess ist regelmäßig die Erreichung der vereinbarten Zahlen vom Provider nachzuweisen. Bei einer Zielverfehlung greift eine prozentuale Vergütungsreduktion.

Um die Services bestmöglichst erfüllen zu können, sind bei einem Shared Services Ansatz zweckmäßige Hilfsmittel und Tools erforderlich. So kommt ein Sharepoint Portal-Server zum Einsatz und die Mitarbeiter beider Seiten nutzen ein gemeinsames Help Desk Werkzeug. Der UHD des Dienstleisters ist in die Domänen-Struktur der DVB Bank AG integriert. Dadurch sind Fernwartungs-Zugriffe, welche die Performance erheblich steigern, die Unterstützung bei der Pflege des Active Directory und der Support von unternehmenskritischen Anwendungen möglich.

Auf persönliche Abstimmung wird Wert gelegt. Neben dem täglichen Kontakt zwischen den Mitarbeitern der Bank-IT und des Dienstleisters finden bei Bedarf Ad hoc-Telefonkonferenzen statt. Monatliche Review-Meetings auf der operativen wie auf der Management-Ebene ergänzen die Kommunikation. Einmal im Jahr wird eine gemeinsame Veranstaltung aller Beteiligten mit Workshops zu speziellen Themen durchgeführt.

Heute kann sich jeder Mitarbeiter der DVB Bank AG weltweit in fünf Sprachen an die Hotline werden. Zunächst wird ein Ticket eröffnet und das Anliegen aufgenommen. Der UHD-Mitarbeiter versucht primär, das Problem telefonisch zu lösen. Gelingt dies nicht, kann er per Fernzugriff direkt auf dem

Computer des Anwenders an der Störungsbeseitigung arbeiten. Wenn das Problem so nicht behoben werden kann, wird ein Vorort-Einsatz ausgelöst. Ein Servicetechniker begibt sich zur Bank-Niederlassung, um den Fehler zu lösen. Kann auch er das Problem nicht beheben, verbleibt eine weitere interne Eskalationsstufe. Über den UHD kann Hilfe vom Hersteller angefordert oder eine andere geeignete Maßnahme eingeleitet werden. Dieser Fall ist aber bisher noch nie eingetreten.

Für die DVB Bank AG ist das realisierte Shared Services Modell ein Erfolg. Den Mitarbeitern steht ein UHD nun tatsächlich rund um die Uhr zur Verfügung. Es sind englischsprachige IT-Experten im Einsatz, was für die Bank aufgrund ihrer internationalen Ausrichtung wichtig ist. Ferner gelang es, die laufenden UHD-Kosten um über 20 Prozent zu senken.

Zu den wesentlichen Erfahrungen, die im Gesamtprozess gesammelt werden konnten, zählen nach Einschätzung der Verantwortlichen bei der DVB Bank AG unter anderem:

- Leistungen und Service Level Agreements müssen vorab genau definiert werden.
- Den Outsourcing-Vertrag sollte das Unternehmen selbst vorgeben.
- Gleiche Augenhöhe und ein passendes Delivery-Modell sind wichtig für den Erfolg.

10. Fazit

UHD-Outsourcing wird immer beliebter. Klare Ziele und der beiderseitige Wille zu einer Partnerschaft sind hierbei unverzichtbar. Der Dienstleister muss zur Firmenkultur passen, über technische Kompetenz und geeignetes Personal verfügen. Partnerschaft bedeutet keinesfalls, sich im Portfolio des Dienstleisters als eine der letzten Nummern wiederzufinden. Augenhöhe, ein hoher Identifizierungsgrad aller Mitarbeiter und ein fairer Umgang aller Beteiligten miteinander sind unabdingbar.

Methodisch geplant und zielführend umgesetzt, bietet das Outsourcing eines UHD gerade auch für mittelständische Unternehmen beachtliches Potenzial.

Outsourcing im Umfeld der Industrial- und Plant-IT

Sascha Kaulen und Christian Oecking

1. Einführung

Automatisierungstechnik trägt heute entscheidend zur kontinuierlichen Optimierung der unternehmensweiten Prozesse vor allem des produzierenden Gewerbes bei. Hersteller entsprechender Technik offerieren durchgängige Produkt- und Systemspektren für die Automatisierung in der Fertigungs- und Prozessindustrie und bieten damit eine optimale Basis für Lösungen, die auf individuelle Anforderungen zugeschnitten sind.[1] Dabei spielt die Informationstechnologie (IT) eine immer dominanter werdende Rolle. Oft werden IT-basierte Technologien zur Realisierung von Rechner- und Kommunikationssystemen inzwischen in der Produktion eingesetzt.

Seit einigen Jahren werden zunehmend und völlig anders als bis dahin üblich, zur Betriebs-, Anlagen- und Maschinenführung in der Industrie erste Standard-IT-Bausteine anstelle spezialisierter Prozessleitsysteme verwendet.[2] Es kommen standardisierte Hardware, Betriebssysteme und Kommunikationssysteme auf Basis des Ethernet-Standards zum Einsatz. Internet-Technologien werden zunehmend zur Optimierung von Prozessabläufen in der Produktion verwendet.[3]

Im Rahmen dieser IT-relevanten Aspekte und vor dem Hintergrund der angedeuteten Wandlung der Automatisierungstechnik „hin zur IT“ werden heute aber noch vor allem einzelne Aspekte diskutiert. Als vielleicht prominentestes sei hier die IT-Sicherheit im Umfeld der Produktion zu nennen. Trotzdem kann und muss in diesem Zusammenhang ein ganzheitliches IT-Szenario betrachtet werden, denn bei dieser Wandlung geht es letztlich um eine weitreichende, neue Dimension in der Automatisierungstechnik.

2. Historie und IT-relevante Aspekte der Automatisierung

Blickt man in die Historie zurück, so hat v. a. auch die Siemens AG einen entscheidenden Beitrag zu Entwicklungen geleistet, die zur heute bekannten hochentwickelten Automatisierungstechnik geführt haben. Der erste elektrische Umkehrantrieb der Welt wurde schon 1906/07 für eine Blockstraße der Georgsmarienhütte bei Osnabrück konstruiert. 1959 kamen mit dem „Simatic“-System Steuerungs- und Regelungsbausteine auf den Markt, mit denen Schaltungen zum logischen Verknüpfen, Speichern, Zählen und Rechnen realisiert werden konnten. Bei den Vorgängen der Positionier- und Streckensteuerung

1 Vgl. http://www.automation.siemens.com (2010) [Stand: 04. 08. 2010].

2 Enste (2002): [Stand: 20. 102002]; vgl. Gutbrodt (2010): S. 2.

3 Scharf (2005): S. 19; vgl. Gutbrodt (2010): S. 2.

von Werkzeugmaschinen und anderen Fertigungseinrichtungen ermöglichte die 1964 eingeführte „Sinumerik" eine rationellere Arbeitsweise.

Heute steht die vollintegrierte Automation („Totally Integrated Automation") für eine vollkommen durchgängige Art und Weise, industrielle Automatisierungsaufgaben zu realisieren. Sie ermöglicht den Einsatz unterschiedlichster Techniken innerhalb eines Gesamtsystems bei gemeinsamer Datenhaltung innerhalb der IT.[4] Dies belegt, dass sich die Automatisierungstechnik mitten in einer Phase der signifikanten Wandlung befindet: Industrieautomatisierung wendet sich immer mehr und immer schneller der IT und ihren Möglichkeiten zu. Aus Sicht eines IT-Dienstleisters mit Fokus auf das Thema Outsourcing stehen dabei vor allem folgende Themen im Vordergrund:

- Der Aufbau von Produktionsnetzwerken sowie deren Trennung von Büro- (Office-IT) und Produktions-IT (Enterprise-IT)
- Der Betrieb von IT-relevanter Hardware im Rahmen der Produktionssteuerungsprozesse – z. B. Betrieb der Server eines Manufacturing Execution Systems (MES)
- Die Betreuung von Applikationen und Anwendern hinsichtlich aller in der Produktion verwendeten IT-Applikationen (Application Management)
- Die Gewährleistung von IT-Sicherheit und -Compliance
- Die Synchronisierung, Harmonisierung und Standardisierung von Prozessen nach IT-Standards
- Die sichere Applizierung von IT-Innovationen in produktionsnahen Umgebungen
- Ganz allgemein die Verbindung des produktionsnahen Produktgeschäfts mit dem IT-nahen Servicegeschäft, etwa im Rahmen eines durchgehenden Prozesshauses.

3. Layermodell der IT-Komplexität

Zum besseren Verständnis der IT-Komplexität sowie der jeweiligen Geeignetheit zum Outsourcing in produktionsnahen Umgebungen kann es sinnvoll sein, verschiedene Sach- und Komplexitätsebenen („Layer") zu identifizieren.[5] Zwar sind die hier nachfolgend abgebildeten Ebenen (Abbildung 15-1, S. 218) nicht vollständig dimensionsgleich, dennoch können sie anschaulich die Sicht eines IT-Dienstleisters erörtern, wenn es um die Darstellung der jeweiligen Leistungsfähigkeit geht.

Domäne der IT-Dienstleistung ist bis zum heutigen Tag hauptsächlich und sicher unbestritten der zuoberst genannte Enterprise-Layer. Unter dem gemein-

4 Vgl.: http://www.siemens.com/history/de/innovationen, [Stand: 04. 08. 2010].

5 Siehe auch: http://www.isa.org für ein standardisiertes Level-Modell (ISA-95; ISA-88).

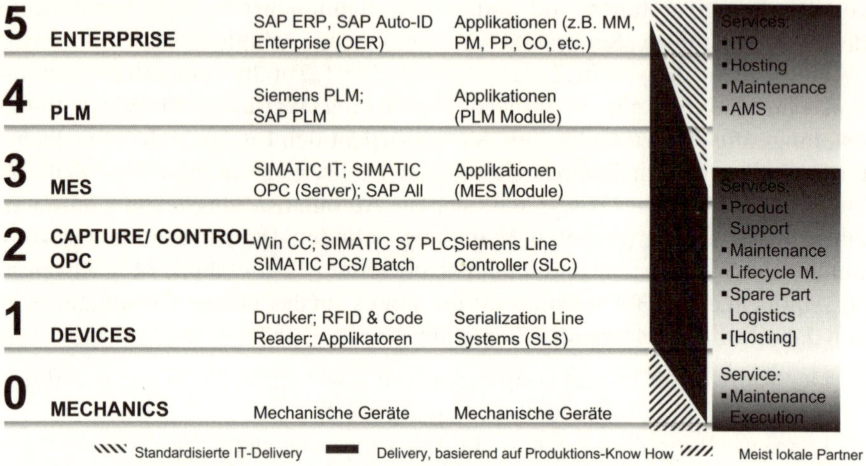

Abbildung 15-1: Layer-Modell der IT-Komplexität (unter Verwendung von Siemens-Produkten und am Beispiel der Prozessindustrie)

samen Dach der „Enterprise“ verbirgt sich vor allem der häufig auch als „Office IT“ bezeichnete Bereich der Büroumgebungen, Arbeitsplätze und der damit verbundenen Backends, Backoffices und Rechenzentren. Abgesehen von den Anwender-nahen Umgebungen fallen hierunter auch die typischen ERP-Applikationen[6] und -Module. Auf dieser Ebene greift die Idee der IT-Industrialisierung am Besten, auf eine standardisierte, ggf. sogar globalisierte IT-Leistungserbringung zu setzen. Unter bestimmten Voraussetzungen können in diesem Zusammenhang Offshore erbrachte Leistungsanteile bis zu 80 Prozent oder mehr erreichen. Zudem haben die meisten IT-Dienstleister vor allem in den ERP-Bereichen über die Jahre hinweg erhebliche Produkt-, Implementierungs-, Betriebs- und Applikationserfahrungen aufgebaut. Alles in allem ist dies das „bekannte“ Terrain der IT-Dienstleistung.

Der PLM-Layer (Product Lifecycle Management) stellt eine weitere Stufe der Komplexität dar, dies auch bezüglich der Verantwortung im Bereich der IT-Dienstleistungen. Zwar ist die Landschaft der PLM-Systeme, welche sich in Unternehmen – und damit bei potenziellen Abnehmern einer Dienstleistung – im Einsatz befinden, überschaubar: Der Weltmarkt teilt sich im Großen und Ganzen auf eine handvoll Anbieter für Software zum Produktlebenszyklus auf. Dennoch gibt es Unterschiede zum Enterprise-Layer. Im PLM-Umfeld ist die notwendige Durchdringung der produkt- und produktionsbasierenden Kenntnisse durch einen potenziellen Dienstleister erheblich wichtiger einzuschätzen, als beispielsweise im Bereich der weitgehend standardisierten Office-IT. Nicht

6 ERP: Enterprise Resource Planning.

zuletzt ist PLM eine Stufe näher an den eigentlichen Kernprozessen eines produzierenden Unternehmens bzw. am Produkt selbst, als z. B. ein ERP-System.

Ein weiterer Aspekt ist der Bereich der Verantwortungsübernahme durch einen Dienstleister, etwa im Rahmen eines Outsourcings. Zwar kann nicht allgemeingültig davon ausgegangen werden, dass z. B. der Stillstand eines PLM-Systems das betroffene Unternehmen mehr beeinträchtigt als ein Ausfall der Personalabrechnung im Rahmen von ERP. Trotzdem ist das Product Lifecycle Management, auch aufgrund seiner ineinandergreifenden, kollaborativen Anwendungen, einfach näher „am Puls“ einer Unternehmung und genießt nicht zuletzt deshalb besondere Beachtung. Bei einem IT-Dienstleister erfordert dieser Aufgabenbereich grundsätzlich weitergehende Produkt- und Produktionskenntnisse, als eine ERP- oder Office-Umgebung. Dies kann ein Grund dafür sein, warum Konzepte wie das Outsourcing des Application Managements für PLM-Systeme von Unternehmen eher zögerlich, wenn auch zuletzt vermehrt, an den IT-Dienstleister-Markt herangetragen worden sind. Bereits im PLM-Umfeld zeigt sich klar, dass die Verbindung von Produktions- bzw. Industrie-Know-how sowie IT-Know-how zu wesentlich besseren Ergebnissen führt, als die Besetzung z. B. nur der IT-Domäne allein. Dieser Herausforderung muss ein IT-Dienstleister gerecht werden, der im Umfeld von PLM-Systemen Outsourcing-Lösungen anbietet.

Der MES-Layer (Manufacturing Execution Systems) nun stellt einen Bereich dar, der von IT-Dienstleistern bislang vergleichsweise wenig durchdrungen wurde. Es handelt sich um diejenige Ebene, auf der produktbasierte Ansätze der Hardware-Hersteller in der Automatisierungstechnik auf servicebasierte IT-Ansätze der IT-Dienstleister treffen. Nicht selten haben sich die Hardware-Hersteller über die Jahre hinweg ein signifikantes IT-Know-how aufgebaut. Vielfach sind daher auch die Softwarelösungen in diesem Bereich im Umfeld derjenigen Anbieter entstanden, die in der Vergangenheit eher auf der Automatisierungstechnik fußten. Insofern kann man heute nicht selten eine nahtlose Zusammenarbeit der IT-basierten Manufacturing Execution Systeme mit den operativ eingesetzten Controllern und Automation Devices (d. h. den „anfassbaren“ Geräten der Automatisierungstechnik) beobachten.

Was hingegen häufig fehlt, sind die dazugehörigen Betriebs- oder Maintenance-Prozesse, also die Betreuung des operativen Einsatzes, das Application Management, die Koordinierung von Servicepartnern, usw.. Insbesondere hier kann das Beste aus beiden Welten genutzt werden, denn im Grunde muss an dieser Stelle die Produkt- und Produktionsexpertise der Hardware-/MES-System-Hersteller einerseits mit den heutigen Grundfesten der IT andererseits verbunden werden. Diese Grundfesten sind vor allem eine Service Level basierte und prozessstandardisierte Leistungserbringung sowie die Gewährleistung der IT-Sicherheit der produktionsnahen Systeme.

Auf dem Capture-/Control-Layer zählt das konsequente Zusammenwirken von Automatisierungstechnik und IT-Delivery zu den großen Zukunftspotenzialen. Immer mehr Capture- und Control-Geräte können als standardisierte oder mit Hilfe von standardisierter IT-Hardware (also z. B. PCs) dargestellt werden. Dabei zeigen sich erhebliche Vorteile:

- Zusammenfassung der Automatisierungs-Komponenten auf einem Industrie-PC (IPC), der auf standardisierter HW basiert und daher kostengünstig darstellbar ist.
- Kommunikation über in die Automatisierungstechnik integrierte Netzwerkadapter
- Nutzung von Business-Software (wie z. B. MS Office) und Erstellung eigener Anwendersoftware mit Hilfe von Standard-Software-Tools.

Abgesehen von diesen inhärenten Vorteilen ergeben sich weitere Potenziale, welche im nächstfolgenden Kapitel beschrieben sind. Bereits mit den hier gelisteten Vorteilen ist erkennbar, wie ein IT-Dienstleister in diesem Zusammenhang Mehrwert erzeugen kann, wenn er nur nahe genug an den Entwicklungen der Automatisierungstechnik operiert. Die neuen Entwicklungen der Automatisierung kommen einer IT-Dienstleistung stark entgegen, nutzen sie doch zumeist bekannte IT-Werkzeuge für ihre Zwecke. Dabei darf niemand der Verlockung erliegen, einen IPC-basierten Controller in gleicher Weise zu behandeln, wie ein ähnliches Stück Hard- und Software auf der Enterprise-Ebene. Denn auch bei augenscheinlicher Gleichartigkeit erfordert die IT-Delivery auf dieser Ebene fast immer ein völlig anderes Betreibermodell als auf anderen Ebenen.

Bei Geräten, die unterhalb der klassischen Feldbusse unmittelbar am Erzeugnis der Produktion arbeiten, waren die Innovationen in den letzten Jahren besonders beeindruckend: Sie wurden zu einem erheblichen Teil mit eigener Intelligenz ausgestattet. Neue Schnittstellen machen diese neu gewonnene Intelligenz ebenfalls für ein durchgängiges Automatisierungskonzept nutzbar.[7]

Der Mechanics-Layer schließlich wird meist von einem Unternehmen mithilfe von (in der Regel lokalen) Partnern koordiniert, welche dann im Werk helfen, die mechanischen Teile zu warten. Nicht selten ergibt sich hierbei eine Vielzahl neuer Schnittstellen, die ebenso wie die Schnittstellen zu den verschiedenen Dienstleistern der anderen Ebenen abgestimmt werden müssen.

7 Vgl. „Totally Integrated Automation“ sowie Nelles (2007): H. 4.

4. Zusammenwirken der Layer

Um beispielsweise eine Produktionslinie effektiv zu bedienen, müssen Schnittstellen zwischen den einzelnen Layern möglichst nahtlos gestaltet sein. Dabei kommt es nicht nur auf die technische Ausgestaltung der Schnittstellen an, sondern vielmehr auf eine prozessbasierte Planung der relevanten Informationsflüsse. In diesem Zusammenhang ist die zielgerichtete Verteilung von Echtzeit-Informationen hin zu den betroffenen Personen in der Produktion besonders brisant. Das Zusammenwirken der oberen Layer ist anschaulich in Abbildung 15-2 dargestellt.

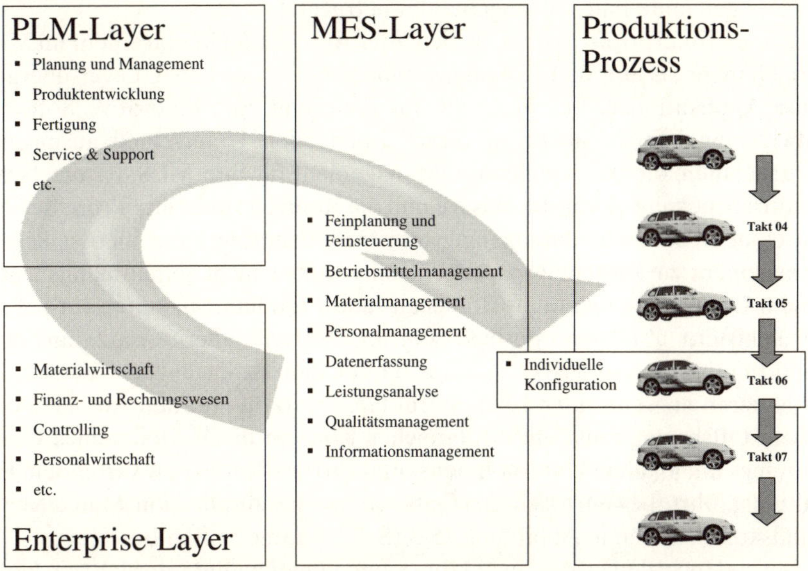

Abbildung 15-2: Zusammenwirken der Layer am Beispiel der Automobilindustrie

Wie die Abbildung zeigt, greifen die verschiedenen Layer nicht sequentiell ineinander, sondern bilden vielmehr ein Netzwerk und Kreislauf aus Prozessen. Deutlich wird auch die mittel- und unmittelbare Kopplung an die mechanischen Produktionsprozesse, hier dargestellt am Beispiel einer Fliessbandproduktion in der Automobilindustrie. Oft handelt es sich bei den einzelnen Layern, was den Betrieb und die Wartung anbetrifft, um Bereiche verschiedener Dienstleister, die zu den jeweils anderen Prozessbeteiligten zu koordinierende Schnittstellen aufweisen. Ebenso besteht zwischen den einzelnen Dienstleistern bzw. Teams im Werk ein fortlaufender Abstimmungsbedarf, dem traditionell mit Abstimmungsmeetings begegnet wird. Durch einen durchgängigen Einsatz von IT, welcher die Layer untereinander verbindet, gelingt eine personenindividuelle Informationsversorgung – die Abstimmprozesse nehmen ab.

5. Outsourcing der Industrial- und Plant-IT am Beispiel des Application Managements für MES-Systeme

Nach den bisherigen Darstellungen kann zusammenfassend festgestellt werden, dass sich (abgesehen von der ursprünglichen Implementierung) derzeit vor allem die Betriebs- und Maintenance-Bereiche für ein Outsourcing an einen IT-Dienstleister anbieten. Greifbare Potenziale sind dabei zum einen z. B. der (ggf. zukünftig teilweise virtualisierte oder gar Cloud-basierte) Betrieb der PLM- oder MES-Server. Zum anderen erscheint ein Outsourcing der Applikationsbetreuung (Application Management) für PLM- oder MES-Systeme interessant. Der letztgenannte Fall soll eingehender betrachtet werden.

Wie im Enterprise-Layer auch, bedeutet Application Management im MES-Bereich mehr als nur die Erfüllung vereinbarter Service Level. Layer-übergreifende Applikationen, beschleunigte Prozesse und eine innovative Software-Entwicklung können auch auf dieser Ebene den Unterschied ausmachen. Unternehmen, die das Application Management für ihre MES-Systeme selbst ausführen, behalten zwar das Wissen und die Kontrolle über ihre Prozesse, können es aber oft nicht durchgängig nutzen. Offshoring kann im Application Management zu Kosteneinsparungen führen, aber nicht selten mangelt es in diesem Umfeld signifikant an Branchen- und Produktionskenntnissen bei den Dienstleistern. Ziel muss deshalb sein, die Vorteile aller Ansätze aus einer Hand zu erhalten – und zwar zusammen mit einem durchgängigen Verständnis der anderen angrenzenden Ebenen. Im Gegensatz zu internen Ansätzen oder reinem Offshoring muss ein erfolgreiches Konzept die Vorteile eines Global Sourcings mit lokalem Unternehmens- und Prozess-Know-how verbinden. Einmal eingeführt, bewährt sich ein Outsourcing des Application Managements grundsätzlich in den in Abbildung 15-3 (S. 223) dargestellten Bereichen.

Besonders in den letzten zwei Jahren sind immer mehr Unternehmen bereit, auch Bereiche wie MES in ein Unternehmens-externes Application Management zu geben. Hintergrund dieser Anfragen ist oft die Notwendigkeit der Weiterentwicklung der mit MES-Systemen verbundenen Wartungsprozesse. Auch die mit der Betreuung dieser Systeme verbundenen Kosten und Prozesse stehen häufig im Fokus. Viele der in diesem Bereich erfolgten Ausschreibungen wendeten und wenden sich daher in aller Regel an IT-Dienstleister – in der Erwartung, dass diese die in der IT verankerten „Tugenden“ der Globalisierung, Prozessharmonisierung (z. B. nach ITIL) und Skalierung zum Nutzen der MES-Betreuung anwenden könnten.

Trotzdem muss der IT-Industrie bewusst sein, dass zwar grundsätzlich die Möglichkeit besteht, diese Dinge anzuwenden. Gleichzeitig ist aber eine Gruppierung der Applikationen zwingend erforderlich, um standardisierte Delivery Modelle von auf einen Einzelfall zugeschnittenen Herangehensweisen zu tren-

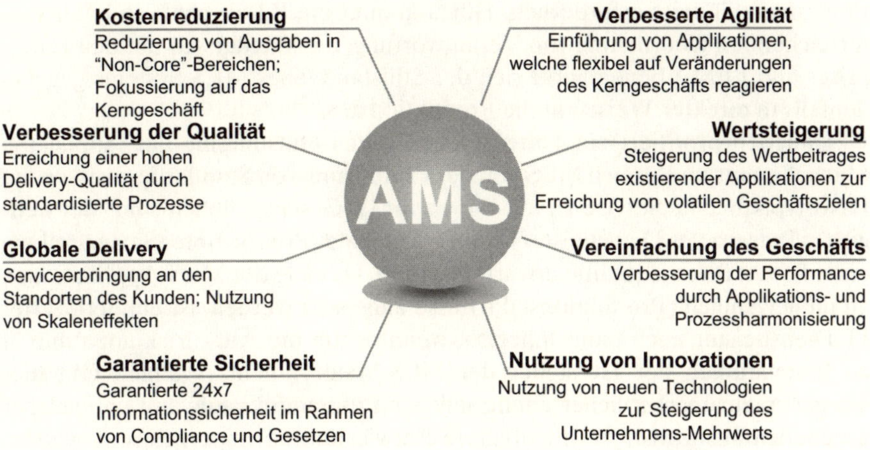

Abbildung 15-3: Allgemeiner Value Add von Application Management

nen – und so einen gesunden Mix zu erreichen. Es geht darum, systematisiertes Wissen im Applikationsmanagement von prozess- oder produktionsbasiertem Know-how zu trennen, um in die Lage zu kommen, gegebenenfalls Modelle einer standardisierten IT-Leistungserbringung einzusetzen. Solcherart gruppiert, kann auch Offshoring eine Rolle im Rahmen eines Application Management für MES-Systeme spielen.

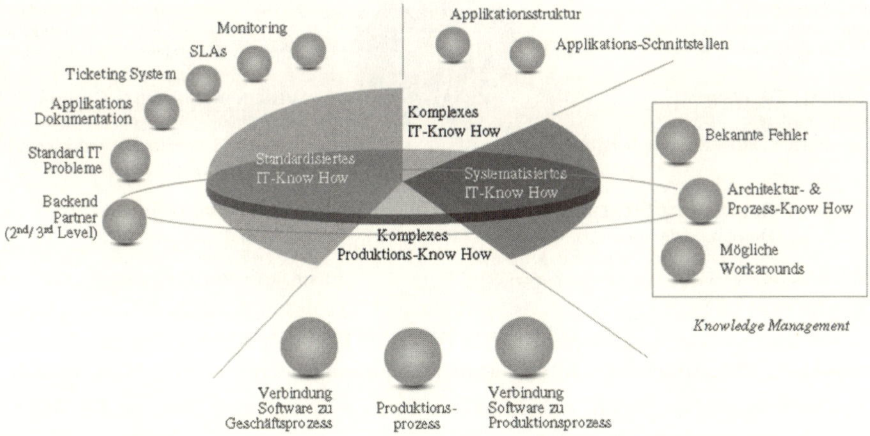

Abbildung 15-4: Clusterung von Applikationen im MES-Umfeld

Application Management für MES-Systeme kann folglich nicht als 1:1-Übertragung der Konzepte des Enterprise Layers gelingen. Vielmehr ist eine übergreifende Sicht der angrenzenden Layer zusammen mit einem erweiterten

Prozessverständnis[8] erforderlich. Hinzu kommt die Bereitschaft zu einer weiterreichenden Übernahme von Verantwortung, denn anders als auf den Enterprise- und PLM-Ebenen wirkt sich der Stillstand eines MES-Systems gegebenenfalls in direkter Weise auf die Produktion aus.

Daneben profitiert ein Unternehmen durch Outsourcing des Applicaton Managements im Bereich MES von der Einführung von Standardprozessen auf Basis typischer IT Service Level, wie sie im IT-Geschäft üblich sind. Bei weltweiter Präsenz des Dienstleisters kann ein globaler Prozess unter Sicherstellung einer hohen Prozessqualität erwartet werden. Da viele der MES-Applikationen an die jeweiligen (Produktions-)Prozesse angepasst werden, ist ein dedizierter IT-Dienstleister auch dann hilfreich, wenn es um die Aufwärtskompatibilität zu Innovationen der Hersteller der MES-Systeme geht. Vielfach fällt hier ein gar nicht unerheblicher nachträglicher Programmieraufwand an, welcher gegebenenfalls günstiger in Offshore-Entwicklungszentren geleistet werden kann – vorausgesetzt, dass das Entwickler-Team die unterliegenden produktionsrelevanten Prozesse überblickt.

Abbildung 15-5 fasst die spezifischen Vorteile eines professionellen Application Managements für MES-Systeme zusammen.

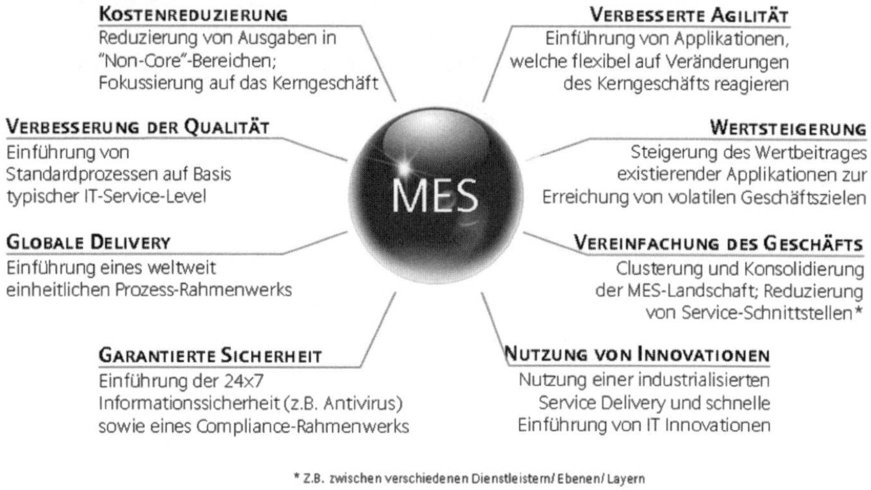

Abbildung 15-5: Spezieller Value Add von Application Management für MES-Systeme

8 Z. B. in der Automobilindustrie: Fertigungssteuerung, Fertigungsdetailplanung, Reihenfolgeplanung, Rüstzeitenoptimierung, etc.

6. Virtualisierung und Cloud-Konzepte

Interessant im Zusammenhang mit den IT-Systemen der verschiedenen Layer ist, welche dieser Ebenen sich generell im Zuge eines Virtualisierungs- oder Cloud-Ansatzes umsetzen ließen. Dass die Server einer ERP-Landschaft effektiv virtualisiert werden können, ist heute Allgemeingut und gehört zum Basisgeschäft eines jeden IT-Dienstleisters. Doch wie sieht es mit den anderen Ebenen aus?

Schließt man die beiden unteren Ebenen als zurzeit noch mehrheitlich ungeeignet aus, bleiben die PLM-, MES- sowie die Capture/Control-Ebenen. PLM kann hier im Quervergleich die bislang weitestreichenden Erfolge verbuchen, denn im Grundsatz können hier oft die Prinzipien des Enterprise-Layers angewendet werden (z.B. „Dynamic PLM", d.h. die Zurverfügungstellung von PLM-Applikationen aus der Cloud).

Im Rahmen von MES kann dies bereits völlig anders aussehen. Oft handelt es sich um komplexe, aufgrund von Performance-Anforderungen lokal installierte Systeme, welche sich einer zentral gelagerten Virtualisierung derzeit noch entziehen. IT-Dienstleister müssten in diesem Umfeld mit hoher Expertise und viel Fingerspitzengefühl agieren. Trotzdem können mit Virtualisierungskonzepten auch im MES-Umfeld Kosteneinsparungen und Prozessstandardisierungen erzielt werden. Hier kommt es nicht zuletzt auf die Methodik an, mit der bestimmt werden kann, welche Teile eines MES-Systems für die Applizierung von derlei Konzepten geeignet sind. Trotz allem sollte zu erwarten sein, dass der derzeit diskutierte Cloud-Ansatz zukünftig (unter Umständen bereits in den nächsten fünf bis zehn Jahren) sich bis hinunter zum Capture/Control-Layer vorgearbeitet haben wird. Dann sind auch einzelne Controller denkbar, die völlig virtualisiert in der Lage sind, lokal installierte Hard- und Software abzulösen – mit greifbaren Vorteilen auf der Prozess- und Kostenseite.

7. Security

Wie in allen Bereichen der IT spielt auch im Rahmen der Automatisierungstechnik das Thema IT-Sicherheit eine tragende Rolle. Dies insbesondere deshalb, weil in produktionsnahen Umgebungen vielfach auch ältere Standardbetriebssysteme ihren Dienst verrichten. So ist z. B. die Verwendung von älteren Windows-Plattformen oder gar von DOS-basierten Systemen keine Seltenheit. In diesem Umfeld reicht ein Standard-Grundschutz (z. B. nach BSI[9]) in der Regel nicht aus, denn die am Enterprise-Layer orientierten IT-Grundschutzkataloge können nicht dem anspruchsvollen Umfeld der Produktion gerecht wer-

9 Bundesamt für Sicherheit in der Informationstechnik; vgl. auch die Normen ISA-99.01.0111, ISA-99.02.0112, ISA-TR99.03.0113, ISA-TR99.03.0114.

den. Da die Kritikalität und der durchgängige Betrieb der Produktionslinien im Vordergrund stehen, kommt beispielsweise dem Verteilen von Security-Patches oft eine erhöhte Bedeutung zu – dies schon allein deshalb, da der Produktionsablauf regelmäßig nicht gestört werden darf. Zudem erfordern viele der älteren Systeme einen Re-Boot, der, so er zur „Unzeit" erfolgen würde, zu entsprechenden negativen Folgen führen kann.[10]

8. Verschmelzung von IT- und Produktmaintenance

Abschließend, und wie am Beispiel des Application Management für MES gezeigt, hängt der Erfolg im Outsourcing von Industrial- und Plant-IT im produzierenden Gewerbe zu nicht geringem Maße von einer stringenten Durchdringung aller Ebenen der Automatisierung ab. Mithilfe dieser Prozess-Durchdringung sowie des nötigen Produkt-Know-hows kann eine Segmentierung der einzelnen IT-relevanten Bestandteile gelingen, die im Sinne einer möglichst optimalen Leistungserbringung geschickt die Waage zwischen Standardisierung und Anpassung hält. Zudem müssen die einzelnen Dienstleistungen in einem ausgewogenen Verhältnis gehalten werden – einerseits jene individuellen, die vor Ort in oder nahe der Produktion erbracht werden müssen/sollten, mit andererseits jenen, welche in standardisierter und industrialisierte Art ggf. sogar im Off- oder Nearshoring erbracht werden könnten. Diese Art des Herangehens trifft auch auf die anderen Potenziale eines Outsourcings im Rahmen der Industrial- und Plant IT zu. Abbildung 15-6 (S. 227) gibt einen Überblick über die derzeit diskutierten (Outsourcing-)Potenziale.

Selbst bei der Vergabe der Implementierung eines Netzwerkes muss sichergestellt sein, dass das Industrial- und Plant- vom Enterprise-Netzwerk strikt getrennt wird, damit sichergestellt ist, dass durch die Office-basierte Leistungserbringung auf Enterprise-Ebene keine negativen Effekte in der Produktion entstehen.

Die Verschmelzung der Leistungserbringung im laufenden Betrieb und im Rahmen der Wartung (Maintenance) kann aber noch weiter gehen. Auch die auf dem untersten Layer tätigen, meist lokalen Servicepartner sollten in ein ganzheitliches Maintenance-Service-Konzept integriert werden, um ein optimales Outsourcing-Ergebnis zu erzielen.

Es ist davon auszugehen, dass viele der in diesem Beitrag beschriebenen Veränderungen und Potenziale auch ohne direkte Einwirkung von IT-Dienstleistern realisiert werden. Wichtig für den Wettbewerb aber wird sein, wie schnell erprobte Konzepte der IT dem Betrieb der Automatisierungstechnik

---

10 Wältring/Zimmermann (2010): [Stand 10. 08. 2010].

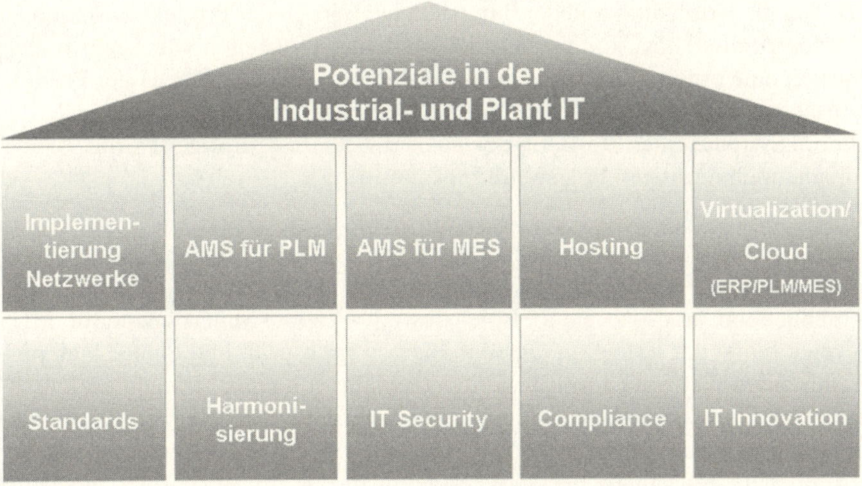

Abbildung 15-6: Outsourcing-Potenziale in der Industrial- und Plant-IT

„beigemischt" werden können. Hier kann die IT-Industrie einen entscheidenden Beitrag leisten, denn sie kann durch innovative (IT-typische) Lösungen den Time-to-Market-Zeitraum in der Automatisierung signifikant verkürzen.

Der IT-Industrie ist bewusst, dass derzeit (und vielleicht auch in der näheren Zukunft) ein durchgängiges und Layer-übergreifendes Outsourcing die absolute Ausnahme darstellen dürfte. Aber auch innerhalb einzelner Module spielt die durchgängige Layer-Kenntnis eine entscheidende Rolle – und bestimmt über die hernach erzielten Ergebnisse. Oder, um mit Werner von Siemens zu sprechen: „Es kommt nicht darauf an, mit dem Kopf durch die Wand zu rennen, sondern mit den Augen die Tür zu finden."

Innovative Geschäftsmodelle durch SOA – Serviceorientierte Architekturen

DR. INA ARNDT UND RUDOLF KERGAßNER

1. Einleitung

Das Ausgliedern von Funktionen oder Unternehmensbereichen ist eine mögliche Strategie, um Kosten zu senken und die finanziellen Spielräume zu optimieren. Spezialisierte Dienstleister bieten gegebenenfalls bessere Service Level sowie Effizienzsteigerungen für die ausgegliederten Bereiche. Während jedoch in der Vergangenheit beim Thema IT-Outsourcing eher der Aspekt der Auslagerung einzelner Arbeitsbereiche bzw. kompletter IT-Abteilungen im Vordergrund stand, gewinnt die Ausgliederung einzelner Geschäftsprozesse bzw. Teilaufgaben innerhalb eines Geschäftsprozesses an Bedeutung. Als Beispiel sei der Betrieb eines kompletten Call Centers für die Bestellabwicklung eines Versandhändlers genannt.

Die Dynamik[1] im Business Process Outsourcing (BPO) resultiert allerdings nicht mehr nur aus reinen Kostengesichtspunkten. Vielmehr erfordern die sich ständig ändernden geschäftlichen Rahmenbedingungen und gesetzlichen Auflagen, etwa Basel II, sowie ein wachsendes Wettbewerbsumfeld, dass Unternehmen sich flexibler aufstellen, verstärkt auf Ihre Kernkompetenzen konzentrieren und möglichst nachhaltige Wettbewerbsvorteile schaffen. BPO kann dazu einen Beitrag leisten in Form von:

- Kostenreduktion
- Zugriff auf neueste Technologien und Kompetenzen
- Verbesserte Service Level
- Verringerung der Kapitalbindung
- Qualitätssteigerung durch Standardisierung der Geschäftsprozesse
- Schnelligkeit und Zeitvorteile gegenüber dem Wettbewerb.

Die positiven Effekte von BPO lassen sich mit der Einführung eines modernen SOA-Konzeptes noch zusätzlich steigern. So können Teil-Prozesse und zugehörige Komponenten vergleichsweise einfach aus dem Gesamtsystem gelöst und per Schnittstellen mit anderen Systemen verknüpft – und gegebenenfalls auch wieder rückintegriert – werden. Die Kombination von SOA und BPO ermöglicht es Unternehmen damit, über Kostenreduktionen und Prozessoptimierungen hinaus auch Innovationen zu schaffen.

Wie erfolgreich die Neugestaltung der Geschäftsprozesse mittels SOA und BPO sein kann, wird anhand des Beispiels von Burda Digital Systems aufgezeigt.

1 Das Analystenhaus Gartner schätzt den weltweiten Markt für Business Process Outsourcing 2008 auf 157 Milliarden US-Dollar bei einer durchschnittlichen Wachstumsrate von 9 % (SAP: BPO Taking the Lead with IT).

1.1 SOA – Serviceorientierte Architekturen

Enterprise SOA ist zunächst eine business-orientierte Software Architektur, welche die Anpassungsfähigkeit, Flexibilität, Offenheit und Kosteneffizienz von Unternehmen und Behörden erhöht. Sie ermöglicht es den Organisationen, eigene Applikationen zu entwerfen und Geschäftsprozesse mittels Enterprise Services zu optimieren. Mit Enterprise SOA können die Organisationen die Wiederverwendbarkeit ihrer (Enterprise) Services steigern und sich schneller auf neue Geschäftssituationen einstellen. Im Ergebnis lassen sich Zeit- und Qualitätsgewinne sowie letztlich reduzierte Gesamtprozesskosten erzielen.

1.2 BPO: Nutzen und Erfolgsfaktoren

Das Auslagern von Geschäftsprozessen kann sowohl in strategischer als auch finanzieller Hinsicht sinnvoll sein. Unternehmen senken einerseits die Kosten und flexibilisieren ihre Strukturen, behalten andererseits aber die Kontrolle über den Gesamtprozess.

Sie können entsprechend mehr Zeit, Energie und Ressourcen auf die wichtigen Arbeitsbereiche und Kernkompetenzen des Unternehmens lenken und sich so entscheidende Wettbewerbsvorteile sichern. Das Outtasking von Teilprozessen bringt zusätzlich gegenüber dem klassischen Outsourcing von Querschnittsfunktionen noch weitere Vorteile mit sich. Denn mit der Auslagerung von Querschnittsfunktionen an einen externen Dienstleister geben Unternehmen die Kontrollmöglichkeiten – beispielsweise über die technischen Infrastrukturen und die Anwendungslandschaften – aus der Hand und das kann im Zweifelsfall nachhaltige Folgen haben.

Aus diesem Grund waren in der Vergangenheit Bereiche wie Vertrieb, Produktion, Forschung und Entwicklung nur sehr begrenzt „outsourcingfähig“, obwohl gerade diese Unternehmensbereiche personal- und damit auch kostenintensiv sind und sich vom betriebswirtschaftlichen Standpunkt her prinzipiell ideal für eine Auslagerung eignen würden.

Outtasking von Teilprozessen stellt sich speziell für diese Bereiche als optimale Lösung dar, da nur Teilaufgaben z. B. innerhalb der Produktion ausgelagert werden und gleichzeitig die mit einem kompletten Outsourcing verbundenen Risiken und Kontrollverluste vermieden werden können.

Auf den ersten Blick also eine „win-win“ Situation für alle Beteiligten? Ja, aber nur, wenn das Projekt nicht aufgrund von unrealistischen Erwartungen oder nicht realisierten Versprechen, nicht klar definierten Service Level Agreements, einer sub-optimalen Steuerung der BPO-Prozesse oder nicht-kompatiblen IT-Umgebungen schon von Anfang an die Zielvorgaben nicht erfüllen kann.

Im Umkehrschluss spielen die Antworten auf folgende Fragen eine wichtige Rolle für den Erfolg eines Outsourcing-/Outtasking-Projektes:

- Welche (Teil-) Prozesse sollen genau ausgelagert werden?
- Ist es möglich, den Geschäftsprozess in seiner bestehenden Komplexität auszulagern?
- Wo werden die Schnittstellen gesetzt?
- Wie stark lassen sich Skaleneffekte durch Prozessautomatisierung und Standardisierung ausnutzten?
- Wie ist es um die Einhaltung aller Corporate Governance Regelungen bestellt?
- Wie ist die Qualität und Langfristigkeit der Partnerschaft mit dem Outsourcing-Partner einzuschätzen?

Die Entscheidung, Prozesse auszulagern, hat in jedem Fall großen Einfluss auf die Struktur des Unternehmens bzw. seiner Unternehmensprozesse. Nur wenn die ausgelagerten Prozesse optimal darauf abgestimmt sind, lassen sich positive Effekte in punkto Organisation, Steigerung der Wettbewerbsfähigkeit und Senkung der Kosten erzielen.

Unternehmen müssen deshalb im Vorfeld die Schnittstellen zwischen den ausgelagerten und internen Prozessen anpassen, damit vermieden wird, dass uneinheitliche und sogar unbrauchbare Daten entstehen und die Effizienz der Mitarbeiter sinkt. In diesem Zusammenhang ist die IT-Plattform von entscheidender Bedeutung.

1.3 Kundenindividuelle Prozesse mittels SOA

Der Beitrag, den SOA für erfolgreiches BPO leisten kann, lässt sich am besten an den kritischen Erfolgsfaktoren bzw. Hauptproblemen bei der Umsetzung von Outtasking-Projekten darstellen. Viele dieser Projekte scheitern unter anderem auch daran, dass sich Geschäftsprozesse bzw. Teilaufgaben nicht beliebig aus den IT-Systemen herausschneiden lassen – sie sind nicht entkoppelbar.

Eine serviceorientierte Architektur ist eine flexible, anpassbare IT-Architektur, die eine verteilte Datenverarbeitung unterstützt. Die SOA-Architektur stellt eine Modularisierung der Prozesse und Systeme sowie deren Verknüpfung mittels Webservices dar. Auf dieser Basis können Unternehmen nahezu in Echtzeit agieren und in kürzester Zeit auf Abweichungen reagieren. Bei der SOA-Architektur werden Prozesse betrachtet, die über verschiedene Anwendungen realisiert werden, und keine einzelnen Applikationen. Die zugrunde liegende IT-Architektur fungiert als Informationsdrehscheibe, auf der die Prozesse abgewickelt werden. Dadurch kann jedes Modul eines Prozesses unabhängig von anderen Modulen verändert werden.

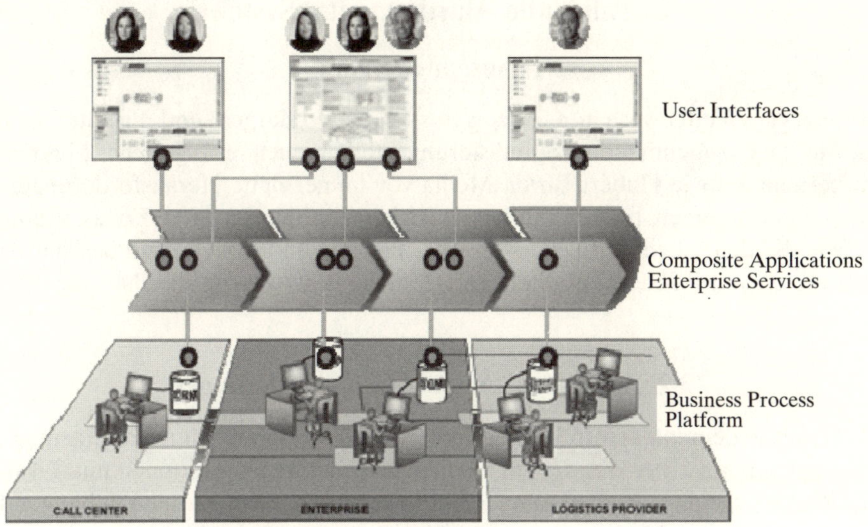

Abbildung 16-1: Architektur-Schichten in einer SOA

In der SOA-Architektur werden Funktionen als Services angelegt und von den Anwendungen gemeinsam genutzt. Sie greifen mit Hilfe einer serviceorientierten IT-Plattform auf diese Services zu. Da die SOA-Architektur über standardisierte Webservices kommuniziert, entfallen hersteller- und plattformabhängige Einschränkungen.

Eine SOA beeinflusst den Erfolg von BPO-Projekten durch folgende Aspekte:

- Anpassbarkeit, Skalierbarkeit und Flexibilität der ausgelagerten Prozesse
- Kompatibilität, sowohl auf System- als auch Prozessebene (z. B. Reporting)
- Einfache Bedienbarkeit, die die Einführung beschleunigt und die Akzeptanz bei Mitarbeitern und Managern erhöht
- Geringere Kosten bei BPO-Kunden und -Dienstleistern
- Integrierte „Best-in-Class" Lösungen resultieren in Qualitätssteigerungen
- Sicherheit, Datenschutz und Datenintegrität.

Mit SOA bietet sich ein moderner, flexibler Lösungsansatz, auf dessen Basis Prozesse zunächst in granulare Teile (Services) zerlegt und praxisnah abgebildet werden. Über eine Integrationsplattform wird sichergestellt, dass alle Services auf einem einheitlichen und effizienten Standard kommunizieren, und dass Daten ausgetauscht werden können. In einem zweiten Schritt können die einzelnen Services dann reibungslos, flexibel und für den Nutzer unsichtbar auf verschiedene organisatorische Leistungseinheiten aufgeteilt werden – egal ob diese intern oder extern angesiedelt sind.

2. Fallstudie: Burda Digital Systems

2.1 Ausgangssituation

Intensiver Wettbewerb um Anzeigen, sinkende Margen und Printauflagen sowie eine zunehmende Digitalisierung stellen auch erfolgreiche Medienunternehmen wie Hubert Burda Media vor immer neue Herausforderungen. Das Unternehmen publiziert über 260 Magazintitel, darunter Focus, Bunte sowie die deutschen Ausgaben von Elle, Playboy und InStyle, und beschäftigt weltweit rund 7.200 Mitarbeiter. Der Jahresumsatz betrug in 2009 ungefähr 2 Mrd. Euro.

2.2 Zielsetzungen und Herausforderungen

Um sich in dem intensiven Wettbewerbsumfeld erfolgreich durchzusetzen, gilt es dem dynamischen Wandel der Medienbranche mit Innovationen und Flexibilität zu begegnen. Hubert Burda Media setzt in diesem Zusammenhang auf einen innovativen Medienmix, in dem Informationen über verschiedene Kanäle hinweg distributiert werden. So erscheint das Magazin Focus nicht nur als Printausgabe, sondern online im Internet und als TV-Sendung.

Für Hubert Burda Media ist die Zukunft digital. Dies lässt sich allerdings nur erreichen, wenn die Informationstechnologie komplett am Geschäftsmodell und den Unternehmensprozessen ausgerichtet wird. Bei Burda Digital Systems, dem IT-Dienstleister der Hubert Burda Media Gruppe, ergibt sich aufgrund dieser geänderten Anforderungen ein ganz neues Rollenverständnis, so muss statt rein in technologischen zusätzlich auch in geschäftlichen Dimensionen geplant und gehandelt werden.

Lag der Fokus in der Vergangenheit darauf, die heterogene Systemlandschaft mit Client-/Server-Infrastruktur zu managen, so müssen zukünftig verstärkt die Anforderungen der Fachabteilungen in Anwendungsfunktionen umgesetzt werden. Beispielhaft für dieses Herangehen ist das neue Vertriebs-Informationssystem, dessen erste Stufen gerade erfolgreich produktiv gesetzt wurden. Im Ergebnis sollten neue Geschäftsprozesse für den Vertrieb und die Distribution erstellt, Prozesskosten an die neuen betrieblichen Anforderungen angepasst und ein neues Serviceangebot an konzerneigene wie fremde Kunden entwickelt werden.

2.3 Projektgestaltung und -umsetzung

Es wurde schnell deutlich, dass der klassische Ansatz eines IT-Projekts mit einer Erneuerung der Backend-Systeme aufgrund der geschätzten Projektlaufzeit von zwei Jahren nicht infrage kam. Burda Digital Systems entschied sich deshalb für ein SOA-Konzept, das es ermöglicht, Prozesse über Anwendungen und Systeme hinweg zu definieren und dann sukzessive umzusetzen. In einem ersten Schritt wurde mit einem übergreifenden IT-Governance Modell und einer engen Verzahnung von Fach- und IT-Bereichen der Rahmen für die SOA-Einführung gestellt. Dadurch wurde nicht nur ein Steuerungs- und Überwachungskonzept installiert, sondern auch sichergestellt, dass die betriebswirtschaftlichen Anforderungen und IT-Systeme in Einklang gebracht wurden.

2.4 Umsetzung im Detail

Möglich wurde das Projekt durch die Anwendung der Enterprise SOA (Service Oriented Architecture) von SAP. In dem ganzheitlichen Konzept legt SAP einen besonderen Schwerpunkt auf die betriebswirtschaftliche Seite und erweitert das Modell der Webservices, die in der Regel zunächst nur den technischen Aspekt abbilden, zu einer Architektur für Geschäftsanwendungen, mit dem Ziel, eine komplette Lösung für einen Geschäftsprozess zu entwickeln und diesen nach Bedarf neu anzupassen.

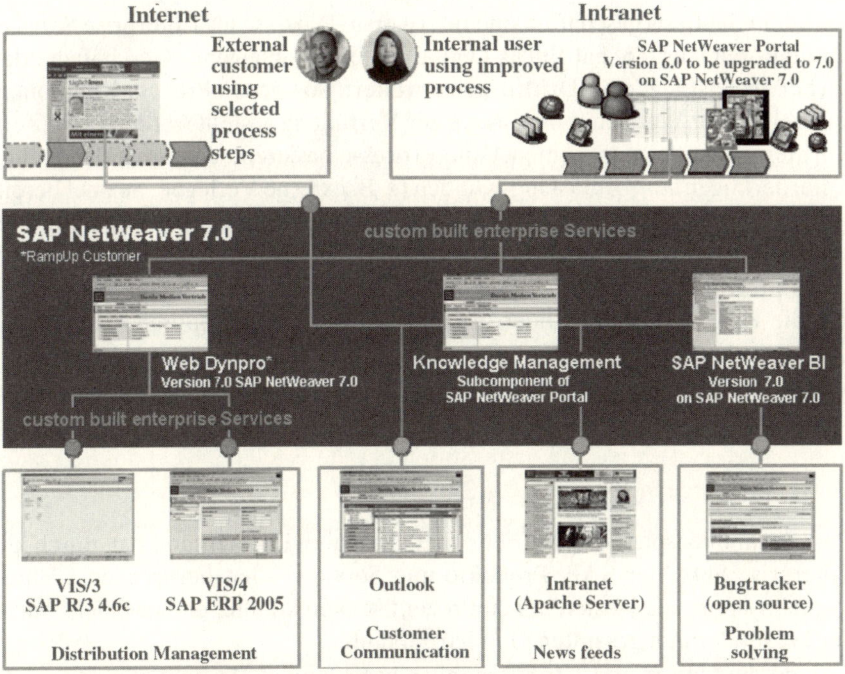

Abbildung 16-2: Architektur des Vertriebsinformationssystems der Burda Digital

SAP bietet zudem die entsprechenden Tools, mit denen sich basierend auf einer einheitlichen offenen IT-Plattform Business Services flexibel modellieren, umsetzen und vor allem wiederverwenden lassen. Die relevanten Funktionen unterschiedlicher Systeme werden als Webservices gekapselt und als Enterprise Services zu prozesstechnisch logischen Einheiten gebündelt.

Damit war Burda Digital Systems in der Lage, die Enterprise Services als Prozessbausteine zu einer Applikation zu verknüpfen, die den Geschäftsprozess in der von der Fachabteilung gewünschten Form unterstützt. So erhalten heute mehr als dreimal so viel Anwender Unterstützung in der Prozessabwicklung durch SAP-Systeme, wie z. B. bei den Bestellprozessen: ob Einzelbestellungen von Abonnenten, der Vertrieb großer Mengen über den Handel oder die interne Anforderung eines Belegexemplars – im Kern sind diese Bestellprozesse identisch, wurden aber bisher in unterschiedlichen Verfahren, teils manuell, teils per Telefon oder mit Hilfe von Excel-Sheets bearbeitet.

Nun basieren diese Prozesse alle auf dem gleichen Enterprise Service, der wiederverwendet wird.

2.5 Innovationen mit BPO und SOA

Nachdem die Basis geschaffen und intern erste Prozesse als Enterprise Services bereitgestellt wurden, hat Burda Digital Systems sein eigenes Geschäftsmodell um Serviceleistungen für Drittfirmen erweitert. So können Prozess-Komponenten entlang der Wertschöpfungskette zur Verfügung gestellt werden (z. B. Zeitschriften-Vertriebsmanagement) und Prozesse basierend auf den individuellen Anforderungen von Outtasking-Kunden (z. B. externe Verleger) flexibel bereitgestellt werden (beispielsweise die Kooperation über das Internet, EDI, oder unternehmensübergreifende Analysen).

So profitiert das Unternehmen letztendlich nicht nur von den Möglichkeiten, die Kosten zu senken oder die eigenen Prozesse zu optimieren, sondern kann sich darüber hinaus durch immer wieder neue Geschäftsmodelle zusätzliche Umsatzquellen erschließen, wodurch über Skaleneffekte weitere Qualitätssteigerungen und Kostensenkungen realisierbar werden.

2.6 Fazit

Das Zusammenspiel von Betriebswirtschaft und IT – unterstützt durch die Enterprise SOA der SAP, Produkte und Services – hat bewirkt, dass Burda Digital Systems die Kosten um 20 Prozent senken konnte, und das nicht nur in der IT, sondern im gesamten Geschäftsablauf.

Und die Umsetzung wurde erheblich beschleunigt: Anstelle der prognostizierten 24 Monate stand der Prozess nach einem halben Jahr den Nutzern zur Verfügung, während auf IT-Seite im Hintergrund weiterhin schrittweise die IT-Landschaft optimiert werden kann.

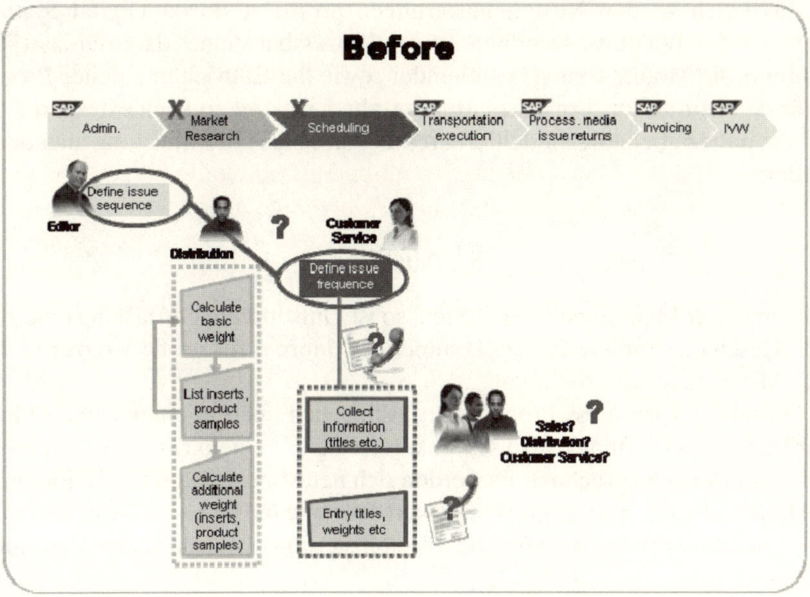

Abbildung 16-3: Prozessfluss vor Einführung einer SOA-basierten Lösung

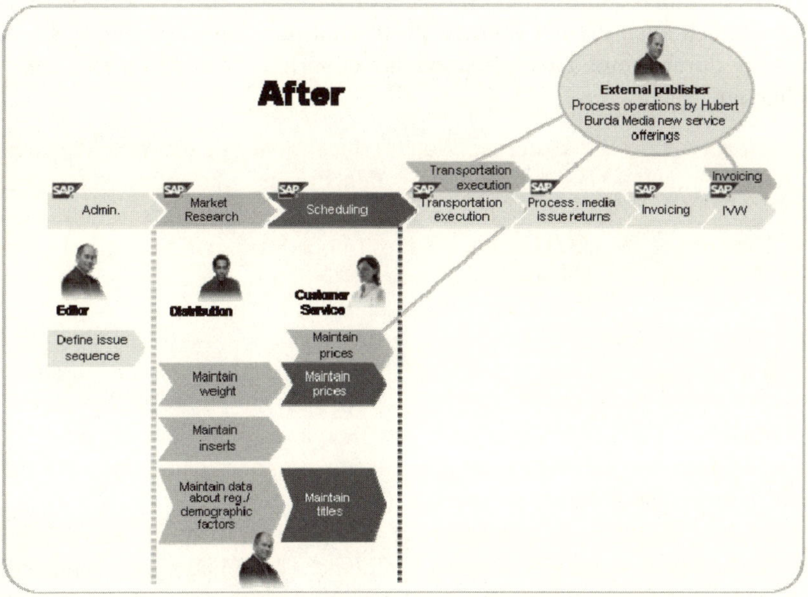

Abbildung 16-4: Prozessfluss nach Einführung der SOA-basierten Lösung

Zusätzlich zu den Kosteneinsparungen profitiert Burda Digital Systems auch von der Wiederverwendbarkeit der Prozessbausteine: dadurch lässt sich nicht nur die Modifizierung bestehender sowie die Entwicklung neuer Prozesse für den Mutterkonzern effizienter gestalten, es können auch externen Kunden die nahezu beliebig modellierbaren Prozesse als Dienstleistung angeboten werden.

3. Ausblick

Folgt man der Meinung der Analysten, so ist Outsourcing/Outtasking eine zentrale Geschäftsstrategie für die kommenden Jahre – für große Konzerne und auch Mittelstandsunternehmen.

Obwohl das Business Process Outtasking sich noch in einer frühen Phase (early adapters) befindet, wird schon kurzfristig mit einem rasanten Wachstum in diesem Bereich gerechnet. Es werden sich neue Spezialisten für Teilprozesse etablieren, die ihren Kunden Wettbewerbsvorteile in Form von Kostensenkungen, Qualitätsverbesserungen und Flexibilisierungspotenziale zur Verfügung stellen werden.

Ein wichtiger „Wegbereiter" ist in diesem Zusammenhang die Enterprise SOA. Sie schafft die technischen Voraussetzungen für das BPO und ermöglicht den Unternehmen dadurch neben Kostenersparnissen und Prozessoptimierungen zusätzlich auch die notwendige Flexibilität, um Innovationen zu schaffen und sich durch neue Geschäftsmodelle dauerhaft Wettbewerbsvorteile zu erschließen.

III. Projektmanagement, SLAs, Preisgestaltung, Benchmarking, IT-Controlling, IT-Betriebsumgebung

Anreizorientierte Vertragsgestaltung im IT-Outsourcing

PROF. DR. DRES. H.C. ARNOLD PICOT UND DR. BEATRIX ERTSEY

(unveränderter Beitrag der Erstauflage)

1. Einführung

Die Auslagerung von Leistungen der Informationstechnologie (IT) erfordert eine differenzierte Entscheidung. Die vor etwa zehn Jahren einsetzende intensive Diskussion unter dem Begriff „Outsourcing" hat die gesamte IT-Organisation anwendender Unternehmen auf den Prüfstand gestellt. Vom Facilities Management der 60-er und 70-er Jahre bis zum selektiven Outsourcing der heutigen Zeit hat sich das Bewusstsein für die Frage nach der Wirtschaftlichkeit jeder einzelnen IT-Funktion wie der IT-Strukturen insgesamt geschärft.

Unumstritten geeignet für eine Auslagerung sind standardisierte Aufgaben.[1] Bei deren Fremdvergabe lassen sich Spezialisierungs- und Skalenvorteile des Marktes ausschöpfen, und es treten nur vergleichsweise geringe Anbahnungs-, Vereinbarungs- und Kontrollkosten auf. Die Leistungserstellung kann durch die Vereinbarung und Übergabe einiger weniger Parameter gesteuert werden. Hier erfolgt die Koordination über relativ kurzfristige und vollständige Verträge. Der Dienstleister ist nur in geringem Maße in die betriebliche Leistungserstellung seiner Dienstnehmer eingebunden und kann relativ problemlos durch einen Konkurrenten ersetzt werden. Entsprechend gering ist die Gefahr des Opportunismus und es ist daher kaum Kontrollaufwand über die Endabnahme hinaus notwendig. Typisch für dieses klassische Feld des Outsourcing ist etwa der Übergang zum Fremdbezug von Standard-Softwaretools, Rechnerkapazität, IT-Schulungsdienstleistungen oder externer Programmierung nach klarem Pflichtenheft.

Der entstandenen Vielschichtigkeit des Phänomens „IT-Outsourcing" wird aber diese Charakterisierung schon lange nicht mehr gerecht. Im internationalen Vergleich hält sich der Anteil von ausgelagerten Standardleistungen gegenüber geschäftskritischen Funktionen die Waage.[2] Die Zahl der Unternehmen, die sich für eine stärkere Einbindungsform, etwa eine langfristige Kooperation mit oder eine Kapitalbeteiligung an dem IT-Dienstleister entschließen, nimmt zu.[3] Typisch dafür sind etwa die Auslagerung IT-gestützter kritischer Abwicklungsprozesse wie das Clearing bei Kreditinstituten oder die externe Entwicklung von Steuerungssystemen für die industrielle Produktion.

Diese Beobachtungen legen nahe, dass IT-Outsourcing weit mehr ist als der Einkauf von Standardleistungen. Auch wenn häufig Kostenerwägungen als Auslöser fungieren – ein zentraler Faktor ist der Erwerb von Professionalität und Zukunftsfähigkeit und das gerade auch in wenig standardisierten Technologien.[4] Die unternehmensübergreifende Koordination und Kontrolle der Leis-

1 Vgl. z.B. Picot (1991): S. 352.

2 Vgl. Kakabadse/Kakabadse (2002): S. 193.

3 Vgl. ebenda: S. 195.

4 Vgl. Picot/Maier (1992): S. 18; zur theoretischen Begründung Burr (2003), S. 124ff.; Dibbern/Gütler/Heinzl (2001): S. 689.

tungserstellung rückt dann in den Mittelpunkt und muss über einen mittel- bis langfristigen Vertrag institutionalisiert werden. Die Gestaltung des Kontrakts wird damit zu einem entscheidenden Faktor.

Die vertragliche Abbildung einer komplexen, spezifischen und in allen möglichen Details nur unvollständig beschreibbaren Leistungsbeziehung ist alles andere als einfach. Sie muss letztlich unvollständig bleiben. Ihre Erfüllung ist anhand der Einhaltung von bestimmten Leistungs- und Qualitätskennzahlen sowie von bestimmten zugrunde liegenden Verhaltensprinzipien festzustellen. Gerade die hierfür notwendigen Gestaltungs- und Kontrollmaßnahmen aber bereiten in der Praxis häufig Probleme. Die kontinuierliche Überwachung ist teuer, eine Nichterfüllung ex-post oftmals nicht mehr nachweisbar. Je unvollständiger derartige Verträge und je unvollkommener die Maßstäbe sind, mit deren Hilfe ihre Erfüllung beurteilt wird, desto größer ist die Gefahr, dass bestehende Ermessensspielräume zum eigenen Vorteil und zum Nachteil des Vertragspartners ausgenutzt werden (Risiko des Opportunismus). Für ein erfolgreiches Outsourcing ist es aber unerlässlich, dass beide Parteien gemeinsamen Zielen folgen und die Geschäftsbeziehung auf eine längerfristig faire Basis gestellt wird. Dies geschieht über die Schaffung von anreizkompatiblen Organisationslösungen, die eine Zielkongruenz beider Vertragsparteien anstreben.[5]

2. Anreizmechanismen in Outsourcing-Verträgen

Nur wenn alle möglichen Umweltentwicklungen antizipiert werden können, ein Vertragsbruch zweifelsfrei festgestellt und ein entstandener Nachteil über rechtliche Institutionen entschädigt werden kann, ist es möglich einen Vertrag zu formulieren, der einen fairen Leistungsaustausch über die gesamte Laufzeit sicherstellt. Dies ist im IT-Outsourcing nur beim kurzfristigen Austausch stark standardisierter Leistungen möglich. Der betriebliche Querschnittsbereich der Informationsverarbeitung setzt sich jedoch aus einer Reihe von Teilfunktionen zusammen, von denen bis jetzt nur einige und nur bis zu einem gewissen Grad standardisiert sind. Für die folgenden Betrachtungen genügt die grobe Unterscheidung von fünf Teilfunktionen:

- Branchenübergreifend standardisierte Funktionen sind Systembetrieb und Betrieb/Wartung von Telekommunikationsdiensten
- Unternehmensspezifische Funktionen sind Anwendungsentwicklung/-pflege, Benutzerbetreuung sowie Systemplanung/-management[6]

Für die Anreizproblematik weiterhin relevant ist die Unterscheidung zwischen einmaligen Bereitstellungsleistungen, wie die Installation der Infra-

5 Vgl. Picot/Dietl/Franck (2002): S. 8.
6 Vgl. Grover/Cheon/Teng (1996): S. 96.

struktur, Entwicklung, Integration und Test der Systeme, sowie laufender Dienstleistung in Form von Betrieb und Betreuung bestimmter (Teil)systeme, Anwendungen und Infrastrukturen. Je spezifischer diese Leistungen sind und je größer der Umfang an auszulagernden Teilfunktionen, desto schwieriger werden Prognosen und desto kostenintensiver ist es, die Geschäftsbeziehung durch die Inanspruchnahme des rechtlichen Rahmens zu sichern. Verträge im IT-Outsourcing sind also häufig unvollständig und müssen ihre Durchsetzbarkeit nach Möglichkeit selbst gewährleisten[7]. Sie müssen Mechanismen bereitstellen, die die opportunistische Nutzung von Spielräumen begrenzen.

2.1 Ausgangspunkt der Anreizgestaltung: Ursachen für Vertragsunvollständigkeit

Anreizsysteme dienen der Begrenzung von opportunistischem Verhalten, das durch Handlungsfreiräume ermöglicht wird.[8] Eine genauere Analyse der Ursachen derartiger Handlungsspielräume verdeutlicht Funktion und Notwendigkeit anreizkompatibler Verträge im IT-Outsourcing.

Die Entwicklung und Pflege einer Anwendung oder die Betreuung eines Endanwenders sind komplexe Leistungen, d.h. sie sind sowohl interdependent zu anderen betrieblichen Funktionen als auch untereinander. Ihre Qualität kann durch wenige eindeutige Merkmale nicht vollständig beschrieben werden.

Die Entwicklungs- und Innovationsgeschwindigkeit in der IT-Branche ist nach wie vor verhältnismäßig hoch. Standardisierungsprozesse sind noch nicht abgeschlossen bzw. werden erst initiiert, neue Technologien und Konzepte treten auf. Dies bestimmt zum einen den Bedarf nach Flexibilität des vereinbarten Leistungsrahmens und begründet zum anderen die hohe Unsicherheit hinsichtlich der Umweltbedingungen, die dazu führt, dass nicht für jede mögliche Umweltsituation das entsprechende Verhältnis aus Leistung und Gegenleistung spezifiziert werden kann[9]. Die immer noch vorherrschende Heterogenität der IT-Landschaft vieler Unternehmen erfordert aber meist, dass die Leistungen dem Outsourcing-Nehmer umfassend spezifiziert werden müssen. Hinzu kommt, dass im Zuge einer Fremdvergabe, von der man sich einen Zugewinn an Effizienz und Qualität erwartet, nicht nur das Ist, sondern auch das Soll spezifiziert wird. Eine solchermaßen in die Zukunft projizierte Qualität kann i.d.R. nicht vollständig beschrieben werden.

Die Übertragung von spezifischem Kapital an den Dienstleister in Form von IT-Systemen und speziell ausgebildeten Mitarbeitern führt zu einem Abhängigkeitsverhältnis zwischen den Vertragsparteien, das durch eine Partei ausgenutzt

7 Vgl. Klein (1985): S. 90.
8 Vgl. z.B. Picot/Dietl (1990): S. 181.
9 Vgl. Picot/Franck (1993): S. 188.

werden kann. Abhängigkeiten können dabei auf beiden Seiten bestehen. Der Dienstleister investiert, wenn er für die transferierten Assets mehr bezahlt als sie auf dem Markt wert sind und ist darauf angewiesen, dass die Vertragslaufzeit die Amortisation gewährleistet. Wenn der Dienstleister das von einem Dienstnehmer übernommene Know-how nicht für andere Dienstnehmer nutzen kann oder die Neugestaltung von Koordinationsprozessen mit einem zu hohen Aufwand verbunden wäre, bleiben die transferierten Assets hoch spezifisch und erhöhen seine Bindung an diesen Dienstnehmer.

Der Abnehmer wird abhängig, wenn der vollständige Rücktransfer seiner an den Dienstleister übertragenen Assets nicht geregelt ist. Will er das Vertragsverhältnis auflösen, muss er mit hohen Kosten für Neuanschaffungen und Ausbildung neuer Mitarbeiter oder für die Entwicklung eines alternativen Lieferanten rechnen. Hat er zudem in die Beziehung durch die Abstimmung und Installation von Koordinations- und Controllinginstrumenten investiert, kann er sich von dem Dienstleister nur unter Inkaufnahme von hohen Wechselkosten trennen. Unabhängig davon, ob die Leistung zuvor umfassend spezifiziert wurde, besteht bei einer starken einseitigen Abhängigkeit das Risiko des Vertragsbruchs.

Verträge über spezifische Leistungen laufen zudem über mehrere Perioden, um den Investitionsschutz zu erhöhen. Die längere Vertragsdauer impliziert aber auch das Risiko der längerfristigen Unterinvestition, d.h. einer Veralterung der Technologie, da es für den Dienstleister so lange effizient ist, nicht zu aktualisieren, bis er den Vertrag gerade noch erfüllen kann. Dies wird dann zum Problem, wenn der Vertrag die Qualität der Leistung nur unzureichend spezifizieren kann. Nach der Auslagerung wird eine Evaluierung der Leistungsqualität immer schwieriger, da meist auch die hierfür erforderlichen Kompetenzen zum Dienstleister übergegangen sind. Die ausgelagerte IT-Funktion wird zu einer „Black Box“, über deren Abläufe kaum noch bewertbare Informationen vorliegen. Die Auslagerung führt zwangsläufig zu einer veränderten, einer einseitig oder beidseitig asymmetrischen Informationsverteilung. Auch Informationen über vertragsexogene Faktoren sind dann ungleichmäßig verteilt. Der Leistungsnehmer besitzt Branchenkenntnisse, die für eine vertragsgemäße Erfüllung entscheidend sein können. Umgekehrt hat der Dienstleister Zugang zu Informationen über wettbewerbskritische Entwicklungen in der IT-Branche und seine eigene Geschäftsentwicklung.

2.2 Wirkung von vertraglichen Anreizsystemen

Da die Abnahmekontrolle beim Fremdbezug von komplexen IT-Leistungen nur schwer durchführbar ist, müssen Anreizsysteme in Outsourcing-Beziehungen sicherstellen, dass eine Leistung laufend in der zugesicherten Qualität erbracht wird bzw. dass der vereinbarte Preis zu rechtfertigen ist. Dies geschieht durch die Vereinbarung von Service Level, die ein bestimmtes Qualitätsniveau durch eine oder mehrere Kennzahlen ausdrücken.[10] Ein umfangreicher Vertrag enthält eine ganze Reihe solcher Kennzahlen, von denen jede einzelne nur einen Teil der Gesamtqualität ausdrückt. Auf Schlecht- oder Minderleistung bei der Untererfüllung einer einzelnen Kennzahl zu plädieren, ist in der Regel problematisch. Die Steuerung durch Anreizmechanismen ist hier meist effizienter.

Die Kennzahlen müssen nicht nur valide, sondern auch verifizierbar sein, damit sie eine Minderleistung offen legen und so die Basis zur Beurteilung vertragsgemäßer Erfüllung bieten können. Inzwischen steht eine Fülle von IT-gestützten Monitoring- und Reporting-Lösungen zur Verfügung, die diesen Überwachungsaufwand zu einem großen Teil automatisieren und dadurch verringern können.[11]

Die Leistungsspezifikation wirkt aber erst als ein Anreiz zur Vertragserfüllung, wenn der Vertrag auch durchsetzungsfähig ist. Wenn ein Vertragsbruch oder ein anderer Ausdruck opportunistischen Verhaltens nicht bzw. nur zu prohibitiven Kosten durch das Rechtssystem geahndet werden kann, muss der Vertrag selbst diese Funktion übernehmen, indem er es unwahrscheinlich macht, dass es zu einem solchen Verhalten kommt.

Ein erster Schritt hierzu kann bereits bei der Outsourcing-Entscheidung erfolgen. Die Auswahl, welche Aufgaben an den Dienstleister ausgelagert werden sollen, sollte bereits berücksichtigen, dass dieser für die Aufgabe in möglichst vollem Umfang verantwortlich ist, so dass ihm auch die Handlungsfolgen möglichst vollständig zuzurechnen sind. Daher sollte z.B. bei starken wechselseitigen Abhängigkeiten zwischen zwei Aufgabenbereichen dem Dienstleister die Verantwortung für beide Stufen übergeben werden.[12] Beispielsweise erhält ein Dienstleister den Anreiz, ein stabiles System zu entwickeln, wenn er gleichzeitig für die Wartung dieser Applikation verantwortlich ist. Abstrakt ausgedrückt wird also Anreizkompatibilität erzeugt, wenn die Zurechnung von Handlungskonsequenzen durch eine möglichst vollständige Rechtezuordnung gewährleistet ist.[13]

Ein Vertragsbruch kann verhindert werden, wenn die Partei, welche die Vereinbarung bricht, damit rechnen muss, dass das Vertragsverhältnis dann von der anderen Partei terminiert wird. Der kurzfristige Gewinn aus dem Vertragsbruch muss geringer sein, als die abdiskontierten entgangenen Verluste aus der beendeten Geschäftsbeziehung. Das ist insbesondere dann der Fall, wenn eine Partei spezifisch investiert hat. Hat sie das nur in geringerem

---

10 Vgl. z.B. Schmidt (2000): S. 5, Engel (1999): S. 300.

11 Vgl. z.B. IBM Corporation (2003): BMC Software, Inc. (2003)/Hewlett-Packard Company (2003).

12 Vgl. Aubert/Patry/Rivard (2003): S. 187.

13 Dies entspricht der grundlegenden Organisationsempfehlung der Property-Rights-Theorie, vgl. etwa Picot/Dietl/Franck (2002): S. 64.

Umfang, wie beim Outsourcing des Systembetriebs, können diese Verluste beispielsweise dadurch erhöht werden, dass der Vertragsbruch an Branchenbeobachter kommuniziert wird. Zur Geschäftseinbuße kommt die Reputationseinbuße. Eröffnen sich beispielsweise nach Vertragsabschluss Effizienzpotenziale durch einen Release-Wechsel, wird der Dienstleister das Upgrade nicht erwerben, weil der von ihm abhängige Abnehmer auch weiterhin die höheren Preise bezahlen wird. Muss er jedoch mit einem entsprechenden Reputationsverlust und damit mit einer Minderung zukünftiger Umsätze rechnen, wird das Upgrade für ihn effizient. In ähnlicher Weise kann argumentiert werden, wenn der Dienstleister Spielräume für Qualitätssenkung oder Untererfüllung nutzt. Der Mechanismus wirkt nicht, wenn dem Dienstleister eine Untererfüllung nicht in größerem Umfang nachgewiesen werden kann. Dies geschieht insbesondere dann, wenn der Beurteilungsmaßstab nicht richtig festgelegt wurde, die Messung Interpretationsspielräume offen lässt oder sich der Dienstleister auf Mängel in der Zusammenarbeit mit dem Abnehmer berufen kann. Für die Verletzung von einzelnen Service Levels ist der Reputationsmechanismus damit in vielen Fällen weniger geeignet.

Die längerfristige Bindung an einen einzigen Dienstleister schließt die Produktivitätsanreize des Wettbewerbs weitgehend aus. Um dies zu verhindern, kann bei einer partiellen Auslagerung eine Double-Sourcing-Strategie gewählt werden. Sollen mehrere Funktionen ausgelagert werden, können diese auf verschiedene Dienstleister verteilt werden. Als Konstellation wäre denkbar, jedem eine unspezifische Funktion zu übertragen und die Übertragung einer weiteren spezifischen Funktion demjenigen in Aussicht zu stellen, der die Erwartungen am besten erfüllt. Ebenso kann vereinbart werden, dass die unspezifische Leistung bei schlechter Erfüllung kurzfristig wieder an den Konkurrenten transferiert oder ganz neu ausgeschrieben werden kann. So wird auch für spezifische Leistungen, bei denen der Abnehmer durch die hohen Wechselkosten gebunden ist, eine indirekte Wettbewerbssituation geschaffen. Diese Variante beinhaltet zudem den Vorteil, dass jeder Dienstleister nicht nur vom Kunden, sondern auch durch einen kompetenten zweiten Dienstleister überwacht wird. Ähnliche Wirkungen kann die unausgesprochene, aber glaubwürdige Drohung der Rückintegration von outgesourcten Funktionen entfalten. Dies setzt voraus, dass der Dienstnehmer in einem gewissen Umfang Eigenleistungskapazitäten bei sich behält, die er im Bedarfsfall rasch erweitern kann. Selektives Outsourcing kann bei einer insgesamt unternehmenskritischen Aufgabe die Option zum In-Sourcing offen halten, ohne dass redundante Kapazitäten die Wirtschaftlichkeit der Maßnahme in Frage stellen. Kompetenz in der Anwendungsentwicklung bleibt erhalten, wenn nur die Implementierung fremdvergeben, das Projekt aber intern geplant und gesteuert wird.

Bei umfangreichem Outsourcing, vor allem bei Komplettauslagerungen der IT bzw. großer Systeme und ihres Betriebs, ist das Double-Sourcing nicht mehr möglich; die Zusatzkosten der Etablierung von Parallelstrukturen würden die Vorteile eines indirekten Wettbewerb bei weitem übersteigen. Hier kann ein ähnlicher Effekt mittels Benchmarking erzielt werden. Die Leistungen werden an Marktpreisen und -qualitäten gemessen, so dass einer unkontrollierten Preissteigerung bzw. Qualitätsverschlechterung entgegengewirkt werden kann. Dieses Vorgehen entspricht dem aus anderen Bereichen bekanntem Modell der Indexierung[14]. Ob aus der Marktkonfrontation per se ein Effizienzanreiz erwächst, hängt auch von der Verhandlungsstärke des Dienstleisters im Vergleich zum Abnehmer ab. Zumindest kann die Referenz als Anknüpfungspunkt für andere Anreizmechanismen (z.B. Reputation) verwendet werden.

Eine weitere Möglichkeit der Absicherung gegen Opportunismus ist das Verlangen eines Pfands.[15] Dieses besteht üblicherweise in einer Vertragsstrafe (Pönale), die bei einem Fehlverhalten des Dienstleisters von diesem zu leisten ist. Pönale können auch bei einer Untererfüllung hinsichtlich der Leistungsqualität verlangt werden bzw. im umgekehrten Fall als Boni an eine Übererfüllung geknüpft werden.

Im Falle einer außerordentlichen Kündigung des Vertragsverhältnisses können spezifische Investitionen der Gegenseite durch eine Termination Fee, also durch ein Pfand, das von der auflösenden Partei gefordert wird, geschützt werden. Als Pfänder können auch verschiedene Sicherungsinstrumente von Kreditinstituten, Leistungsversprechen innerhalb des Konzernverbundes (in den z.B. der Dienstleister eingebunden ist) oder Kapitalbeteiligungen (z.B. in einem Joint Venture) fungieren.

Das Versprechen einer finanziellen Zuzahlung ist die häufigste Form der Anreizsetzung. Dies kann in dieser direkten Weise geschehen, aber auch über die Gestaltung des Preissystems implementiert werden[16] Aber auch Bankgarantien, finanzielle Beteiligungen sowie die mehrfach erwähnte Reputation sind ökonomisch als Pfand zu interpretieren, das vom Dienstleister gestellt und im Falle einer Leistungsstörung gefährdet ist.

2.3 Bemessungsgrundlagen

Prinzipiell können Belohnungen und Sanktionen in einer Delegationsbeziehung zum einen an die Aktionen geknüpft werden, die zur Erstellung einer Leistung notwenig sind, d.h. sie richten sich nach dem Input der Leistungserstellung. Zum anderen können sie sich an den Ergebnissen orientieren, die durch die Durchführung der richtigen Aktionen erzielt wurden, d.h. sie richten sich nach dem Output der Leistungserstellung. In einer Outsourcing-Beziehung

14 Vgl. Wolff (1994): S. 35.

15 Vgl. Williamson (1987): S. 167ff.; Wielenberg (1999): S. 15f.

16 Vgl. Harris/Guinipero/Hult (1998): S. 377.

können sie sich auf die Inputs oder Outputs des Dienstleisters beziehen. Letztere sind dabei zugleich Inputkategorien des Abnehmers. Sie können aber auch auf Outputkategorien des Abnehmers Bezug nehmen, wenn diese in hohem Maße vom Funktionieren der IT abhängig sind (vgl. Abb. 17-1).

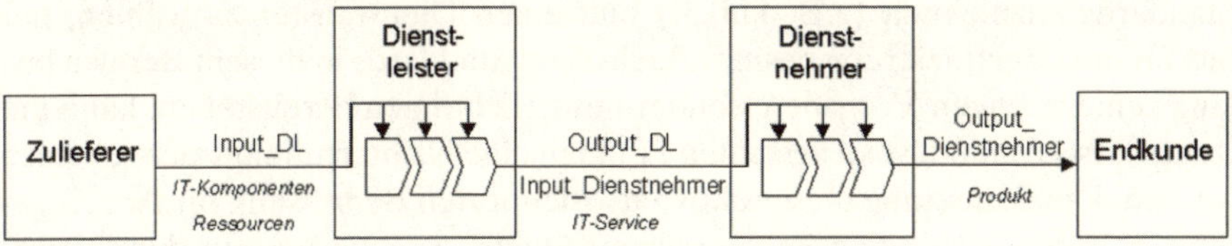

Abbildung 17-1: Ansatzpunkte für Bemessungsgrundlagen

2.3.1 Inputbasierte Bemessungsgrößen

Die wesentlichen Inputfaktoren für den Dienstleister sind Personal, Hardware und Software. Im Sinne des Abnehmers ist ein Einsatz dieser Faktoren in der richtigen Menge und Qualität zum richtigen Zeitpunkt zu realisieren. Zudem sollen sie so kombiniert werden, dass übergeordnete Unternehmensziele erreicht werden. Die dedizierte Menge an Inputfaktoren für einen Dienstnehmer ist dann etwa der reservierte Speicherplatz auf einem Server, die nur für ihn zugeschalteten Sicherungssysteme in einem Rechenzentrum, die Anzahl der genutzten Support Level oder die reservierte bzw. eingesetzte Mitarbeiterkapazität. Der Server kann dabei einer bestimmten Leistungsklasse angehören, die Sicherungssysteme können einem bestimmten Niveau entsprechen und die Mitarbeiter einen speziellen Qualifikationsstand aufweisen.

Der inputorientierte Ansatz birgt freilich die Gefahr des Fehlanreizes zur Überversorgung. Nicht für jeden Service des Dienstnehmers ist ein dedizierter Server notwendig. Einmal geleaste Leitungskapazitäten werden bei Abnahme der Nutzungsintensität nicht abgebaut. Ein Dienstleister mag also – entsprechende Informationsasymmetrie und Intransparenz des Leistungsgeschehens vorausgesetzt – versucht sein, mehr Input bereit zu stellen und abzurechnen, als für die vereinbarte Funktionsfähigkeit der Dienstnehmerprozesse erforderlich. Einsparungen müssen daher speziell motiviert werden. Insbesondere wenn Verhaltensspielräume durch Bedarfsveränderungen im Abnehmerunternehmen eröffnet werden, kann dies günstig sein. Der Dienstleister erhält beispielsweise einen Bonus, wenn er eine ungleichmäßige Rechnerauslastung feststellt und durch Konsolidierung Kosteneinsparungen erzielen kann.

Eine Vorgabe konkreter Arbeitsprogramme ermöglicht die Bemessung am Prozess der Leistungserstellung durch den Dienstleister. In die Leistungsscheine des Vertrags werden Prozessbeschreibungen der wichtigsten Abläufe integriert. Es wird spezifiziert, welche Arbeitsschritte gemäß der Erwartung des Dienstnehmers im Rahmen der Datensicherung oder Kapazitätsplanung zu durchlaufen sind. In der Regel kann die tatsächliche Durchführung dieser Schritte nicht verifiziert werden. Es besteht allerdings die Möglichkeit, sich an Standards anzulehnen (z.B. ITIL[17]) und einen Dienstleister zu wählen, der hierfür eine Zertifizierung besitzt. Auch wenn Standards in diesem Bereich bislang keine strengen Vorgaben, sondern nur Richtlinien bereitstellen, kann auf dieser Basis zumindest an zentralen Punkten eine Nichterfüllung nachgewiesen werden. Die Bedeutung dieser aktivitätsorientierten Bemessung für Anreizsysteme besteht darin, einen Fehlanreiz zur Qualitätsminderung für den Dienstleister zu verhindern. Da sich gegenwärtig noch kein Standard für IT-Prozesse etabliert hat, existiert ein großer Handlungsspielraum für den Dienstleister, den er nutzen kann, indem er das Verfahren hinsichtlich Kostenminimierung optimiert und Qualitäts- oder Sicherheitsaspekte im Kalkül weniger berücksichtigt.

2.3.2 Outputbasierte Bemessungsgrößen

Die Qualität der Inputfaktoren bzw. konkreter Aktionsprogramme muss zwar bei komplexen Leistungen häufig spezifiziert werden[18], da jedoch die Übertragung des erforderlichen Know-hows an den Dienstleister einen Verlust an Beurteilungskompetenz bewirkt, eignen sich Inputs als Bemessungsgrundlagen nur eingeschränkt. Darüber hinaus müssen sie Änderungen gegenüber flexibel bleiben. Die Alternative bilden outputorientierte Bemessungsgrundlagen. Diese beinhalten in erster Linie eine Beurteilung von Qualität, Umfang und zeitgerechter Lieferung des IT-Service. Darüber hinaus lässt sich die IT als Inputfaktor des Dienstnehmers auch mit dessen finalen Output in Beziehung setzen.

Lässt sich ein eindeutiger Zusammenhang zwischen Leistungsmenge und Nutzen der Gesamtleistung formulieren, wie etwa, dass eine größere Anzahl gelöster Endanwenderprobleme besser ist als eine geringere, eignet sich dieser Parameter als Bemessungsgrundlage. Der Zeitfaktor spielt bei Leistungen eine Rolle, deren Beginn und Ende fest determiniert ist. Dazu gehören die einmaligen bzw. projektorganisierten Leistungen, wie sie in der Anwendungsentwicklung typisch sind.

Einen wesentlichen, aber in der IT meist mehrdimensionalen Faktor bildet die Qualität. Bei Systembetrieb, Telekommunikationsdiensten und Benutzerbetreuung soll die Dienstleistung kontinuierlich und in gleich bleibender Qualität bereitgestellt werden, d.h. der Dienst muss verfügbar sein. Darin begrün-

17 IT Infrastructure Library, von der britischen Regierung initiierte Standardisierungsinitiative für IT-Dienstleistungen, vgl. auch Brenner/Radisic/Schollmeyer (2002): S. 3.

18 Vgl. Schmidt (2000): S. 1.

det sich die weite Verbreitung der „Verfügbarkeit“ als Service Level für die Bereitstellung von Servern oder Netzwerken. Damit ist der Zeitraum bezeichnet, in dem ein Dienst oder ein System eine vorab spezifizierte Leistung erbringt. Für die Messung eines Service Level steht zwar eine Reihe relativ präziser technischer Verfahren zur Verfügung, die Messmethode allein ist jedoch für die Eignung als Bemessungsgrundlage noch nicht ausschlaggebend. Sie muss vor allem die Qualität der betreffenden Leistung vollständig abbilden. Geschieht das nicht, erhält der Dienstleister einen Anreiz, andere Dimensionen der Qualität unterzuerfüllen. Kann ein System nur zwei Zustände (bereit/nicht bereit) einnehmen, ist die Messung noch relativ einfach. Hier wird in definierten Abständen eine Anfrage an den Server gestellt. Vollständig ist der Indikator aber nur, wenn auch die Antwortzeit erhoben wird. Bei den auf dem Markt erhältlichen Systemen ist die Verfügbarkeit bekannt. Neben dem System selbst sind aber noch weitere Faktoren ausschlaggebend. Dazu gehören Software- und Hardwareupdates, Reparatur, Wartung und Fehlerdiagnose.[19] Die hierfür benötigte Zeit muss in die dem Dienstnehmer garantierte Verfügbarkeit einberechnet werden. Ein weiterer Aspekt ist die Architektur. Die heute gängige Multi-Tier-Architektur ermöglicht es, den vertikalen Outsourcing-Grad zu wählen. Der Dienstleister kann beispielsweise – sofern vertraglich zulässig – das Backend-System an einen Subkontraktor übertragen, muss aber dann mit diesem einen Service Level aushandeln, der die Erfüllung des vereinbarten Leistungsniveaus seines eigenen Abnehmers gewährleistet. Dies steht in Zusammenhang mit der Zurechenbarkeit der Ergebnisse. Die Verantwortlichkeiten müssen genau abgegrenzt werden. Die Messung der Verfügbarkeit darf beispielsweise nicht am Standort des Dienstnehmers erfolgen, wenn die Leitungswege, über die das Datenpaket geschickt wird, vom Dienstnehmer und nicht vom Dienstleister betrieben werden.

Da ein Dienstleister in der Regel nicht das Risiko eingehen wird, eine Verfügbarkeit von hundert Prozent zu garantieren, wählt man typischerweise einen Wert, der gewisse Ausfallzeiten gestattet. Dann wird es aber notwendig, die genaue Basis der Berechnung festzulegen. Bei einer Verfügbarkeit von 98 % pro Woche darf der Dienst also maximal ca. drei Stunden am Stück pro Woche ausfallen, wohingegen er bei der selben Verfügbarkeit pro Monat ca. 15 Stunden am Stück nicht erreichbar sein darf, ohne die Vereinbarung zu verletzen. Selbst bei einer technisch einfachen Messbarkeit ist ein Service Level also eine komplexe Kennzahl.

In Analogie zur Gestaltung von Managemententlohnungssystemen sind Ansätze zu sehen, die Leistung des Lieferanten direkt an den Output bzw. den Erfolg des Dienstnehmers zu binden. Beispielsweise erhält der Dienstleister

19 Vgl. Jackson/Kunzinger (2003): S. 140.

einen bestimmten Betrag pro produzierter Einheit des Abnehmers. Dies spielt v.a. dann eine Rolle, wenn ein relativ direkter Bezug zwischen IT-Einsatz und Produkt besteht, wie etwa bei der Software für einen Industrieroboter. Voraussetzung ist nicht nur der nachweisbare und substantielle Anteil der IT am Output, sondern auch dessen Mess- und Abgrenzbarkeit, was bei physischen Produkten eher, bei Dienstleistungen weniger gegeben ist. Anreizkompatibilität im Sinne von Qualitäts- und Effizienzanreizen wird hier durch ein Mitunternehmertum des Dienstleisters erreicht.

Problematisch an diesem Modell ist, dass ein IT-Dienstleister die Produktivität des Abnehmers nur zum Teil und nur verzögert beeinflussen kann. Damit können solche Ansätze in der Praxis meist nur in Kombination mit anderen Mechanismen eingesetzt werden. Der Dienstleister trägt das Marktrisiko des Dienstnehmers mit, das er nicht steuern und nur schlecht einschätzen kann. Von ihm realisierte Produktivitätszuwächse können durch Ineffizienzen in anderen Unternehmensfunktionen überlagert werden. Er wird also seine Risikoprämie eher zu hoch ansetzen. Für teilweises Outsourcing sind also klassische Leistungsanreize günstiger. Bei einem umfangreichen Outsourcing können die Aufgaben einem mehrheitlich vom Dienstleister betriebenen Joint Venture übertragen werden. Hier besteht auch Erfolgsbeteiligung, allerdings bezieht sich diese lediglich auf den Beitrag der übertragenen Aufgabe und nicht auf das gesamte Geschäftsmodell des Dienstnehmers.

3. Umsetzung finanzieller Anreizmechanismen

Finanzielle Belohnungen oder Sanktionen sind die vorrangigen Motivationsmechanismen in einer wirtschaftlichen Leistungsbeziehung. Sie stehen in engem Zusammenhang mit dem gewählten Vertragsmodell und den daraus resultierenden Anreizwirkungen. Zuvor ist jedoch zu prüfen, inwieweit zukünftige Entwicklungen vorhersehbar sind, d.h. ein möglichst vollständiger Vertrag durch ein flexibleres Preismodell geschlossen werden kann.

3.1 Flexibilisierung des Leistungsumfangs

Die eingeschränkte Abschätzbarkeit künftiger Rahmenbedingungen und die daraus resultierende Notwendigkeit zur Flexibilität betreffen in der Regel beide Vertragsparteien. Das Abnehmerunternehmen möchte Wachstumspotenziale nutzen, die der Dienstleister mittragen muss, dieser wiederum kann mit veränderten Bedingungen auf seinen Zuliefermärkten konfrontiert werden, die er an den Abnehmer weitergeben muss. Die Verteilung des Gesamtrisikos auf beide Vertragspartner bestimmt – neben der Qualität und der Marktsituation – über die Risikoprämie die Höhe der Entlohnung des Dienstleisters. Die Risikoprämie kann reduziert werden, indem ihr Management der besser informierten Partei übertragen wird. Eine weitere Möglichkeit besteht in der vertraglichen Antizipation von Umweltveränderungen. Für viele Bereiche der IT existieren Erfahrungswerte bezüglich bestimmter Entwicklungsschemata, wie etwa für Release-Wechsel oder die Etablierung von Standards. Somit kann vertraglich festgelegt werden, dass der Dienstleister bestimmte Upgrades einer Software durchzuführen hat oder im Falle der Etablierung eines Standards diesen zu übernehmen hat. Nach der Ausschöpfung der Potenziale zur Verringerung von Risiken bzw. der Risikoprämie stellt sich die Frage der Aufteilung des verbleibenden Risikos auf die Vertragsparteien. Hier ergeben sich Ansatzpunkte in Abhängigkeit vom gewählten Preismodell.

3.2 Implementierung von Anreizsystemen zur Bewältigung von Preisrisiken

Ein wesentliches Risiko für den Dienstnehmer sind Preissteigerungen auf seiner Beschaffungsseite. Diese entstehen durch markt- und umweltgetriebene Preiserhöhungen des Dienstleisters, aufgrund von Opportunismus bzw. kurzfristiger Gewinnmaximierung des Dienstleisters oder (faktisch) durch unzureichende Qualität der Leistungserbringung. Für den Dienstleister besteht das Risiko vor allem in Kostensteigerungen wegen erhöhter Faktorkosten für seine Inputs, erhöhter Nachfrage durch den Abnehmer ohne entsprechende Möglichkeiten der Kompensation auf der Erlösseite sowie in der Gefahr, dass sich spezifische Investitionen nicht amortisieren. Die beiden Extrempunkte der Vertragsgestaltung sind jeweils durch eine einseitige Risikoverteilung gekennzeichnet. Der Dienstnehmer trägt das volle Preisrisiko, wenn er dem Dienstleister die in einem Zeitraum tatsächlich realisierten Kosten zuzüglich einer Marge erstattet (Cost-Plus-Vertrag). Der Dienstleister trägt das volle Preisrisiko, wenn er vom Abnehmer für denselben Zeitraum einen Festpreis erhält.

3.2.1 Teilung des Kostenrisikos

Durch den kostenabhängigen Transaktionspreis im Cost-Plus-Vertrag trägt der Dienstleister keines der genannten Risiken. Er wird also eine geringere Risikoprämie ansetzen. Diese Vertragsform wird gewählt, wenn das Kostenrisiko aufgrund von Unsicherheit und einem nur sehr unvollständig spezifizierbaren Vertrag sehr hoch ist. Die Gefahr einer opportunistischen Ausnützung und Gewinnmaximierung zu Lasten des Abnehmers ist jedoch relativ groß. Zudem hat der Dienstleister keinen Anreiz, wirtschaftlich zu arbeiten. Der Vertrag ist daher nur effizient, wenn der Abnehmer die Möglichkeit und Fähigkeit zur Kostenkontrolle besitzt.

Bei einem Festpreisvertrag handeln die Parteien einen Pauschalbetrag aus, der vom Abnehmer unabhängig von den tatsächlichen Kosten zu entrichten ist.

Der Pauschalpreis muss eine Prämie für die Übernahme des gesamten Risikos enthalten. Diese Vertragsform wird gewählt, wenn die Unsicherheit gering und der Vertrag relativ vollständig ist. Da der Anbieter das volle Kostenrisiko trägt, ist er motiviert, kosteneffizient zu arbeiten, hat jedoch keinen Anreiz, auf die Qualität zu achten oder Einsparungen an den Dienstnehmer weiterzugeben. Der Vertrag ist daher nur effizient, wenn der Anbieter Qualität, Menge und Bedingungen der Leistungserbringung während der Vertragslaufzeit gut einschätzen kann.

In einem wettbewerbsintensiven Umfeld mit realistischen Angeboten liegt das Optimum näher bei einem an Marktpreisen orientierten Fixpreisvertrag, bei wenigen Anbietern und spezifischen Leistungen eher bei einem Cost-Plus-Vertrag. Je unspezifischer eine auszulagernde Leistung, desto geringer Unsicherheit und Unvollständigkeit, desto eher eignet sich die Pauschale gegenüber der kostenbasierten Vergütung. Beim Cost-Plus-Modell bleibt zu berücksichtigen, dass dem Abnehmer die Möglichkeit zur Kostenkontrolle durch Einblick in die Kalkulation gegeben werden kann, er jedoch häufig nicht (mehr) die Kompetenz besitzt, deren Richtigkeit zu prüfen. Einen Großteil der Risiken, die er trägt, kann der Dienstnehmer nicht steuern. Er trägt auch das umweltbedingte Kostenrisiko, das zwar keine Partei kontrollieren kann, der Dienstleister aber eigentlich besser einschätzen kann. Die Kostenkontrolle für den Dienstleister ist beim Fixpreis nur bedingt gegeben, da er erhöhte Kosten durch eine steigende Kundennachfrage nicht steuern kann. Die Effizienz beider Vertragstypen im Outsourcing ist also eingeschränkt. Anreizmechanismen ermöglichen an dieser Stelle eine Risikoteilung zwischen Abnehmer und Anbieter.

Für ein einfaches Anreizschema werden Zielkosten (t) und ein zu diesen Kosten für den Dienstleister akzeptabler Zielgewinn (a) vereinbart. Die Differenz zwischen den Zielkosten und den tatsächlichen Kosten (c) wird zwischen Abnehmer und Dienstleister gemäß einem ebenfalls festgelegten Verhältnis (b) aufgeteilt, so dass der Gewinn des Dienstleisters gegeben ist durch:

$$m = a + b(t - c) \qquad (1)$$

Der Anteil b liegt auf dem Intervall [0;1]. Bei einem reinen Cost-Plus-Vertrag wäre $b = 0$, bei einem Festpreis wäre $b = 1$.[20]

Von beiden Extrempunkten aus kann man sich durch Integration eines Schemas, wie es in (1) formuliert ist, einem anreizkompatibleren Vertrag nähern. Bei einem Cost-Plus-orientierten Vertrag mit Anreizkomponente (vgl. Abb. 17-2, S. 255) erzielt der Dienstleister bei Überschreitung der festgelegten Zielkosten (t) nur einen minimalen Gewinn von a. Kann er die Ziel-

20 Vgl. Ward/Chapman (1995): S. 50.

kosten unterschreiten, werden die Einsparungen gemäß b aufgeteilt. Da der Dienstleister den Gewinn maximiert, wird zudem ab dem Kostenniveau, ab dem zusätzliche Einsparungen ineffektiv sind, ein maximaler Gewinn (m_{max}) bestimmt. Gemäß gilt:

$$m(c) = \begin{cases} m_{max} & \text{für } c \leq (t - m_{max}/b) \\ a + b(t - c) & \text{für } (t - m_{max}/b) < c \leq t \\ a & \text{für } t < c \end{cases} \tag{2}$$

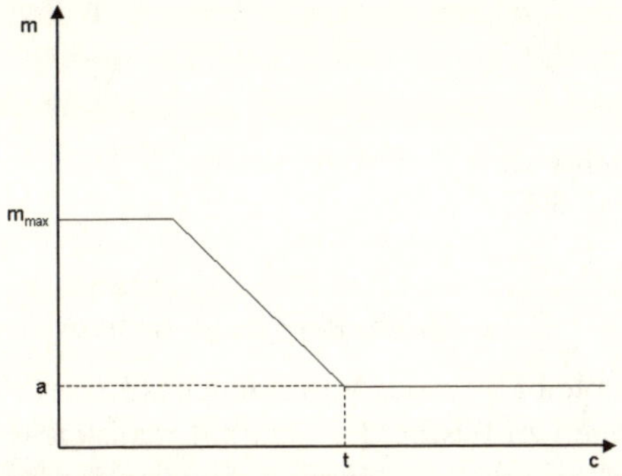

Abbildung 17-2: Cost-Plus-Vertrag mit Anreizschema, in Anlehnung an Berends (2000): S. 167.

Bei einem Fixpreis-orientierten Modell (vgl. Abb. 17-3, S. 256) kann ebenso eine Obergrenze (m_{max}) festgelegt werden. Statt der Zielkosten wird hingegen ein vom Kunden akzeptables Kostenintervall [c_{min};c_{max}] vereinbart. Innerhalb des Intervalls ist b nicht mehr 1 (wie beim reinen Pauschalmodell), sondern kleiner 1. Nun profitiert nicht mehr der Dienstleister allein, sondern auch der Kunde von Einsparungen. Kostensteigerungen innerhalb des Intervalls trägt der Kunde bis zu c_{max} mit, dann muss sie der Dienstleister bis zu den maximal möglichen Kosten (u) ganz ($b_2 = 1$) oder zum Großteil selbst tragen. Somit gilt:

$$m(c) = \begin{cases} m_{max} & \text{für } c < c_{min} & \\ m_1 + b_1(c_{max} - c) & \text{für } c_{min} \leq c \leq c_{max} & \text{mit } 0 < b_1 < 1 \\ b_2\,(u - c) & \text{für } c_{max} < c & \text{mit } 0 \leq b_2 \leq 1 \end{cases} \tag{3}$$

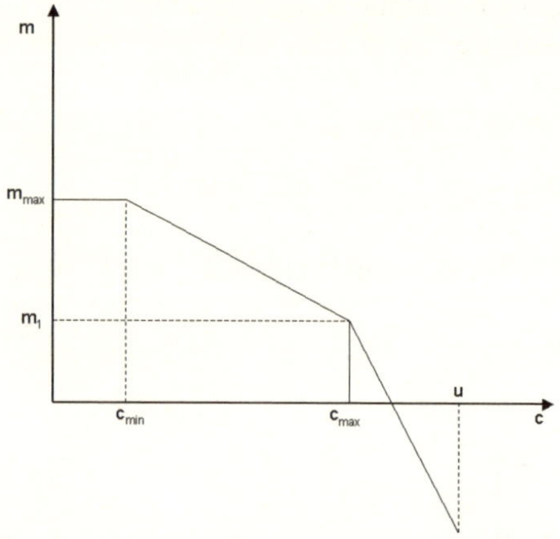

Abbildung 17-3: Pauschal-Modell mit Anreizschema, in Anlehnung an Ward/Chapman (1995): S. 52.

3.2.2 Teilung des Qualitätsrisikos

Für beide Modelle bleibt trotz der Verteilung des Kostenrisikos die Problematik, dass Einsparungen zu Lasten der Qualität realisiert werden könnten. Um dem entgegenzuwirken, muss die Marge zudem von der Einhaltung der Service Level abhängig gemacht werden. Der Dienstleister erhält die garantierte und/ oder die effizienzorientierte Marge nur, wenn die Qualitätskriterien im geforderten Maße erfüllt werden. Da der Dienstleister seine Marge maximieren möchte, kann der Abnehmer bei gegebenem b ein relativ realistisches Bild über die Schätzung des Dienstleisters bzgl. der minimalen Kosten (für das gegebene Qualitätsniveau) und t gewinnen. Dies erleichtert auch eine Nachverhandlung von t in den Folgeperioden.

Pönale bzw. Boni können auch in Relation zu eventuellen Qualitätsabweichungen bestimmt werden (vgl. Abb. 17-4, S. 257). Je höher die negative (positive) Abweichung, desto höher das Pönal (der Bonus). Zu vereinbaren sind das Service Level (Nullpunkt) und der dazugehörige Preis (p_{fix}), ein Preis (p_{max}) für die maximale positive Abweichung sowie eine maximale negative Abweichung (d_{min}) und der dazugehörige Preis (p_{min}). Der Dienstleister kann das Service Level maximal zu 100% übererfüllen (z.B. 10 statt 0 Stunden Ausfallzeit). Im Bonusbereich profitiert er von einer Abweichung voll. Im Pönalbereich ist i.d.R. auch eine Untererfüllung über 100 % möglich. In diesem Bereich bezahlt er für eine Abweichung daher überproportional, bis er schließlich ab d_{min} keine Zahlung mehr erhält. Es gilt:

$$p(d) = \begin{cases} 0 & \text{für } d < d_{min} \\ p + \dfrac{p_{min} - p_{fix}}{d_{min}} \cdot d & \text{für } d_{min} \leq d < 0 \\ p_{fix} + (p_{max} - p_{fix}) \cdot d & \text{für } 0 \leq d < 100 \end{cases} \qquad (4)$$

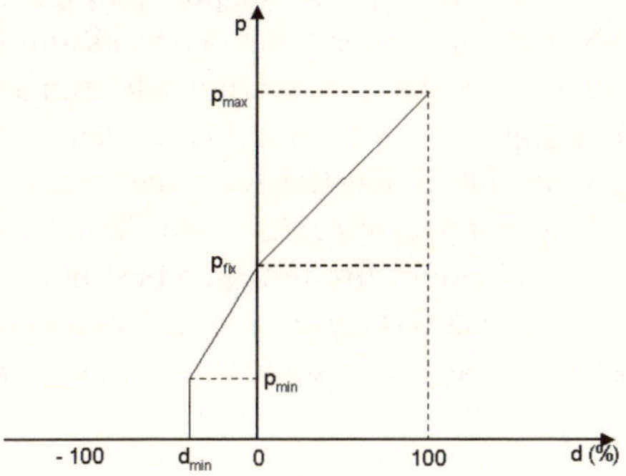

Abbildung 17-4: Anreizschema für Service Level

3.2.3 Reduzierung des Nachfragerisikos

Schließlich trägt der Dienstleister bei einem Festpreisvertrag das Risiko steigender Nachfrage durch den Abnehmer, das er nicht kontrollieren und schwer abschätzen kann. Die dafür notwendige höhere Risikoprämie kann durch eine volumenbasierte Preissetzung reduziert werden.

Veränderungen der Umweltbedingungen auf Abnehmerseite wirken sich in erster Linie auf das Transaktionsvolumen aus. Zum Zeitpunkt des Vertragsschlusses wird ein bestimmtes Mengengerüst zu Grunde gelegt. Erhöhen sich aber im Laufe der folgenden Perioden eine oder mehrere Größen, wie etwa die Mitarbeiterzahl des Abnehmers oder die benötigte Bandbreite, muss der Dienstleister den ihm dadurch entstehenden Mehraufwand an den Abnehmer weiter geben können. Dies kann durch die Abrechnung auf Basis von Inputfaktoren des Abnehmers geschehen. Im Beispiel also auf Basis von Mitarbeitern. Stellt der Abnehmer mehr Personal ein, muss er zusätzliche Leistungseinheiten beim Dienstleister beziehen. Für eine volumenbasierte Abrechung muss eine verbrauchsabhängige Leistungseinheit vereinbart werden, die auf einen zentralen variablen Faktor des Dienstnehmerunternehmens bezogen werden kann. Die Leistungseinheit muss also in funktionalem Zusammenhang mit diesem Faktor stehen. Dies gilt etwa für Arbeitsplatzrechner, wenn jeder Mitarbeiter genau einen Arbeitsplatz benötigt. Auf Basis aller direkt zurechenbaren Kosten kann der Basispreis für einen Arbeitsplatz kalkuliert werden. Ebenso verbrauchsabhängig berechnet werden können alle zentralen Dienste, zum Beispiel Internetdienste. Hier können Preise pro übertragenem (Kilo)Byte kalkuliert werden. Alle nicht einem Arbeitsplatz oder einer anderen verbrauchsabhängigen Größe zurechenbaren Kosten, etwa der Betrieb des Wide Area Network (WAN), können nach dem Cost-Plus-Ansatz in Rechnung gestellt werden. Transparenter und einfacher abrechenbar ist jedoch die Einpreisung dieser Infrastrukturkosten. So wird etwa eine Arbeitsplatzpauschale kalkuliert, in die die Kosten für das WAN und andere Leistungen bereits anteilig mit aufgenommen sind. Im Extremfall werden alle Bereitstellungsleistungen in die Pauschale mit aufgenommen. Die Kalkulation erfolgt auf Basis des bei Vertragsabschluss festgelegten Mengengerüsts. Der Dienstleister erhält einen Anreiz, realisierte Skaleneffekte durch Mengensteigerungen an den Abnehmer weiterzugeben, indem er verpflichtet wird, bei Überschreiten einer bestimmten Grenze die Pauschale neu zu kalkulieren. Diese Grenzwerte sind durch den Abnehmer kontrollierbar, da sie sich an Inputkategorien seines Unternehmens orientieren (z.B. an Mitarbeitern).

3.3 Schutz spezifischer Investitionen

Spezifische Investitionen werden vor allem durch eine längere Vertragslaufzeit geschützt. Damit dieser Schutz wirksam wird, müssen jedoch Anreize gesetzt werden, die einen vorzeitigen Vertragsbruch unattraktiv machen.

Für den Schutz spezifischen Kapitals auf Abnehmerseite sind Vereinbarungen für die Transitions-Phase nach Vertragsbeendigung zu treffen. Ist die Vertragslaufzeit beendet oder wird der Kontrakt vorzeitig gekündigt, müssen die transferierten Vermögensgegenstände und ggf. auch Mitarbeiter wieder rückgeführt bzw. an einen anderen Dienstleister übertragen werden. Vorab ist festzulegen, welche Partei die dafür anfallenden Kosten tragen muss. Die Partei, die den Grund für die Auflösung des Vertrags geliefert hat (z.B. in größerem Umfang nachgewiesene Minderleistung), sollte die Kosten der Transition tragen. Dazu zählen auch alle Leistungen, die benötigt werden, um den ehemaligen Dienstnehmer oder dessen neuen Dienstleister in die Lage zu versetzen, die Dienstleistung in Zukunft in der erforderlichen Qualität zu erbringen. So muss es ihm möglich sein, mit dem aktuellen Dienstleister bestehende Subkontrakte einzusehen und ggf. zu übernehmen. Der transferierende Dienstleister hat den Anreiz, minderwertigere Assets zurückzuführen und hochqualifizierte Mitarbeiter in andere Bereiche zu versetzen. Dem kann nur durch eine genaue Aufstellung der in diesem Fall zu übertragenden Vermögensgegenstände entgegengewirkt werden. Der Dienstleister muss verpflichtet werden, diese Aufstellung regelmäßig zu erweitern und zu aktualisieren.

4. Grenzen anreizkompatibler Vertragsgestaltung

Eine anreizkompatible Vertragsbeziehung beginnt nicht erst mit der Vertragsgestaltung, sondern beruht auf klar zugeordneten Eigentumsrechten und dem Grundgedanken eines fairen Leistungsaustauschs. Die Wahl des Vertragsgegenstands ist damit bereits der Ausgangspunkt. Durch die Koppelung von stark interdependenten Produktionsstufen bei der Auftragsvergabe können bereits Effizienzanreize gesetzt werden. Die strategische Bedeutung der durch den Dienstleister zu erfüllenden Aufgabe kann durch eine entsprechend stärkere institutionelle Einbindungsform berücksichtigt werden. So kann durch eine Erfolgs- oder Umsatzbeteiligung ein höherer Grad der Zielkomplementarität erreicht werden.

Die auf beiden Seiten bestehenden Risiken, das Marktrisiko des Dienstnehmers auf der einen Seite sowie das Kostenrisiko auf der anderen, können durch entsprechende Vertragswahl unterschiedlich zwischen Dienstnehmer und Anbieter aufgeteilt werden. Die aufgabeninhärente Unsicherheit bestimmt vor allem die Wahl der Vertragsform. Aufgaben mit höherer Unsicherheit, wie die Entwicklung einer neuen Anwendung, sind besser über kostenbasierte Verträge, etwa Cost-Plus, zu entlohnen, während besser standardisierte Aufgaben, wie der Betrieb eines Rechenzentrums, über marktorientierte (Fest)preise abgegolten werden. Die Aufgabe und die entsprechende Vertragswahl sind über diesen Aspekt aber auch mit der Frage der Sourcing-Strategie verbunden. Beide Vertragsmechanismen können zwar parallel in einem Vertrag mit einem Dienstleister Verwendung finden, es stellt sich jedoch die Frage, ob es dann nicht besser ist, die beiden Aufgaben getrennt an unterschiedliche Dienstleister zu vergeben. So können Abhängigkeiten eher vermieden werden und ein kompetitives Element kann in das Arrangement einfließen. Eine Indexierung über den Marktpreis ist zwar bei IT-Leistungen schwierig, bei standardisierteren Leistungen aber eher möglich. Hier outputbasierte Pauschalen, also etwa Preise für Rechnerarbeitsplätze zu verwenden, eröffnet die Chance, diese mit den Leistungen anderer Dienstleister zu vergleichen. Eine möglichst saubere Trennung zwischen den Vertragsformen durch selektives Outsourcing verhindert, dass ein Dienstleister seine Kompetenzen überschätzt und eine Leistung nur anbietet, um den Dienstnehmer zu gewinnen. Die Verringerung von Kostensteigerungen während der Vertragslaufzeit kann den erhöhten Koordinationsaufwand mehrerer Outsourcing-Partner dabei rechtfertigen.

Im Anschluss an die Wahl des Vertragstypus kann eine Reihe von Anreizmechanismen dafür sorgen, dass die vertragsinhärenten Verhaltensspielräume in für beide Parteien optimaler Weise genutzt werden. Bei allen Mechanismen ist zu bedenken: Je mehr ein asymmetrisches Anbieter-Abnehmer-Verhältnis mit abweichenden Zielvorstellungen besteht, desto mehr Gewicht muss auf den Vertrag als zentrales Kontrollinstrument gelegt werden. Damit steigen zum einen die Kosten für die Vertragsverhandlungen und die Erstellung des Vertrags. Zum anderen muss dessen Einhaltung durch Monitoring sichergestellt werden. Dafür muss beim Abnehmer qualifiziertes Personal zur Verfügung stehen und es sind Investitionen in die technische Kontrollinfrastruktur zu leisten.

Diese Voraussetzungen für ein funktionierendes Anreizsystem im IT-Outsourcing bestimmen auch die Grenzen einer Komplettauslagerung nicht nur aus Koordinations- sondern auch aus Motivationsaspekten. Der heutige Standardisierungsgrad von IT-Leistungen gewährleistet noch kein Benchmarking, das mit minimalem Aufwand zu leisten ist. Die Kontrolle von Service Level und die Rechnungsprüfung, die die Zahlungsströme aus Abrechnung sowie Pönale- und Bonusverrechnung kontrolliert, erfordern Ressourcen und IT-Kompetenz. Diese Faktoren müssen lange vor der Vertragsgestaltung berücksichtigt werden. Bereits bei der Entscheidung über die Vorteilhaftigkeit einer Auslagerung muss eine Vorstellung darüber bestehen, wie die Zusammenarbeit aussehen kann und ob sie mit den verfolgten Zielen auf lange Sicht in Einklang zu bringen ist.

Nicht selten wird sich das IT-Outsourcing, gerade auch wegen der Sicherstellung geeigneter, die Ziele der Kooperation fördernder Anreizbedingungen, in differenzierter Weise der Strategie einer Kombination der verschiedenen in diesem Beitrag aufgezeigten Gestaltungselemente bedienen. Anreizkompatible Gestaltung umfangreicher IT-Outsourcing-Verträge ist eine komplexe ökonomische Kunst, die viel Sachverstand erfordert, dann aber die Zusammenarbeit zum beiderseitigen, nachhaltigen Vorteil führt.

OMIT – IT-Outsourcing mit Methode planen, umsetzen und steuern

Torsten Gründer

1. Erfolgsfaktor Projektmanagement

Viel zu oft in der Vergangenheit wurde IT-Outsourcing in seiner Komplexität unterschätzt, gefährliche Vereinfachung und Oberflächlichkeit führten nicht zu den erhofften Vorteilen.

Inzwischen erkennen Unternehmen zunehmend: Nachhaltiger Outsourcing-Erfolg kommt nicht von allein. Hierfür braucht es Methode. Es ist eine solide Basis mit klaren Zielen, Pflichten und Regeln zu schaffen und das auslagernde Unternehmen muss selbst aktiv dafür sorgen. In gut gemachten Auslagerungen sind den Beteiligten die Bedingungen ihrer Zusammenarbeit bei Vertragsabschluß klar und die Erfolgsaussichten gut absehbar.

Wird beispielsweise ein Anwender-Support nur in englischer Sprache (z.B. aus Indien) gerade nicht gewünscht, ist dies in den Verhandlungen anzusprechen und schriftlich eindeutig festzuhalten. Sollen tatsächlich erfahrene Software-Entwickler mit fundiertem Branchenwissen die Pflege der Applikationslandschaft im Unternehmen verantworten oder das nächste Entwicklungsprojekt leiten, ist auch dies eindeutig zu vereinbaren. Wird eine flexible, am Verbrauch orientierte und transparente Abrechnung der IT-Services erwartet, ist im Voraus ein entsprechendes Preismodell mit definierten Berichtspflichten festzulegen. Hoffnung oder Vertrauen allein bilden hier keine genügende Basis, ebenso wenig wie ein juristisch geprägtes Vertragswerk, die Größe des Providers oder mutige Radikalität beim Volumen der auszulagernden Aufgaben.

Langfristig erfolgreiches IT-Outsourcing (ITO) beruht auf zielführendem Vorgehen. Eine praxiserprobte Projektmanagementmethode wie das OMIT-Modell (Outsourcing Managementmodell in der IT) liefert dafür die Grundlage. Es sichert die Berücksichtigung aller relevanten Aspekte im Projektverlauf, Weichenstellungen erfolgen an den richtigen Stellen, sich bietende Vorteile können ausgeschöpft, typische Risken frühzeitig erkannt und minimiert werden.

In diesem Beitrag kann nur ein grober Überblick über die Aufgaben und den Ablauf eines professionell gemanagten Outsourcing-Vorhabens gegeben werden. Zu zahlreich sind die Möglichkeiten, Facetten und Fallstricke bei einem IT-Outsourcing.

2. OMIT – Zielführendes Outsourcing in vier Phasen

Die OMIT-Methode wurde aus der Praxis heraus in den Jahren 1999 bis 2001 in Deutschland entwickelt und seither fortlaufend aktualisiert und erweitert. OMIT ist speziell für IT-Outsourcing-Vorhaben konzipiert und rein auf die Bedürfnisse eines auslagernden Unternehmens ausgerichtet.

IT-Auslagerungen hatten in der Vergangenheit immer wieder gefährliche Risiken und Missverständnisse offenbart. Die Erwartungen, Ziele und Motive der Beteiligten (Dienstleister und Dienstnehmer) waren selten gleichgerichtet. Ein grobes Ungleichgewicht an Erfahrung und Information dominierte die Verhandlungen – so überhaupt welche durchgeführt wurden – und führte zu einseitigen Verträgen. Regelmäßig standen Auslagerungen schon frühzeitig auf der Kippe – ihnen fehlte eine zielführende professionelle Projektstruktur für den nachhaltigen Erfolg.

2.1 Struktur

OMIT umfasst den gesamten Lebenszyklus eines IT-Outsourcings und strukturiert dieses in seine vier wesentlichen Phasen:

- 1. Analyse
- 2. Ausschreibung
- 3. Transition
- 4. Betrieb.

Die Struktur gibt jedem ITO-Projekt einen sukzessiven Ablauf. Jede einzelne Phase beinhaltet zielführende Schritte und Ergebnistypen. Das Vorgehen im Projektverlauf erfolgt mit Übersicht und Transparenz.

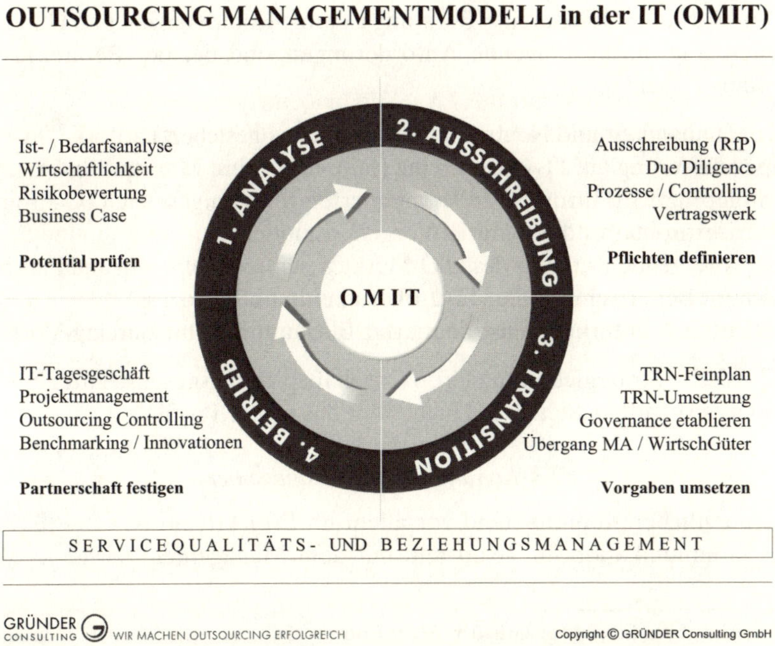

Abbildung 18-1: Das „Outsourcing Managementmodell in der IT" (OMIT)

2.2 Vorbereitung und Voraussetzungen

Professionelles Outsourcing beginnt immer mit einem Projekt. Dabei sind wichtige Grundregeln zu beachten[1] und zu Beginn bestimmte Voraussetzungen zu schaffen.

2.2.1 Projektteam

Initial ist ein kompetentes Projektteam einzusetzen. Geführt vom IT-Leiter/CIO sollten diesem vor allem Mitarbeiter aus der IT (und dem Business) angehören, die mit den für eine Auslagerung vorgesehenen IT-Aufgaben/-Funktionen gut vertraut sind.

Im Projektverlauf ist das Team bei Bedarf um Mitarbeiter u.a. aus den Bereichen Personal, Recht, Controlling, Unternehmensstrategie zu erweitern.

IT-Dienstleister gehören grundsätzlich nicht in das interne Projektteam, auch kein aktuell unter Vertrag stehender Provider und kein möglicher künftiger Kandidat.

2.2.2 Unterstützung durch Berater

Immer mehr Unternehmen lassen sich von externen Experten bei ihren Outsourcing-Vorhaben begleiten. Berater gehören dann von Anbeginn dem internen Projektteam an.

Der Markt für Outsourcing-Beratung ist jung, Kompetenzen und Handwerk zuweilen fragwürdig. Folgende Anforderungen sind bei der Beraterauswahl besonders zu achten:

- Unabhängigkeit und Neutralität (vertraglich zugesichert)
- Spezialisierung auf IT-Outsourcing (min. fünf Jahre Marktpräsenz)
- Ausgeprägte Erfahrung (20 oder mehr erfolgreich umgesetzte ITO-Projekte)
- Praxiserprobtes und bewährtes Vorgehensmodell
- Hervorragende Kenntnis des ITO-Marktes, seiner Spielregeln und Fallstricke
- Sichere Beherrschung aller ITO-Instrumente und -Prozesse
- „Richtiger“ unternehmensorientierter Blick auf ein Outsourcing-Vorhaben

Klassische Strategieberatungen, Wirtschaftsprüfungsgesellschaften und IT-Provider verfügen in aller Regel nicht über das nötige Profil.

2.2.3 Kommunikationsmanagement

Ein einheitlicher Kenntnisstand vor allem im Projektteam ist erfolgskritisch. Enge Kommunikation im Team und mit dem Management sowie geeignete

1 Hier sei auf den Beitrag von Gründer „Mehr Erfolg – 15 Grundregeln für ein IT-Outsourcing“ in diesem Buch verwiesen.

Strukturen zur Verfügbarmachung der Projektinformationen und -dokumente sind sicher zu stellen.

Etwa alle vier bis sechs Wochen sollten in einem Jour Fixe Termin mit dem Management u.a. der aktuelle Projektverlauf, mögliche Folgeschritte und (Teil-)Entscheidungen abgestimmt werden.

2.2.4 Zeit und Budget

Je nach Umfang und Ausprägung können vom Projektstart (Aufnahme der Ist-Situation) bis zum Beginn der Transition einige Monate aber auch ein bis anderthalb Jahre vergehen. Unnötige Verzögerungen drohen bei falscher Vorgehensweise oder durch die Beteiligung unerfahrener Berater.

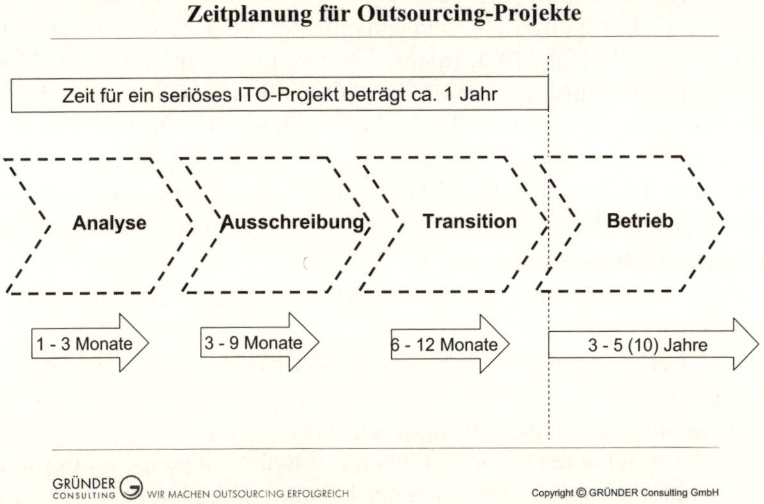

Abbildung 18-2: Zeitbedarf beim Outsourcing je Projektphase

Ein Outsourcing verursacht Transaktionskosten, ein entsprechendes Budget ist einzuplanen und dem Projektmanager zur Verfügung zu stellen

2.2.5 Qualitätsmanagement

Zur Früherkennung, Eskalation und Bewältigung von Risiken oder den Projektfortschritt gefährdende Situationen ist ein Qualitätsmanagement zu etablieren. Oft kommt diese Rolle aufgrund ihrer größeren Erfahrung den externen Beratern zu.

2.3 Phase 1 – Analyse

Die Analyse-Phase liefert eine grundsätzliche Aussage darüber, ob eine Auslagerung überhaupt sinnvoll ist. In einer noch groben aber sachlichen Gesamtschau wird geprüft, ob überhaupt ein Business Case gegeben ist oder nicht. Mit der Analyse-Phase bereitet sich ein Unternehmen auf die nachfolgende Ausschreibungs-Phase vor.

2.3.1 Wichtige Aufgaben und Schritte

- **Projektplanung und Teamkonstituierung**
  - Das Projektteam konstituiert sich
  - Das Outsourcing-Vorhaben ist in seinen groben Zügen zu planen (u.a. Aufgabenverteilung, Meilensteine, Kommunikationsroutinen, Budget-Fragen, Reiseaktivitäten)
- **Ist- und Bedarfsanalyse**
  - Sorgfältige Aufnahme der bestehenden Ist-Situation in der IT über die gesamte IT-Fertigungstiefe oder entsprechend der bereits vorselektierten Outsourcing-Bereiche (u.a. System- und Applikationslandschaft, Mengen, Personal, Kostenhistorie, Anwender, IT-Stand- und -Einsatzorte, IT-Facilities, relevante IT-Prozesse, Tools, Lieferanten- und Vertragsbeziehungen, IT-Projekte, IT-Exoten)
  - Erfassung der bestehenden IT-Services / IT-Bedarfe (u.a. vereinbarte und gelebte Service Level, Service-Defizite, Überversorgung, Problemfelder)
- **Wirtschaftlichkeitsprüfung**
  - Prüfung der vorgefundenen Kostenhistorie und der bestehenden IT-Leistungsinhalte
  - Erste Überlegungen zu möglichen Outsourcing-Szenarien anhand grober Leistungspakete
  - Prüfung möglicher Optimierungspotenziale
  - Erste Beurteilung der wirtschaftlichen Rahmenbedingungen (interne Ist-IT gegenüber einer Externalisierung der Leistungspakete)
- **Risikobewertung**
  - Erfassung der bei einem möglichen Outsourcing im konkreten Fall bestehenden oder wahrscheinlichen Risiken
  - Gewichtung und Bewertung der erkannten Risiken
- **Business Case**
  - Zusammenführung der vorgefundenen Ist-Situation, der Ergebnisse und Erkenntnisse in einer Gesamtbewertung
  - Prüfung und Beurteilung der bestehenden Ist-Situation gegenüber den möglichen Outsourcing-Optionen
  - Aussage zu einem Business Case.

2.3.2 Ergebnisse/Ergebnistypen

Am Ende der Analyse-Phase liegt eine kurze Dokumentation hinsichtlich der untersuchten Analysegegenstände vor. Die Güte dieser Informationen hat später entscheidenden Einfluss auf die Qualität und vor allem die Dauer der Erstellung der Ausschreibungsunterlagen (RfP – Request for Proposal) sowie die Verhandlungsfähigkeit des Unternehmens.

Indes wichtigster Ergebnistyp der Analyse-Phase ist zunächst die noch grobe, aber hinreichend fundierte Aussage darüber, ob überhaupt und in welcher Ausprägung für ein Outsourcing ein Business Case bestehen könne. Auf dieser Grundlage trifft das Management eine Entscheidung über die Fortsetzung oder die Beendigung des ITO-Vorhabens. Viele Unternehmen missachten den wichtigen Schritt der Business Case Analyse, ihnen fehlen später die Grundlagen für alle weiteren Schritte.

2.4 Phase 2 – Ausschreibung

In der Ausschreibungs-Phase wird anhand mehrerer (Validierungs-)Schritte festgestellt, ob ein oder mehrere Dienstleister im Markt die betrachteten IT-Services tatsächlich wirtschaftlicher (besser, günstiger und ggf. auch risikoärmer) erbringen können. Die Güte der Ergebnistypen der Phase entscheidet später über den Erfolg der gesamten Outsourcing-Maßnahme.

2.4.1 Wichtige Aufgaben und Schritte

- **Ausschreibung (RfP)**
  - Erstellung strukturierter und inhaltlich klarer Ausschreibungsunterlagen (u. a. Regularien und Ablaufplan der Ausschreibung, Ist-Situation, konkrete Leistungsanforderungen, SLA-Parameter, Architektur- und Netzwerkpläne, Preismodell)
- **Dienstleister-Auswahl**
  - Sorgfältige Auswahl passender Dienstleister (Kriterienkatalog) für den Empfang des RfP (Long List)
  - Versand der Ausschreibungsunterlagen
  - Durchführung von Einzel-Workshops mit den Dienstleistern
  - Eingang und Prüfung der Angebote (Bewertungs-Matrix)
  - Einzelpräsentation der Angebote durch die Anbieter
  - Vorortbesuche der Dienstleister (Rechenzentrum, Delivery Center, mögliche Shoring-Standorte in Indien, China, Polen, etc.)
  - Gesamtbewertung der Angebote und Anbieter/Entscheidung des Managements über die Durchführung einer Due Diligence (DD)
  - Auswahl der bestgeeigneten Dienstleister (Short List) für die Due Diligence (mindestens zwei)

- Due Diligence (DD)
  - Planung und Vorbereitung der DD
  - Themenbezogene Einzelverhandlungsrunden (u. a. Rahmenvertrag, Prozesse, Leistungsscheine/LAs, Personal, Transfer-Assets, Governance/Controlling/Reporting, Preismodell/Kosten/Boni/Mali, Recht, Transition)
  - Inhaltliche Verhandlung und Erstellung der Vertragsdokumente
  - Transition-Grobplanung (u. a. Leistungspakete, Ergebnistypen, Ablauf, Kosten)
  - Eingang und Prüfung der finalen Angebote (Best and final Offer – BafO)
  - Finale Angebotsverhandlung
  - Einzelmeeting mit dem Management
- Entscheidung
  - Sachliche Gesamtbewertung der DD-Erkenntnisse und -Ergebnisse
  - Ergebnispräsentation vor dem Management
  - Vergabeentscheidung des Managements
  - Vertragsausfertigung und -unterzeichnung.

2.4.2 Ergebnisse/Ergebnistypen

Am Ende der Ausschreibungs-Phase liegen die mit den DD-beteiligten Anbietern final verhandelten Vertragswerke – Rahmenvertrag, Leistungsscheine/SLAs, Transition-Grobplan, Personalüberleitungsvertrag, Asset-Vertrag, ggf. Anhänge – sowie deren finale Angebote (BafO) vor. Es besteht nun Marktevidenz hinsichtlich eines Outsourcing Business Cases.

Die Erkenntnisse und Ergebnisse aus der Due Diligence werden vom Projektteam bewertet, in einer kurzen Dokumentation zusammengefasst und dem Management mit einer begründeten Empfehlung präsentiert. Das Management trifft auf dieser Grundlage eine Vergabeentscheidung.

In aller Regel ist es nicht vorteilhaft, während der Ausschreibungs-Phase eine Absichtserklärung (Letter of Intent – LoI) abzuschließen oder gar einen Vorvertrag einzugehen.

2.5 Phase 3 – Transition (TRN)

Die Umsetzung der im Transition-Grobplan festgelegten Projekte und Aufgaben erfolgt in der Transition-Phase. Der Dienstleister übernimmt schrittweise die Verantwortung für die IT-Services. Am Ende der Phase sind alle Konsolidierungs- und Transformationsvorhaben abgeschlossen, die tagesgeschäftlichen Prozesse der Partnerschaft eingeschwungen.

2.5.1 Wichtige Aufgaben und Schritte

- **Transition-Feinplanung**
  - Erstellung des finalen Transition-Planes auf Basis des Grobplanes (u.a. TRN-Team/TRN-Leitung, Leistungspakete, Aufgaben, detaillierter Zeit- und Ablaufplan, Personaleinsatz, TRN-Voraussetzungen, Einbindung Dritter, Ziel- und SLA-Parameter, Dokumentation, Meilensteine/Abnahmekriterien, Mitwirkungspflichten, Controlling/Berichtspflichten, Eskalationsmanagement, Vergütungsmodell, Bonus/Malus)
- **Mitarbeiterübergang** (sofern zutreffend)
  - Überführung der Mitarbeiter zum Dienstleister zu einem Stichtag
  - Ausgleich finanzieller Ansprüche
  - Einarbeitung der neuen Mitarbeiter/Schulungen
- **Übergang von Wirtschaftsgütern**
  - Übertragung der vereinbarten Assets auf den Dienstleister zu einem Stichtag
  - Begleichung finanzieller Ansprüche
- **Governance/Controlling**
  - Etablierung der Governance-Strukturen
  - Einführung der Controlling-Systeme
  - Aktivierung der Berichtspflichten
- **Umsetzung der Transition-Projekte**
  - Umsetzung der TRN-Projekte und -Aufgaben gemäß Transition-Plan (z. B. Know-how-Transfer, Konsolidierung der Applikationslandschaft, HW-Refresh, Asset-Datenbank einrichten)
  - Enge Meilensteinkontrolle
  - Schrittweise „Aktivierung" der SLA-Parameter und Boni-/Mali-Regelungen
  - Transition-Abschlußbericht
  - Vergütung der Transition-Leistungen.

2.5.2 Ergebnisse/Ergebnistypen

Die Transition-Phase ist erst mit der erfolgreichen Durchführung aller Transformationsvorhaben gemäß Transition-Plan beendet. Die Prozesse und Strukturen der Zusammenarbeit (u. a. Support, Berichtswesen, Change Management, Projekte) sind etabliert und arbeitsfähig.

Die Ergebnisse und Schwierigkeiten innerhalb der Transition sind im Transition-Abschlußbericht dokumentiert. Der Beschluss des Berichtes durch beide Parteien markiert das Ende der Transition. Das TRN-Team wird aufgelöst.

Damit sind die Voraussetzungen für den Start der Betriebs-Phase geschaffen.

2.6 Phase 4 – Betrieb

An einem definierten Stichtag wechselt die ITO-Partnerschaft in die Betriebs-Phase (Regelbetrieb). Es ist keine Transition-Aufgabe mehr offen, kein Zusammenarbeits- und Controlling-Prozess uneingeschwungen. Alle SLAs sind aktiviert. Der Dienstleister trägt die volle Verantwortung für eine vertragskonforme Leistungserfüllung.

2.6.1 Wichtige Aufgaben und Schritte

- **IT-Tagesgeschäft**
  - Erfüllung der IT-Services wie in den Leistungsscheinen / SLAs bestimmt
  - Change Management
- **Projektmanagement**
  - Planung und Umsetzung anfallender IT-Projekte
  - Innovationsmanagement
- **Governance/Controlling**
  - Erfüllung der Berichtspflichten
  - Ausübung der Berichtsrechte
  - Durchführung von Meetings gemäß Governance-Vereinbarung (u.a. SLA-Reviews, Qualitätsmanagement, Einsatz der Bonus-/Malus-Instrumente)
  - Eskalationsmanagement
- **Benchmarking**
  - Regelmäßige Prüfung und ggf. Anpassung der Vergütung (sofern vereinbart)
  - Durchführung eines Benchmarks (sofern vereinbart)
- **Neuausschreibung oder Vertragsverlängerung**
  - Prüfung einer Vertragsverlängerung (nur bei einem erfolgreichen Outsourcing)
  - Vorbereitung und Durchführung der Neuausschreibung der IT-Leistungen
- **Beendigungsmanagement**
  - Beendigungsmanagement gemäß vertraglicher Vereinbarung.

2.6.2 Ergebnisse/Ergebnistypen

In der Betriebs-Phase – wenn nicht schon in der Transition – beweist sich der Erfolg eines Outsourcings. Die Qualität der IT-Services, die Kompetenz des Anbieters, die Substanz der Verträge, das Maß an Transparenz in der Zusammenarbeit - alles hängt maßgeblich von der Professionalität der vorab geschaffenen Strukturen und Vereinbarungen ab. Nachträgliche Korrekturen sind, wenn überhaupt, allenfalls minimal durchsetzbar.

Frühzeitig (spätestens ein Jahr vor Vertragsablauf) ist eine erneute Ausschreibung vorzubereiten, sofern sich eine Vertragsverlängerung nicht aufgrund der gemachten Erfahrungen als die bestmögliche Option anbietet.

3. Zusammenfassung

Viel steht auf dem Spiel, wenn die IT ihren Beitrag zum Unternehmenserfolg nicht zuverlässig leistet – und das bedeutet in allererster Linie, sie muss „funktionieren". Ob die IT intern oder extern durch einen oder mehrere Provider erbracht wird, ist dabei egal. Entscheidet sich ein Unternehmen aber für ein Outsourcing, muss seine Entscheidung auf einem festen Fundament für eine erfolgreiche IT in der Zukunft ruhen.

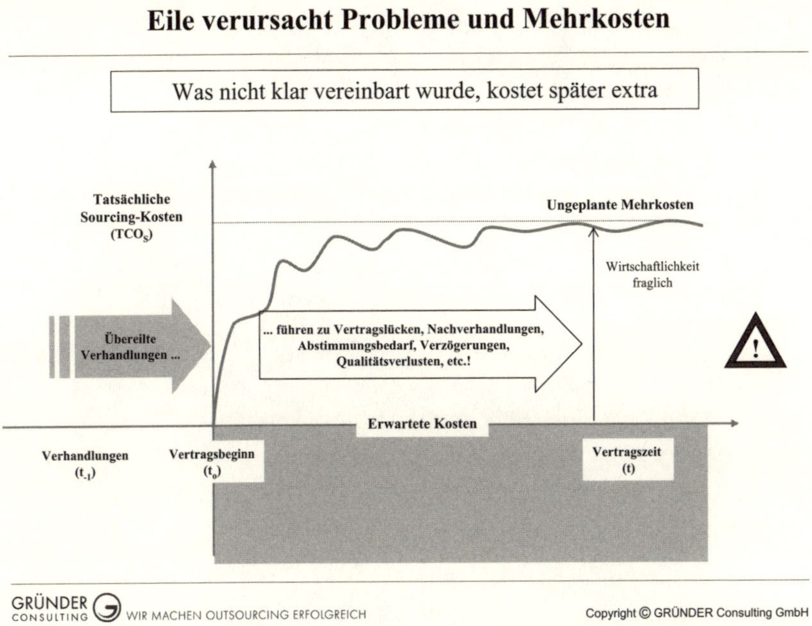

Abbildung 18-3: Überstürztes Outsourcing verhindert Wirtschaftlichkeit

Ohne ein professionelles Projektmanagement wird ein IT-Outsourcing in der heutigen Zeit für viele Unternehmen zunehmend zu einem Wagnis. Vielfältig sind die Sourcing-Optionen, die Komplexität ist hoch – die Gefahr, folgenschwere Fehler zu begehen, allgegenwärtig. Vor allem Verhandlungsfehler und Vertragslücken rächen sich über die gesamte Laufzeit. Fußt die Beziehung nicht auf definierten Regeln und Pflichten, mangelt es an Transparenz oder fehlen Instrumente zur Steuerung – dann sitzen andere im IT-Cockpit und die Kosten laufen davon.

Leistungsscheine und Service Level Agreements in der IT – betriebswirtschaftliche und rechtliche Aspekte

TORSTEN GRÜNDER UND PROF. DR. JOACHIM SCHREY

1. Die strategische Bedeutung von Leistungsscheinen und Service Level Agreements beim IT-Outsourcing

Soll ein IT-Outsourcing erfolgreich sein, braucht es eindeutige Beschreibungen der Leistungen, definierte Verantwortlichkeiten und Prozesse. Diese müssen vor Vertragsunterzeichnung final verhandelt und schriftlich festgehalten sein.

Von IT als einer externen Dienstleistung erhofften sich Unternehmen zählbare Vorteile – allen voran geringere Kosten und eine verbesserte Qualität der IT-Funktionen, aber auch Innovationsimpulse, Beherrschung der IT-typischen Komplexität, (Kosten-)Transparenz, Bedarfsfokussierung, Flexibilität. Um diese Vorgaben in einer ITO-Partnerschaft tatsächlich zu erreichen und nachhaltig abzusichern, werden die Leistungsinhalte und Qualitätskriterien der gesourcten IT-Dienste in Form von Leistungsscheinen (Statement of Work – SoW) sowie Service Level Agreements (SLAs) festgeschrieben.

Die bloße Vereinbarung von als ‚Leistungsschein' (LS) oder ‚SLA' bezeichneten Dokumenten nützt einem Unternehmen regelmäßig wenig. Über 80 Prozent der im Markt anzutreffenden Leistungsscheine und SLAs sind nachteilig oder sogar grob nachteilig für die Dienstnehmer. Häufig beinhalten sie regelungsleeres Füllwerk, wurden übereilt oder ohne die nötige Erfahrung abgeschlossen. Typische (Spät-)Folgen sind u. a. Intransparenz, ausufernde Kosten, Abhängigkeit vom IT-Dienstleister und fehlende Möglichkeiten zur Steuerung der Servicebeziehung während der Vertragslaufzeit.

Die IT ist für viele Unternehmen kein Kerngeschäft, aber ohne IT geht heute im Kerngeschäft oft nichts mehr. Ist ein IT-Outsourcing angestrebt, muss sich unternehmerische Verantwortung in professionellen LS und SLAs niederschlagen.

Gute LS und SLAs schaffen Klarheit in der Servicebeziehung und tragen als wichtigstes und oftmals einziges Steuerungsinstrument zu deren Wirtschaftlichkeit bei. Als Faustregel gilt: Je geschäftskritischer ein IT-Service für einen Geschäftsprozess ist, umso präziser müssen dessen Leistungsparameter (auch Key Performance Indicators – KPIs – genannt) bestimmt sein.

Die konkreten Anforderungen der Unternehmen an ihre IT sind unterschiedlich. Zahlreiche Faktoren wie Unternehmensstandorte, Applikationslandschaft, IT-Fertigungstiefe, Geschäftsgepflogenheiten, etc. spielen hierbei eine wichtige Rolle. An den tatsächlichen IT-Anforderungen aber müssen die Inhalte von Leistungsscheinen und SLAs ausgerichtet sein. Deren Ausgestaltung ist folglich eine Aufgabe aus betriebswirtschaftlicher Perspektive (Primärfokus: Bedarfsgerechte IT-Versorgung der Fachabteilungen) und weniger aus juristischer (Primärfokus: Rechtsfolgeszenarien). Kernziel von LS und SLAs muss also eine zuverlässige und bedarfsorientierte Sicherstellung IT-gestützter Geschäftsprozesse sein. Umsatz und Gewinn im Unternehmen hängen schließlich nicht selten direkt von einer funktionierenden IT ab.

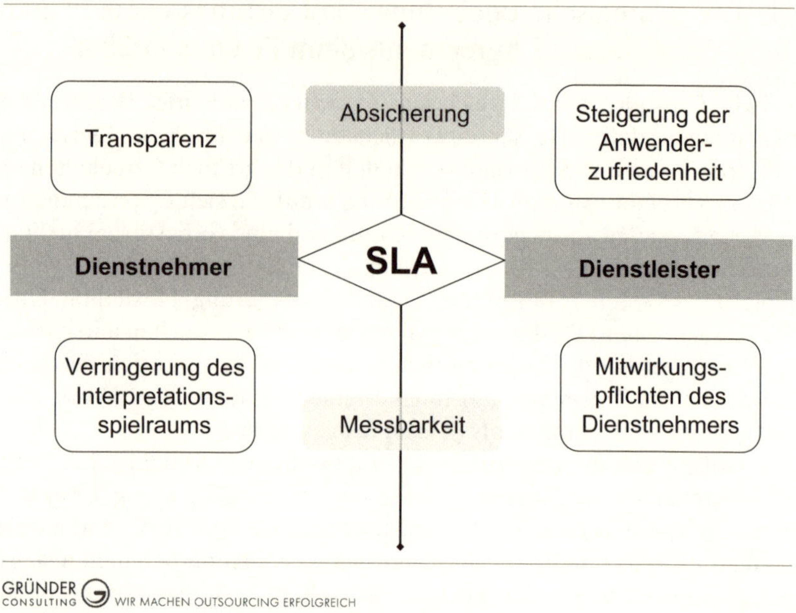

Abbildung 19-1: Warum SLAs verwenden[1]

In der heute globalisierten und integrierten Wirtschaftswelt bilden SLAs damit einen zentralen Baustein im Risikomanagement. Die hohe Abhängigkeit der Unternehmen von ihrer IT - und damit von ihren IT-Dienstleistern - macht ein IT-Outsourcing ohne belastbare Leistungsscheine und SLAs zu einem riskanten und nicht selten auch kostspieligen Vorhaben.

1.1 Einbettung in das Vertragswerk

Erfolgreiche ITO-Beziehungen basieren auf einem flexiblen, vor dem Start einer Transition zwischen Dienstleister und Dienstnehmer abschließend verhandelten Vertragswerk. Üblich ist (siehe Abb. 19-2) eine Einbettung verschiedener Leistungsscheine und zugehöriger SLAs in ein integriertes Vertragswerk, zu dem regelmäßig ein Rahmenvertrag (Master Service Agreement – MSA) gehört, bei Bedarf gegebenenfalls ergänzt um unvermeidbare Anhänge sowie Transfervereinbarungen (bei Übergang von Personal, Wirtschaftsgütern).

In der Praxis bewährt hat sich ein übergreifender ‚LS Service-Prozesse', der typische und wiederkehrende Prozesse sowie Pflichten gültig für alle anderen LS regelt. Der Rahmenvertrag kann dadurch verschlankt, das Vertragsmanagement stark vereinfacht werden.

1 Weinzierl/Mayr (2010): Folie 8.

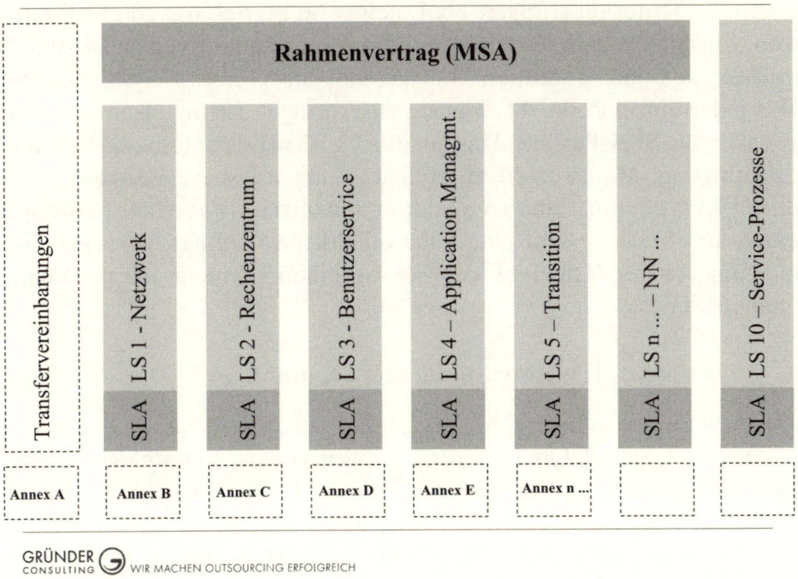

Abbildung 19-2: Vertragswerk nach OMIT[2]

1.2 Service ist nicht Produkt – Was LS und SLAs leisten müssen

Die Beschreibung eines Produktes (etwa einer Tasse, eines Reifens, einer Flasche, etc.) ist in der Regel einfach und erlaubt später dessen exakte und massenhafte Reproduktion im industriellen Prozess. Ein (IT-)Service hingegen hängt von vielen und vor allem von unsteten Faktoren ab – qualitativen, örtlichen, personellen (u. a. Kompetenz, Verfügbarkeit), zeitlichen (z.B. genauer Bedarfszeitpunkt, Anmeldung und Umsetzung einer Change-Anforderung), technologischen, etc.. Er ist schwieriger und regelmäßig nur lückenbehaftet beschreibbar, was seine Leistungserbringung und -erfüllungskontrolle deutlich erschwert. Ob und wann beispielsweise ein komplexer IT-Service also tatsächlich „vertragsgemäß“ erbracht wurde, ist vergleichsweise weniger objektivierbar. Um IT-Serviceleistungen dennoch einer Messbarkeit zugänglich zu machen, wurden im Markt LS und insbesondere SLAs eingeführt.

Leistungsscheine werden nach typischen IT-Gewerken (etwa Netzwerk, Rechenzentrum, Application Management Services, UHD) differenziert (siehe Abb. 19-2). Je nach der zu beauftragenden Leistungstiefe wird in einem Leistungsschein im Wesentlichen das *Was* eines oder mehrerer IT-Services beschrieben. Das kann zusammen mit den zu Vertragsbeginn bestehenden

2 GRÜNDER: OMIT-Modell (2000 bis 2003)

quantitativen Kriterien erfolgen – beispielsweise Betrieb von 200 SAP-Arbeitsplätzen, Einsatz von mindestens zehn Unix-Experten im Rechenzentrum, User Help Desk für 1.000 Anwender, Management eines Firewall-Systems, etc..

Wie jeder einzelne der IT-Dienste zu erbringen ist, regelt in jedem Leistungsschein die SLA-Passage. Das inhaltliche *Was* (Leistungsbeschreibung, Ort der Erbringung, Mengengerüste, etc.) wird um messbare Kenngrößen (verbindliche KPIs) ergänzt und so qualitativ spezifiziert. Zwischen IT-Leistungsscheinen und SLAs besteht eine hohe inhaltliche Affinität, was eine Zusammenfassung beider Themenkomplexe in einem gemeinsamen Dokument empfehlenswert macht.

1.3 Entstehung von LS und SLAs

Die Ausarbeitung von LS und SLAs gestaltet sich in der Praxis häufig schwieriger als erwartet. Sie setzt im Unternehmen u. a. genaue Kenntnisse der eigenen IT-Bedarfe voraus, was eher die Ausnahme ist. Typische Folgen bei Kenntnisdefiziten sind Lücken im beauftragten Leistungspaket sowie Unschärfen in der Preis- und Vertragsgestaltung. Damit sind Konfliktsituationen in der späteren Outsourcing-Beziehung vorprogrammiert.

IT-Services betreffen praktisch alle Unternehmensbereiche. Alle wesentlichen Abteilungen sollten an der internen Diskussion zur Ausarbeitung von IT-Service Levels beteiligt werden – Management, IT, Fachabteilungen, u.s.w. Dieser Anwenderkreis repräsentiert unterschiedliche Kenntnisse und Interessen bezüglich der IT. Es ist eine gemeinsame Linie zu finden, um später bei den externen Verhandlungen mit den IT-Dienstleistern ein optimales Ergebnis erzielen zu können.

Die Ausgestaltung professioneller LS und SLAs kann Wochen, manchmal, im Rahmen der Verhandlung umfänglicherer und komplexer Outsourcing-Vorhaben auch einige Monate beanspruchen. Gute LS und SLAs sind diesen Vorabaufwand in jedem Fall wert, sie verhindern nicht nur das Risiko ausufernder IT-Kosten während der Vertragslaufzeit, sondern vor allem auch den Verlust IT-strategischer Informationen und Entscheidungsmöglichkeiten. Eine Unterstützung durch neutrale Beratungskompetenz ist gerade an dieser Stelle oft hilfreich.

1.4 Kennzeichen guter LS und SLAs

LS und SLAs hoher Güte zeichnen sich durch die folgenden Haupteigenschaften aus:

- **Kürze** – Jedes füllende Beiwerk wurde vermieden, nur Inhalte mit echtem Regelungscharakter wurden aufgenommen. Die Beschreibung einzelner ITIL-Prozesse etwa ist ein Wesensmerkmal schlechter SL.

- **Struktur** – Eingebettet in ein kluges und flexibles Vertragswerk.
- **Präzision** – Leistungspflichten, Mitwirkungen, Verantwortlichkeiten, etc. sind genau beschrieben, spätere Streitfälle oder Diskussionen aufgrund schwammiger oder fehlender Inhalte die Ausnahme.
- **Transparenz** – Für alle Beteiligten besteht Klarheit über die bestehenden Leistungspflichten und -ansprüche, auch Vergütungsansprüche.
- **Messbarkeit** – Verwendete SLA-Parameter sind (einfach) messbar, ein aussagefähiges Berichtswesen erlaubt die Überprüfbarkeit der gelieferten Services.
- **Eigenleistung** – Das Unternehmen hat seine IT-Bedarfe selbst erhoben, bevor es in Verhandlungen zur Ausgestaltung von LS / SLAs einsteigt. Im Idealfall legt es eigene LS- und SLA-Entwürfe vor.
- **Bedarfsorientierung** – Die vereinbarten LS- und SLA-Inhalte spiegeln die tatsächlichen IT-Anforderungen des Dienstnehmers, nicht das Angebotsspektrum des Anbieters wider.
- **Vollständigkeit** – Die Darüber-sprechen-wir-später-nochmal-Problematik. Gute LS und SLAs sind bei Unterschrift final verhandelt, aktuell und inhaltlich vollständig. Nötige Regelungen wurden nicht auf einen nachvertraglichen Zeitpunkt vertagt, sie sind dann in aller Regel nur noch schwer verhandelbar.
- **Verständlichkeit** – Auch einem durchschnittlichen IT-Anwender müssen LS und SLAs verständlich sein. Idealerweise sind diese nicht in einer Fremdsprache verhandelt und abgefasst worden.

1.5 End-to-End-SLA

Eine besondere Herausforderung und ein Risiko stellen sogenannte End-to-End-SLAs dar. Hierbei übernimmt ein IT-Dienstleister – als Generalunternehmen - vollumfänglich die Verantwortung für die Erfüllung eines bestimmten IT-Dienstes gegenüber einem Dienstnehmer. In der Praxis besitzt er aber typischerweise selten selbst die Kontrolle über die gesamte Service-Delivery-Kette – u. a. Netzwerk, Server, Datenbank, Applikation, Desktop. Er muss sich vielmehr an bestimmten Stellen seinerseits der Dienste Dritter (Sub-Kontraktoren) bedienen – Konstellation der mehrstufigen Provider-Stellung. Auf deren Leistungsfähigkeit und Zuverlässigkeit (z. B. Netzwerkdienste eines Carriers) ist er dann selbst in der Rolle eines Dienstnehmers angewiesen. Will der IT-Dienstleister seinem Dienstnehmer hochwertige Services zuverlässig liefern, müssen die Services und Prozessschnittstellen (Support, Eskalation, etc.) zu diesen Dritten – seinen IT-Dienstleistern – perfekt funktionieren.

Einem Dienstnehmer bietet ein End-to-End-SLA indes den Vorteil eines Single Point of Contact in allen Angelegenheiten, da ihm ein gesamtverantwortlicher IT-Dienstleister als Lieferant gegenüber steht. In der Realität indes ist das nur so viel wert, wie die dahinter ablaufenden Prozesse und Zuständigkeiten unter den verschiedenen IT-Providern zuverlässig abgestimmt sind. Ein gutes Praxisbeispiel hierfür sind mobile Apps für Handys.

2. Schwerpunkte in SLAs

Den Standardleistungsschein bzw. das Standard-SLA für IT-Dienste mit übergreifender Allgemeingültigkeit gibt es heute noch nicht. An dieser Stelle kann nur auf unverzichtbare Schwerpunkte eingegangen werden, die bei einer SLA-Ausgestaltung mindestens zu berücksichtigen sind.

2.1 Am Service orientierte SLA-Parameter

Die Parameter zur Spezifikation der Qualität eines IT-Dienstes (Service Level) und damit die Inhalte eines SLA sind aus den konkreten Business-Anforderungen des Dienstnehmers abzuleiten – beispielsweise Verfügbarkeitszeiträume, maximale Systemausfallzeit je Ereignis, Reaktions- und Support-Zeiten, Wiederherstellungszeiten, u.s.w. Dabei ist jeder Dienst einzeln zu betrachten. Lücken an dieser Stelle haben später Einfluss auf die Leistungsfähigkeit des Berichtswesens (Reporting).

Rückschlüsse darauf, ob ein bestimmter Leistungsparameter im Einzelfall zweckmäßig ist oder nicht, liefert das konkrete Nutzungsszenario des IT-Dienstes. Es ist also darauf abzustellen, wofür der Service im geschäftlichen Alltag vom Dienstnehmer verwendet wird. Die Möglichkeiten und Varianten an dieser Stelle sind vielfältig. Häufig können sinnvolle Festlegungen erst in Abstimmung mit den Fachabteilungen und SLA-Experten getroffen werden.

Beispiel:

Das Unternehmen A nutzt den von einem ISP (Internet Service Provider) bereitgestellten Internet-Zugang (Standleitung) allein zum Surfen und Versenden von E-Mails. Die in dem Unternehmen B bestehende Standleitung wird jedoch auch für Video-Conferencing und IP-Telefonie (VoIP) in Anspruch genommen.

Die Nutzungsarten erfordern verschiedene qualitative und quantitative (Bandbreite) Dienstmerkmale. B benötigt definierte Leistungsmerkmale (etwa stetige Mindestbandbreite, maximale Latenz und Paketverlustrate), um die Sprach-Daten-Dienste erfolgreich nutzen zu können. Bei A hingegen dürfte es kaum relevant sein, wenn sich eine E-Mail beispielsweise wegen temporär schwacher Performance um Sekunden verspätet.

Bei der Auswahl und Beurteilung der Eignung von Leistungsmerkmalen ist also darauf abzustellen, was der Dienstnehmer im Einzelfall mit dem IT-Dienst zu tun beabsichtigt.

Als Leistungsmerkmale dienen in der Praxis oft Grenzwerte – zeitliche Fristen, technische Min-/Max-Parameter, Min-/Max-Mengen – da diese ebenso eindeutig als auch gut messbar sind. Abhängig von deren Über- bzw. Unterschreitung ist, je nach Fall, ein Service vereinbarungsgemäß erbracht und damit der SLA erfüllt oder eben nicht. In aller Regel werden solche Grenz- bzw. Schwellwerte nicht als Garantiezusage verstanden, sondern als zu erfüllendende Zielvereinbarung. Gelegentlich werden solche Ziele auch gestuft vereinbart und mit mehr oder minder sinnvoll bestimmten Folgen (Bonus, Malus) verknüpft.

Gänzlich ungeeignet sind oft aus Übersee eingeführte KPIs, beispielsweise MTTR. Das Kürzel steht für Mean Time to Repair und bedeutet kaum mehr, als dass die Wiederherstellung eines Systems lediglich innerhalb der für einen solchen Fehler/Störung einer solchen Fehlerklasse durchschnittlich üblichen Zeit angestrebt ist – ein unbestimmter und somit auslegbarer Begriff.

In der nachfolgenden Tabelle (siehe S. 282) sind einige IT-Dienste mit beispielhaften SLA-Parametern als Ausschnitt der heutigen Möglichkeiten dargestellt. In Abhängigkeit von den bestehenden IT-Anforderungen können diese Parameter von Unternehmen zu Unternehmen variieren oder müssen um zusätzliche Kriterien ergänzt werden.

Es gibt aber auch IT-Dienste, bei denen Merkmale per se nur unscharf festlegbar sind. Dazu zählen regelmäßig OS- (Operation System), Datenbank- und AMS-Dienste (Application Management Services). Bei Software als Service etwa liegt das regelmäßige Patchen der Anwendungen im festen Interesse des Dienstnehmers – er wird ein zuverlässiges Patch-Management vom Provider erwarten und verlangen.

Besonderheit Patch-Management:

Die Anzahl und der Zeitpunkt der Verfügbarkeit (notwendiger) Patches ist oft - ebenso Updates - vorab nicht genau ermittelbar und kann bestenfalls geschätzt werden. Der Provider ist bei der Verfügbarkeit geeigneter Patches zudem von den Software-Herstellern abhängig.

Es könnte z.B. für (Sicherheits-)Patches die Verpflichtung gelten, dass diese durch den Dienstleister unverzüglich nach erfolgter Bereitstellung durch einen geeigneten Sicherheits-Software-Hersteller einzuspielen sind. Was *Unverzüglichkeit* (juristisch: ohne schuldhaftes Zögern) dann im Einzelfall bedeutet, ist u.a. mit den Gegebenheiten im laufenden Betrieb abzustimmen.

Eine bestimmte Mindestanzahl pro Jahr oder die Vereinbarung, alle notwendigen Patches einzuspielen, kann als Basis für die Kostenbestimmung dienen. Möglich wäre in begründeten Ausnahmen auch eine projektbasierte Abrechnung.

An solchen Stellen sind Kompromisse in SLAs unumgänglich. Es sind Vereinbarungen zu finden, die realistisch, praxisnah und interessengerecht sind (siehe Kasten).

IT-Service	SLA-Parameter
Gemanagte Infrastruktur (Server-Systeme)	Servicezeit: 24 Stunden × 7 Tage × 52 Wochen System-Gesamtverfügbarkeit: Min. 99,50 % pro Monat System-Antwortzeiten: Max. 100 ms im täglichen Schnitt
Gemanagte Infrastruktur (Netzwerk)	Servicezeit: 24 Stunden × 7 Tage × 52 Wochen Anzahl an Ausfällen: Max. 1 pro Quartal Ausfallzeit je Störung: Max. 4 Stunden pro Quartal/Standort
Gemanagte Infrastruktur (Standleitung mit QoS)	Servicezeit: 24 Stunden × 7 Tage × 52 Wochen Paket-Latenz: Max. 120 ms (transatlantisch) Paket-Loss: Max. ≤ 0,5 %
Support (User Help Desk)	Servicezeit: 24 Stunden × 7 Tage × 52 Wochen Rufannahme: Min. 80 % aller eingehenden Calls innerhalb von max. 15 s Supportsprachen: deutsch und englisch (jederzeit)
Speicherkapazität (vorgehalten)	Min. 1 TByte
Daten-Recovery	Min. 250 GByte je Stunde
SAP Basis-Betrieb (Standardtransaktions-korb)	Durchschnittliche Antwortzeit: Max. 800 ms
Fehlerlösung	z. B. der Fehlerklasse „Prio 1“: Max. 4 Stunden
Patch-Management	Einspielung unverzüglich nach Verfügbarkeit eines geeigneten Patches

Tabelle 19-1: Beispielhafte Leistungsmerkmale in einem SLA (OMIT)

2.2 Verfügbarkeit

Im Mittelpunkt vieler SLA-Verhandlungen steht immer wieder die Verfügbarkeit bestimmter IT-Komponenten oder spezifischer Applikationen als Service. Diese Größe (oft noch tradiert angegeben in Prozent pro Zeitabschnitt – z. B. 99,0 Prozent im Kalendermonat) bestimmt jenen Zeitraum, innerhalb dessen der betroffene Service für den Anwender bereit stehen, also nutzbar sein muss. Innerhalb der festgelegten Servicezeit, z. B. von 08.00 Uhr bis 18.00 Uhr an Werktagen, hat sich der Dienstleister zur Bereitstellung des Dienstes verpflichtet und ist für dessen Verfügbarkeit verantwortlich.

Über die qualitativ-funktionale Ausprägung des vereinbarten Dienstes besagt der Parameter ‚Verfügbarkeit‘ dagegen noch gar nichts. Die Sicherung dieser nutzerseitigen KPIs muss durch die Vereinbarung zusätzlicher Service-Parameter erfolgen.

Echte Hochverfügbarkeit eines IT-Dienstes rund um die Uhr (24 Stunden täglich/7 Tage in der Woche/365 Tage im Jahr) ist im Detail eine komplexe und teure Angelegenheit. Bei Systemanforderungen mit einer Null-Fehler-Philosophie (Flugsicherung, Verteidigung, Bankwesen, Intensivstation im Krankenhaus, Atomkraftwerke) aber ist sie unverzichtbar.

2.3 Wartungszeiten

IT-Systeme müssen regelmäßig gewartet werden. Dazu werden in einem SLA geplante (sofern aus Sicht des Dienstnehmer-Business überhaupt möglich) Wartungszeitfenster vereinbart. Ein solches Service Window ist an einem Sonntag im Monat oder im Quartal – etwa zwischen 02.00 und 08.00 Uhr – typisch.

Sofern nicht abweichend geregelt, hat ein Wartungsfenster keinen Einfluss auf die festgesetzte Systemverfügbarkeit und bleibt bei deren monatlicher Berechnung üblicherweise unberücksichtigt. Eine solche Vorgehensweise muss mit den Business-Anforderungen im Unternehmen abgestimmt sein, andernfalls könnten z. B. Produktionssysteme an einem Wochenende trotz Bedarfes nicht zur Verfügung stehen. Denn innerhalb eines im LS vereinbarten oder kurzfristig genehmigten Wartungsfenster kann, muss aber ein Dienst für den Dienstnehmer nicht verfügbar sein.

2.4 Reaktionszeit und Reaktionsquote

Von hoher Bedeutung ist die Festlegung exakter Reaktionszeiten, nicht nur für Dienstleistungen im User Help Desk (UHD).

Als Reaktionszeit wird häufig die Zeit angesehen, die zwischen dem Eingang einer Fehlermeldung im UHD (Anruf eines Anwenders) oder einer Systemmeldung im Second Level und dem bloßen Beginn einer ‚Aktivität' durch qualifiziertes Personal vergeht. Eine Reaktionszeit gilt in der Regel nur innerhalb der, etwa für den UHD oder das betroffene System, festgelegten Servicezeiten. Außerhalb dieser Zeiten (z. B. täglich von 06.00 Uhr bis 20.00 Uhr) erfolgt dann (hier täglich von 22.00 Uhr bis 06.00 Uhr) regelmäßig keine Reaktion und damit auch keine Entstörung.

Auch der Zeitraum zwischen der Feststellung eines Fehlers durch den Dienstleister selbst und dem Beginn der daraufhin erfolgenden Aktivität durch sein Fachpersonal repräsentiert eine Reaktionszeit. Oftmals wird für den Zeitpunkt messbar erfolgter Aktivität auf die Öffnung eines Trouble Tickets im UHD abgestellt.

Die Reaktionsquote ist der prozentuale Anteil an Fehlermeldungen, auf die ein Dienstleister innerhalb der vereinbarten Reaktionszeiten reagiert hat. Die Ermittlung erfolgt üblicherweise über den Zeitraum eines Monats.

2.5 Fehlerpriorisierung

Eine Priorisierung auftretender Fehler in sinnvolle Fehlerklassen ist hilfreich. Sie ermöglicht im Einzelfall ein an der Business-Kritikalität des Fehlers ausgerichtetes Vorgehen. Der Dienstleister etwa kann seine verfügbaren Experten gezielt einsetzen, was u.a. eine schnelle Fehlerlösung unterstützt.

Priorität	Reaktion	Beschreibung
Hoch	Direkte und unverzügliche Fehlerlösung erforderlich	Ausfall einer geschäftskritischen Applikation (z. B. SAP PROD)
Mittel	Dringende, aber ggf. nicht unmittelbare Fehlerlösung erforderlich (Trouble Shooting)	Ausfall einer nicht geschäftskritischen Applikation (z. B. Zeiterfassungssystem)
Niedrig	Spätere Fehlerlösung möglich	Unkritische Applikation ist verfügbar, zeigt aber einzelne Performance-Probleme
Normal	Bearbeitung/Lösung i. d. R. ohne besondere Priorität	Vom Dienstnehmer initiierte Anfragen oder Änderungen

Tabelle 19-2: Beispiel für eine mögliche Fehlerklassifizierung

Eine überzeugende Umsetzung von Fehlerklassen gelingt in der Praxis nicht ohne weiteres. Anwender beurteilen ein aufgetretenes Problem aus ihrer unmittelbaren Perspektive fast immer als besonders dringend. Der Einsatz von prioritätsbezogenen UHD-Rufnummern erweist sich häufig nur dann als Vorteil, wenn die dadurch verursachten Support-Kosten den Fachabteilungen später auch direkt verrechnet werden.

2.6 Fehlerlösungszeit und Lösungsquote

Fehlerlösungszeiten beschreiben definierte Fristen zwischen dem Eingang einer Fehlermeldung (etwa im UHD) und der vollständigen Umsetzung einer Fehlerlösung durch den Dienstleister (innerhalb der vereinbarten Servicezeiten). Erst die Definition fester Fehlerlösungszeiten in Verbindung mit bestimmten Fehlerklassen erlaubt eine eindeutige Festlegung der Leistungsanforderungen und der zu erbringenden Leistungsqualität.

Nachfolgend (Tabelle 19-3) ist eine Matrix dargestellt, welche beispielhaft das Zusammenspiel von Geschäftskritikalität verschiedener IT-Systeme (Business Critical, Critical und Standard) und der abgestuften Dringlichkeit einer erforderlichen Fehlerlösung (Severity 1 bis 4) darstellt. Dieses Modell lässt sich auch auf andere Servicetypen übertragen.

Für die Fälle, in denen ein Fehler nicht innerhalb einer definierten Fehlerlösungszeit behoben werden kann, ist die Verabredung einer bestimmten Vorgehensweise zu empfehlen. Der Dienstleister kann z. B. einen Maßnahmenplan vorlegen und zu dessen Realisierung innerhalb einer festen Zeitspanne verpflichtet werden.

	Severity 1	**Severity 2**	**Severity 3**	**Severity 4**
	Incident Resolution Time (Work Around) within Dialogue Time			
Business Critical System	Max. 2 h	Max. 9 h	Max. 18 h	Resolution Point in Time given by case (> 18 h)
Critical System	Max. 9 h (Monday to Friday)	Max. 18 h (Monday to Friday)	Resolution Point in Time given by case (> 18 h)	
Standard System	Max. 18 h (Monday to Friday)	Resolution Point in Time given by case (> 18 h)		

Tabelle 19-3: Beispiel einer Fehlerlösungsmatrix für verschiedene Systemklassen (OMIT)

Die Lösungsquote repräsentiert, in welcher Größenordnung ein Dienstleister aufgetretene Fehler innerhalb der vereinbarten Fehlerlösungszeit gelöst hat. Es kann z. B. vereinbart sein, dass 99,0 Prozent aller Tickets der Fehlerklasse 1 (hohe Priorität), die in einem Monat entstehen, innerhalb von vier Stunden zu lösen sind. Erreicht oder übertrifft der Dienstleister diesen Wert, hat er das Fehlermanagement SLA-konform bewältigt.

2.7 Support-Sprache

Sprechen Anwender im UHD mit Support-Personal, fällt ihnen das oft schon in ihrer Muttersprache nicht leicht. Selbst wenn die UHD-Betreuung aus Kostengründen globalisiert aus einem internationalen Support Center heraus erfolgt, sollte die Sprache der zu versorgenden Mitarbeiter des Dienstnehmers als Service Level fest vereinbart werden.

Auch die Vereinbarung der verschiedenen Modi der UHD-Erreichbarkeit (Telefon, Web-Portal, Email, Fax) sind von wesentlicher Bedeutung.

2.8 Reporting

Nur wenn für die einzelnen IT-Services und Servicepakete messbare Leistungsparameter vereinbart wurden, kann ein späteres Berichtswesen verlässliche Aussagen hinsichtlich einer SLA-Erfüllung bzw. -Verletzung liefern. Erst dann ist auch zuverlässig eine Aussage darüber möglich, ob die beiden Hauptleistungen – IT-Services auf der einen und Vergütung derselben auf der anderen Seite – in einem angemessenen Verhältnis zueinander stehen.

Oberflächlichkeit und Lücken im Reporting-Modell sind im Markt häufig anzutreffen. Diese verhindern ein leistungsfähiges Outsourcing-Controlling über die gesamte Vertragslaufzeit.

Neben den Messmethoden ist klar festzulegen: Wer berichtet was, in welchen Zyklen und in welcher Form an wen?

> **Messmethoden:**
>
> Die verwendeten Messmethoden und das Reporting müssen dem IT-Service entsprechen.
>
> Ein Server-Ping alle 15 Minuten z. B. hat keinerlei Aussagekraft hinsichtlich der Verfügbarkeit und Performance einer auf dem Server gehosteten Applikation. Der Server kann auch ohne Anwendung funktionieren, umgekehrt ist das nicht möglich.
>
> Ein Applikationsservice (ASP) erfordert folglich Monitoring und Reporting auf Applikationsebene.

Die Ausgestaltung des Reportings ist abhängig von den Informationsansprüchen des Dienstnehmers sowie der Leistungsfähigkeit der Monitoring- und Reporting-Tools beim Dienstleister. Möglich sind kontinuierliche (Online-Reporting) oder zyklische Reportings (täglich, wöchentlich, monatlich) bzw. eine Kombination aus beiden.

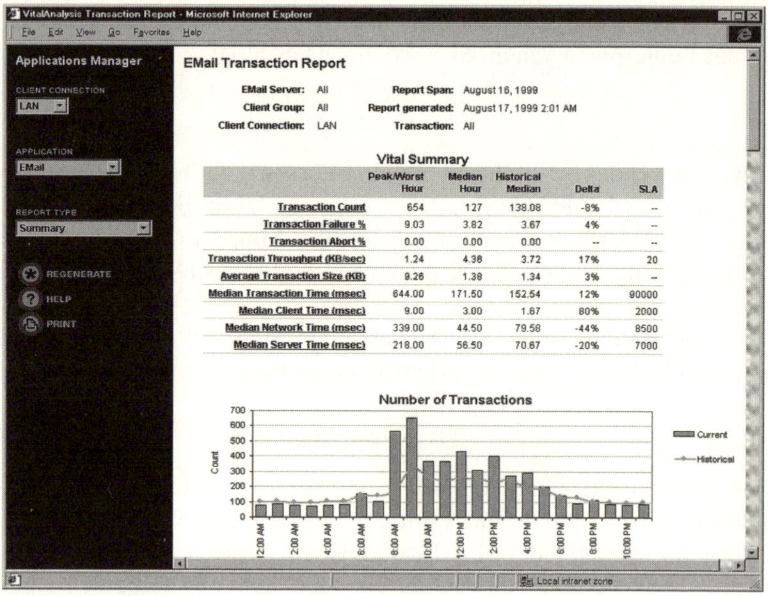

GRÜNDER CONSULTING WIR MACHEN OUTSOURCING ERFOLGREICH

Abbildung 19-3: Beispiel für ein Online-Reporting[3]

3 Vgl. VitalSuite, SIS.

2.9 Change Management und Mitwirkungspflichten

Das grundsätzliche Gerüst für ein Change Management ist im Rahmenvertrag zu hinterlegen.

Die konkreten Möglichkeiten, an einem Service Anpassungen (auch eine Erweiterung oder Reduzierung) oder inhaltliche Änderungen vornehmen zu können, sind im jeweiligen LS vorab zu fixieren. Für die Umsetzung einer Anpassung bzw. Änderung ist ein möglichst standardisierter und übergreifender Prozess zu schaffen, der im ‚LS Service-Prozesse' abgebildet wird. Empfehlenswert ist eine solche Struktur hauptsächlich bei langen Vertragslaufzeiten, bei komplexen Services sowie bei Diensten, die starken Veränderungen – Leistungsinhalt, Mengengerüst, Preise – unterworfen sind.

LS und SLAs können auch dem Dienstnehmer bestimmte Mitwirkungspflichten auferlegen. Das betrifft häufig für den Dienstleister zu einer SLA-konformen Leistungserfüllung notwendige Unterstützungstätigkeiten. Mögliche Mitwirkungen können u.a. die Kooperation bei der Fehlersuche und -beseitigung, die Gewährung von Zutritten zu Einrichtungen, die Bereitstellung von Dokumenten, Informationen und Projektressourcen, die Übergabe und Nutzung von System-Kennungen oder sogar die Installation von Kontroll- und Steuerungs-Tools auf Systemen sein.

2.10 Bonus und Malus in SLAs

SLA-Parameter stellen regelmäßig die vereinbarte Mindestleistungsgrenze für den Dienstleister dar – bei deren Erreichen gilt ein Service als vertragsgemäß erfüllt.

Eine Übererfüllung ist aber gerade in der IT der regelmäßige Fall, schließlich fallen z. B. Systeme immer seltener aus und sinkt der Support-Aufwand im Feld stetig. Insbesondere jedoch ist das zielgenaue Erfüllen eines oder mehrer SLA-Parameter untypisch und Dienstleister regen deshalb häufig für dieses „Mehr" an Leistung die Vereinbarung eines Bonus-Modells an. Ein solches kann die IT-Kosten langfristig signifikant erhöhen und sollte deshalb – wenn überhaupt – nur dann in Erwägung gezogen werden, wenn der SLA-Erfüllung auch ein „Mehr" an Business-Output gegenüber steht (Input-Output-Kausalität).

Eine heute noch selten genutzte Methode in SLAs sind Boni zur Ergänzung von Pönalen. Zweckmäßige Boni-Systeme ermöglichen Leistungsanreize für die Beteiligten beider Seiten über die gesamte Vertragslaufzeit hinweg. Die Anreizpalette ist vielfältig gestaltbar – möglich sind erfolgsabhängige Sonderprämien, Nachzahlungen (direkte Anknüpfung der Service-Gebühren an den Erfolg) und vor allem die Aussicht auf Vertragsverlängerung bei Erfüllung bzw. Übererfüllung der SLA-Kriterien.

Ein Malus-Modell (Pönale) als Teil eines SLA-Konzeptes dient als Anreiz in der IT-Partnerschaft und zugleich als Korrektiv bei einer festgestellten Minderleistung. Ein Malus-System ist stets verantwortungsvoll zu entwickeln im Zusammenspiel von:

- Kritikalität des einzelnen IT-Services für das Geschäft des Dienstnehmers,
- Gesamtvertragsvolumen, (Total Contract Value – TCV)
- Preismodell,
- SLA-Parametern.

Der Sinn eines Malus ist es nicht, indirekt Preisreduktionen oder gar eine finanzielle Schädigung des Dienstleisters zu erzielen. Im Falle eines exzessiven Schadens (besonders eines Mangelfolgeschadens), hervorgerufen durch Fehler in der IT, decken Malus-Beträge das tatsächliche Risiko des Dienstnehmers regelmäßig nicht ab. Mali sind in ihrer Höhe üblicherweise durch eine Deckelung begrenzt. In der Praxis hängt die Wirksamkeit eines Malus von einem vernünftigen und zweckdienlichen Modell ab.

Mangelfolgeschaden:

Ein Provider erbringt Application Management Services für einen Automobilhersteller.

Kommt es zu einem Ausfall der Applikation, z.B. aufgrund eines Programmierfehlers, besteht der eigentliche Mangel in der Dienstleistung (Nichtverfügbarkeit). Ein beträchlicher Schaden indes kann durch einen in der Folge verursachen Produktionsausfall entstehen, wenn über Stunden keine Fahrzeuge vom Band laufen. Mit der Produktion selbst aber hat der IT-Dienstleister in aller Regel nichts zu tun. Der Schaden entsteht hier als (kausale) Folge eines Mangels am vereinbarten IT-Service.

Mangelfolgeschäden können schnell den Betrag der Servicevergütung übersteigen und sind mit einem Malus kaum abzudecken. Eine tatsächliche Absicherung des Schadenrisikos ist ggf. durch ein Assekuranzmodell möglich.

Die Gestaltungsmöglichkeiten für Malus-Modelle sind vielfältig. Im Einzelfall ist das optimal passende System zu entwickeln, ggf. unter Hinzuziehung externer Expertise. Verschiedene Malus-Modelle sind gebräuchlich, nachfolgend einige Beispiele:

- **Day Credit** – Bei SLA-Bruch erfolgt eine anteilige Gutschrift in der Höhe eines Tagessatzes (1/30stel der monatlichen Servicevergütung). Ist z. B. eine Verfügbarkeit von 99,50 Prozent auf Monatsbasis vereinbart, wird bei einem Ausfall von mehr als 7,2 Minuten pro Tag ein Day Credit fällig. Weitere Ausfälle sowie entsprechend kumulierte Ausfallzeiten sind mit dem Modell jedoch schwierig zu erfassen.
- **Prozentuale Honorarkürzung** – Die Höhe eines Malus richtet sich prozentual nach der kumulierten Ausfallzeit des Dienstes je Tag bzw. Monat oder (praktisch sehr selten) nach einem dem Dienstnehmer tatsächlich entstan-

denen Schaden. Hohes Risiko und hoher Leistungsanreiz für den Dienstleister erfordern eine ausgewogene Deckelung.

- **Stufensystem** – Bestimmten mindergeleisteten Verfügbarkeitsstufen (in Prozent je Zeitabschnitt) sind pauschale monetäre Entschädigungen an den Dienstnehmer zugeordnet (siehe Tabelle 19-4).

Mindestverfügbarkeit: 99,90 % je Monat	**Pauschale Pönalen**
99,90 % > geleistete Verfügbarkeit > 99,80 %	1.000 EUR
99,80 % > geleistete Verfügbarkeit > 99,70 %	3.000 EUR
99,70 % > geleistete Verfügbarkeit > 99,60 %	5.000 EUR
99,60 % > geleistete Verfügbarkeit > 99,50 %	10.000 EUR

Tabelle 19-4: Beispiel eines Malus-Stufensystems (OMIT)

Das in Tabelle 19-4 dargestellte Modell eignet sich für jede Art von zeitlich definierten Leistungsparametern. Im gewählten Fall beträgt die im SLA vereinbarte Verfügbarkeit für einen Dienst 99,90 Prozent pro Monat. Unterschreitungen führen stufenweise zu progressiv ansteigenden Entschädigungen.

Von der Verabredung durchschnittlicher Verfügbarkeitsregelungen für IT-Services, die sich auf lange Zeitabschnitte beziehen, etwa auf Quartale oder Kalenderjahre, ist abzuraten. Eine Systemverfügbarkeit von 99,50 Prozent bedeutet dann, bezogen auf ein Jahr, eine zulässige Ausfalldauer von ca. 1,8 Tagen. Eine SLA-Verletzung liegt erst oberhalb dieser Frist vor. Ferner ist ein Berichtszeitraum von 12 Monaten in der Praxis wenig sinnvoll. Relevante IT-Ereignisse müssen immer zeitnah, insbesondere Security-Incidents sogar unverzüglich berichtet werden, auch um mögliche Maßnahmen umgehend ergreifen zu können.

2.11 Exit-Vereinbarung

Ein grober Rahmen für ein Exit-Szenario, etwa bei Vertragsbeendigung, oder für den seltenen Insolvenzfall, wird üblicherweise im Rahmenvertrag vorgegeben.

Unter welchen Voraussetzungen indes ein einzelner Leistungsschein kündbar sein soll, ist anhand eindeutiger Leistungsgrenzwerte in jedem einzelnen LS festzulegen. Bei wiederholter oder fortdauernder Minderleistung – objektiver SLA-Bruch – kann sich eine Schlechtleistung zur Nichtleistung wandeln. Dem Dienstnehmer kann dann ein Festhalten am LS (oder sogar am gesamten Vertrag und damit am Dienstleister) nicht mehr zumutbar sein. Für einen solchen, oft angespannten und problematischen Fall bietet sich eine gesonderte Exit-Klausel im LS als Regelbeispiel für ein außerordentliches Kündigungsrecht aus wichtigem Grund (§ 314 BGB) an. Zu regeln dabei sind vor allem die konkreten Grenzwerte und ggf. die zusätzlichen Bedingungen, die ein Kündigungsrecht auslösen sollen. Ferner sind, spezifisch für den LS, die mit einer Kündigung verbundenen Pflichten und Vorkehrungen zu bestimmen, um einen geordneten Wechsel des Dienstleisters zu ermöglichen.

2.12 Preismodell

Die Vergütung für extern bezogene IT-Dienste muss genau geregelt sein, sollen später Diskussionen über eine Angemessenheit von Leistung und Faktura vermieden werden. Dem ist durch ein auf die vereinbarten Dienste zugeschnittenes, flexibles und transparentes Preismodell Rechnung zu tragen.

3. Rechtliche Aspekte in SLAs

3.1 Rechtliche Einordnung der SLAs im Outsourcing-Vertrag

Bei der Gestaltung von Verträgen, die dem deutschen oder einem sonstigen kodifizierten Recht unterliegen, müssten im Vertragstext eigentlich nur Bedingungen aufgenommen werden, mit denen die Parteien von den im jeweils anwendbaren Gesetz enthaltenen, nicht zwingenden Bestimmungen abweichen wollen, oder die diese Gesetze ergänzen und ausgestalten sollen. Tatbestände und deren Rechtsfolgen, die im Gesetz bereits geregelt sind, müssen nicht noch einmal im Vertrag geregelt werden, solange die Parteien auch genau das wollen, was das Gesetz vorsieht. Ganz gleich, wie man einen Outsourcing-Vertrag vertragstypologisch charakterisieren mag (tatsächlich hat ein typischer IT-Servicevertrag viele miet- und einige werk- sowie dienstvertragliche Elemente, über die man sich durch den eher umgangssprachlichen Begriff der „Dienstleistung" nicht hinwegtäuschen lassen sollte), eines haben alle gesetzlichen Bestimmungen zu diesen Vertragstypen gemeinsam: Bestimmungen zur Qualität des Leistungsgegenstandes (zu erbringende Dienstleistungen, zu fertigendes Werkstück, Kaufsache) sind im Gesetz nicht enthalten. Vielmehr weist der Gesetzgeber diese Aufgabe sogar ausdrücklich den Parteien eines Vertrages zu.

Auch ein Rückgriff auf die Vorschrift in § 243 Abs. 1 BGB, wonach bei Fehlen spezifischer Regelungen stets Waren mittlerer Art und Güte zu liefern sind, bringt keine weitere Klarheit: Dem Dienstnehmer, der einen Dienstleister mit der Erbringung von IT-Leistungen beauftragt, wäre mit einem Verweis auf die in § 243 Abs. 1 BGB enthaltene Qualitätsbestimmung „mittlerer Art und Güte" überhaupt nicht gedient. Entweder gibt es für derartige Leistungen überhaupt keinen mittleren Qualitätsstandard, oder dieser wäre kaum zuverlässig – selbst durch einen Gutachter nicht – festzustellen oder für den Dienstnehmer wären Leistungen lediglich mittlerer Art und Güte gar nicht sachgerecht. Der Dienstnehmer benötigt nämlich keine Leistungen irgendeiner dubiosen mittleren Art und Güte, sondern maßgeschneiderte, auf die Bedürfnisse und Gegebenheiten im eigenen Unternehmen zugeschnittene Leistungen.

Damit wird klar, welche Nachteile für beide Seiten entstehen können, wenn SLAs entweder gar nicht oder lückenhaft abgefasst werden: Der Dienstnehmer hat keine tragfähige vertragliche Grundlage, aufgrund derer er gegen den Dienstleister vorgehen könnte, wenn er die erbrachten Leistungen als ungenügend empfinden sollte. Umgekehrt sieht sich der Dienstleister bei fehlenden SLAs häufig mit naturgemäß eher nebulösen, aber dennoch vorhandenen Ansprüchen – und den damit verbundenen Unzufriedenheitsgefühlen – seines Kunden konfrontiert. Mangels vertraglich verbindlicher Maßstäbe für die zu erbringenden Leistungen kann er diesem Missstand auch nicht fundiert argumentativ entgegentreten. Vor allem aber kann der Dienstleister seine unternehmensinternen Dispositionen und Kalkulationen an keinem klar definierten Leistungsziel ausrichten, bei dessen Erreichen er sich aus eigener Erkenntnis heraus sicher sein kann, alles ihm vertraglich Obliegende getan zu haben und dafür auch den vereinbarten Preis erzielen zu können. Offensichtlich falsch ist daher die immer wieder vertretene Auffassung, SLAs seien entweder gar nicht oder nur möglichst unscharf zu formulieren, um im Einzelfall dann das jeweils Genehme verlangen zu können. Denn dem Dienstnehmer, der wegen angeblicher Nichteinhaltung von vertraglich geschuldeten Service Levels Ansprüche geltend machen will, fehlen die notwendigen vertraglichen Anknüpfungspunkte, um darlegen zu können, dass die Parteien sich bei Vertragsschluss exakt auf einen konkreten Service Level als vertraglich geschuldet geeinigt haben. Umgekehrt kann der Dienstleister zwar darlegen und beweisen, welchen Service Level die von ihm tatsächlich erbrachten Leistungen erfüllt haben; der zu einer erfolgreichen Verteidigung gegen erhobene Ansprüche jedoch erforderliche zweite Argumentationsschritt, nämlich darzulegen, dass der erreichte Service Level tatsächlich dem vertraglich geschuldeten Service Level entsprach oder ihn gar übertroffen hat, bleibt dem Dienstleister verwehrt.

3.2 Verhältnis zwischen Service-Vereinbarung und Gewährleistung

Für die rechtliche Gestaltung von SLAs und in manchen Fällen auch für die Beurteilung ihrer rechtlichen Wirksamkeit relevant ist die Frage, ob SLAs Elemente der Leistungsbeschreibung sind, oder ob sie letztlich nichts anderes sind als Beschränkungen der Ansprüche des Dienstnehmers wegen Schlechtleistung des Dienstleisters. Die Einordnung als Leistungsbeschreibung hat zur Folge, dass der Leistungsanspruch des Dienstnehmers in qualitativer Hinsicht nie weitergeht als das SLA (auch wenn der Dienstleister selbst nach Erreichen des geschuldeten Service Level im Betrachtungszeitraum weiterhin zu leisten verpflichtet bleibt) und dieses selbst in Standardverträgen des Dienstleisters der

Inhaltskontrolle nach den in §§ 305ff. BGB definierten Mindeststandards entzogen ist. Im anderen Fall hat der Dienstnehmer stets Anspruch auf 100 Prozent der Leistung und seine Schlechtleistungsansprüche setzen erst bei Unterschreitung des vereinbarten Service Levels ein, wobei die Bestimmungen zu den Rechtsfolgen einer Schlechtleistung bei Standardverträgen in vollem Umfang der Inhaltskontrolle nach den §§ 305ff. BGB unterliegen. Die herrschende Meinung in der Praxis folgt der Vorstellung, dass SLAs ausschließlich Bestandteil der Leistungsbeschreibung und auch rechtlich als solche und nicht als Beschränkung der Haftung oder sonstiger Ansprüche wegen Schlechtleistungen zu behandeln sind.

3.3 Pflichtverletzung im Zusammenhang mit SLAs

Neben den Bestimmungen im SLA, welche Service Level konkret einzuhalten sind und wie deren Einhaltung mit Hilfe welcher Verfahren im Einzelfall zu messen ist, müssen auch Randbedingungen geregelt werden, die gegeben sein müssen, damit der Dienstleister die vereinbarten Service Level auch einhalten kann. Hierzu zählen insbesondere Mitwirkungs- und Beistellleistungen des Dienstnehmers. Ausfälle oder Verzögerungen, die auf Störungen in derartigen Mitwirkungs- und Beistellleistungen des Dienstnehmers zurückzuführen sind, liegen nicht mehr im Verantwortungsbereich des Dienstleisters. Selbst wenn dieser aufgrund derartiger Umstände vereinbarte Service Level nicht einhalten könnte, wären daraus resultierende Schäden vorbehaltlich abweichender Vereinbarungen im Vertrag (nämlich eine jedoch in der Praxis ungewöhnliche Garantiehaftung des Dienstleisters) nicht vom Dienstleister, sondern vom Dienstnehmer zu tragen, der letztlich für die Ursachen der Leistungsverzögerung beim Dienstleister verantwortlich ist.

Im Rahmen der vom Dienstnehmer zu erbringenden Mitwirkungs- und Beistellleistungen ist beispielsweise zu regeln, welche der beiden Parteien für eine unterbrechungsfreie Stromversorgung, eine Netzersatzanlage und/oder eine entsprechende Klimatisierung in denjenigen Räumen zu sorgen hat, in denen zu betreibende oder zu betreuende Systemkomponenten oder Anlagen installiert sind.

Im Falle einer Nichterfüllung vereinbarter Service Level kommen zum einen finanzielle Sanktionen (siehe hierzu Ziff. 3.4) in Betracht. Diese zielen jedoch eher darauf ab, für einen bereits eingetretenen Schaden zumindest ansatzweise eine Kompensation und gleichzeitig einen Anreiz zu bieten, die geschuldeten Services vertragsgemäß zu erbringen. Für eine dem klassischen Gewährleistungsrecht entsprechende Nachbesserung oder Nacherfüllung ist es meist zu spät. Umso wichtiger ist es, durch vertraglich zu vereinbarende Eskalationsszenarien sicherzustellen, dass die Ursache für die Nichteinhaltung von Service Levels festgestellt und Maßnahmen entwickelt und ergriffen werden, um zukünftig wiederholte Nichterfüllungen von Service Levels zu vermeiden. Da es hier also um Veränderungsbedarf – womöglich auf Dienstleister- wie auch auf Dienstnehmer-Seite – geht, sollten auch die jeweils verantwortlichen Managementebenen in solche Optimierungsprozesse einbezogen werden.

3.4 Sanktionen in SLAs

Ein SLA ist ohne Bestimmungen zu den Rechtsfolgen für den Fall, dass der Dienstleister die zuvor vereinbarten Leistungsstandards nicht einhält, unvollständig. Entweder sind nämlich die Mängelansprüche, die das Gesetz bereithält, für Fallgestaltungen des IT-Outsourcings nicht geeignet oder das Gesetz hält gar keine spezifischen Rechtsfolgeregelungen außer dem allgemeinen Schadenersatzanspruch gemäß §§ 280 ff. BGB bereit.

Wenn ausnahmsweise einmal ein Vertrag über die Erbringung von IT-Leistungen werkvertragliche Elemente enthalten sollte, so wären hierauf zwar die werkvertraglichen Mängelansprüche auf Nachbesserung und nach deren Scheitern Rücktritt oder Minderung, ersatzweise Schadenersatz, anzuwenden. Werkvertragliche Leistungselemente könnten beispielsweise in der Beseitigung eines Mangels in einem Hardware-System zu sehen sein. Die Nachbesserung der einmal mangelhaft erbrachten Leistung mag zwar im Einzelfall noch von Interesse sein; in der Regel kommt sie jedoch zu spät. Ohnehin kann eine Nachbesserung die weiteren Folgen einer Schlechtleistung, insbesondere Folgeschäden, die schon eingetreten sind, schon gar nicht kompensieren. Die übrigen werkvertraglichen Rechtsbehelfe der Minderung oder des Rücktritts sind für den Dienstnehmer ebenso wenig attraktiv: An einer Rückabwicklung des gesamten Vertrages kann dem Dienstnehmer kaum gelegen sein; die bloße Minderung der zu zahlenden Vergütung ist nicht geeignet, einen entstandenen Schaden zu kompensieren und deren Vermeidung auch nur selten ein Leistungsanreiz.

Je nach Leistungsinhalt kommen ferner mietvertragliche Elemente im Sinne von §§ 535 ff. BGB in Betracht. Für die mietvertraglichen Gewährleistungsrechte der Minderung oder des Rücktritts (§ 323 BGB) gilt das vorstehend Gesagte aber entsprechend.

Etliche Elemente aus Verträgen über die laufende Erbringung von IT-Leistungen werden aufgrund der ihnen innewohnenden Verpflichtung zur fortlaufenden Erbringung von Leistungen schließlich dienstvertraglich im Sinne von §§ 611 ff. BGB einzustufen sein. Spezifische Rechtsfolgeregelungen für den Fall, dass der Dienstleister die ihm obliegenden Leistungen mangelhaft erbringt, enthält das Dienstvertragsrecht des BGB nicht; insoweit muss auf den allgemeinen Schadenersatzanspruch gemäß §§ 280 ff. BGB zurückgegriffen werden, wonach ein Leistungsschuldner bei schuldhafter Schlechterfüllung ihm obliegender Leistungspflichten stets für den daraus entstehenden Schaden einzustehen hat.

Für den Schadenersatzanspruch bei dienstvertraglich zu qualifizierenden Leistungen ebenso wie für den werkvertraglichen (§ 634 Nr. 4 BGB) oder mietvertraglichen (§ 536a BGB) Schadenersatzanspruch gilt jeweils der allgemeine Grundsatz des deutschen Schadenersatzrechts, dass lediglich ein konkreter, vom Geschädigten auch im Einzelfall darzulegender und nachzuweisender Schaden ersatzfähig ist. Der geschädigte Dienstnehmer müsste also im Einzelnen konkret darlegen und beweisen, dass ihm durch ein bestimmtes Verhalten oder Unterlassen des Dienstleisters ein zu beziffernder Schaden entstanden ist.

Wie hoch ist aber der konkrete Schaden, wenn beispielsweise für bestimmte Transaktionen innerhalb einer Applikation die vertraglich geschuldeten Antwortzeiten nicht eingehalten werden? Das ist in vielen Fällen gar nicht oder nur mit unverhältnismäßigem Aufwand zu quantifizieren. Zudem ist zu berücksichtigen, dass in der Rechtsprechung die Kosten eigener Mitarbeiter im Grundsatz als sogenannte „Sowieso-Kosten" betrachtet werden, also Kosten, die dem Arbeitgeber ohnehin aufgrund des zwischen ihm und dem betreffenden Arbeitnehmer bestehenden Anstellungsverhältnisses entstehen und gerade nicht kausal durch das schadensstiftende Ereignis verursacht worden sind. Allein schon anhand dieses Aspekts wird deutlich, wie schwierig, aufwendig und zeitraubend im Einzelfall die substantiierte Darlegung eines konkreten Schadens und die entsprechende Beweisführung hierzu sein mögen.

Zwar besteht gemäß § 287 der Zivilprozessordnung (ZPO) für ein Gericht die Möglichkeit, den Schaden zu schätzen. Allerdings muss der geschädigte Dienstnehmer auch hierfür zumindest Schätzungsgrundlagen darlegen und unter Beweis stellen, die das Gericht bei der schätzweisen Bezifferung eines Schadenersatzanspruches im Urteil zugrunde legen kann. Dies wird regelmäßig nur möglich sein, wenn aufgrund bereits vorliegender statistischer Werte die Auswirkungen einer Unterschreitung der Service Level im Verhältnis zur ordnungsgemäßen Vertragserfüllung nachvollziehbar dargestellt werden können.

Daher müssen in einem SLA nicht nur die jeweils einzuhaltenden Leistungsstandards definiert, sondern zugleich Rechtsfolgen vereinbart werden, die vom Dienstnehmer ohne große Diskussionen ergriffen werden können, sobald ein bestimmter vertraglich vereinbarter Service Level im konkreten Fall unterschritten wurde.

Als vertragliche Sanktionsinstrumentarien kommen der Day Credit, die Vertragsstrafe oder die Schadenspauschale in Betracht.

3.4.1 Day Credits

Vielfach werden als Sanktionsinstrumentarium „Day Credits" eingesetzt. Hierbei handelt es sich um eine im Vorhinein definierte Gutschrift auf die vom

Dienstnehmer für die von einer Service Level-Unterschreitung behaftete Leistungsart zu zahlende Vergütung. Während der „Day Credit" also den Gedanken im Vordergrund hat, dass eine letztlich schlecht erfüllte – weil mit einer Unterschreitung eines vereinbarten Service Levels behaftete Leistung nicht die volle vertragliche Vergütung wert ist, lassen Schadenspauschale und Vertragsstrafe diesen Aspekt unberührt und haben eher den beim Dienstnehmer durch die Schlechtleistung entstandenen Schaden im Blick. Welches Konzept tatsächlich von den Parteien gewollt ist – Schadenspauschale oder Day Credit – muss durch Auslegung ermittelt werden. Dogmatisch lässt das Konzept des Day Credits als pauschalierte Minderung der zu zahlenden Vergütung durchaus noch Raum für Schadenersatzansprüche, aufgrund derer über die bloße Schlechtleistung hinaus beim Dienstnehmer entstandene Schäden zu ersetzen sind. Day Credits und Schadenersatzhaftung können also nebeneinander bestehen, weswegen die dogmatische Qualifizierung einer Sanktion als Day Credit oder als Schadenspauschale wesentliche rechtliche und damit auch finanzielle Konsequenzen nach sich ziehen kann.

3.4.2 Die Vertragsstrafe

Die Vertragsstrafe – für sie ist auch der Begriff „Pönale" gebräuchlich – ist in §§ 339 ff. BGB als unselbstständiges, an eine bestehende Hauptverbindlichkeit angelehntes Versprechen des Dienstleisters definiert, im Falle der Nichterfüllung oder nicht gehörigen Erfüllung einer vertraglichen Verpflichtung an den Dienstnehmer eine Geldleistung zu erbringen. Die Vertragsstrafe erfüllt damit einen doppelten Zweck, nämlich die Sicherung der Vertragserfüllung durch Ausübung entsprechenden finanziellen Drucks einerseits und andererseits die Durchsetzung von Zahlungsansprüchen des Dienstleisters ohne Nachweis eines konkreten Schadens. Gemäß §§ 341 Abs. 2, 340 Abs. 2 BGB bleibt dem Gläubiger der Vertragsstrafe die Geltendmachung von über die Höhe der Vertragsstrafe hinaus gehenden Schadenersatzansprüchen vorbehalten; die Vertragsstrafe soll also bis zu ihrer vereinbarten Höhe in jedem Fall auch dem Gläubiger entstandene Schäden abdecken. Nur dann also, wenn der Dienstnehmer in der Lage ist, ihm durch die SLA-Unterschreitung entstandene Schäden auch in einer über die Vertragsstrafe hinaus gehenden Höhe darzulegen und unter Beweis zu stellen, wäre der Dienstleister im Rahmen der allgemein im Vertrag vereinbarten Haftungsbeschränkungen verpflichtet, einen über den Betrag der Vertragsstrafe hinaus gehenden Schadenersatz zu zahlen. Die Vereinbarung einer Vertragsstrafe bewirkt also, dass der Dienstleister für den Fall der Nichterfüllung eines SLA nur abschätzen kann, welche Beträge er deswegen zunächst und in jedem Fall einbüßt. Falls dem Dienstnehmer nämlich der Nachweis weiterer Schäden gelingt, bedeutet dies vorbehaltlich einer im Vertrag zumeist an anderer Stelle getroffenen Haftungsbegrenzungsregelung eine im Betrag unbegrenzte und damit nicht mehr im Voraus abschätzbare Schadenersatzverpflichtung.

3.4.3 Die Schadenspauschale

Den Gegensatz zu Vertragsstrafen bilden Schadenspauschalen – häufig auch als pauschalierte Schadenersatzbeträge oder Gutschriften bezeichnet – also vertraglich vereinbarte Pauschalbeträge, die immer dann zu zahlen sind, wenn ein bestimmter Service Level unterschritten wird, gleich in welcher Höhe dadurch ein tatsächlicher Schaden entstanden ist oder vom Dienstnehmer nachgewiesen werden kann. Selbst wenn der konkret entstandene und nachweisbare Schaden über der Höhe der Schadenspauschale liegen sollte, kann der geschädigte Dienstnehmer den über der Höhe der Schadenspauschale hinaus gehenden Schaden vom Dienstleister trotzdem nicht erstattet verlangen; vielmehr hat er diesen Teil des Schadens selbst zu tragen. Für den Dienstleister sind Schadenspauschalen also die vorzugswürdigen, weil in ihrer Höhe jeweils exakt vorher bestimmbaren Sanktionen.

3.4.4 Staffelung der Sanktionshöhe

Bei der Definition von Sanktionen für die Unterschreitung von Service Level wird häufig eine Staffelung der Höhe von Sanktionen in Abhängigkeit vom Grad der Unterschreitung des Service Levels vorgenommen. Nicht immer werden hierfür einfache und für jeden ohne weiteres nachvollziehbare Tabellen verwendet, sondern der Sanktionsmechanismus in sehr komplex erscheinende und manchmal sogar nicht mehr nachvollziehbare Formeln gekleidet. Hier ist ein kritisches Auge besonders von Nöten, um sicherzustellen, dass der vereinbarte Berechnungsmechanismus tatsächlich auch unter sämtlichen Konstellationen zu zutreffenden Ergebnissen führt.

3.4.5 Kumulation mehrerer SLA-Unterschreitungen

Regelmäßig werden im Rahmen eines SLAs verschiedene Service Level und dementsprechend auch unterschiedliche Sanktionen für die Unterschreitung jedes einzelnen Service Levels vereinbart. Dabei kann es zu Situationen kommen, in denen aufgrund ein und derselben Ursache mehrere Service Level gleichzeitig unterschritten werden. Für diesen Fall ist das Konkurrenzverhältnis der einzelnen Service Level zueinander beziehungsweise der hierauf belegten Sanktionen zu regeln. Denkbar ist eine Kumulation sämtlicher verwirkter Sanktionen, aber auch die alleinige Berücksichtigung des Service Levels, dessen Unterschreitung zur höchsten, für den Dienstleister also einschneidendsten Sanktion führt, wobei die Sanktionen für die auf derselben Ursache beruhenden Unterschreitungen anderer Service Level außer Acht bleiben. Da es auch insoweit keine gesetzlichen Vorgaben gibt, bleibt die Wahl, welche der vorstehend genannten Alternativen vereinbart wird, dem Verhandlungsgeschick der Parteien überlassen.

3.4.6 Fazit zu Sanktionsinstrumentarien

Welches der geschilderten Sanktionskonzepte in einem SLA vereinbart werden soll, hängt von der Interessenlage der Parteien ab. Für den Dienstnehmer ist u.a. die Wahrscheinlichkeit entscheidend, ob tatsächlich einmal ein höherer Schaden dargelegt und bewiesen oder entsprechende Schätzgrundlagen dargelegt werden können. Die dienstnehmerfreundliche Variante ist die Vereinbarung von Vertragsstrafen, da diese die Möglichkeit offen lässt, über die Höhe der Vertragsstrafe hinausgehende konkrete Schäden verlangen zu können. Die dienstleisterfreundlichere Variante ist die Vereinbarung von pauschalierten Schadenersatzbeträgen, da diese die Sicherheit bietet, dass der Dienstnehmer nie mehr als den vereinbarten pauschalierten Schadenersatz zu zahlen hat. Beide könnten sogar aufgrund ihrer unterschiedlichen Stoßrichtungen mit Day Credits kombiniert werden.

Ist in der Vertragspraxis die Wahrscheinlichkeit des Nachweises eines höheren Schadens gering, ist der Vorteil der Vertragsstrafe für den Dienstnehmer eher theoretischer, denn praktischer Natur. In solchen Fällen ist viel wichtiger eine exakte Definition der Fälle, in denen die Sanktion verwirkt sein soll.

3.5 Kritische rechtliche Einzelfragen

3.5.1 Pflicht zur Vereinbarung von SLA

Banken und Finanzdienstleister sind bei der Vergabe von wesentlichen Leistungen oder Funktionen gemäß § 25a Abs. 2 des Kreditwesengesetzes (KWG) in Verbindung mit den im Rundschreiben der Bundesanstalt für Finanzdienstleistungsaufsicht (BaFin) Nr. 15/2009 vom 14. 08. 2009 erlassenen Mindestanforderungen an das Risikomanagement (MaRisk) aufsichtsrechtlich verpflichtet, messbare Leistungsgrößen zu vereinbaren und diese auch fortlaufend auf ihre Einhaltung zu überwachen (Abschnitt AT9, Textziffer 7 der MaRisk). In Einzelfällen kann es schon einmal schwierig sein zu beurteilen, ob die jeweils ausgelagerte Leistung tatsächlich „wesentlich“ im Sinne von § 25a Abs. 2 KWG ist. In den MaRisk wird die Aufgabe, dies einzuschätzen, dem Kreditinstitut zugewiesen, so dass diese Frage nach den individuellen Verhältnissen des Kreditinstituts und der jeweils ausgelagerten Leistung zu beurteilen ist. Als Indiz mag man hierbei heranziehen, dass in einer früheren Gesetzesfassung die „EDV“ einmal als Regelbeispiel einer wesentlichen Funktion genannt war. Bei der heute gebotenen Einzelfallbetrachtung wird man dennoch im Detail prüfen müssen, ob der konkret ausgelagerte IT-Service tatsächlich noch „wesentlich“ ist.

3.5.2 Messmethode/Messverfahren

Für die meisten Messgrößen, die im Rahmen von Service Level Agreements für IT-Leistungen definiert werden, gibt es am Markt entsprechende Protokolle oder Mess-Tools, um die Einhaltung dieser Service Level zu messen. Da je nach Messverfahren und Mess-Tool unterschiedliche Ergebnisse eintreten können, sollte im SLA auch die Messmethode für beide Parteien verbindlich festgelegt werden, die zur Messung der Einhaltung der vertraglich vereinbarten Service Level verwendet werden soll. In einer späteren Auseinandersetzung um die Einhaltung der vertraglich vereinbarten Service Level bleibt den Beteiligten so wenigstens ein kaum lösbarer Methodenstreit erspart.

Wichtig ist aber nicht nur die für beide Parteien verbindliche Vereinbarung der Messmethode, sondern auch weiterer Parameter des Messverfahrens: Im SLA geregelt werden sollte also beispielsweise, wann – wenn nicht ohnehin permanent – zu welchen Zeiten oder in welchem Rhythmus bestimmte Service Level gemessen werden. Bei der Festlegung von Messzeitpunkten für Antwortzeiten z. B. ist zu berücksichtigen, dass es selbstverständlich Zeiten ganz unterschiedlicher Beanspruchung eines Systems gibt, so dass Messungen sowohl zu Zeiten intensiver Beanspruchung eines Systems als auch während Zeiten geringerer Beanspruchung vorgeschrieben werden sollten.

Werden eine Vielzahl von Werten für definierte Transaktionen gemessen, die zu einem als Service Level vereinbarten Wert zusammengefasst werden sollen, muss diese Vielzahl der gewonnenen Werte nach einem ebenfalls vertraglich zu vereinbarenden Verfahren gewichtet und so zu einem einzigen Wert aggregiert werden.

4. Zusammenfassung

SLAs haben zum Ziel, Leistungsstandards und damit die Qualität der zu erbringenden Leistungen messbar zu definieren. Die Abfassung von SLAs erfordert hohe Sorgfalt und ins Detail gehende Regelungen und damit den erfahrenen Profi, um später eine zweifelsfreie Überprüfung der Qualität der erbrachten Leistungen und eine qualifizierte Dienstleistersteuerung zu ermöglichen sowie aufreibende Streitigkeiten zu vermeiden. Hinzu tritt bei SALs die Notwendigkeit, Rechtsfolgeregelungen für den Fall der Unterschreitung der vereinbarten Leistungsstandards zu treffen. Dies können Rechtsfolgen kompensatorischer Natur sein (Vertragsstrafen, Schadenspauschalen, Day Credits), sollten aber auch Verfahrensregelungen zur Verbesserung der Prozessqualität des Leistungsschuldners enthalten (Eskalation). An den Dienstnehmer stellen SLAs die Anforderung, ab dem Stichtag für den Beginn der Leistungen eine Organisation aufrecht zu erhalten, die personell wie fachlich in der Lage ist, die Einhaltung vereinbarter Service Level zu überwachen und neue IT-Services einfach in das

SLA-System zu überführen – im Zweifel gemeinsam mit dem Dienstleister auch an der Verbesserung der Servicequalität zu arbeiten.

Preismodelle und Benchmarking für IT-Services

TORSTEN GRÜNDER, MALTE GRANITZKI UND CHRISTIAN BECKER

1. Kein Preismodell, keine Kostentransparenz

Eine der Grundlagen für Outsourcing-Erfolg ist ein praktikables Preismodell. Gerade von einer ausgelagerten IT erwarten sich die Unternehmen eine zuverlässige Planbarkeit ihrer IT-Kosten, trotz immer kürzerer Technologiezyklen.

Als eigenständiger Vertragsbaustein sorgt ein gutes Preismodell für Klarheit darüber, wie jede (externe) IT-Leistung zu vergüten ist. Oft jedoch fehlt ein solches im Vertragswerk. Anfallende Leistungsänderungen, z. B. Volumina oder Qualitätsmerkmale, sind dann nicht abbildbar, wichtige Controlling-Funktionen, etwa Wirtschaftlichkeitsbetrachtungen, interne Leistungsverrechnung oder Kostenvergleichsanalysen (Benchmarking), gar nicht erst möglich.

Zwar besteht im Markt eine Vielzahl an verschiedenen Typen und Ansätzen zur Bepreisung von IT-Services, jedoch kein universell beim Outsourcing anwendbares Modell. Abhängig von der auszulagernden IT-Fertigungstiefe und Ausprägung der IT-Services ist ein passendes Preismodell individuell zu gestalten. Selten werden die bestehenden Möglichkeiten indes ausgeschöpft, oft aus Zeitgründen, manchmal aus Unerfahrenheit – jedoch mit jahrelangen Folgen. Konsequenz im täglichen Service-Geschäft sind Meinungsverschiedenheiten etwa über Vergütungshöhen, Leistungsbestandteile und deren Kostenpflichtigkeit oder Projektaufwände.

Ein professionelles Preismodell stärkt maßgeblich die ITO-Partnerschaft, da es Transparenz im sensiblen Bereich der Leistungsvergütung schafft. IT-Anforderungen unterliegen in jedem Unternehmen ständig Änderungen. Je einfacher handhabbar, je klarer und flexibler das IT-Preismodell gestaltet ist, desto evidenter und berechenbarer sind in der Zukunft Minderungen (z. B. aufgrund des Verkaufs einer Landesgesellschaft) oder Mehrungen (etwa Expansion in einen neuen Markt) bei den IT-Verbräuchen. Beide Partner können sich darauf gut einstellen.

Ohne Preismodell ist auch ein Benchmarking (BM) in der IT praktisch unmöglich. Diese Erfahrung mussten Unternehmen zuletzt häufig machen. Eine entsprechende Benchmark-Klausel im Vertrag läuft ins Leere, weil es an den nötigen Parametern fehlt, die zu vergleichen eigentlich das Ziel der (nun untauglichen) BM-Klausel sein sollte.

2. Preismodelle für IT-Services

Wirtschaftlichkeit der IT hat in den Unternehmen einen Stellenwert weit vor Aspekten wie Zuverlässigkeit und Sicherheit. Beim IT-Outsourcing ist dem durch ein geeignetes Preismodell Rechnung zu tragen.

Im Markt besteht kein Standardpreismodell für IT-Services, vielmehr dominieren zahlreiche Typen, Varianten und Mix-Modelle.[1] In der Folge kann daher nur ein kurzer Überblick über die Möglichkeiten zur Bepreisung von IT-Diensten sowie deren wesentliche Vor- und Nachteile gegeben werden. Die Ausgestaltung eines vertragsfesten Preismodells bedingt ein hohes Maß an Erfahrung, bei Bedarf ist die Hinzuziehung externer Experten zu erwägen.

2.1 Zwei Wirtschaftlichkeitsperspektiven

Outsourcing ist nur erfolgreich in einer Win-Win-Situation, die Interessenlagen jedoch scheinen widerstrebend. Ziel eines Dienstnehmers ist es regelmäßig, für bedarfsgerechte IT-Services einen marktgerechten und damit angemessenen Preis zu zahlen, um wettbewerbsfähig zu bleiben. Jeder IT-Dienstleister seinerseits benötigt kostendeckende Einnahmen, um dauerhaft und vertragskonform (Umfang, Qualität) seine Leistungen erbringen zu können.

Für eine ausgewogene und zugleich markkonforme Vergütungsbasis ist in den Verhandlungen (Due Diligence) zu sorgen. Sie muss die wirtschaftliche Existenzgrundlage der Partner ebenso sicherstellen wie den Willen zum Fortbestand der Vertragsbeziehung bis zum Ende der Laufzeit. Eine einseitige Lastenverteilung nützt langfristig keinem der Beiden.

Eine in IT-Preismodellen bis heute noch unbefriedigend gelöste Herausforderung ist beispielsweise die Abbildung von Mengenstaffeln und entsprechenden Mengenrabatten, ohne dafür erst neu verhandeln zu müssen.

2.2 Einflussfaktoren für ein Preismodell

Die Preisgestaltung für IT-Services wird durch zahlreiche Einzelfaktoren maßgeblich beeinflusst. Ein Preismodell muss diesen Aspekten Rechnung tragen. Entsprechende Überlegungen sollten indes von objektiven, statt von Wunschfaktoren (Erhöhung des Umsatzes, Deckungsbeitrags, Unternehmenswerts) geleitet sein. Wichtige Faktoren sind u. a.:

- Mengen: Systeme, Lizenzen, Calls, Transaktionen, Bandbreite, Personen, etc.
- Infrastruktur: Clustering, gespiegelt, ein- oder zweizellig (Rechenzentrum), etc.
- Qualität: Service Level, Erfüllungsgrad, Kundenzufriedenheit, etc.
- Personal: Mitarbeiterzahl, Erfahrung, Branchenwissen, Rolle, etc.
- Zeit: Zeitpunkt, Dauer, Meilenstein, etc.
- Raum: Land, Region, Standort(e), etc.

1 Vgl. hierzu auch Kirsch (2006): S. 42 ff.

- Kosten: Investitionen, Service, Governance-Aufwände, Bonus-/Malusmodell, etc.
- Risiken: Projektrisiko, verpasster Meilenstein, Service-Ausfall, Haftungsszenarien, etc..

Auch Erwartungen prägen ein Preismodell. Grundsätzlich sind es verschiedene Dinge, ob ein „Rundum-Sorglos-Paket“ (dann in der Regel ein Festpreis) oder eine am Verbrauch orientierte Bezahlung (flexibles Modell) erwartet wird.

Ein weiterer Aspekt ist die grundsätzliche Ausrichtung eines Preismodells: Input- oder Output-orientiert? Soll den Preis (für eine künftige Leistung) bestimmen/beeinflussen, wenn der Dienstleister in seiner Sphäre ein ‚Mehr‘ (Input) zum Einsatz bringt (z. B. einen weiteren Server, fünf zusätzliche Software-Entwickler in Indien, ein neues Monitoring-Tool) oder wenn der Dienstnehmer (Output-Seite) objektiv ein ‚Mehr‘ an Leistung (drei zusätzliche Notebooks, ein TByte mehr Speicher, eine neue Software-Funktionalität) erhält?

2.3 Eigenschaften eines effizienten Preismodells

Im Einzelfall kann die Gewichtung variieren, gute Preismodelle aber kennzeichnet eine Reihe typischer Eigenschaften, wie die folgenden:

- Gut gekapselte (marktkonforme) Leistungseinheiten (IT-Service)
- Jeder Leistungseinheit ist eine eigene Preisposition zugeordnet
- (Preis-/Vergütungs-)Flexibilität bei Mengen- und/oder Qualitätsänderungen
- Standardisierter Prozess zur Preisanpassung
- Einfachheit, Präzision und Verständlichkeit
- Zusammenspiel von SLAs, Boni-/Mali-System, Reporting und Preismodell
- Schnelle und unkomplizierte Preisfindung für neue/zusätzliche Services (z. B. Projekte)
- Nachvollziehbarkeit aller Preise und Leistungen in Rechnungen.

Ein gut gemachtes, effizientes Preismodell ist weder umfangreich noch komplex. Damit es auch als Controlling-Instrument funktionieren kann, ist es in ein effizientes Reporting und Service Management einzubinden. Je flexibler und einfacher das Gesamtmodell dabei gehalten ist, desto wirtschaftlicher lässt sich letztlich die IT im Outsourcing-Modus gestalten.

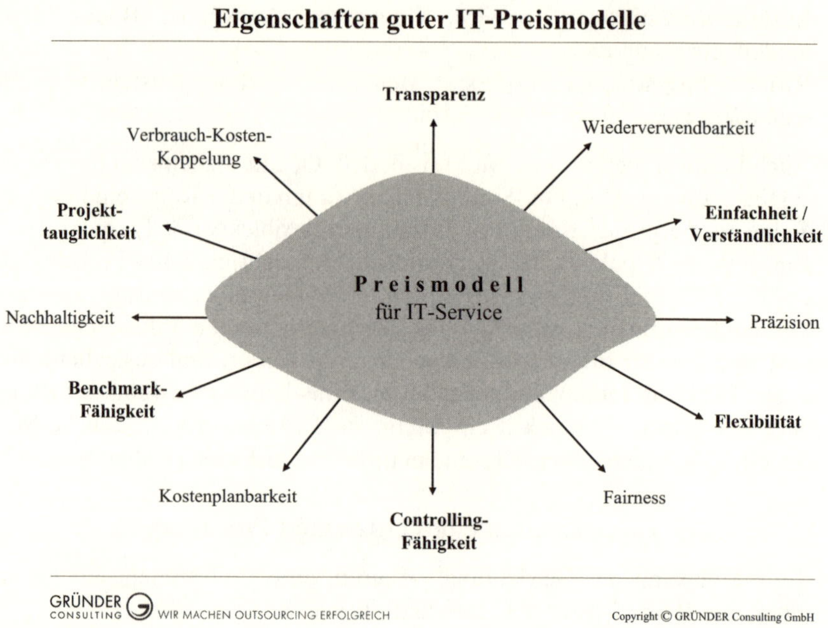

Abbildung 20-1: Eigenschaften effizienter Preismodelle für IT-Services (nach *OMIT*)

2.4 Typische Leistungseinheiten/Leistungspakete

Ein Preismodell erfordert gut abgegrenzte Leistungseinheiten (Services). Beispiele für gekapselte Leistungen je nach Ebene der IT-Fertigungstiefe sind u. a.:

- Prozess-Ebene:
  - Labelling (Ausgangslogistik: Erstellung, Druck, Aufbringen eines Spezial-Labels)
  - Lohnabrechnungsvorgang
  - Kuvertierungs-/Versandvorgang (Rechnung, Lohn)
  - Belegprüfungs-/-korrekturvorgang (Eingangsrechung, Kreditkartenantrag)
  - Beschaffungsvorgang / gesamtes Lagermanagement je Standort
  - Recruitment-Vorgang (Personal)
- Applikations-Ebene:
  - Umsetzung einer Funktionserweiterung
  - Umsetzung eines Emergency-Changes
  - Einsatz eines Branchenexperten (Tagessatz)
  - Anwender/Transaktion einer Applikation
  - Entwicklung einer neuen Applikation/eines neuen Moduls
  - Umsetzung eines Upgrades (oft problematisch)

- Infrastruktur-Ebene:
  - Betrieb einer aktiven Netzwerkkomponente/des kompletten Standortnetzwerks
  - Management einer WAN-Verbindung/des WAN-Netzwerkes
  - Betrieb eines Systems im Rechenzentrum (Server, Datenbank, Firewall)
  - Betrieb einer TK-Anlage
  - Betrieb eines Endgerätes (PC, Notebook, Telefon, Beamer, Drucker)
  - Field-Service-Einsatz
  - Management Endgeräte-Pool.

Die obige Auflistung ist beispielhaft. Wichtig bei einer Preismodellgestaltung ist eine konsequente Orientierung auf IT-Services, nicht auf Technologien, sowie die Berücksichtigung individueller Gegebenheiten im Unternehmen.

2.5 Starres oder flexibles Preismodell?

Preismodelle (PM) können zunächst in zwei Gruppen typisiert werden: Modelle mit starren und flexiblen Preisen. Mit der Entscheidung für die eine oder die andere Variante werden grundlegende Weichen gerade beim ITO gestellt.

Ein starres Preismodell liegt vor, wenn der Preis für eine Leistung für eine lange Zeit, ggf. sogar über die gesamte Vertragslaufzeit, fest und unabänderlich vereinbart wurde. Beispiele dafür sind Preislisten für die Beschaffung/Bereitstellung neuer Hardware und Standardsoftware-Lizenzen, aber auch für die Entwicklung und den Test von Software sowie für Projektleistungen.

Eine Kostenrechnung auf Basis beständig fester Preise ist einfach und langfristig möglich, angesichts fortwährend fallender Preise im IT-Markt ist deren wirtschaftliche Aussagekraft aber oft unbefriedigend. Die Verwendung starrer Preismodelle für IT-Services gilt als überholt.

Dagegen richtet sich die Preisbildung bei einem flexiblen Preismodell primär nach den tatsächlich in Anspruch genommenen Leistungen und Mengen. Mengenänderungen haben direkten Einfluss auf die Vergütungshöhe. Je nach Ausgestaltung können zudem lediglich bereitgehaltene IT-Ressourcen (vorgehaltenes Personal, belegbarer Speicher, etc.) unbeachtlich sein.

Die Anforderungen der Unternehmen nach einer wirtschaftlichen IT – am Verbrauch orientierte IT-Kosten, bedarfsgerecht abrufbare IT-Ressourcen – werden durch flexible Preismodelle berücksichtigt. Sie erlauben die Identifikation von Kostentreibern bis auf Abteilungs- und (sofern gewollt und zulässig) Mitarbeiterebene. Fakturierte Preise sind an messbare Verbrauchsgrößen direkt gekoppelt (Verbrauch-Kosten-Koppelung) und sorgen so für Transparenz und Objektivität. Unternehmensintern ist eine verursachungsgerechte Leistungsverrechnung an die einzelnen Fachabteilungen (ILV) einfach umsetzbar, was zu einem stärkeren Kostenbewusstsein und letztlich zur Wirtschaftlichkeit beiträgt.

2.6 Technik- und Business-orientierte Preismodelle

Bei Preismodellüberlegungen kann eine generelle Differenzierung auch nach der Service-Ausprägung erfolgen. Dabei ist eine technikorientierte (Speicherplatz, Hardware-Parameter, Bandbreite, etc.) oder eine geschäftsorientierte (Anzahl der Geschäftstransaktionen, Lohnbuchungen, generierten Rechnungen, etc.) Orientierung möglich.

Je nach Einzelfall kann eine vorstehende Betrachtung sinnvoll sein. Ein geschäftsorientiertes PM eignet sich oft für standardisierte (Massen-)Leistungen, etwa im BPO-Umfeld, ein technikorientiertes PM zur Preisfindung für Services in eher komplexeren IT-Landschaften.

Flexible Preismodelle:
Einfache Abbildung von Mengen- und Leistungsänderungen

Geschäftsorientierter Ansatz
- **Anzahl erstellter Lohnabrechnungen**
- **Anzahl kuvertierter / versandter Belege**
- **Anzahl Nutzer einer Applikation**
- **Anzahl der betreuten PCs**

Geeignet für standardisierte Leistungen

Technikorientierter Ansatz
- **Speicherplatz (belegte Gbyte)**
- **Anzahl (virtueller) Systeme**
- **Leistungskennzahlen (CPU)**
- **Bandbreite (min. Mbps)**

Geeignet für komplexe und individuelle Leistungen

GRÜNDER CONSULTING WIR MACHEN OUTSOURCING ERFOLGREICH

Abbildung 20-2: Technischer oder geschäftsorientierter Ansatz bei Preismodellen

2.7 Festpreis-Modell

Beim Festpreis-Modell ist für die Erbringung einer bestimmten Leistung ein fester Preis vereinbart, wobei zahlreiche Modellvarianten bestehen. Ein Festpreis eignet sich für Projektleistungen ebenso wie für langfristige Dienste. Innerhalb einer festgelegten Zeitdauer (oft die Vertragslaufzeit) ist dann für einen IT-Service in der Regel periodisch (monatlich) ein stetig gleicher Preis zu zahlen. Der Dienstleister trägt über die Zeitspanne der Festpreisgültigkeit das volle Risiko seiner Kosten und in Projekten auch die Gefahr eines ausufernden Zeitbudgets, was typischerweise zu einem monetären Risikoaufschlag führt.

Beim Outsourcing sind Festpreise stark verbreitet. Bei tatsächlich identischen Leistungen erlaubt ein Festpreismodell eine gute Vergleichbarkeit der Angebotspreise. Problematisch bei langfristigen Diensten (Infrastrukturbetrieb) ist dabei stets die (zu lange) Zeitdauer der Preisbindung, zumal ein Outsourcing regelmäßig über Jahre geschlossen wird. Die Preise am Markt fallen, die zu zahlenden jedoch bleiben gleich. Zudem hat der Dienstleister seine Kosten und Risiken über die vertragliche Laufzeit kalkuliert. Die Konsequenzen aus dieser Situation sind immer häufiger Preisgleit- und/oder Benchmark-Klauseln in den Rahmenverträgen.

2.8 Aufwandsbezogene Vergütung (Time and Material)

Bei einem aufwandsbezogenen Vergütungsmodell ist der Auftraggeber verpflichtet, alle dem Dienstleister bis zur Erreichung des vereinbarten Leistungsziels/Ergebnisses nötigen Aufwände zu bezahlen. In aller Regel erfolgt die Abrechnung auf der Basis von Tagessätzen und Preislisten (Hard- und Software), die für eine gewisse Zeit fixiert sind.

Klassischer Anwendungsbereich einer aufwandsbezogenen Abrechnung ist das Projektgeschäft, insbesondere in den Fällen komplexer Leistungen mit nur schwer abschätzbaren Aufwänden. Der Auftraggeber trägt dabei das volle Kosten- und oft auch das Erfolgsrisiko. Erforderlich sind deshalb ein außerordentlich hohes Maß an Erfahrung und Projekt- und Kostenkontrolle. Besonders letztere Voraussetzungen sind in der Praxis regelmäßig problematisch.

Obwohl sie für die Unternehmen unkalkulierbare Risiken bergen, nehmen Vergütungen nach Aufwand bei Outsourcing-Leistungen zu. Dienstleister bringen ‚Time and Material' besonders dort ins Spiel, wo eigene Risiken oder Kalkulationsschwächen (Application Management) bestehen.

2.9 Cost Plus

Das Cost Plus Modell ist eine Spielart der aufwandsbezogenen Vergütung. Als Vergütungsgrundlage dienen alle dem Dienstleister zur Erbringung seiner IT-Leistungen in einem bestimmten Zeitraum tatsächlich entstandenen Kosten, zuzüglich einer vorab festgelegten prozentualen Marge. Hauptsächlicher Anwendungsbereich sind komplexe, nur schwer bzw. sehr unvollständig beschreibbare Services.

Der Dienstnehmer verantwortet auch bei einem Cost Plus Vertrag das volle Kostenrisiko und muss deshalb eine effektive Kostenkontrolle sicher stellen. Dennoch ist das Modell noch immer im Markt anzutreffen, besonders bei ausgegründeten IT-Abteilungen.

2.10 Target Pricing

Im Grunde handelt es sich beim Target Pricing um einen Festpreis mit impliziter Preisreduktion über die Vertragslaufzeit. Als Ausgangsbasis dienen entweder die internen IT-Kosten im Jahr vor der Auslagerung oder das Gesamtvergütungsvolumen im ersten Vertragsjahr. Diese Basis wird dann jährlich um einen bestimmten prozentualen Anteil (einige Prozentpunkte p. a., ggf. degressiv verlaufend) gesenkt. Am Ende der Vertragslaufzeit soll dann ein bestimmter niedrigerer Zielpreis erreicht werden.

Zielpreisvereinbarungen sind verlockend und auch beim Outsourcing beliebt. Äußerst problematisch ist die Validität des Modells, schließlich ändern sich IT-Anforderungen, Mengengerüste und Projektbedarfe ständig. Häufig fehlt es intern schon an belastbaren Kostenstrukturen; Kostenreduzierungseffekte einer professionellen Ausschreibung wurden nicht ausgenutzt, die Auftragsvergabe ist überhastet erfolgt. Bereits bei Festlegung des Modells ist eine valide Basis oft nicht gegeben und die erhofften Effekte sind fraglich.

2.11 Sackpreis

Gilt ein jährlicher Gesamtpreis für alle ausgelagerten IT-Leistungen zusammen (unabhängig etwa von Service-Typen, Ausprägungen, Besonderheiten, etc.), handelt es sich um einen sogenannten „Sackpreis". Häufig wird das Modell mit einem Target Pricing Ansatz gekoppelt, siehe Abbildung 20-3.

Was einfach klingt, verursacht über die Jahre erhebliche Probleme. In der Rechnung erscheint monatlich lediglich ein Preis, der Sackpreis, ohne jeden Bezug zu verbrauchten Leistungen oder Mengen. Fakturierte Leistungsinhalte sind so nicht nachvollziehbar, selbst einfache Mengenänderungen nicht abbildbar. Ein Sackpreis-Modell ist schnell und simpel, es verhindert beim Auftraggeber aber praktisch jede Art von Controlling. Die IT und die IT-Kosten werden zur Black Box.

2.12 Base Line

In Preisverhandlungen über Application Management Services oder Business Process Outsourcing wird zunehmend eine sogenannte Base Line ins Spiel gebracht. Gemeint ist damit ein verbindliches Mindestbeauftragungsvolumen, etwa je Vertragsjahr oder während der gesamten Vertragslaufzeit. Oft werden zukünftig vermutete Projektleistungen in eine Base Line mit aufgenommen, was in Krisenjahren selbst bei stark rückläufiger Geschäftsentwicklung zu unnötig hohen IT-Ausgaben führt.

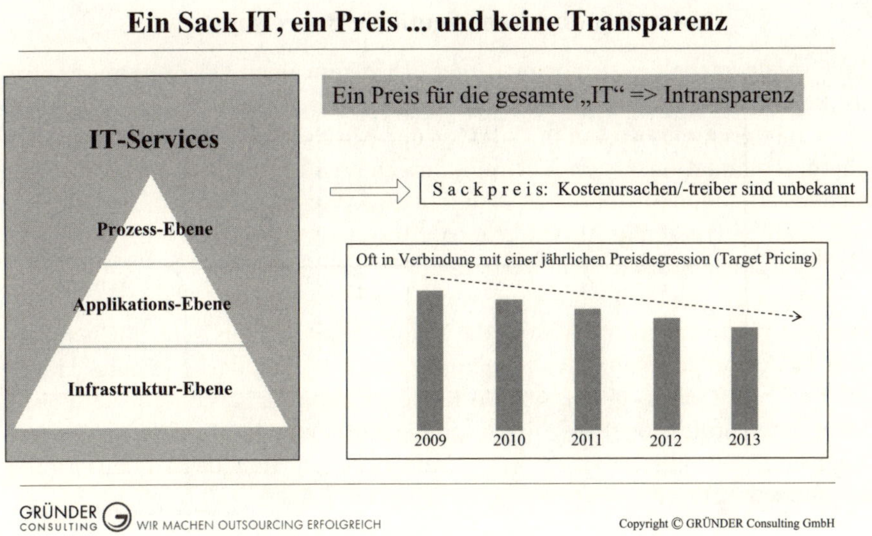

Abbildung 20-3: Der „Sackpreis" in der IT

2.13 Bandbreitenbasierte Preismodelle

Mengenschwankungen in der IT sind typisch, gerade im Endgerätebereich (bestehende PCs, Notebooks, Beamer, Telefone, Drucker) oder bei der Anzahl der monatlichen Calls im UHD. Um Schwankungen in Mengengerüsten abzufangen, ohne jeweils neu kalkulieren und verhandeln zu müssen, werden bandbreitenbasierte Preismodelle verwendet. Dabei hat ein Service gleichen Typs für eine festgelegte Mengenelastizität einen bestimmten gleichbleibenden Preis, bezogen auf eine feste Laufzeit (t), siehe Abbildung 20-4 (S. 312).

Im Abbildungsbeispiel beträgt die Elastizität der Menge nach oben und unten je zehn Prozent bei gleichbleibendem Preis je Service-Einheit. Außerhalb dieser Bandbreite gilt ein anderer Preis oder es ist neu zu verhandeln.

2.14 Performance Based Pricing

Leistungs- bzw. ergebnisorientierte Preismodelle stellen das Erreichen bestimmter Ziele in den Vordergrund der Vergütungsgestaltung. Solche können etwa die Umsetzung einer Transition, die Standardisierung einer Desktop- oder Druckerlandschaft, die Konsolidierung einer Applikationslandschaft und die Zentralisierung bisher dezentraler Rechenzentren sein. Beim ITO wird im Zusammenhang mit sogenannten Innovations-Workshops immer wieder Performance Based Pricing diskutiert.

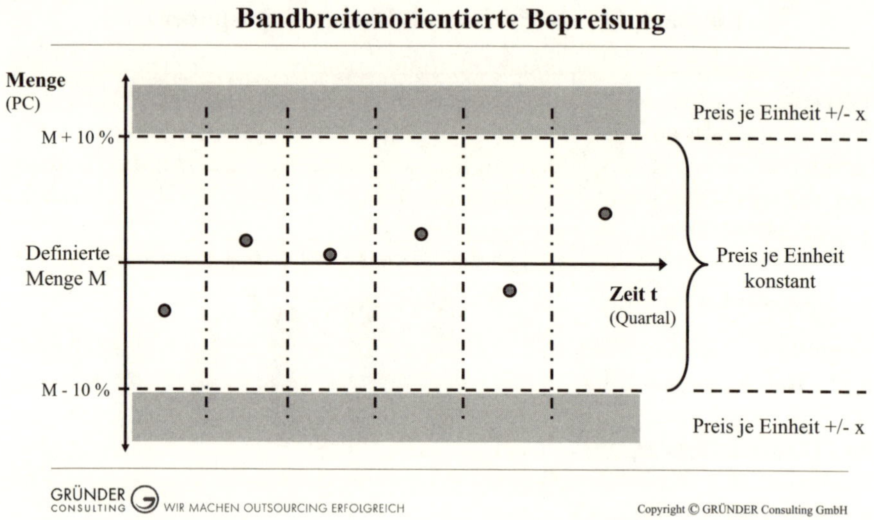

Abbildung 20-4: Bandbreitenorientiertes Preismodell (nach *OMIT*)

In der Praxis handelt es sich oftmals um eine Verknüpfung des Festpreismodells mit den monetären Gesichtspunkten des Target Pricings. Ein bestimmtes Ergebnis (Projektumsetzung) ist zunächst zu vergüten. Da von dieser Maßnahme jedoch zugleich geringere IT-Kosten erwartet werden, sei ein Bonus gerechtfertigt.

Als Anreizinstrument sind Ausprägungen des Performance Based Pricings sicherlich sinnvoll. Jedoch sind alle wesentlichen Projektziele angemessen zu berücksichtigen und eine Überbezahlung zu vermeiden. Eine umgesetzte Transition ist mit einer zweimonatigen Verspätung beispielsweise nicht Bonus-würdig.

2.15 Festpreis mit Inflationsausgleich

Hierbei handelt es sich um eine Festpreisvereinbarung mit einem integrierten Automatismus zum Inflationsausgleich (Preissteigerung). Häufig ist das Modell so ausgestaltet, dass bei einer bestimmten jährlichen Inflationsrate, etwa einer Steigerung von mindestens 2 Prozent (Bezugsquelle ist oft das Statistische Bundesamt), automatisch die vertraglich vereinbarten Preise um den Wert der Jahresinflation (z. B. 2,5 Prozent) zum Folgejahr angehoben werden. Neuerliche Vertragsverhandlungen finden nicht statt.

Mit dieser Variante wird das Festpreismodell aufgeweicht, vor allem wird das statistische Kostensteigerungsrisiko vom Provider auf den Auftraggeber abgewälzt.

2.16 Festpreis mit Kostensteigerungsausgleich

Das Modell ist dem Festpreis mit Inflationsausgleich sehr ähnlich. Der Automatismus für jährliche Preissteigerungen basiert jedoch nicht auf statistischen Werten, sondern auf einer bereits im Vertrag festgelegten jährlichen Größe, beispielsweise mindestens 5 Prozent Preisanhebung für alle aus Indien bezogenen Services. Eine solche Preisgleitklausel kann über die Vertragslaufzeit zu erheblichen Kostenerhöhungen führen.

2.17 Phasenfestpreis

Vergütet wird hierbei zwar ein Festpreis, jedoch erfolgt die Auszahlung in mehreren Stufen, etwa in Abhängigkeit von erfolgreich umgesetzten (Zeit, Umfang, Qualität) Meilensteinen. Das Modell setzt dem Provider klare Erfolgsanreize. Im ITO-Umfeld ist es sinnvoll bei Projektleistungen wie der Umsetzung einer Transition, der Durchführung eines Beendigungsmanagements oder der Entwicklung und dem Test von Software.

2.18 Honorarbasiertes/manntagbasiertes Modell

Eine besondere Mix-Variante stellen honorar- und manntagbasierte Modelle dar. Einerseits beinhalten sie Festpreisbestandteile. Die Vergütung richtet sich für ein oder zwei Jahre befristet nach vorab festgesetzten Honorarsätzen (feste Höhe der Tagessätze). Im manntagbasierten Fall erfolgt die Beauftragung einer bestimmten Anzahl von (Entwicklungs-/Projekt-)Manntagen (feste Höchstmengen) innerhalb einer Zeitfrist, für die dann jedoch oft eine Abnahme- und damit Zahlungsverpflichtung selbst bei Nichtausschöpfung der Mengen besteht.

Beide Ausprägungen können auch miteinander verbunden sein – feste Tagessätze mit festen Manntagesmengen in einer festen Zeitspanne.

Jeweils nach Ablauf der Befristung werden die Honorarhöhen und die Anzahl der Manntage neu verhandelt und angepasst, jedoch ohne Durchführung eines externen Benchmarks. Damit umfasst das Modell auch flexible Bestandteile, wenn auch geringe.

In der Praxis findet ein solches Mix-Modell lediglich bei komplexen und schwer zu pflegenden Software-Landschaften Anwendung. Es zeugt von einer großen Abhängigkeit des Auftraggebers von seinem Dienstleister. Die Bindung des Know-hows und die Aufrechterhaltung der Software-Umgebung stehen im Vordergrund.

2.19 Andere Preismodelle

Zahlreiche weitere Preismodellausprägungen bestehen, die, je nach Situation und Interessenlage der Beteiligten, bestimmte Gesichtspunkte in den Vordergrund rücken, hier indes nicht weiter vertieft werden können, wie z. B.:

- Gain Sharing
- Risk Reward.

3. IT-Benchmarking

3.1 Gründe, Chancen und Grenzen

Um auch in längerfristigen Outsourcing-Beziehungen von fallenden Marktpreisen profitieren zu können, bestehen immer mehr Dienstnehmer auf eine BM-Klausel im Vertrag. Das Thema sorgt regelmäßig für Konflikte, in den Vertragsverhandlungen ebenso wie während der Durchführung eines Preisvergleichs. Denn ein BM ist zugleich Chance und Risiko für beide Partner: Preise/ Vergütungen können im Ergebnis eines BM steigen oder fallen.

In den Unternehmen sind die Erwartungen an ein Benchmarking jedenfalls hoch, obwohl dessen Aussagefähigkeit und Möglichkeiten begrenzt sind, siehe Abbildung 20-5.

Hohe Erwartungen an ein IT-Benchmarking

Gut möglich/möglich	Kaum möglich/unmöglich
• Tendenzielle Aussagen zu Preisen und Service-Qualitäten • Grobe Vergleichbarkeit der Preise und Leistungen • Argumente für Preisverhandlungen/ Preisanpassungen • Positionsbestimmung im Markt • Reflexion der Partnerschaft • Orientierung	• Exakte (Einzel-)Preise • Absolute Belastbarkeit der Ergebnisse • Einfache und unkomplizierte Durchführung (heute) • Nulltarif (BM verursacht immer Zeit- und Kostenaufwände) • Vollzufriedene Parteien nach einem BM (hohes Konfliktpotenzial)

GRÜNDER CONSULTING WIR MACHEN OUTSOURCING ERFOLGREICH

Abbildung 20-5: Möglichkeiten und Grenzen beim IT-Benchmarking

Je nach Zielrichtung werden zwei Haupttypen unterschieden: Preis-Benchmarking und Qualitäts-Benchmarking. Auch ein Mix der Typen ist möglich, dann erfolgt zugleich eine Überprüfung von Preisen und Leistungsqualitäten. Weniger effektiv ist ein Vertrags-Benchmarking, wo lediglich Vertragswerke miteinander verglichen werden.

3.2 Benchmark-Klausel

Die Ziele und Rahmenbedingungen für ein Benchmark sind frühzeitig im Rahmenvertrag zu fixieren. Eine entsprechende BM-Klausel sollte zumindest die folgenden Aspekte regeln:

- Recht sowie Pflicht zum BM
- BM-Zeitpunkt und -Zyklus
- BM-Gegenstände (Preise, Leistungen)
- BM-Ziele
- BM-Methodik
- Ergebnisform
- Mitwirkungspflichten
- Ausführer des BM (interne IT oder ein externer Benchmarker)

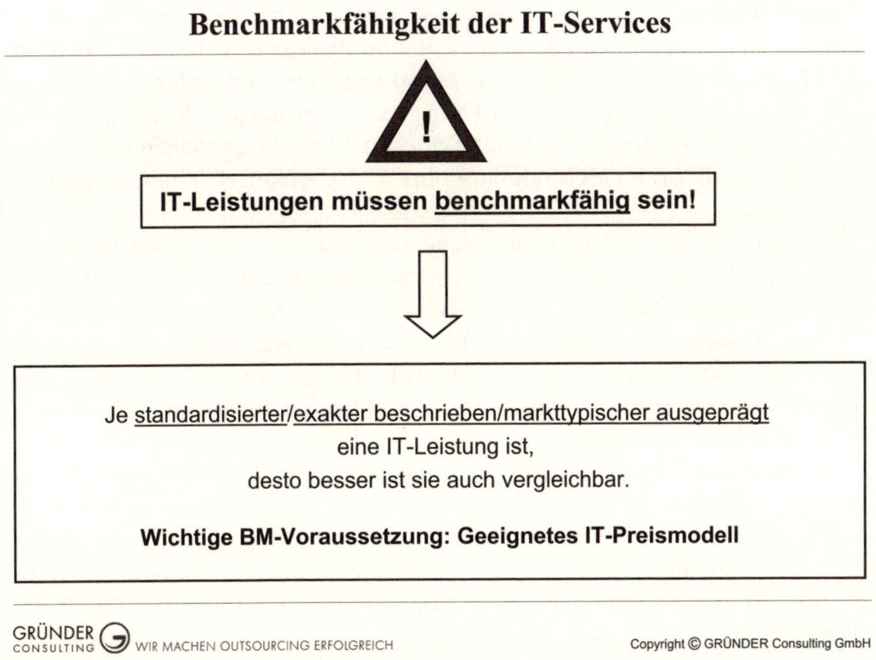

Abbildung 20-6: IT-Services müssen benchmarkfähig sein

- Verteilung der Kosten für das BM-Projekt
- Umgang mit den BM-Ergebnissen (Ergebnisakzeptanz)
- Art und Umfang einer Preisanpassungspflicht
- Sanktionen bei Ergebnismissachtung.

Es ist nicht hilfreich, in der BM-Klausel des Rahmenvertrags schon namentlich den BM-Dienstleister zu bestimmen. Eine entsprechende Festlegung engt die Spielräume zur Vorbereitung eines BM unnötig ein, zudem bestehen oft enge geschäftliche Verbindungen zwischen IT-Dienstleistern und Benchmarkern.

Oft scheitert die Durchführung eines BM aber daran, dass die zu betrachtenden IT-Services gar nicht benchmarkfähig sind. Als Voraussetzung für ein BM ist deshalb auf ein geeignetes (benchmarkfähiges) Preismodell zu achten.

3.3 Durchführung eines IT-Benchmarks

Ein IT-Benchmark setzt ein solides Projektmanagement u.a. mit geregelten Verantwortlichkeiten, Zielen und Meilensteinen voraus. Neben einem verbindlichen Zeitplan (vgl. Abbildung 20-7 zum typischen Projektverlauf) sind insbesondere klare Spielregeln und eindeutige Eskalationswege bei der Durchführung des Benchmarks zu vereinbaren.

Kommt ein externer Benchmarking-Dienstleister zum Einsatz, ist dieser gewissenhaft auszuwählen und seine Rolle im Projekt zu definieren. Neutralität, Methodik und Kompetenz sind unverzichtbare Auswahlkriterien. Seine Rolle als Experte ist von beiden Parteien grundsätzlich anzuerkennen. Darüber hinaus kann seine Rolle sowohl als Schiedsrichter mit Entscheidungskompetenz in Streitfällen oder als Moderator ohne Entscheidungskompetenz definiert sein.

Ein grundlegendes Verständnis über die anzuwendende Benchmarking-Methodik sollte bei beiden Parteien bestehen. Gegebenenfalls ist die Hinzuziehung von externen Beratern aus dem Bereich des IT-Benchmarkings ratsam.

Zum besseren Verständnis der individuellen Leistungsausprägungen empfehlen sich Besuche vor Ort beim IT-Dienstleister, z.B. im Rechenzentrum oder im Support Delivery Centre, sowie eine Begutachtung wichtiger IT-Prozesse in der Praxis (u. a. Field Service).

Entstehen unüberbrückbare Schwierigkeiten im Verlaufe eines Benchmarks, z.B. mangelnde Vergleichbarkeit einzelner aber zentraler Leistungselemente, unlösbare Fragen angesichts von Zu- oder Abschlägen für besonders individuell ausgeprägte Services, Kompetenzlücken des BM-Dienstleisters oder die wiederholte Nichteinhaltung wichtiger Mitwirkungspflichten durch den IT-Provider (Verweigerung von Informationen, Dokumenten, Einsichtnahmen), muss auch ein Abbruch in Erwägung gezogen werden. Um dennoch

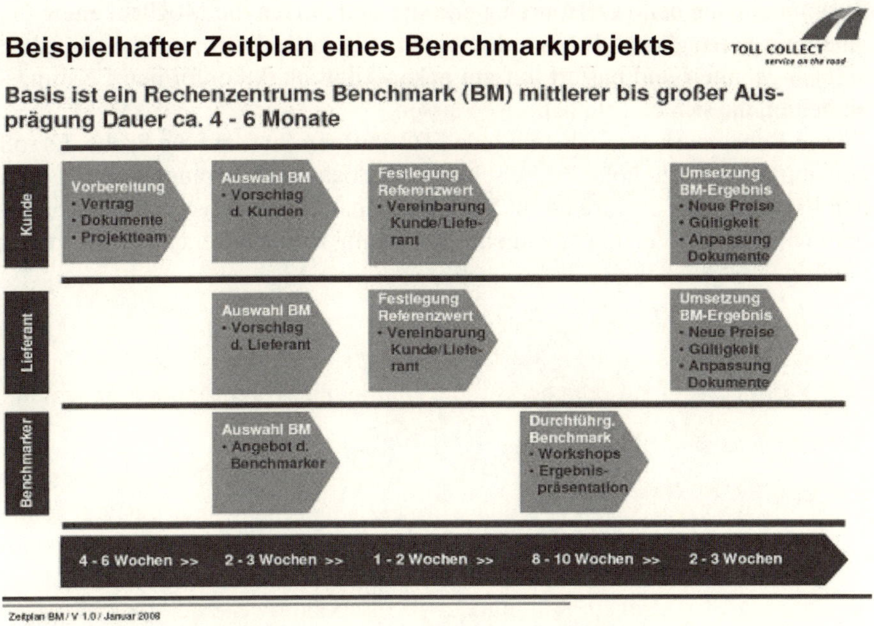

Abbildung 20-7: Beispielhafter Zeitplan eines Benchmarkprojektes

einen Ergebniseffekt aus dem BM-Projekt zu erzielen, muss auf Basis der bis zum Abbruchzeitpunkt erreichten Erkenntnisse der Verhandlungsweg mit dem Dienstleister beschritten werden.

Mit besonderer Verantwortung ist sicherzustellen, dass ein selbst erarbeitetes bzw. vom Benchmarker vorgelegtes BM-Ergebnis auf Basis des vereinbarten Referenzwertes (Preisanpassungsvereinbarung) in Form einer neuen und nachhaltigen Vergütungsregelung umgesetzt wird. Neben den rein monetären Ergebnissen (Preiserkenntnisse) eröffnet ein Benchmark ferner die Chance, beispielsweise qualitative Aspekte wie Ineffizienzen in den IT-Prozessen und im Vertragswerk, aber auch bestehende Überversorgungsszenarien zu erkennen und zu beheben.

Abschließend gilt: Nach dem Benchmark ist vor dem Benchmark, d.h. ein erneuter Vergleich muss in regelmäßigen Abständen wiederholt werden (ca. alle 24 bis 36 Monate), wobei die nötigen BM-Aufwände nicht vernachlässigt werden dürfen.

4. Zusammenfassung

Die Fähigkeit zur Beurteilung der Angemessenheit von Preis und IT-Leistung hängt von der Existenz und der Qualität des Preismodells ab: Kein Preismodell, keine Transparenz. Immer mehr Unternehmen haben diesen erfolgskritischen

Zusammenhang beim Outsourcing erkannt und nutzen die Möglichkeiten, die ihnen ein vertragliches Preismodell bietet. Ein gutes Preismodell ist flexibel, einfach gehalten und basiert auf gut gekapselten marktkonformen Leistungseinheiten, die sich einzeln bepreisen lassen.

Ein Benchmark-Projekt stellt jede ITO-Partnerschaft auf die Probe. Es soll Hilfsmittel gegen zu hohe Preise sein und ist doch oft Misstrauensvotum gegen den Provider. Besser wäre es, im Vorfeld ein passendes Preismodell zu vereinbaren und in den Vertrag aufzunehmen – häufig wird ein Benchmarking damit unnötig.

Controlling und Governance beim IT-Outsourcing

TORSTEN GRÜNDER UND ANKE THOMAS

1. Outsourcing-Erfolg beruht auf effizientem Controlling

Beim IT-Outsourcing legen Unternehmen noch immer ihren Schwerpunkt auf die Erzielung zumeist kurzfristiger Effekte – eine rasche Reduzierung der IT-Kosten, schnelle Umsetzung des Outsourcings – eingebettet in ein als „wasserdicht" versprochenes Vertragswerk. Erfolgreiches Outsourcing aber erfordert Beziehungs- und nicht Vertragsmanagement.

Dem kritischen Thema Controlling der zukünftigen Outsourcing-Beziehung wird in den Verhandlungen oft nur geringe Aufmerksamkeit gewidmet. Es wird regelmäßig übersehen, ausgespart, nur oberflächlich behandelt, zur Entscheidung zurück gestellt und später dann nicht mehr geregelt. Als Resultat verfügen zwei von drei Unternehmen über kein effektives Outsourcing-Management. Informations- und Entscheidungsverluste, insbesondere die plötzliche Ohnmacht, im Einzelfall keinen Einfluss nehmen zu können, sind einige der typischen Folgen.

Inzwischen versuchen Unternehmen verstärkt, die strategische Kompetenzhoheit über ihre IT wieder zurück zu erobern. Hauptgründe hierfür sind ein gewandeltes IT-Verständnis in den Unternehmen sowie unbefriedigende Outsourcing-Erfahrungen. Zunehmend wird erkannt, dass eine IT-Auslagerung eine unternehmerische Entscheidung von langfristiger Tragweite ist, die professionell vorzubereiten und einer beständigen Kontrolle zu unterwerfen ist.

In diesem Beitrag soll kurz dargestellt werden, wie von Beginn an durch die Schaffung der richtigen Controlling-Instrumente, -Strukturen und -Rollen die Grundlagen für ein erfolgreiches IT-Outsourcing gelegt werden können. Dabei kann aufgrund der Vielschichtigkeit des Themas nur ein Überblick skizziert werden.

2. IT-Outsourcing-Controlling

Das Ziel, nachhaltig erfolgreich mit IT-Outsourcing zu sein, eint einen Dienstnehmer und seinen Dienstleister – indes trennen sie unterschiedliche Perspektiven. Während der Leistungserbringer als „Dienstleister" durch die Optimierung seiner Kosten und Leistungen Erfolg erzielt, bemisst ein Unternehmen als Leistungsempfänger seinen Erfolg nach der erzielten Nutzenoptimierung im Rahmen seines (knappen) IT-Budgets.

2.1 Ziele des ITO-Controllings

Beim Controlling (und Qualitätsmanagement) hat ein Dienstleister die Qualität seiner IT-Services sowie seine Kostenstrukturen im Blick.

Aus Sicht eines Unternehmens jedoch stellen grundsätzlich die Steuerung und Kontrolle des Providers die wesentlichen Aufgaben des Outsourcing-Controllings dar. Diese Rolle kann auf den Provider nicht übertragen werden, auch nicht teilweise! Insbesondere geht es im Alltag darum:

- IT-Services stets bedarfsgerecht und messbar (Kennzahlen, Grenzwerte) zu beauftragen
- vom Dienstleister erbrachte IT-Services regelmäßig mit den vereinbarten Leistungskennzahlen (SLAs) abzugleichen
- Abweichungen zeitnah festzustellen und erforderliche Korrekturmaßnahmen (Service Level Verletzung) einzuleiten
- Risiken unverzüglich festzustellen (u.a. Sicherheitsverletzungen) und zu eskalieren
- Lückenlose Transparenz sicher zu stellen
- Verbrauch-Kosten-Koppelung der extern bezogenen IT-Leistungen zu erzielen (Evidenz der Faktura u.a. bezüglich Mengen, Kosten und Kostenverursachung)
- Anreizinstrumente (Bonus/Malus) gezielt einzusetzen
- die Umsetzung/Einhaltung von Standards zu gewährleisten
- Projekte (neue Bedarfe) zu steuern und wirtschaftlich umzusetzen
- Effizienzvorteile des Outsourcings zu erhalten.

Ein Controlling legt die Grundlage für eine verursachungsgerechte und verbrauchsorientierte interne Leistungsverrechnung (ILV) der IT-Aufwände an die einzelnen Fachabteilungen. Eine ILV trägt zu einem wachsenden Kostenbewusstsein im Unternehmen und letztlich zu einer höheren Effizienz in der IT bei.

Grundsätzlich kann ein ITO-Controlling verschiedene Sichtweisen berücksichtigen, indem es beispielsweise auf Kennzahlen basiert zur:

- Erfolgsbeurteilung
- Risikobeurteilung
- Zielplanung und Zielerreichungsbeurteilung (z.B. bei einer Transition)
- Ursachenanalyse/Ursachendetaillierung.

Die Fokussierung und Gewichtung der Parameter ist je nach Einzelfall vorzunehmen.

2.2 Voraussetzungen und wichtige Instrumente

Ein gut funktionierendes Outsourcing-Controlling erfordert zunächst die richtigen Rahmenbedingungen zur richtigen Zeit, u.a.:

- Verwendung professioneller Ausschreibungsunterlagen (Request for Proposal)
- Methodisches Vorgehen im Outsourcing-Projekt
- Durchführung professioneller Verhandlungsrunden (Due Diligence)
- Outsourcing-Erfahrung/Nutzung von Beratungskompetenz.

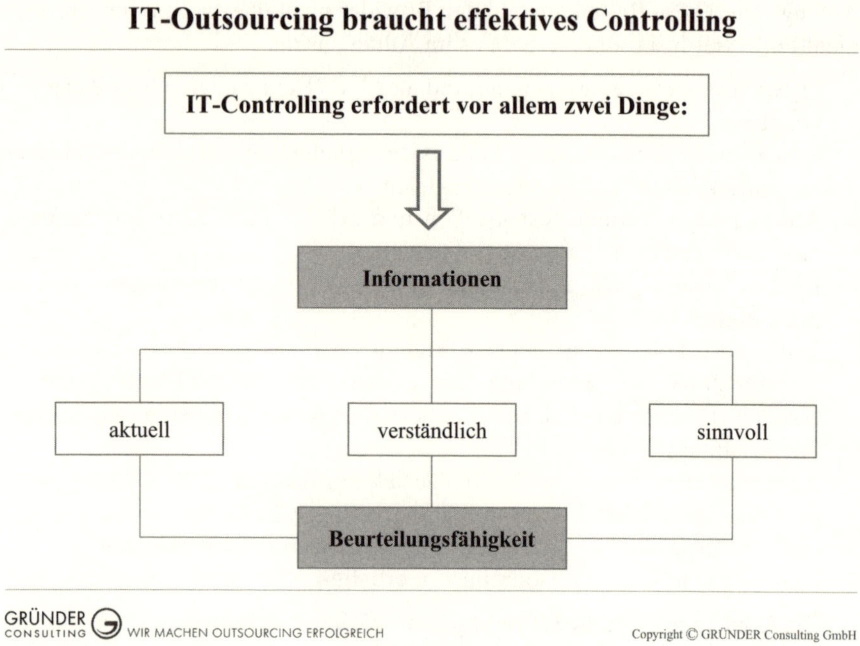

Abbildung 21-1: IT-Outsourcing braucht effektives Controlling

Wichtige Voraussetzung ist die Schaffung der nötigen Controlling-Instrumente in geeigneter Ausprägung, die in jedem Fall auch vertraglich festzuschreiben sind. Diese Instrumente können vielfältig sein, beispielhaft seien hier genannt:

- Beschreibung aller Leistungsinhalte und (Mitwirkungs)-pflichten in gut abgegrenzten Leistungspaketen (Leistungsscheine)
- Definition messbarer Abnahme- und Erfüllungsparameter (SLAs), z.B. für die Transition, in Projekten
- Eindeutige Berichts-, Dokumentations- und Informationspflichten
- Retained Organisation
- Preismodell
- Festlegung klarer Regeln, Prozesse, Verantwortlichkeiten und Termine
- Governance-Modell (Struktur, Rollen, Kompetenzen)
- Eskalationsszenarien
- Anreizmodell (Boni/Mali).

Es ist ein Kardinalfehler beim Outsourcing, wenn wichtige Regelungen, statt diese gleich auszuverhandeln, auf später verschoben und lückenhafte Vereinbarungen verabschiedet werden. Ein typischer Fall ist die (Nicht-)Planung der

Transition. Missverständnisse und handfeste Risiken sind damit programmiert. Professionelles Vorgehen bedeutet, in den Verhandlungen alle aktuellen und in Aussicht genommenen Leistungen sowie mögliche Problemfelder offen zu besprechen und in verständlicher Form – soweit möglich – in einem Vertragswerk (RV, LS, SLAs) zu vereinbaren.[1]

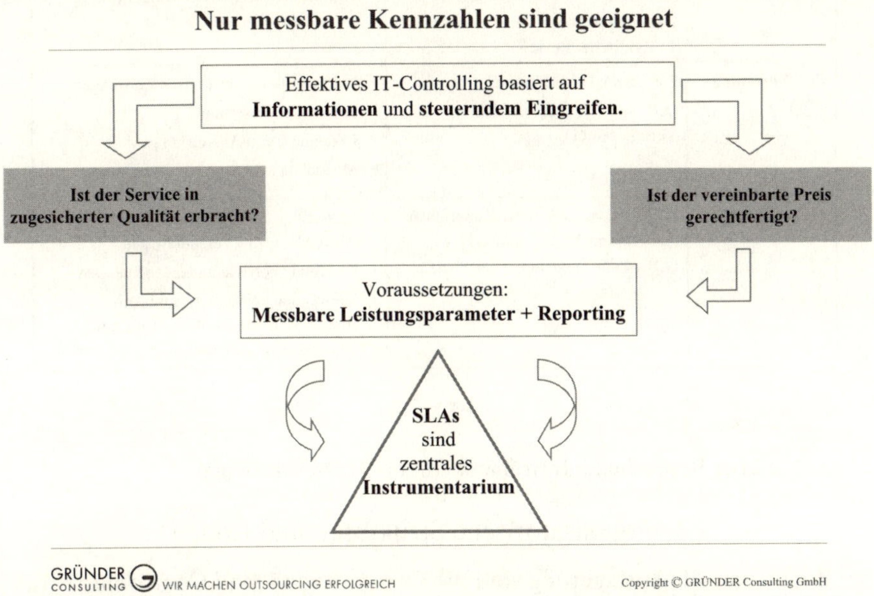

Abbildung 21-2: Bedeutung und Zielrichtung messbarer Kennzahlen

Je mehr Transparenz eine ITO-Beziehung von Anfang an kennzeichnet, desto effizienter und damit erfolgreicher ist sie später. Konflikte während der Vertragslaufzeit können in erheblichem Maße reduziert werden.

Realität heute aber ist in vielen Fällen, dass verbindlich vereinbarte, grundlegende Steuerungsinstrumente fehlen, etwa die klare Abgrenzung von Zuständigkeiten, die eindeutige Zuweisung von Verantwortlichkeiten, ein aussagefähiges Leistungsreporting, etc. – letztlich die Grundlagen für ein effizientes, erfolgreiches Controlling der Outsourcing-Partnerschaft von Dienstnehmer und seinem bzw. seinen IT-Dienstleistern.

1 Hier sei auf den Beitrag von Gründer/Schrey „Leistungsscheine und Service Level Agreements in der IT – betriebswirtschaftliche und rechtliche Aspekte“ in diesem Buch verwiesen.

Mögliche Instrumentarien

Instrument	Durchführung	Ziel
SLA-Überwachung (Pönalen)	Überwachung der SLA-Einhaltung A) Operativ = Dienstleister: Lückenloses Monitoring B) Administrativ = Dienstnehmer: Zyklischer Review	• Zeitnahe Kontrolle der vertragskonformen Leistungserbringung • Ggf. Konsequenzen bei Minderleistung
Benchmarking	Punktuelle Durchführung (z.B. nach Ende des zweiten Vertragsjahres)	• Marktvergleich der Preise / Leistungen • Positionsbestimmung • Erkennung von Abweichungen • Maßnahmen
Meilensteine	Beobachtung definierter Kennzahlen an bestimmten Zeitpunkten (z.B. in der Transition, Projekten)	• Frühzeitige Erkennung von Trends / Abweichungen / Veränderungen • Einleitung korrigierender Maßnahmen • Verwendung eines Anreizmodells (Boni / Mali) zur Zielerreichung bzw. Konsequenzen bei Verspätung, Misserfolg

GRÜNDER CONSULTING WIR MACHEN OUTSOURCING ERFOLGREICH

Abbildung 21-3: Beispielhafte Instrumente für ein ITO-Controlling

2.3 Organisatorische Strukturen und Rollen

Im Zuge einer IT-Auslagerung sind die Organisations- und Controlling-Strukturen im Unternehmen an die neuen Anforderungen und Aufgaben anzupassen. Es ist vertraglich insbesondere zu bestimmen, wie die verschiedenen Kommunikationsschnittstellen zwischen Dienstnehmer und Dienstleister künftig aussehen sollen.

Die beiden wichtigsten Organisationseinheiten an dieser Stelle sind eine starke Retained Organisation sowie geeignete Governance-Strukturen.

2.3.1 Retained Organisation (RO)

Trotz eines möglicherweise erfolgten Personalübergangs (§ 613a BGB) muss eine IT-fachlich kompetente Service-Organisation – Retained Organisation (RO) – im Unternehmen verbleiben. Es ist falsch, diese Rolle beispielsweise dem Einkauf zu übertragen. Zu den nach innen und nach außen gerichteten Hauptaufgaben der RO gehören:

- Beratung der Facheinheiten in IT-Angelegenheiten
- Enge Zusammenarbeit/Abstimmung mit internen IT-Einheiten
- Planung und Umsetzung von IT-Projekten
- Steuerung und Kontrolle des bzw. der Dienstleister.

Die Größe sowie nötigen Kenntnisse der RO richten sich nach dem Umfang und der Art der ausgelagerten Aufgaben. Sie ist organisatorisch der Abteilung IT oder IT-Strategie zuzuordnen. In größeren Unternehmen können innerhalb der RO verschiedene Rollen zu etablieren sein, siehe Abbildung 21-4.

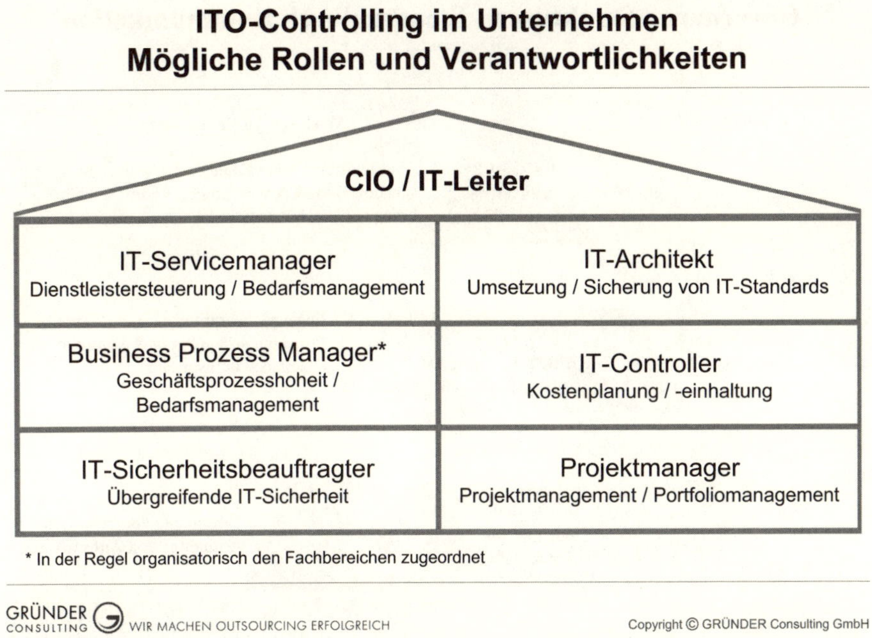

Abbildung 21-4: Mögliche Rollen in einer Retained Organisation (nach OMIT)

2.3.2 Governance-Strukturen

Eine IT-Auslagerung bedeutet Loslösung von operationaler Verantwortung im Unternehmen, bringt aber stattdessen neue administrative Aufgaben mit sich. Deren Erfüllung erfordert gänzlich andere Fähigkeiten, Rollen und Instrumentarien als ein IT-Betrieb.

Die grundsätzliche Zusammenarbeit und Kommunikation zwischen Unternehmen und Dienstleister ist in einer dauerhaften Organisationsstruktur abzubilden. Der Fokus dabei richtet sich weniger auf das IT-Tagesgeschäft, als viel mehr auf die Koordination und Kontrolle der Zusammenarbeit (Qualitätsmanagement). In der Praxis hat sich eine dreistufige Governance-Struktur (siehe Abbildung 5) bewährt, vorausgesetzt, die nötigen Rollen und Verantwortlichkeiten wurden eindeutig geregelt und personell kompetent besetzt.

Eine Governance-Organisation allein auf Budget-, Volumen- und Innovations-Themen zu beschränken, verfehlt ihren Zweck. Rollen und Aufgaben müssen für Effizienz und Transparenz der ITO-Beziehung sorgen. Es geht um griffige Informations- und Durchgriffs- sowie im Laufe der Zeit zunehmend auch um aktive Gestaltungsmöglichkeiten im Bereich der ausgelagerten Unternehmens-IT.

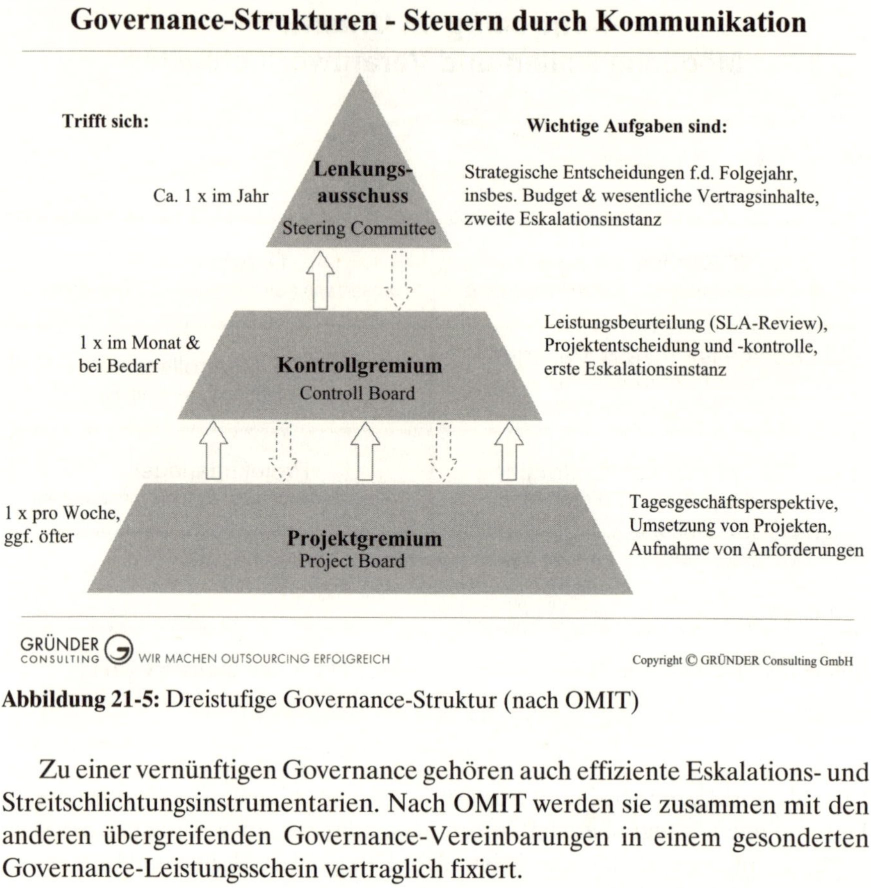

Abbildung 21-5: Dreistufige Governance-Struktur (nach OMIT)

Zu einer vernünftigen Governance gehören auch effiziente Eskalations- und Streitschlichtungsinstrumentarien. Nach OMIT werden sie zusammen mit den anderen übergreifenden Governance-Vereinbarungen in einem gesonderten Governance-Leistungsschein vertraglich fixiert.

2.3.3 Aspekte beim Offshoring

Beinhaltet ein IT-Outsourcing Offshoring-Anteile, sind für ein effizientes Controlling besondere Maßnahmen vorzusehen. Neben der Berücksichtigung der typischen Distanzprobleme wie zum Beispiel Zeitunterschied, Kultur, Sprache, Steuer- und Rechtssystem steht vor allem die Bewältigung der Distanzrisiken im IT-Tagesgeschäft im Vordergrund. Hierbei sind vor allem zu beachten:

- Dienstleister unterhält eine juristische Person (GmbH, AG) in Deutschland (Europa)

- Personelle Ressourcen des Dienstleisters bestehen in Deutschland
- Projekt- und Vertragsmanagement erfolgen lokal
- Account Manager sitzt in Deutschland
- Reporting und Service-Review erfolgen am Unternehmenssitz
- Lokale Faktura.

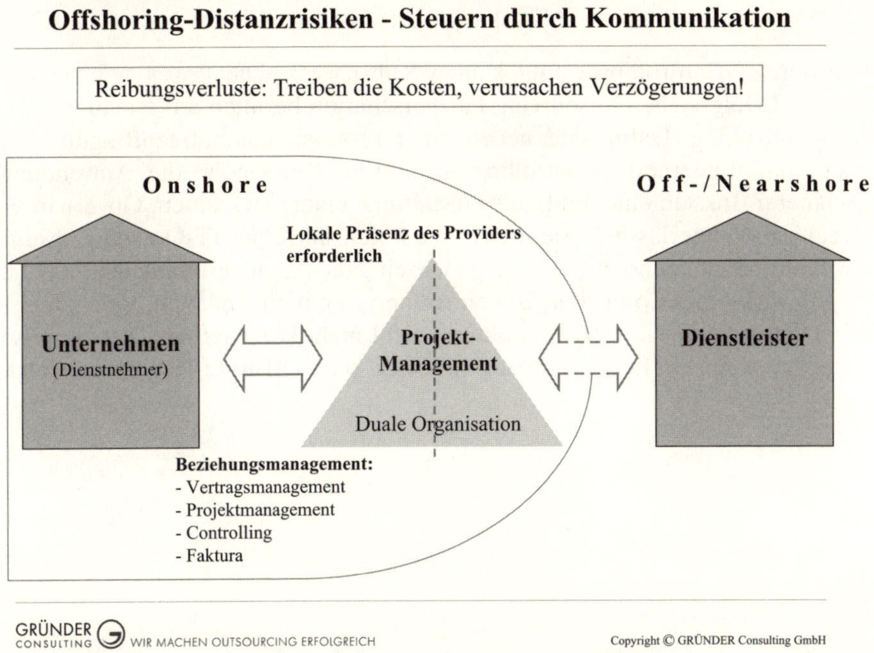

Abbildung 21-6: Dreistufige Governance-Struktur (nach OMIT)

Zu den oft versäumten Voraussetzungen für erfolgreiches Offshoring gehören Vorortbesuche potenzieller IT-Anbieter. Frühzeitig während der Ausschreibungsphase (vor Start der Vertragsverhandlungen) sollte ein Gesamteindruck von den Anbietern und ihren tatsächlichen Kapazitäten und Fähigkeiten in den Offshore-Regionen gewonnen werden. Zu den verfeinerten Controlling-Aufgaben später gehören beispielsweise:

- Gut detaillierte Berichtspflichten in kurzen Zyklen
- Enge Kontrolle der Leistungsergebnisse
- Unmittelbare Eskalationsmechanismen
- Feinteiliges Projektmanagement
- Zugriff auf den zuständigen Delivery Manager am Offshore-Standort
- Regelmäßige Besuche des Delivery Centers in der Offshore-Region
- Ggf. langfristig eigener Personaleinsatz vor Ort beim Dienstleister

- Ggf. wechselseitiger Personaltausch.

Controlling einer Offshore-Partnerschaft ist deutlich zeit- und kostenintensiver als klassisches Outsourcing, zudem ist es risikoreicher. Entsprechend sorgfältiger ist ein Offshoring vorzubereiten und auszugestalten.

3. Zusammenfassung

Outsourcing-Controlling erfüllt keinen Selbstzweck. Die Praxis zeigt immer wieder: Erfolgreiche Outsourcing-Partnerschaften beruhen auf einem effektiven Controlling. Dafür sind neben einer professionellen Beauftragung vor allem funktionierende Controlling-Strukturen, Know-how, die Anwendung geeigneter Instrumente und die Gestaltung einer wirksamen Governance-Organisation unerlässlich. Sie sichern die Potenziale eines IT-Outsourcings für das Unternehmen und minimieren gleichzeitig die damit verbundenen Risiken.

Ein wirksames Controlling ist von Anfang an mit einzuplanen. Versäumnisse an dieser Stelle sind später praktisch nicht mehr korrigierbar. Dies ist umso wichtiger, wenn ein Leistungsbezug aus Near- oder Offshore-Regionen erfolgt.

Leasing als strategisches Finanzierungsinstrument für IT-Outsourcing

DR. THOMAS SÖBBING UND CHRISTOPHER STEIN

1. Einleitender Überblick

IT-Outsourcing hat oft die Begleiterscheinung, zu Beginn mit hohen IT-Investitionen (vor allem für Transformation, Asset-Übernahme) verbunden zu sein. Daher scheuen sich Dienstnehmer und Provider besonders in den Zeiten von Liquiditätsengpässen vor größeren IT-Ausgaben und schieben geplante Outsourcing-Projekte für unbestimmte Zeit vor sich her. Im Ergebnis führt dies dazu, dass ein verschobenes Projekt immer teurer wird. Die Herausforderung besteht folglich darin, alternative Investitionswege zur Finanzierung von IT-Outsourcing-Vorhaben zu finden.

Eine Möglichkeit könnte darin bestehen, dass eine Leasing-Gesellschaft[1] von den Outsourcing-Parteien beauftragt wird, entsprechende Investitionen bereitzustellen. Diese kann bestimmte IT-Projekte (z. B. Migrationen, Asset-Erwerb, Transition, etc.) innerhalb eines Outsourcings finanzieren.

2. IT-Leasing

Der Begriff „Leasing“ wurde in den USA für eine besondere Form der Nutzungsüberlassung geprägt. In Deutschland bedeutet Leasing die Gebrauchsüberlassung eines Investitionsgutes auf Zeit gegen Entgelt im Rahmen eines besonderen Vertrages. Dies deshalb, weil der Leasing-Vertrag wesentliche Merkmale eines normalen Mietvertrages nach den Regelungen des BGB enthält, aber doch kein Mietvertrag nach bürgerlichem Recht ist.[2] Von der Miete unterscheidet sich Leasing durch die Tatsache, dass die mietvertraglich geschuldete Wartungs- und Instandsetzungsleistung bzw. der Gewährleistungsanspruch auf den Leasing-Nehmer (i. d. R. der Dienstnehmer) übertragen wird. Auch trägt der Leasing-Nehmer die Sach- und Preisgefahr (siehe Abschnitt 5.)

Leasing wird in Deutschland seit über 45 Jahren praktiziert und hat einen hohen Reifegrad erreicht. Der Bundesverband Deutscher Leasing Unternehmen e. V. (BDL)[3] schätzt den Markt für IT-Leasing der größten Leasing-Gesellschaften in Deutschland auf ca. EUR 4 Mrd.[4] mit konstanten Wachstumsraten.

Der Scope des IT-Leasings ist vielfältig und meist umfangreicher als bekannt. Die additionalen IT-Services, die viele IT-Leasing-Gesellschaften heute anbieten, eignen sich als Möglichkeit, zu einem erhöhten Standardisie-

1 Leasing-Gesellschaften gelten nach dem Bankrecht als Kreditsinstitute i.S.v. § 1 KWG.

2 Zur Rechtsnatur von Leasing-Verträgen siehe Martinek/Stoffels/Wimmer-Leonhardt (2008): Kap. 2. § 4 Rn. 1ff.

3 Dachverband der deutschen Leasing-Industrie: Die etwa 200 Mitglieder des BDL haben ca. 90 % Marktanteil. Die restlichen 10 % teilen sich zahlreiche (Hunderte) kleinere Leasing-Gesellschaften.

4 Quelle: BDL (Bundesverband Deutscher Leasing-Unternehmen).

rungsgrad beizutragen. Beispielsweise können IMAC-Services, wie das Asset-Management (was auch Teil eines Outsourcings sein kann) vieler Anbieter, zur einfachen und einheitlichen Gestaltung von Einkaufsprozessen dienen. IT-Objekte unterschiedlicher Lieferanten werden von Outsourcing-Anbietern in Zusammenarbeit mit der Leasing-Gesellschaft zu einem modularen Warenkorb gebündelt und können über das Bestellsystem von den Bestellverantwortlichen geordert werden. Eine transparente Verrechnung der IT-Kosten auf Kostenstellen ist dabei mittlerweile ebenso selbstverständlich, wie eine komplette Transparenz über die einzelnen Bestandteile von Hard- und Software. Auch komplette Logistikprozesse, inklusive „Betankung" (Verteilung der Software), gehören heute zum Leistungsportfolio der marktführenden IT-Leasing-Gesellschaften.

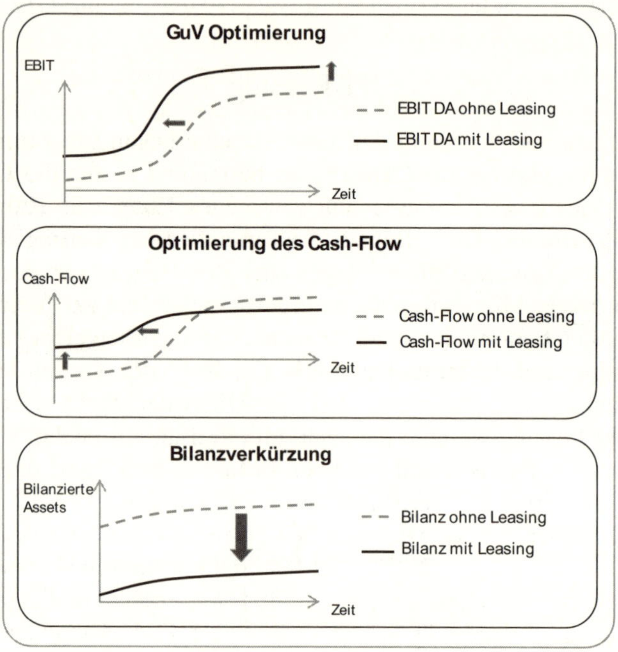

Abbildung 22-1: Auswirkung von Leasing auf Bilanz, GuV und Cash-Flow

Der maßgebliche Schwerpunkt von IT-Leasing als strategisches Instrument der Unternehmenssteuerung liegt jedoch auf den drei wesentlichen kaufmännischen Stellhebeln, nämlich Bilanz, GuV und Cash-Flow. Hier kann Leasing maßgeblich dazu beitragen, Kennzahlen hinsichtlich der Businessziele zu optimieren und z. B. einen positiven Effekt auf das Rating oder die Erreichung vorgegebener Investorenziele ausüben.

2.1 GuV-Optimierung

Bei IT-Leasing kommt der signifikante Vorteil zum Tragen, dass bei einem „Operate Lease"-Verfahren Restwerte der Hard- oder auch Software mit in die Leasing-Raten einkalkuliert werden. Das Unternehmen amortisiert somit nicht 100 Prozent zzgl. dem internen Kalkulationszins, sondern lediglich beispielsweise unter 90 Prozent der Investitionskosten bei einem IFRS-orientierten Bilanzierungsschema (IAS 17). Der Barwert der TCO (Total Cost of Ownership) wird somit deutlich gesenkt. Das Risiko des verbleibenden Restwertes des IT-Objektes wird von der Leasing-Gesellschaft getragen.

2.2 Optimierung des Cash-Flows

Bei einem IT-Projekt, das auch Teil einer Transition (z. B. Refresh der PCs und Notebooks) innerhalb eines Outsourcing-Projektes sein kann, wird i. d. R. eine hohe Erstinvestition erforderlich. Das Vorhaben muss strukturiert, externe Ressourcen vergütet, Mitarbeiter aus anderen Projekten abgezogen und die IT beschafft und gezahlt werden. IT-Leasing kann Projekte inklusive Eigenleistungen, Customizing, Schulungen oder auch Aufwendungen für externe Berater komplett in Leasing umsetzen. Das heißt, dass keine Kostenblöcke vor dem Start der Betriebsphase (Go-Live) fällig werden und die Kostensituation in die Nutzungs- bzw. Ertragsphase gelegt wird. Die Leasing-Kosten können ferner an den Geschäftszielen des Unternehmens orientiert werden (z. B. durch zahlungsfreie Perioden oder Verlegung der maßgeblichen Kosten an den Leasing-Beginn). Somit entfällt ein hoher Einmalaufwand und Projekte können mitunter sofort nach dem Go-Live einen positiven Cash-Flow aufweisen.

2.3 Bilanzneutralität

IT-Assets, inklusive aller verbundenen Leistungen, die zur Erstellung einer IT-Lösung beitragen, können von einer Leasing-Gesellschaft aktiviert werden. Somit ist die Investition für den Leasing-Nehmer bilanzneutral, d. h. weder das Investitionsgut noch die Verbindlichkeiten werden bilanziert. Durch die Bilanzneutralität mit konstant bleibendem Eigenkapital verbessert die außerbilanzielle Darstellung der IT-Assets die Eigenkapitalrelation im Vergleich zu einer kreditfinanzierten Anschaffung. Das Rating kann verbessert werden, was etwa verschiedene Auswirkungen auf die Kreditwürdigkeit hat oder die Erfüllung gesetzter Investorenziele zulässt.

3. IT-Leasing als strategisches Instrument im IT-Outsourcing

Leasing kann auch als strategisches Instrument im IT-Outsourcing dienen.

3.1 Vorteile von IT-Leasing für Dienstnehmer

Trotz aller positiven Erfahrungen mit Outsourcing gilt es, speziell die mit Outsourcing verbundenen Risiken besonders im Auge zu behalten. Diese sind u. a.:

- Personal- und Kostenintensität in der Planungsphase
- Schleichende Kostenanstiege durch ungünstige Vertragsvarianten
- Aufwändige Steuerung des Outsourcing-Partners
- Steigende Abhängigkeiten
- Wachsende eigene Parallel-IT.

Leasing kann wesentlich dazu beitragen, diesen Herausforderungen strategisch zu begegnen. Die Möglichkeiten dazu werden nun anhand eines typischen Outsourcing-Zyklus, wie in Abbildung 22-2 visualisiert, erläutert.

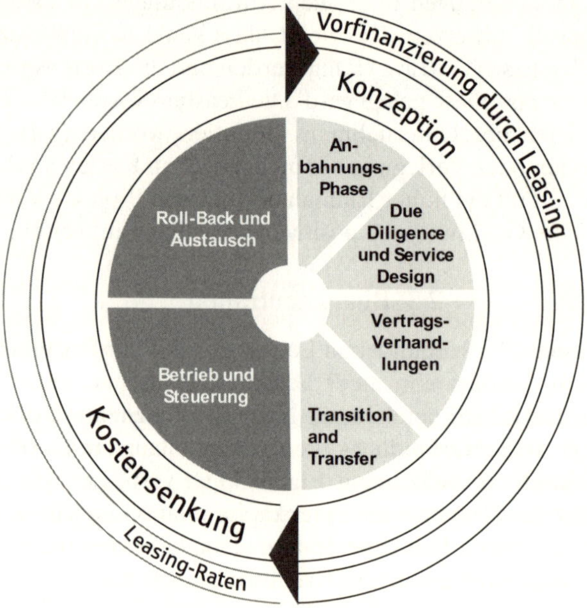

Abbildung 22-2: Outsourcing-Zyklus inklusive aktiver Leasing-Gestaltung

3.1.1 Anbahnungsphase

Am Beginn einer Outsourcing-Partnerschaft steht oft erst einmal ein Paradoxon: Vor dem Start treten der Outsourcing-Anbieter in den Verhandlungen als Käufer und der Dienstnehmer als Verkäufer seines vorhandenen IT-Equipments auf – vorausgesetzt, Wirtschaftsgüter sollen übergehen. Die Komplexität wird dadurch erhöht, dass neben Assets häufig auch Personal übergeht. Der Outsourcing-Anbieter ist damit Käufer einer IT-Funktion, die er in Zukunft selbst erbringen will. Dieses Vorgehen ist einem Sale-and-Lease-Back ähnlich.

Die Beziehung zwischen Nachfrager und Anbieter wandelt sich nach der Unterschrift unter dem Vertrag fundamental. Vorher zeichnet sich die Verhandlungssituation durch einen intensiven Wettbewerb der Anbieter aus. Nach Unterschrift des Vertrages hat der Anbieter ein Monopol auf Zeit für die ihm übergebenen Leistungen.[5] Diese Zusammenhänge können erhebliche Komplexität und Intransparenz im Verhandlungsprozess erzeugen. Ökonomische, finanzielle und juristische Gegebenheiten sind gleichzeitig und miteinander verzahnt zu bedenken. Daher empfiehlt es sich, neutrale, auf Outsourcing spezialisierte, externe Beratungsunternehmen mit der eigenen Kompetenz zu verbinden. Dies zum einen, um eigene Ressourcen zu entlasten und im Kerngeschäft einzusetzen, zum anderen, um die langjährigen Erfahrungen spezialisierter Berater nutzen zu können.

3.1.2 Due Diligence, Service-Design und Vertragsverhandlungen

Beabsichtigt ein Unternehmen IT-Services von einem Dienstleister zu beziehen, muss es genau definieren, wie diese IT-Services aussehen sollen. Andernfalls bekommt es die IT-Services, die der IT-Dienstleister standardmäßig anbietet. Aber genügen diese tatsächlich den betrieblichen Anforderungen des outsourcenden Unternehmens? Erforderlich ist eine intensive Bestandsaufnahme des auszulagernden Bereichs: U. a. sind auch Lizenz-, Wartungs-, Leasing- und sonstige Verträge daraufhin zu prüfen, ob sie IT-Dienstleistern überhaupt offengelegt werden dürfen und wie als auch unter welchen Bedingungen sie übertragbar sind. Diese Grundlagen sind für die folgenden Vertragsverhandlungen von maßgeblicher Bedeutung.

Auch die Eigenleistungen eines Unternehmens sind vorzufinanzieren. So ist es z. B. möglich, definierte Leistungen der eigenen IT-Abteilung mit in die Leasing-Vereinbarung einzubeziehen, für die direkt nach erbrachter Tätigkeit der interne Verrechnungssatz von der IT-Leasinggesellschaft an das auslagernde Unternehmen ausgezahlt wird. Das eigene IT-Budget wird nicht belastet, sondern im Gegenteil – es kann ein Zugang von Cash-Flow im Outsourcing-Projekt verzeichnet werden.

5 Vgl. Deutsche Leasing/Intargia/Noerr (2010): S. 4.

Leasing kann auch aktiv zu einer erhöhten Transparenz beitragen. Die marktführenden Leasing-Gesellschaften in Deutschland haben mittlerweile professionelle und umfangreiche IT-Asset-Management-Systeme im Einsatz, die als Software-as-a-Service mit der Leasing-Konzeption angeboten werden. Die Leasing-Gesellschaften erfassen dabei standardmäßig die jeweils aktuellen kaufmännischen und technischen Asset-Daten der Leasing-Objekte als Service für den Leasing-Nehmer.

3.1.3 Transition und Transfer

Outsourcing-Beziehungen brauchen organisatorischen Rückhalt, u. a. um die langfristige Geschäftsbeziehung zu steuern. Ein erheblicher Aufwand ist dabei für die Retained Organisation zu kalkulieren, welche das Dienstleister-Management übernimmt.

Leasing kann in dieser Phase als Vorteil eingesetzt werden. Da die übergehenden Assets nicht unbedingt vom IT-Dienstleister, sondern im Rahmen einer integrierten Leasing-Konzeption auch von einer Leasing-Gesellschaft erworben werden können, reduziert sich die Abhängigkeit vom Outsourcing-Anbieter und damit der Zwang zu einer größeren Retained Organisation. Durch die Trennung der Assets von den zu erbringenden Services kann das Unternehmen den IT-Provider Asset-unabhängig steuern und transparent kontrollieren. Im Fall einer schweren und wiederholten Minderleistung kann der IT-Dienstleister (oder Teile der vereinbarten Leistungen) sogar im Rahmen der bestehenden Vertragsbedingungen gegen einen anderen Anbieter ausgetauscht werden, ohne den Verlust der Leistungsfähigkeit durch wegfallende IT-Assets zu befürchten.

Mit Leasing ist es zudem möglich, Bestands-Assets, die für die Leistungsfähigkeit der Retained Organisation benötigt werden, nachträglich per Sale-and-Lease-Back in ein Leasing zu überführen. So können Cash-Flow freigesetzt und die IT-Kosten nachträglich gesenkt werden.

3.1.4 Betrieb und Steuerung

Die enge formale Bindung an den Outsourcing-Partner hat Folgen: Er gerät zunehmend in eine Position, in der er beginnt, Ansprüche zu formulieren. Um dann die fragile Balance aus einerseits Kontrolle und andererseits Vertrauen in die Leistungen herzustellen, müssen die richtigen Stellschrauben bekannt sein.[6]

Diese Balance und Kontrolle wird durch das unterliegende Leasing-Konzept vervollständigt. Alle vom Leasing erfassten Leistungen und Kosten werden transparent in einem einzigen Leasing-Schein dargestellt. Der Vorteil einer Finanzierung der IT durch den Leasing-Anbieter ist, dass Preispositionen ein-

6 Vgl. Deutsche Leasing/Intargia/Noerr (2010): S. 6.

zelner Leistungen transparenter und besser ausgesteuert werden können. Dies wird auch durch das integrierte Asset-Management-System (SaaS) der Leasing-Gesellschaften unterstützt. Erhältlich ist ein kompletter Überblick über die eingesetzte IT-Hard- und Software – von CPU-Komponenten, Software-Lizenzen, über Nutzer und Kostenstellen bis hin zu Lieferanten und Verrechnungspreisen. Sogar eine Verrechnung der Kosten auf eigens definierte Kostenstellen ist dadurch einfacher durchführbar.

Die Leasing-Konzeption selbst ermöglicht weitere Kostenspareffekte zusätzlich zu den Outsourcing-Potenzialen. Durch die Einrechnung der IT-Restwerte in die Leasing-Ratengestaltung ist z. B. nach IFRS-orientierten (IAS 17) Bewertungsverfahren eine Amortisation der IT-Kosten von unter 90 Prozent möglich. Ein Notebook, das regulär mit EUR 1.000 Beschaffungspreis veranschlagt ist, wird mit einer Leasing-Konzeption in der Grundlaufzeit lediglich mit EUR 900 amortisiert. Ebenso ist eine Beschaffung über die Leasing-Gesellschaften möglich. Durch die hohe Anzahl an jährlich beschafften IT-Objekten sind oft weitere Rabatte durch den Einsatz der Verhandlungsposition großer IT-Leasing-Gesellschaften möglich.

Ebenso wie beim IT-Outsourcing sind die Assets nicht in der Bilanz des Leasing-Nehmers zu aktivieren, diese werden in der Bilanz des Leasing-Gebers geführt, was eine Verbesserung relevanter Bilanzkennzahlen beim Leasing-Nehmer bewirkt.

3.1.5 Roll-Back und Austausch

Der Ausstieg aus einem Outsourcing ist riskant und eventuell teuer. Leasing bietet in dieser Phase den weiteren Vorteil, dass ein Austausch der IT-Objekte nach Ablauf der Grundlaufzeit stattfinden kann. Das Unternehmen verfügt somit immer über neueste IT-Assets, die einen geringeren Aufwand für Services wie Reparaturen oder Upgrades verursachen.

Die Verfügbarkeit aktuellster IT ist nicht immer ein priorisiertes Ziel der Outsourcing-Anbieter, da je nach Geschäftsmodell ein erhöhter Serviceeinsatz und damit erhöhte Umsätze fällig werden. Durch den Einsatz modernster IT kann aber die Wettbewerbsfähigkeit im Unternehmen optimiert werden.

Im Falle von geänderten Rahmenbedingungen im Unternehmen können die Assets ebenso entweder erworben oder die Leasing-Laufzeit bei Bedarf verlängert werden.

Die führenden Leasing-Gesellschaften bieten in der Ausstiegs-Phase über den reinen finanziellen Aspekt noch tiefer gehende Serviceleistungen an. Dazu zählen vollständige Logistik-Konzepte oder eine zertifizierte, 100 Prozent sichere Datenlöschung der IT-Assets.

3.2 Vorteile von Leasing für den IT-Dienstleister

Ebenso wie für den Dienstnehmer kann Leasing als Instrument für den Outsourcing-Anbieter eingesetzt werden. Dieser Zusammenhang wird anhand der ROI-Betrachtung aus Sicht eines IT-Anbieters in der folgenden Ausführung erläutert.

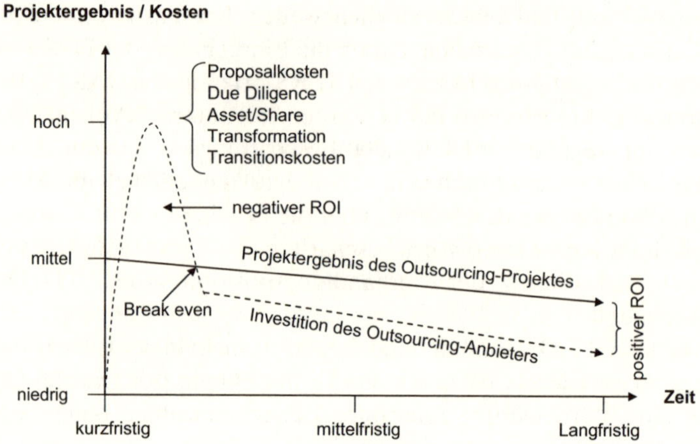

Abbildung 22-3: ROI-Betrachtung aus Sicht des Outsourcing-Anbieters

3.2.1 Wesentliche Belastungen der IT-Dienstleister

Zu Beginn eines Outsourcings steht für den IT-Dienstleister oft ein negativer ROI. Dieser wird im Wesentlichen dadurch verursacht, dass zunächst (vor allem in der Transition) ein immenser Kostenblock zu tragen ist. Es besteht ein starkes Ungleichgewicht zwischen Kosten und Erträgen, da die Ertragssituation erst später eintritt und erst nach längerer Laufzeit Gewinne erwirtschaftet werden. Verschiebt sich der geplante Ertragsverlauf oder fallen zusätzliche, ungeplante Kosten an, können Outsourcing-Anbieter bei größeren Vertragsbeziehungen in erhebliche finanzielle Schwierigkeiten kommen, zumindest tritt eine starke Belastung des Cash-Flows ein. Dies belastet finanzielle Kennzahlen des Outsourcing-Anbieters und schränkt dessen Kreditwürdigkeit ein. Kommt der Dienstnehmer zudem in finanzielle Schwierigkeiten, können Zahlungsausfälle den IT-Dienstleister zusätzlich belasten.

3.2.2 Strategischer Lösungsansatz mit IT-Leasing

Alle vorgenannten belastenden Aspekte können durch eine Kooperation mit einem Leasing-Unternehmen minimiert werden, beispielsweise durch ein so genanntes IT-Projektleasing. Darin können Elemente integriert werden wie (selbstverständlich) Hard- und Software, als auch sämtliche sonstigen Projektkosten, die zur Umsetzung eines IT-Projektes führen – etwa Eigenleistungen des Outsourcing-Anbieters, Customizing, Reisekosten, Schulungen zur IT-Einführung und viele weitere Leistungen, sofern sie zur Erschaffung einer leasingfähigen Hard- oder Software führen.

Mit dieser Option ist es einem Provider möglich, seinen Kostenblock in die Ertragsphase zu legen und von wesentlich geänderten Vertragsverläufen zu profitieren. Unter optimalen Bedingungen bräuchte er sogar keinerlei Vorlaufkosten tragen und könnte direkt nach Go-Live des Projektes einen positiven ROI ausweisen. Alle Leistungen können i.d.R. vollständig vorfinanziert werden. Die Zahlung entsprechender Leasing-Raten erfolgt je nach individueller Vereinbarung zwischen Leasing-Nehmer und Leasing-Geber, z. B. sind auch zahlungsfreie Perioden von mehreren Jahren möglich (positive Bonität vorausgesetzt). Die Differenz aus diesem Umsatz und den monatlichen Kosten ist je nach Umfänglichkeit des IT-Projektes reine Bruttomarge für den IT-Dienstleister. Es kann sogar vor dem Eingang einer Zahlung ein positiver Income erreicht werden, z. B. durch die Erbringung von Eigenleistungen, die vorab von der Leasing-Gesellschaft gezahlt und in die Leasing-Konzeption integriert werden können.

Leasing kann ferner bewirken, dass sich zusätzlich zur Erzielung von sofortigen Break-Even-Situationen ein Katalysator-Effekt auf die gesamte ROI-Situation des IT-Dienstleisters ergibt. Dies liegt daran, dass mit Leasing „Second Budget“ verfügbar ist. Teures gebundenes Kapital des Outsourcers in den Projekten wird durch günstiges kostenneutrales Leasing-Kapital ersetzt, welches durch einen Zahlungseingang des Dienstnehmers beglichen wird. Damit sind eigene Investitionsmittel für ein Re-Invest in andere gewinnbringende Projekte verfügbar und können optimal ausgesteuert werden.

Es lassen sich demnach folgende Vorteile für einen Provider ableiten:

- Wesentlich verbesserter Cash-Flow
- Wesentlich kürzere Break-Even-Zeit
- Wesentlich verbesserter ROI des Outsourcing-Projektes
- Kein zu tragendes Dienstnehmer-Bonitätsrisiko
- Schonung der eigenen Kreditlinien.

Ebenso wird ein strategischer Wettbewerbsvorteil durch eine Leasing-Konzeption für den IT-Dienstleister erreicht. Dieser teilt sich in drei Aspekte.

1. Optimierte Cash-Flow-, ROI- und Bilanz-Situation

Durch die oben beschriebene Leasing-Lösung stellt sich der Provider im direkten Vergleich zu Mitbewerbern optimal dar und generiert Vorteile bei der Kapitalbeschaffung sowie generellen Rating-verbundenen Aspekten.

2. Vorteile beim Verkauf
Leasing ermöglicht einen Zusatznutzen beim Verkauf einer Outsourcing-Leistung. Zum einen können die Gesamtkosten des Outsourcing-Anbieters reduziert werden. Dies liegt maßgeblich an der Einrechnung der offenen, durch die Leasing-Gesellschaft garantierten Restwerte. Kosten der IT-Assets werden zu unter 100 Prozent amortisiert, wodurch die verbundenen Outsourcing-Belastungen für den Dienstnehmer gesenkt (oder mehr Marge generiert) werden können.

Zum anderen lassen sich Zusatzleistungen für die Dienstnehmer kostenneutral platzieren, etwa die Einbeziehung von externen Beratern.

Es ist einem Dienstleister sogar möglich, dank IT-Leasing einem potenziellen Dienstnehmer ein Outsourcing anzubieten, ohne dass das betroffene Unternehmen ein Budget oder Personal hierfür vorgesehen hat.

3. Erzielung zusätzlicher Erträge
Geht ein IT-Dienstleister mit einem Leasing-Unternehmen eine strategische Partnerschaft ein, z. B. ein Joint Venture, können durch die unterliegende Leasing-Konzeption zusätzliche Erträge erzielt werden. Ein ehemaliges „Cost-Center", nämlich die Finanzierung aus Eigen- oder Fremdmitteln, wird in ein strategisches Profit-Center verwandelt.

4. Rechtliche Fragen

Beim Leasing taucht regelmäßig eine Reihe von rechtlichen Fragen auf, die entscheidend auf das Leasing-Projekt Einfluss nehmen.

4.1 Rechtlicher Projektverlauf

Auf der Zeitskala lassen sich klassische IT-Projekte aus der Sicht eines IT-Providers/Dienstnehmers (IT-Sicht) und einer Leasing-Gesellschaft (Leasing-Sicht) in verschiedene Phasen aufteilen (siehe Abbildung 22-4 auf S. 341).

Während sich ein IT-Projekt aus der Sicht eines IT-Unternehmens/Auftraggebers grob in drei Phasen (Planung, Implementierung, laufender Betrieb) aufteilt, sieht die Sichtweise einer IT-Leasing-Gesellschaft auf ein IT-Projekt lediglich zwei Phasen vor (Beschaffung und Leasing-Phase). In die Beschaffungsphase des Leasing-Gegenstandes fällt dabei die gesamte Erstellung des IT-Projektes bis zum Ende der Implementierungsphase. In der Regel wird diese Phase von einer Leasing-Gesellschaft auch als Vorfinanzierungsphase verstanden, da sie bereits hier in die Vorfinanzierung tritt, während die eigentliche Leasing-Phase erst mit der Abnahme des IT-Projektes beginnt.

Sollten bei der Erstellung einer Systemlösung technische Schwierigkeiten auftreten oder der Budgetrahmen überschritten werden, so sieht i. d. R. die

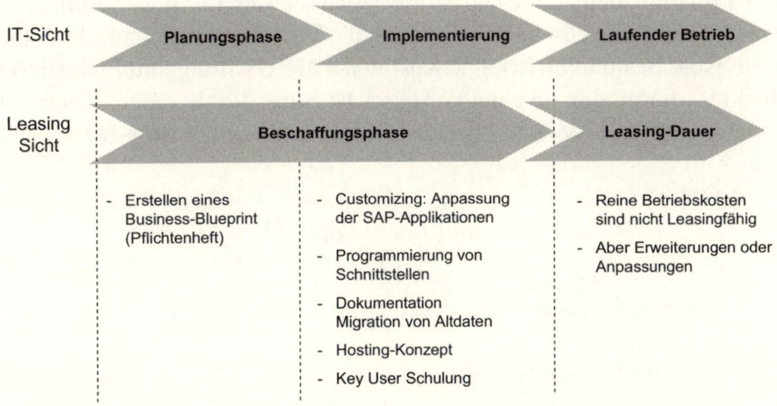

Abbildung 22-4: Zeitskala eines IT-Projektes aus Sicht eines Leasing-Gebers

Leasing-Gesellschaft hierzu einen flexiblen Finanzierungsrahmen vor. Sollte aber der IT-Dienstleister nicht in der Lage sein, das Projekt komplett zu vollenden, so wird die Leasing-Gesellschaft nach einer definierten Nachfrist auf einen Rücktritt nach §§ 346 BGB bestehen.

Während reine Betriebskosten wie Hosting, Wartung, Pflegeleistungen nicht leasingfähig sind, könnten Erweiterungen des Leasing-Gegenstandes durch Anpassungen mit in den Leasing-Vertrag aufgenommen werden. So z. B., wenn ein Notebook mehr RAM oder eine größere Festplatte benötigt, sowie wenn neue Lizenzen nachbeschafft werden sollen.

4.2 Leasing-Modelle

Der eigentliche Leasing-Prozess ist schon wegen der Dreierkonstellation, in der er abgewickelt wird, wesentlich komplexer als bilaterale Verträge. In der Praxis sind vor allem drei Modelle einer IT-Leasingkonstruktion gebräuchlich.

4.2.1 Grundform (Kauf)

Beim ersten Modell erwirbt eine Leasing-Gesellschaft eine vom Leasing-Nehmer gewünschte Hard- und/oder Software und stellt sie dem Leasing-Nehmer zur Verfügung. Rechtlich gesehen erwirbt sie das Objekt gem. §§ 433ff. BGB und vermietet es gem. §§ 535ff. BGB an den Leasing-Nehmer.

4.2.2 Bestelleintritt

Beim zweiten Modell verhandelt der Leasing-Nehmer vorab mit dem Produzenten oder einem Lieferanten über ein oder mehrere Objekte. Er bestimmt Hardware, Software, spezielle Features, den Lieferanten und handelt i. d. R.

auch den Preis mit dem Lieferanten aus. Anstelle des Leasing-Nehmers tritt jedoch die Leasing-Gesellschaft in Teilen in die Verpflichtungen aus dem Kaufvertrag ein (sog. Bestelleintritt). Die Kosten der Beschaffung und Finanzierung des Objektes durch die Leasing-Gesellschaft sind durch einen gleichzeitig geschlossenen Leasing-Vertrag über das Objekt mit dem Leasing-Nehmer vereinbart.

4.2.3 Sale-and-Lease-Back (SLB)

Das dritte Modell ist das sog. Sale-and-Lease-Back. Der Leasing-Nehmer hat das Objekt bereits erworben und verkauft es an die Leasing-Gesellschaft, um es dann zurück zu leasen.

Ein wesentliches Element des Kaufvertrages nach § 433 Abs. 1 BGB ist, dass der Verkäufer dem Käufer die Kaufsache – vorliegend also der Leasing-Nehmer der Leasing-Gesellschaft das Leasing-Objekt – übergibt. Hierbei ist der sog. Bestimmtheitsgrundsatz zu beachten, dem gemäß die fraglichen Gegenstände so genau bezeichnet sein müssen, dass sie sich unschwer von anderen unterscheiden lassen. Erforderlichenfalls sind dem Kaufvertrag Standorthinweise oder andere Anlagen beizufügen. Diese Vorgaben dienen auch dem Schutz anderer Gläubiger im Insolvenzfall.

4.3 Leasing-Prozess

Im Leasing-Prozess erstellt die Leasing-Gesellschaft auf Basis des vom Leasing-Nehmer gewünschten Objektes zunächst ein unverbindliches Angebot. Dieses Angebot steht immer unter dem Vorbehalt der positiven Bonitätsprüfung des Leasing-Nehmers und der Bewertung des Leasing-Objektes. Leasing-Objekte, die nach der Grundlaufzeit des Leasing-Vertrages schwer verkäuflich oder technologisch veraltet sind bzw. zu teuer eingekauft wurden, bilden eine unzureichende Sicherheit für einen Leasing-Geber.

Über den Kauf des Leasing-Gegenstandes vom Lieferanten und den Leasing-Vertrag mit dem Leasing-Nehmer wird i. d. R. parallel verhandelt. Der Leasing-Nehmer zahlt Leasing-Raten, die die Kosten für die Nutzung des Objektes während der Leasing-Laufzeit, dessen Finanzierung sowie einen Aufschlag des Leasing-Gebers decken. Vereinbarte Nebenleistungen des Leasing-Gebers, wie die Versicherung des Objektes, werden pauschal durch Aufschläge (oder mit separater Rechnung) vergütet. Nach Ende des Leasing-Vertrages hat der Leasing-Nehmer die Möglichkeit, den Leasing-Gegenstand zu erwerben, zurück zu geben oder weiter im Leasing zu nutzen.

Bei der Vertragsgestaltung kann zwischen verschiedenen Varianten gewählt werden:

4.3.1 Vollamortisation

Hierbei werden in der vereinbarten Laufzeit die Anschaffungskosten des Leasing-Gegenstandes und die Finanzierungskosten vollständig bezahlt, es erfolgt aber kein Eigentumsübergang nach Vertragsende an den Leasing-Nehmer. Der geleaste Gegenstand hat noch einen Restbuchwert.

4.3.2 Teilamortisation

Die Teilamortisation ist bei IT-Assets eher untypisch, da der vereinbarte Restwert meist nicht durch entsprechende Marktwerte gedeckt ist und somit die Leasing-Geber „quasi automatisch" das Andienungsrecht (Kaufangebot des Leasing-Nehmers) nutzen – der Leasing-Nehmer muss in jedem Falle zahlen, weshalb viele Leasing-Gesellschaften keine Teilamortisation im IT-Umfeld anbieten.

Ein Leasing-Nehmer bezahlt typischerweise einen (großen) Teil der Anschaffungskosten des Leasing-Objektes und der Finanzierungskosten. Nach Vertragsende bleibt ein kalkulierter Restwert. Dieser kann mit Vertragsoptionen des Leasing-Gebers oder des Leasing-Nehmers verbunden sein. Übliche Vertragsvereinbarungen sind:

- Verlängerungsoption mit Leasing-Ratenkalkulation auf Basis des Restwertes
- Kaufoption des Leasing-Nehmers
- Andienungsrecht des Leasing-Gebers.

Diese Klauseln sind immer unter Beachtung der entsprechenden steuerrechtlichen (Leasing-Erlasse des BMF) und bilanzrechtlichen (z. B. IAS 17) Anforderungen zu gestalten. Zivilrechtlich ist an dieser Stelle vieles möglich, was aber ggf. nicht zu den gewünschten steuerlichen und bilanziellen Effekten führt. So darf z. B. ein Eigentumsübergang an den Leasing-Nehmer bei Vertragsabschluss nicht feststehen, da dies eher für ein Mietkaufmodell sprechen würde. Dadurch, dass bei der Teilamortisation der Leasing-Gegenstand nicht gänzlich abbezahlt werden muss, sind die Leasing-Raten bei identischer Laufzeit niedriger als bei der Vollamortisation. Somit hat der Teilamortisationsvertrag auch einen deutlichen Vorteil gegenüber dem klassischen Darlehen, da dieses immer von einer Vollfinanzierung ausgeht.

4.3.3 Kündbare Leasing-Verträge

Bei der vorzeitigen Beendigung eines Leasing-Vertrages durch den Leasing-Nehmer muss die Leasing-Gesellschaft dieser Kündigung zustimmen. Bei Vertragskonstruktionen, die eine Kündigung vorsehen, stehen die Konditionen für eine eventuelle vorzeitige Beendigung bei Vertragsabschluss bereits fest. Um eine Klassifikation des Vertrages als Mietkaufvertrag nach deutschem Steuerrecht zu vermeiden, ist eine Kündigung jedoch frühestens nach Ablauf von 40 Prozent der betriebsgewöhnlichen Nutzungsdauer des Objektes möglich.

5. Leasing-AGB

Wesentliche Punkte in den Leasing-AGB sind die Abtretung der Mängelhaftung und die Übertragung der Sach- und Preisgefahr. Da auch Leasing-Verträge dem AGB-Recht der §§ 305ff. BGB unterliegen, stellt sich die Frage, inwieweit solche Klauseln zulässig sind.

5.1 Abtretung der Mängelhaftung

Grundsätzlich ist ein Haftungsausschluss im AGB-Recht mit einer Verweisung auf einen oder mehrere Dritte gem. § 309 Nr. 8b aa) BGB unzulässig. Nach dem Wortlaut des Gesetzes betrifft dies "Verträge über Lieferungen neu hergestellter Sachen und Werkleistungen", also auch Lieferverträge und Mietverträge i. S. e. Leasing-Konstruktion.[7] Dies ist in der Leasing-Praxis i. d. R. auch von beiden Seiten so gewünscht, da eine Leasing-Gesellschaft keinerlei Leistungen im Bereich der Mängelbehebung erbringen könnte. Somit würde die Leasing-Gesellschaft lediglich die Fehlermeldung des Kunden an den Hersteller bzw. Lieferanten weiterleiten. Eine Abtretung der Sachmängelansprüche ist nach der ständigen Rechtsprechung des BGH in AGB einer leasingtypischen Abtretungskonstruktion immer nur dann wirksam, wenn sie uneingeschränkt, unbedingt und vorbehaltlos erfolgt, weil ansonsten der Leasing-Nehmer rechtlos gestellt werden würde.[8] Unwirksam sind Klauseln, in denen sich der Leasing-Geber das Recht zur eigenen Rechtsverfolgung – auf Kosten des Leasing-Nehmers – vorbehält.[9]

5.2 Übertragung der Sach- und Preisgefahr

Die Übertragung von Risiken, die mit dem Untergang, der Beschädigung oder dem Verlust der Leasing-Sache verbunden und von keiner der beiden Vertragsparteien zu vertreten sind (Gefahrtragung), ist häufig Gegenstand von Leasing-AGB.

Dabei halten Sachgefahrklauseln, denen zufolge der Leasing-Nehmer die Gefahr des zufälligen Untergangs, des Verlusts oder der Beschädigung der Lea-

7 BGH, NJW 1985, 1547; BGH, NJW 1986, 1744; BGH, NJW 1987, 1072; BGH, NJW 1988, 2465; Reinking/Eggert (2003), Rn. 854; Martinek/Stoffels/Wimmer-Leonhardt (2008): Kap. 9, Rn. 24.

8 BGH NJW-RR 2003, 51; BGHNJW 2006, 1066; BGH, NJW1987, 1072; BGH NJW 1993, 335, 1786; Stoffels in Staudinger (2004): Rn. 219.

9 BGH NJW 1988, 2465; BGHNJW-RR 2003, 51.

sing-Sache zu tragen sowie für deren Instandhaltung und -setzung auf eigene Kosten zu sorgen hat, im Grundsatz der AGB-Kontrolle stand.[10] Der BGH entnimmt diese Wertung der Typizität des Leasing-Vertrages und den darin zum Ausdruck kommenden, vom normalen Mietverhältnis abweichenden Interessen des Leasing-Gebers und des Leasing-Nehmers.[11]

Auch die Übertragung der Preisgefahr vom Leasing-Geber auf den Leasing-Nehmer, bei der der Leasing-Nehmer zur Zahlung von Leasing-Raten auch bei zufälligem Untergang, Verlust oder zufälliger Beschädigung der Leasing-Sache verpflichtet ist, ist nach h. M. im Grundsatz mit den §§ 307ff. BGB vereinbar.[12] In der Rechtsprechung des BGH wird diese Wertung auf das weit überwiegende Interesse des Leasing-Nehmers an der Leasing-Sache und die diesem Umstand zu entnehmende Legitimation für eine auf die Gefahrtragung bezogene Gleichstellung des Leasing-Nehmers mit einem Käufer gestützt.[13]

6. Resümee

IT-Leasing beim Outsourcing bedeutet für Dienstnehmer und Anbieter eine Quelle strategischer Möglichkeiten.

Für den Dienstnehmer liegen die Vorteile in folgenden Punkten:
- Wesentlich erhöhte Sicherheit zur tatsächlichen Erreichung der Outsourcing-Ziele
- Erhalt der Liquidität während der Projektvorlaufzeit
- Generierung von zusätzlichen Sparpotenzialen
- Wesentlich reduzierte Abhängigkeit zum Outsourcing-Partner
- Leichtere Steuerung des Outsourcing-Partners und erhöhte Transparenz.

Für den IT-Anbieter können folgende Vorteile erzielt werden:

- Wesentlich verbesserter Cash-Flow
- Wesentlich kürzere Break-Even-Zeit

---

10 BGH NJW 1987, 377 (378); BGH NJW 1988, 198 (200); Beckmann, Finanzierungsleasing, § 2 Rn. 476; Emmerich, JuS (1990), 1 (5); Gitter, Gebrauchsüberlassungsverträge, S. 319; Stolterfoth in Münchener Vertragshandbuch, Bd. 3 Abschn. II. 1 Anm. 15 (3); Habersack in MünchKomm Leasing, Rn. 76.; Ackermann in Martinek/Stoffels/Wimmer-Leonhardt (2008): § 31, Rn. 4.

11 BGH NJW 1987, 377 (378); BGH NJW 1988, 198 (200); Ackermann in Martinek/Stoffels/Wimmer-Leonhardt (2008): § 31, Rn. 4.

12 BGH WM 1975, 1203 (1204); BGH NJW 1988, 198 (199f.); BGH NJW 1996, 1888; Beckmann, Finanzierungsleasing, § 2 Rn. 476; Gitter, Gebrauchsüberlassungsverträge, S. 322; *Habersack* in MünchKomm Leasing, Rn. 70.; Ackermann in Martinek/Stoffels/Wimmer-Leonhardt (2008) § 31 Rn. 6.

13 BGH NJW 1987, 377 (378); BGH NJW 1988, 198 (200);); Ackermann in Martinek/Stoffels/Wimmer-Leonhardt (2008): § 31, Rn. 6.

- Wesentlich verbesserter ROI des Outsourcing-Projektes
- Kein zu tragendes Kunden-Bonitätsrisiko
- Wettbewerbsvorteile durch optimierte Kennzahlen, Vorteile im Verkauf und die Erzielung zusätzlicher Erträge.

Unabhängig davon, in welcher Phase eines Outsourcing-Projektes sich ein Unternehmen befindet, sollten mögliche Leasing-Optionen regelmäßig erwogen werden.

Sicherheit und Verfügbarkeit moderner IT-Infrastrukturen

RALPH WÖLPERT

1. Einführung

In modernen Unternehmen werden nahezu alle Aktivitäten und Geschäftsprozesse durch Informationstechnik (IT) abgebildet, unterstützt oder oft sogar erst ermöglicht. Mit dieser absoluten Abhängigkeit von einer funktionierenden und verfügbaren IT gewinnen die Sicherheit, der Schutz der eingesetzten Systeme und deren ungestörte Verfügbarkeit immens an Bedeutung. Gleichzeitig zeigt die Praxis, dass vor allem Mittelständler, kleinere Unternehmen und Freiberufler immer seltener eine eigene, aufwändige IT-Abteilung unterhalten, die sich gezielt und ausschließlich um Themen wie IT-Betrieb und -Sicherheit kümmern. Obwohl es bis heute keine allgemein anerkannte und eindeutige Definition für den ebenso wichtigen wie umfänglichen Bereich der IT-Sicherheit gibt, besteht jedoch durchgängig Einigkeit über die zentralen Schutzziele für die Geschäftsprozesse und der dafür eingesetzten Informations- und Kommunikationssysteme.

Neben Aspekten wie Vertraulichkeit und Integrität geht es vor allem um die bedarfsgerechte Verfügbarkeit kritischer Daten im Unternehmen. Informationen, Systeme und Netze müssen verfügbar, also dauerhaft sicher und vertrauenswürdig nutzbar sein. Das heißt: Ein System muss bei einer Abfrage in einem definierten Zeitraum zuverlässig und richtig antworten bzw. bestimmte Aktionen ausführen oder unterstützen.

Betrachtet man den Gesamtaufwand für die IT in einem Unternehmen oder einer Behörde, ist es verständlich, dass eine nicht unerhebliche Zahl den IT-Betrieb oder wesentliche Teile davon in die Hände von spezialisierten Firmen – Outsourcing-Dienstleistern – geben will, deren zentrales Geschäft es ist, EDV-Systeme zu betreuen und zu betreiben. Schließlich verspricht eine solche Verlagerung bei guter Durchführung neben eventuell geringeren Betriebskosten auch eine teilweise Verlagerung der Verantwortung für allgemeine Gefahren. Ein genereller Haftungstransfer für IT-Risiken nach außerhalb ist damit nicht verbunden. Es wird lediglich die Aufgabenerfüllung übertragen, das auslagernde Unternehmen bleibt weiterhin selbst verantwortlich. In diesem Zusammenhang stellt sich aber stets die Frage, inwieweit ein Unternehmen – ganz gleich wie groß es ist – seine informativen Kernkompetenzen, unternehmenskritischen Informationen und personenbezogenen Daten überhaupt in fremder Verantwortung sehen möchte.

Dieser Beitrag wird als Schwerpunkt die Themen „Sicherheit“ und „Verfügbarkeit“ aus physikalischer Sicht aufgreifen. Es werden Risiken und deren mögliches Schädigungspotenzial und deren Auswirkungen auf die Verfügbarkeit für IT-Systeme und -Datenbestände dargestellt. Ergänzend wird Bezug genommen auf die Haftungsrisiken für das Management sowie die Möglichkeiten, wie mit relativ geringem Aufwand eine sichere Betriebsumgebung für IT-Systeme als ein wesentlicher Baustein innerhalb eines ganzheitlichen Risikomanagementkonzepts realisiert werden kann – ohne explizit aus Gründen der physischen IT-Sicherheit zwingend an ein Outsourcing-Modell denken zu müssen.

2. Physische und physikalische Risiken für die IT

Angesichts der heute hohen Abhängigkeit der Unternehmen und Behörden von einer leistungsfähigen IT ist es deren Ziel, jederzeit einen verantwortlichen, technisch sicheren Betrieb der IT-Systeme zu gewährleisten.

Über eine eingeschränkte Verfügbarkeit bzw. erlaubte kurze Stillstandszeiten lässt sich, abhängig vom Unternehmensbedarf, teils noch diskutieren, nicht aber über den Totalausfall von IT- und TK-Infrastrukturen. Dort sitzt die Schaltzentrale für unternehmensrelevante Entscheidungen, Handlungen und Kommunikationswege. Die IT-Sicherheit ist existenziell für die meisten Unternehmen – auch wenn das nicht jedem Anwender bewusst ist. Das gilt umso mehr für jene Firmen, bei denen die IT nicht zur Kernkompetenz gehört, die zugleich aber aus Wettbewerbsgründen alle sich bietenden Kostenvorteile konsequent ausnützen müssen. Hier geht es um die Ausgestaltung eines sicheren Rückgrats für die IT. Und die beginnt in der Regel bei den Servern und Kommunikationseinrichtungen.

2.1 Umgebungsrisiken für die IT

Erforderlich ist neben einem Schutz gegen digitale Gefahren wie Schadprogramm (Malware, Viren, Würmer und Trojaner) gerade auch ein bestmöglicher Schutz gegen unbefugten Zugriff oder Sabotage sowie Feuer, korrosive Brandgase und Wasser. Daneben können andere infrastrukturelle Risikofaktoren die IT beeinträchtigen. Dazu gehören Ausfälle im Bereich der Versorgung mit Kälte, Energie oder Kommunikation. Typische Risikoquellen sind insbesondere:

- System- und Datenzugriff durch unbefugte Personen
- Vandalismus oder Sabotage durch unbefugte Personen
- Zu hohe Umgebungstemperatur
- Zu hohe oder zu geringe Luftfeuchtigkeit
- Feuer
- Korrosive Brandgase
- Wasser
- Ausfall bzw. Unterdimensionierung der Klimatisierung
- Ausfall bzw. Unterdimensionierung der Stromversorgung oder -verteilung
- Ausfall bzw. Unterdimensionierung der Internet- und Telekommunikationsanbindung.

Vor allem eine dauerhaft ausreichende und redundante Klimatisierung bereitet den Unternehmen zunehmend Schwierigkeiten. Überhöhte Umgebungstemperaturen, etwa in den Sommermonaten, können sehr schnell, in aller Regel innerhalb nur weniger Minuten zu einem Hitzekollaps der Systeme (häufig durch unzureichende Kühlluft für den/die Prozessor/en (CPU)) und damit unter widrigen Umständen zum Totalausfall führen können.

2.2 Risiken auch beim Outsourcing

Die vorgenannten Risiken bestehen völlig unabhängig davon, ob ein Unternehmen seine IT in den eigenen Räumlichkeiten (und auch selbst betreibt) oder extern in einem Rechenzentrum von einem Dienstleister betreiben lässt.

Je nach den im Einzelfall getroffenen Schutzvorkehrungen variieren die Gefahren und damit die Wahrscheinlichkeit des Eintritts eines Schadens. Ein Unternehmen muss in jedem Fall zuverlässig sicherstellen, dass es, je nach gewähltem Modus, die konkreten Risiken entweder in angemessener Weise selbst minimiert oder aber die Maßnahmen der Minimierung beim IT-Dienstleister vorab überprüft und langfristig kontrolliert. Eine gezielte Unterstützung durch kompetente Sicherheits- und Sourcing-Berater kann dabei hilfreich sein.

2.3 Checkliste: Physische Sicherheit der Systeme und Datenbestände

Nachfolgend sind einige Aspekte zum Schutz von ITK-Systemen und Datenbeständen in Form einer kurzen Check-Liste zusammengefasst:

Betrieb der IT in eigenen RZ-Räumen:

- Entspricht die Bauausführung den gesetzlichen Vorgaben im Brandschutz für Personen und Gebäude?
- Sind Schutzwertigkeiten über die gesetzlichen Vorgaben hinaus vorhanden?
- Sind die Systeme und Daten in den Racks oder Räumen speziell gegen Brand, Wassereinbruch, Rauchschäden, Fremdzugriff, Vandalismus oder Sabotage geschützt?
- Sind automatische und angemessen sensible Branderkennungsanlagen vorhanden?
- Werden wasserfreie sowie für den Menschen ungiftige Löschmittel eingesetzt?
- Hält die Auslegung der Klimatisierung (auch einzelner Racks) den künftig steigenden Wärmeverlustleistungen der Server stand?
- Ist die Klimatisierung für den Notfall redundant ausgelegt und durch geeignete Maßnahmen vor einem Ausfall der Energieversorgung geschützt?

- Sind Energieversorgung und -verteilung für einen steigenden Verbrauch dimensioniert und redundant abgesichert?
- Besteht für alle relevanten Funktionen und Parameter im Rechenzentrum ein lückenloses Monitoring? Werden diese Monitoring-Daten archiviert? Wenn ja, wie und wo?

Betrieb der IT im Outsourcing-Modell:

- Sind eindeutige Service Level Agreements (SLAs) mit einem kompetenten Dienstleister abgeschlossen, die das Schutzniveau und die Verfügbarkeit der Betriebsumgebung der IT hinreichend regeln?
- Sind die organisatorischen Strukturen (u. a. Personal, Handbücher, Eskalationskommunikation) des Dienstleisters ausreichend transparent und praktikabel für den Dienstnehmer?
- Lassen sich ggf. unterschiedliche Sicherheitsniveaus zwischen Dienstleister- und Dienstnehmerräumlichkeiten synchronisieren?
- Ist die IT-Infrastruktur von unabhängigen Experten hinsichtlich ihrer physischen Sicherheit vorab überprüft worden bzw. sind regelmäßige Audits vereinbart?
- Besteht für das Outsourcing-Rechenzentrum eine Zertifizierung hinsichtlich der Sicherheit der IT, der Infrastruktur, der Prozesse oder der Energieeffizienz?

3. Haftungsrisiken und Sicherheit

Das KonTraG (Gesetz zur Kontrolle und Transparenz im Unternehmensbereich), SOX (Sarbanes Oxley Act) und andere Regularien, wie z. B. eine im Umgang zwischen Unternehmen zunehmend erforderliche Zertifizierung (etwa nach ISO 27000ff.), zwingen Unternehmen zu einem angemessenen Risikomanagement in Sachen IT. Nur wer seinen Geldinstituten, Kunden und Lieferanten lückenlos nachweisen kann, dass er seine IT-Infrastruktur gegen Störungen jeder Art bestmöglich gesichert hat, erhält günstiger verzinste Kredite, bessere Zahlungskonditionen, niedrigere Versicherungsprämien, schützt sein Image und gilt im Geschäft als verlässlicher Partner – alles wichtige Wettbewerbsvorteile für den Unternehmer.

Neben dem Schutz der IT im Unternehmensinteresse gegen jedes anzunehmende Risiko geht es für die verantwortlichen Vorstände, Geschäftsführer und IT-Leiter letztlich auch darum, ihr eigenes Haftungsrisiko gegenüber dem eigenen Unternehmen oder dessen Inhabern wie Aktionären und Gesellschaftern zu minimieren.

3.1 Drei Beispiele aus der Praxis

Drei Beispiele sollen die bestehenden Unternehmens- und Haftungsrisiken verdeutlichen:

- Das Rechenzentrum eines Unternehmens wird durch ein Feuer zerstört. Das Unternehmen verfügt weder über eine eigene angemessene Ausweichinfrastruktur noch besteht ein Vertrag mit einem entsprechenden Dienstleister. Die Folge: Die IT ist erst nach zwei Wochen wieder voll einsatzbereit. Produktionsausfälle, Umsatzverluste, Remanenzforderungen, beeinträchtigte Kundenbeziehungen und ein nur schwer messbarer Imageschaden könnten das betroffene Unternehmen bereits nach dieser relativ kurzen Zeit ruiniert haben.
- Ein Unternehmen hat zwar einen Krisenplan für den Ausfall der IT entwickelt und in einem fremden Rechenzentrum entsprechende Kapazitäten angemietet. Allerdings wurde dieser Plan nicht regelmäßig an die wachsenden Bedarfe angepasst. Es kommt zu einem Elementarschaden durch Hochwasser, bei der Auslagerung wurden jedoch wichtige Datenbestände unwiederbringlich vernichtet, weil kein adäquater Platz vorhanden war.
- Der IT-Leiter überträgt die gesamte Datenverarbeitung einem Outsourcing-Dienstleister. Dieser verpflichtet sich in Service Level Agreements, für eine Mindestverfügbarkeit von 99,9 Prozent zu sorgen (bedeutet aber immer noch 526 Minuten oder 8,8 Stunden mögliche Ausfallzeiten pro Jahr). Die Mitarbeiter des Dienstleisters kümmern sich um den Betrieb des Netzwerks des Auftraggebers. Durch den Fehler einer der Mitarbeiter kommt es zu einem Ausfall des Netzwerks mit resultierender Abschaltung der gesamten Produktionsanlage und zu einem nachfolgenden Lieferengpass.

Allen drei Beispielen gemeinsam ist die Tatsache, dass Fehler im Risikomanagement der Unternehmen, in den o. g. Fällen auch eine fehlende Kontrolle der Notfallplanungen, für diese existenzkritisch werden können.

3.2 Management in der Verantwortung

In allen o. g. Fällen können die Unternehmens- und IT-Verantwortlichen für die entstandenen Schäden wegen grob-fahrlässigen Verhaltens persönlich haftbar gemacht werden.

Im ersten Fall hätte der IT-Leiter wissen müssen, welche immensen Schäden dem Unternehmen durch einen möglichen IT-Ausfall entstehen können. Die Schaffung entsprechender Vorsorgemaßnahmen entspricht dem üblichen Gebaren in der Wirtschaft und war daher unabdingbar.

Das Erstellen eines Notfallplans allein reicht ebenfalls nicht aus, denn ein kompetenter IT-Leiter hätte den Plan in regelmäßigen Abständen kontrollieren und an die veränderte Situation im Unternehmen anpassen müssen.

Das gleiche gilt für das dritte Beispiel. Hier hatte der Verantwortliche zwar eine Mindestverfügbarkeit vertraglich definiert, nicht aber auch die maximale Dauer eines einzelnen Systemausfalls sowie die Haftung für Folgeschäden vereinbart. Mit einer professionellen Beratung in punkto SLAs und Outsourcing hätte er sich gegen Lücken in den Vereinbarungen absichern können.

Nach deutscher Rechtsprechung haften Arbeitnehmer für diejenigen Schäden gegenüber ihrem Arbeitgeber, die durch ihr Verhalten entstanden sind. Ein System der gestuften Zuordnung der Haftung differenziert die Haftungsfrage in Abhängigkeit vom Verschuldensanteil des Arbeitnehmers: Bei Vorsatz und grober Fahrlässigkeit sind Arbeitnehmer im Prinzip für den durch sie verursachten Gesamtschaden regresspflichtig. Einzige Ausnahme: Es besteht ein deutliches Missverhältnis zwischen der Höhe des Einkommens und dem entstandenen Schaden. Für Mitarbeiter in verantwortlichen Positionen der Führungsebenen ist das Haftungsrisiko aber deutlich höher. Vorstände von Aktiengesellschaften und GmbH-Geschäftsführer werden stärker in die Pflicht genommen, denn sie gelten als Organe der Firma und nicht als Beschäftigte. Für sie gelten die Regelungen zur beschränkten Arbeitnehmerhaftung nicht in dieser Form. Zum Verantwortungsbereich des Top-Managements zählen auch zentrale Aufgaben der IT. Das heißt, die Verantwortung kann auf diesem entscheidenden Feld nicht delegiert werden – und die Geschäftsleitung wird für Fehler und Versäumnisse ihrer IT-Mitarbeiter in Haftung genommen, wenn sie bei der Erfüllung ihrer Pflichten nicht „die Sorgfalt eines ordentlichen Geschäftsmannes“ hat walten lassen. Im Falle des zerstörten Rechenzentrums könnte also auch der Geschäftsführer wegen „grober Fahrlässigkeit“ belangt werden, da er der Gefahr nicht rechtzeitig entgegengewirkt hat.

IT ist längst Chefsache. Mögliche IT-Risiken zu identifizieren und – in einem wirtschaftlich sinnvollen Umfang – zu eliminieren ist Teil heutiger Managementaufgaben. Ein Restrisiko in der IT bleibt, wie in anderen Unternehmensbereichen auch, zwar immer, dieses kann aber durch geeignete Vorsorgemaßnahmen auf ein unkritisches Maß reduziert werden.

Mit dem Inkrafttreten des KonTraG können strafrechtlich relevante Verstöße im Aufgabenkreis eines IT-Verantwortlichen neben der Haftung mit dem Privatvermögen auch eine Haftstrafe nach sich ziehen. Oftmals ist den IT-Verantwortlichen nicht bewusst, wie weit ihre persönliche Haftung tatsächlich geht. So haben 59 Prozent der befragten IT-Entscheider im Rahmen einer zweijährig erfolgenden Sicherheitsstudie[1] 2008 angegeben, dass ihnen die Inhalte des Kon-

1 <kes>-/Microsoft-Sicherheitsstudie (2008).

TraG bekannt seien, aber nur 42 Prozent waren der Ansicht, dass dieses Gesetz für ihren Aufgabenbereich überhaupt relevant ist. In der gleichen Sicherheitsstudie[2] von 2006 betrug das Antwortverhältnis der Befragten jedoch 70 Prozent zu 54 Prozent, damit scheint das KonTraG wieder aus dem Sichtfeld der IT-Verantwortlichen zu geraten:

KonTraG	Bekanntheit [%]	Relevanz [%]
2004[3]	52	34
2006	70	54
2008	59	42

Um den Anforderungen des KonTraG zu genügen, ist es unumgänglich, sich mit der aktuellen Gesetzeslage zu befassen, bei Defiziten im eigenen Zuständigkeitsbereich die Vorgesetzten zu informieren und bezüglich erforderlicher Gegenmaßnahmen umfassend zu beraten. Zum professionellen Umgang mit den IT-Risiken im Sinne des KonTraG ist die Initiierung und Etablierung eines fortlaufenden IT-Sicherheitsprozesses erforderlich.

3.3 Physische Sicherheit als Herausforderung

Unternehmens- und IT-Leiter sollten bei der Identifizierung möglicher IT-Risiken stets in zwei Richtungen denken, digitaler Schutz etwa gegen Malware sowie physischer Schutz etwa gegen Elementarrisiken. Der Verlust oder die Manipulation von Daten sowie Wirtschaftsspionage sind ernsthafte Bedrohungen. Die beste Firewall und das umfassendste Antivirenprogramm nutzen wenig, wenn die physische Sicherheit der Datenbestände nicht gesichert ist. Die Größe oder Branche eines Unternehmens spielen dabei keine Rolle, denn die Anforderungen an die IT steigen überall. Aufklärungs- und Überzeugungsarbeit sind nötig, um die geschäftliche Bedeutung der IT noch deutlicher zu machen.

Vor dem Hintergrund einer möglichen rechtlichen Inanspruchnahme ist es für IT-Verantwortliche ratsam, die Infrastruktur auf potenzielle Risiken prüfen zu lassen. Selbst im Falle eines Outsourcings des IT-Betriebs verbleibt das Haftungsrisiko für die IT im Unternehmen selbst. Im Eigenbetrieb verbleibende Infrastrukturkomponenten können zudem die Verfügbarkeit eines im Outsourcing-Verfahren betriebenen IT-Systems reduzieren, wenn sie nicht richtig geplant, überwacht und betrieben werden.

Sinnvoll ist dabei ein zyklischer IT-Sicherheits-Check. Er umfasst außer Funktionsanalysen zur Bauausführung, Energieversorgung, Klimatechnik sowie Sicherheits- und Brandmeldetechnik auch eine Begehung des IT-Bereichs, eine

2 <kes>-/Microsoft-Sicherheitsstudie (2006): a. gl. O..

3 <kes>-/Microsoft-Sicherheitsstudie (2004): a. gl. O..

Sicherheitsbewertung und Vorschläge zu Sicherheitsmaßnahmen. Ziel ist es, die bestehende Infrastruktur besser zu schützen und verfügbarer zu halten.

4. Schutzmöglichkeiten nach Bedarf

Ein eigenes traditionelles Rechenzentrum steht heute im Wettbewerb zu weiteren Lösungen für den Betrieb der IT. So wird das Unternehmen seinen IT-Bedarf auch mit wenigen Server- und Speichersystemen abdecken können oder eine solch hohe Investition aus pekuniären bzw. räumlichen Gründen in ein Rechenzentrum als nicht machbar ansehen müssen oder weil sie ihre IT-Infrastruktur in die Verantwortung eines Outsourcing-Dienstleisters gegeben haben.

4.1 Skalierbarkeit und rundum sichere IT

Bereits vor jeder Überlegung hinsichtlich eines erstklassigen Schutzes gegen Elementarereignisse entscheiden acht Infrastrukturparameter darüber, ob ein Rechenzentrum auf Dauer die erwartete Leistung erbringen kann:

1. Platzbedarf (der gesamten Anlage)
2. Klimatisierung
3. Stromversorgung
4. Kommunikationsanbindung
5. Unterbringung in Racks
6. Zugangssicherheit und -kontrolle
7. Remote Monitoring
8. Prozess Management System mit Optimierungsfunktionen und proaktiven Handlungsempfehlungen für die IT und die Infrastrukturen.

Nur die ganzheitliche Betrachtung der nötigen Rechenzentrumsausstattung aller Gewerke sichert dauerhaft die erforderliche Leistungsfähigkeit der IT.

IT-Sicherheitsräume und Racks für die IT sind in den seltensten Fällen sofort maximal bestückt, denn die bereitgestellten Systeme (Server, Blades, Cluster, Storage, Netzwerkgeräte, etc.) wachsen in der Regel mit zukünftigen Anforderungen. Es empfiehlt sich daher, auf die Auswahl von Systemen, die von vornherein modular und skalierbar aufgebaut sind, zu achten. Die Philosophie solcher Lösungen basiert auf der Rack-optimierten Bauweise von IT-Infrastrukturen, da die o. g. Gerätestrukturen üblicherweise im 19“-Format vorhanden sind und so auch eingesetzt werden. Das aufeinander abgestimmte Zusammenspiel von Klima-, Energie- und Sicherheitslösungen ist eine weitere Voraussetzung, um die Performance pro IT-Rack zu erhalten, sie möglicherweise zu erhöhen und damit die Gesamteffizienz der IT unter Berücksichtigung von Platzverhältnissen, Sicherheit, Verfügbarkeit und Kosten zu optimieren.

Server-Virtualisierung und -Konsolidierung sorgen für höchstmögliche Packungsdichte und eine effiziente Raumausnutzung. Sie beeinflussen positiv die TCO (Total Cost of Ownership) pro Rack. Die Hardware hat einen geringeren Platzbedarf, leistet jedoch mehr pro aufgewendetem Euro. Die Anschaffungs- und späteren Betriebskosten sinken und das Verhältnis der beiden Kostenarten verschiebt sich zugunsten der Betriebskosten, da die Server einen höheren Auslastungsgrad erreichen. Gleichzeitig steigt jedoch das Verfügbarkeitsrisiko, denn wenn nur einer der verbliebenen physikalischen Server ausfällt, ist der Schaden für das Unternehmen ungleich größer als in der Vergangenheit, da in einem solchen Fall gleich mehrere Applikationen zeitweise nicht erreichbar sind oder gar ganz ausfallen. Aufeinander abgestimmte Lösungen zum Schutz der Betriebsumgebung in Form eines übergreifenden Prozess Management Systems sind daher notwendiger denn je. Sie müssen alle sicherheitsrelevanten Aspekte vom Brand- und Zugriffsschutz über Rack-Löschsysteme bis zur Stromversorgung und Klimatisierung sowie der Verlagerung von IT-Prozessen auf ungefährdete Server oder Rechenzentrumsbereiche umfassen.

4.2 Rechenzentrum auf wenigen Quadratmetern

Passende Sicherheitslösungen gibt es für alle Größen und Ausprägungen von IT-Komponenten. Skalierbarkeit und Modularität der Schutzsysteme ermöglichen überschaubare Kosten und flexible Einsatzszenarien.

Je nach Unternehmensgröße ist es möglich, IT-Systeme in einem sicher geschützten einzelnen Server-Rack, einem Kompaktrechenzentrum, auch Modulsafe genannt, oder einem flächigen Rechenzentrum zu betreiben. Beide Ansätze sind grundsätzlich Rack-basierte Lösungen, da auch im Rechenzentrum vor allem Racks, allerdings reihenweise, stehen. Für ein Kompaktrechenzentrum, welches nur ein Server-Rack sichert, gelten dabei die absolut gleichen Anforderungen an den Schutz vor Elementarschäden oder Fremdzugriff wie für ein großes Rechenzentrum mit mehreren hundert Quadratmetern – obwohl ein solcher modularer IT-Safe auf nur ganz wenige Quadratmeter Platzbedarf kommt. Den Systemen und Daten ist es dabei egal, welche räumliche Ausdehnung eine sichere IT-Umgebung hat – sie sind für alle Unternehmensgrößen jeweils gleich lebenswichtig.

4.3 Große Lösung – Rechenzentrum

Der Betrieb eines eigenen oder gar der Neubau eines Rechenzentrums kommen für immer weniger Unternehmen ernsthaft in Betracht. Die Auslagerung des Betriebs kompletter Rechenzentren bzw. einzelner RZ-Aufgaben gehört seit Jahren zu den Kernthemen im Rahmen von Infrastruktur-Outsourcing-Vorhaben.

Nicht jedes Unternehmen aber will seine IT auslagern, die Neigung von Behörden dazu ist ehedem traditionell geringer. Im Fokus dieser Organisationen steht nach wie vor die Verbesserung der Sicherheit im Bereich der IT durch eigene Maßnahmen – auf logischer und physischer Ebene.

Die Errichtung eines neuen professionellen Rechenzentrums ist jedoch mit hohen Investitionen verbunden. Selbst die Erweiterung einer bestehenden RZ-Umgebung macht aus wirtschaftlicher Perspektive nur Sinn bei einer genügend hohen Anzahl zu schützender Systeme. Im Einzelfall ist eine sachliche Abwägung zu treffen zwischen einer Verlagerung des Systembetriebs in das RZ eines IT-Dienstleisters, einem RZ-Neubau oder einer -Erweiterung.

Die beiden letzten Fälle erfordern eine kluge Planung, eine auf Nachhaltigkeit angelegte Konzeption sowie dessen professionelle Umsetzung der RZ-Lösung. Die angemessene Beachtung aller für ein leistungsfähiges Rechenzentrum wichtigen Schutzmaßnahmen – u. a. Standortwahl, Bauausführung, Klimatisierung, redundante Strom-, Telko- und Wasserversorgung, Netzersatzanlage, Rauchmelder, wasserfreie Brandbekämpfung, Zugangskontrolle – sind dabei zwingend.

4.4 Kleine Lösung – Modulsafe

Als kostengünstige Alternative zu einem Rechenzentrum bieten sich Modulsafe-Lösungen an. Diese sind speziell für kleine und mittlere Unternehmen geeignet, die kein eigenes Rechenzentrum bauen und unterhalten möchten.

Ein Modulsafe kann ein komplettes, voll bestücktes 19“-Rack mit bis zu 47 Höheneinheiten (HE) sicher umkleiden (oder bei einer Verkettung auch mehrere). Es kann im laufenden Betrieb aufgebaut werden, ohne eines der darin befindlichen Systeme abschalten zu müssen. Der Aufbau erfolgt einfach modular um das vorhandene Rack herum (siehe Abbildung 23-1).

Abbildung 23-1: Modulsafe

Aufgrund der speziellen Bauweise ist auch ein Umzug an einen anderen Standort schnell und problemlos möglich. Bei einer steigenden Zahl der zu schützenden IT-Systeme können auch mehrere Modulsafes aneinander gereiht – verkettet – werden. Beide Aspekte sichern die Investition in einen Modulsafe langfristig.

Für Kleinstunternehmen oder Abteilungen eignet sich bereits eine Basicsafe-Lösungen. Mit seinen kompakten Abmessungen findet ein Basicsafe in jedem Büro seinen Platz und bietet dennoch einen vollwertigen Schutz für IT-Systeme und Daten (siehe Abbildung 23-2).

Abbildung 23-2: Basicsafe

Die Safe-Lösungen sollen die Brandschutzklasse F90 aufweisen und weitere Schutzziele einhalten. Beachtung sollte noch die Erweiterungsmöglichkeit mit zusätzlichem Zugriffschutz und der Einbau einer Brandmelde- und Löschanlage finden, die aus Platzgründen nur eine HE im Rack beanspruchen sollte.

5. Fazit

Erfahrungen im Markt zeigen: Die physische Sicherheit einer Unternehmens-IT muss immer noch ernst genommen werden. Der Schutz vor elektronischen Gefahren aus dem Internet ist nicht alles! Viele Bereiche und Gewerke sind zu berücksichtigen, insbesondere wenn zunehmend weniger Server (durch Konsolidierung) immer mehr Aufgaben (durch Virtualisierung) übernehmen. Die Auswirkung selbst einer „kleinen" Störung oder eines Fremdzugriffs, Datendiebstahls oder einer Sabotagehandlung kann die geforderte Verfügbarkeit der gesamten IT massiv beeinträchtigen und damit Unternehmen in den Bereich der Handlungsunfähigkeit bringen – mit den entsprechenden Folgen für den Geschäftserfolg und das Image.

Das gilt umso mehr, wenn es sich bei der Störung um eine Elementargewalt oder dessen Folgen handelt, gegen die man sich mit etwas Aufwand sehr gut schützen kann. Erforderlich sind, basierend auf einem klaren, individuell passenden Schutzkonzept, durchgängige, modulare und skalierbare Infrastrukturen und Schutzlösungen für die IT von der räumlichen Betriebsumgebung, über die Rack-Lösung bis zum optimalen Klima- und Energiekonzept. Das Ganze ist immer mehr als die Summe seiner Einzelteile – gerade im Zeitalter unmittelbarer und zeitkritischer Abhängigkeit der Geschäftsprozesse wie Kommunikation, Verwaltung und Produktion von der IT.

IV. Rechtliche Grundlagen

Vertragsrechtliche Aspekte beim IT-Outsourcing

PROF. DR. JOACHIM SCHREY

1. Einleitung

Das Outsourcing von IT-Funktionen, kompletten IT-Bereichen oder IT-gestützten Geschäftsprozessen ist in Deutschland im Wesentlichen erst seit Mitte/Ende der 80-er Jahre bekannt. Gerade die zu dieser Zeit einsetzenden Umwälzungen in der Informationstechnologie – weg von zentralen Mainframe-Strukturen hin zu dezentralen Client/Server-Architekturen – führten zu einer ersten Welle von Outsourcing-Projekten auf dem Gebiet der Informationstechnologie. Ausgelagert wurden zumeist alle IT-Funktionen eines Unternehmens (Komplett-Outsourcing). Heute stehen beim Outsourcing eher strategische Aspekte, die Vergabe spezieller Leistungen an hierauf spezialisierte Dienstleister (selektives Outsourcing) oder gar nur die Auslagerung einzelner Aufgaben (Outtasking) sowie bei allem der Wunsch nach Einsparung und/oder Flexibilisierung von Kosten sowie meist auch einer Qualitätssteigerung durch Standardisierung im Vordergrund. Diese Trends werfen für Unternehmen, die auf diese Art und Weise mit mehreren IT-Dienstleistern zusammen arbeiten (Multisourcing) neue, auch rechtlich schwierig zu lösende Fragen nach der Steuerung von mehreren IT-Dienstleistern auf, deren Leistungen erst im Zusammenspiel eine für den Dienstnehmer insgesamt nutzbare Gesamtleistung darstellen. Die Zuordnung von Mängeln in dieser Gesamtleistung zu einem dieser IT-Dienstleister erfordert auf Seiten des Dienstnehmers neue hoch spezialisierte Fertigkeiten (Multi Vendor Sourcing und -Monitoring), die neues Potenzial für ein Auslagern auch dieser Funktion an einen Systemintegrator mit oder ohne Übernahme einer Generalunternehmerverantwortung bieten.

Die gesammelten Erfahrungen führen immer wieder zu der Frage zurück, ob Outsourcing-Projekte für das auslagernde Unternehmen eine Chance oder ein Risiko darstellen. Auslagerungslösungen bieten aber nicht nur einseitig allein Chancen oder bergen allein Risiken, sondern sie bergen immer Chancen und Risiken gleichermaßen.

Die Chancen eines Outsourcing zu nutzen und im konkreten Projekt zur Geltung zu bringen sowie gleichzeitig die bestehenden oder zukünftig möglichen technischen sowie Prozessrisiken und daraus resultierend die rechtlichen Risiken zu erkennen und zu beseitigen oder zumindest auf ein noch akzeptables Maß zu minimieren, ist Aufgabe der rechtlichen Gestaltung eines Outsourcing-Vertrages. Bei Projekten in einigen Branchen (z. B. Kreditinstitute, Finanzdienstleister, bestimmte Versicherungssparten, Krankenhäuser, öffentlicher Dienst) müssen daneben regulatorische Anforderungen oder sonstige branchenspezifische Besonderheiten nicht erst bei der Gestaltung des Vertrages, sondern schon in der rechtlichen Vorbereitung des Projektes beachtet werden. Querschnittsmaterien wie datenschutzrechtliche oder Compliance-Fragen spielen schließlich eine zunehmend wichtige Rolle.

2. Juristisches Projektmanagement in der Vorvertragsphase

2.1 Findung eines Vertragspartners

Zur Vorbereitung der Entscheidung für einen bestimmten IT-Dienstleister an Hand von qualitativen und quantitativen Kriterien wird ein Unternehmen die auszulagernden Leistungen häufig ausschreiben und mehrere potenzielle IT-Dienstleister einladen, für die Erbringung der auszulagernden IT-Leistungen ein Angebot abzugeben. Öffentliche Auftraggeber sind gesetzlich je nach Vertragsvolumen zur bundes- oder europaweiten Ausschreibung und Vergabe verpflichtet. Schon mit Eröffnung eines solchen Ausschreibungsverfahrens wird rechtlich ein vorvertragliches Schuldverhältnis in Form der Aufnahme von Vertragsverhandlungen begründet (vgl. § 311 Abs. 2 Nr. 1 und Nr. 2 BGB), das für das ausschreibende Unternehmen mindestens Obliegenheiten, wenn nicht gar rechtliche Verpflichtungen mit sich bringt. Deren Verletzung kann die Teilnehmer an einer solchen Ausschreibung, insbesondere diejenigen, die letztlich bei der Vergabe des Auftrages das Nachsehen haben, zu Schadenersatzansprüchen berechtigen (vgl. §§ 280, 281, 311 Abs. 2 BGB; vor Inkrafttreten der Schuldrechtsreform zum 01. 01. 2002 waren hier unmittelbar die von der Rechtsprechung entwickelten Grundsätze des Verschuldens bei Vertragsverhandlungen – culpa in contrahendo – anzuwenden, die inhaltlich auch nach Inkrafttreten der Schuldrechtsreform im Rahmen der §§ 280, 281, 311 Abs. 2 BGB fortgelten).

Aber auch die potenziellen IT-Dienstleister begehen gerade in dieser Phase häufig gravierende Fehler, die sie dem späteren Risiko einer Haftung für ein Verschulden bei Vertragsverhandlungen aussetzen können, etwa weil sie in ihren Angeboten verschweigen, vergütungsrelevante Positionen nicht einkalkuliert oder einzelne Anforderungen aus der Ausschreibung in ihrem Leistungsangebot nicht berücksichtigt zu haben oder insoweit gar nicht zur Leistung in der Lage zu sein. Der Schaden des Dienstnehmers liegt in solchen Fällen in den zumeist erheblichen Aufwendungen eines Anbieterauswahlverfahrens, deren Ergebnisse dadurch zur Makulatur werden können, vom Zeit- und Motivationsverlust ganz zu schweigen.

Tipp: Verhalten des Dienstnehmers bei der Ausschreibung

- Gleichbehandlung aller Bieter (Provider) bei der Zurverfügungstellung von Informationen,
- Gleichbehandlung aller Bieter bei der Entgegennahme von Angeboten und der diese unterstützenden Unterlagen sowie der späteren Angebotspräsentationen,
- Gleichbehandlung aller Bieter bei der Anwendung von vorab zu definierenden Auswahlkriterien, und
- Vertragsverhandlungen nicht ohne sachlich gerechtfertigten Grund abbrechen, wenn der Verhandlungspartner schon in Hinblick auf einen Vertragsschluss investiert hat.

2.2 Kartellrechtliche Relevanz von Outsourcingprojekten

Je nach Größe des Projektes und der daran beteiligten Parteien kann der Verkauf der zu einem ausgelagerten Bereich gehörigen Wirtschaftsgüter einschließlich der dazugehörigen Vertragsverhältnisse und deren Übernahme durch einen IT-Dienstleister kartellrechtlich den Tatbestand eines Unternehmenszusammenschlusses erfüllen, der bei der zuständigen Kartellbehörde angemeldet werden muss.

Ob das IT-Outsourcing gemeinschaftsweite Bedeutung hat und daher bei der Europäischen Kommission anzumelden oder das Bundeskartellamt die zuständige Behörde ist, hängt davon ab, ob die in den Fusionskontrollvorschriften genannten Aufgreifschwellen erreicht werden. Nach der europäischen Fusionskontrollverordnung müssen die beteiligten Unternehmen u. a. im abgelaufenen Geschäftsjahr weltweit mindestens einen addierten Umsatz in Höhe von EUR 5,0 Mrd. erzielt haben und mindestens zwei beteiligte Unternehmen (hier also der IT-Dienstleister und nur der auszugliedernde Geschäftsbereich des Dienstnehmers) müssen jeweils mehr als EUR 250 Mio. gemeinschaftsweiten Umsatz erzielt haben (Art. 1 Abs. 2 Fusionskontrollverordnung).

Das deutsche Fusionskontrollrecht hat deutlich geringere Schwellen mit einem addierten weltweiten Umsatz der beteiligten Unternehmen von EUR 500 Mio. und mindestens EUR 25 Mio. deutschlandweitem Umsatz (§ 35 Abs. 1 GWB).

Der Umsatz des IT-Dienstleisters wird dadurch bestimmt, dass alle Umsätze seiner Unternehmensgruppe einschließlich der von ihr kontrollierten Tochtergesellschaften addiert werden. Auf Seiten des Dienstnehmers wird lediglich der Umsatz der auszugliedernden Geschäftseinheit berechnet. Dies ist häufig sehr schwierig, da es sich um sogenannte (Konzern-)Innenumsätze handelt, so dass regelmäßig auf die jährlich an den IT-Dienstleister zu entrichtende Vergütung zurückgegriffen wird.

Wenn allerdings ein Outsourcing-Projekt in Form eines Joint Ventures (etwa durch Gründung eines Gemeinschaftsunternehmens) umgesetzt werden soll, muss unter Umständen auch der Umsatz der ausgliedernden Muttergesellschaft in die Umsatzberechnung mit einbezogen werden, so dass auch die hohen Schwellen der europäischen Fusionskontrollverordnung erreicht werden können.

Selbst wenn die Aufgreifschwellen der deutschen Fusionskontrolle allein durch die Größe des IT-Dienstleisters erreicht werden, entfällt eine Anmeldeverpflichtung, wenn das Unternehmen des Dienstnehmers (inklusive etwaiger Mutter- oder Tochtergesellschaften) im abgelaufenen Geschäftsjahr Umsätze von weniger als EUR 10 Mio. erzielt hat (§ 35 Abs. 2 Nr. 1 GWB).

2.3 Branchenspezifika

Erfolgt das IT-Outsourcing bei einem Kredit- oder Finanzdienstleistungsinstitut, hat bereits im vorvertraglichen Stadium die nach § 25a Abs. 2 KWG erforderliche unter Risikoaspekten vorzunehmende Bewertung zu erfolgen, ob eine geplante Auslagerung eine für das Bank- und Finanzdienstleistungsgeschäft wesentliche Leistung betrifft, so dass die materiellen Anforderungen des neugefassten § 25a Abs. 2 KWG einschließlich der in den Mindestanforderungen für das Risikomanagement (MaRisk, neueste Fassung im BaFin-Rundschreiben Nr. 15/2009 vom 14. 08. 2009) enthaltenen Anforderungen an den materiellen Inhalt des abzuschließenden Vertrages einzuhalten sind. Die unter dem bis zum 31. 10. 2007 gültigen Recht (Zeitpunkt des Inkrafttretens der ersten Fassung der MaRisk vom 30. 10. 2007) noch herrschenden Anzeigepflichten gegenüber der BaFin sind ersatzlos entfallen.

Beim Outsourcing eines Lebens-, Kranken- oder Unfallversicherers, im medizinischen Sektor sowie einer Stelle der öffentlichen Verwaltung ist speziell die Strafnorm in § 203 StGB und deren rechtliche Konsequenz zu beachten.

3. Vertragsgestaltung

In aller Regel wird ein Vertrag über die Auslagerung von IT-Funktionen oder kompletten IT-Bereichen zu einem wesentlichen Teil dienstvertragliche Elemente haben, wobei vereinzelt auch kauf-, miet- oder werkvertragliche Elemente eine Rolle spielen können. Da das Gesetz für den Dienstvertrag in § 611 BGB lediglich die Verpflichtung des Dienstverpflichteten zur Leistung der von ihm versprochenen Dienste nennt, sind offensichtlich durchsetzbare Ansprüche auf bestimmte Leistungen in einer bestimmten Leistungsqualität nur dann aus dem Vertrag ableitbar, wenn Inhalt und Umfang der Leistungen sowie deren Qualität im Vertrag im Detail geregelt werden. Entsprechendes gilt für die anderen denkbaren Vertragstypen.

3.1 Formales

Auch wenn Verträge im Zivilrecht grundsätzlich formfrei abgeschlossen werden können, ist es für einen IT-Outsourcing-Vertrag selbstverständlich, bei Banken und Finanzdienstleistern sogar Pflicht, dass er schriftlich abzufassen ist. Dabei werden alle grundsätzlichen Regelungen sinnvollerweise in einem Rahmenvertrag zusammengefasst, wobei konkrete Beschreibungen der zu erbringenden Leistungen, die dahinterstehenden Mengengerüste sowie konkrete qualitätsbezogene Leistungen in Anlagen zum Rahmenvertrag enthalten sind. Allgemeine Geschäftsbedingungen ebenso wie in aller Regel Standardverträge einer Partei sind typischerweise für alltägliche Massengeschäfte gedacht und passen daher für ein so maßgeschneidertes Vertragswerk wie einen IT-Outsourcing-Vertrag nicht. Rahmenvertrag und Anlagen sollten so strukturiert und abgefasst werden, dass sie auch für nicht an den Vertragsverhandlungen beteiligte Personen verständlich und als eine Art Handbuch für den Umgang der Vertragspartner miteinander geeignet ist.

Tipp: Struktur des Vertragswerks

- Rahmenvertrag (enthält allgemeine und grundsätzliche Regelungen) mit Anlagen (enthalten idealerweise nur die konkreten Daten)
- Gegebenenfalls Regelungen zur Übertragung vorhandener Wirtschaftsgüter sowie zum Personalübergang in separate Vertragsdokumente
- Charakter eines Handbuchs für die spätere Zusammenarbeit erfordert Verständlichkeit des Vertrages auch für einen Nichtjuristen

3.2 Inhaltliche Anforderungen

Im Rahmenvertrag ist der auszulagernde Bereich exakt zu definieren und entweder dort oder in entsprechenden Anlagen sind die genauen Anforderungen für die Leistungserbringung (= Leistungsbeschreibung) unter Berücksichtigung der Zielsetzung der Auslagerungslösung festzulegen und zu dokumentieren. Neben einer ausführlichen und detaillierten Leistungsbeschreibung sind die Schnittstellen zwischen dem Dienstnehmer und dem IT-Dienstleister jeweils genau festzulegen und die an diesen Stellen aufeinandertreffenden Verantwortlichkeiten und Zuständigkeiten des Dienstnehmers und des IT-Dienstleisters voneinander abzugrenzen. Hierbei geht es nicht nur um die rein technischen Schnittstellen von miteinander verknüpften IT-Systemen, sondern auch um organisatorische Schnittstellen, Informationsflüsse, gemeinsame Steuerungs- oder Projektgremien, etc..

Je nach Wichtigkeit der ausgelagerten IT-Funktionen für das damit unterstützte Geschäft des Dienstnehmers ist bei der Gestaltung der Prozesse zwischen dem auslagernden Unternehmen und dem IT-Dienstleister sicherzustellen, dass der Dienstnehmer beispielsweise durch Beibehaltung entsprechender Steuerungs- oder Entscheidungskompetenzen, Weisungsbefugnisse, Prüfungsrechte oder in den Prozessen eingebaute Prüfungs- und Plausibilisierungsfunktionen, die seiner Managementverantwortung unterliegen, Prozesse und die daraus erwachsenden Risiken unter eigener Kontrolle behält und so im Zweifel Missstände beim IT-Dienstleister aufdecken und aufgrund eigener Weisungsbefugnis abstellen kann.

Unterliegt der Dienstnehmer zudem besonderen gesetzlichen oder regulatorischen Bindungen bei der Gestaltung seiner IT-gestützten Prozesse, ist durch eine entsprechend klare Zuordnung und Abgrenzung von Verantwortungsbereichen zwischen dem Dienstnehmer und dem IT-Dienstleister sicherzustellen, dass sämtliche gesetzlichen und vertraglichen Pflichten, denen der Dienstnehmer unterliegt, von diesem auch eingehalten werden können. Eine Gewährleistung hierfür wird jedoch von vielen IT-Dienstleistern, die ja typischerweise nicht selbst der Branche des Dienstnehmers angehören, unter Hinweis auf die eigene Branchenfremdheit und daher mangelnde vertiefte Erfahrung mit solchen gesetzlichen Vorgaben abgelehnt. Soweit ein solcher Einwand nicht schon Zweifel an der getroffenen Anbieterauswahl weckt, kann dem nur durch eine Gestaltung der Abläufe zwischen Dienstnehmer und IT-Dienstleister entgegengewirkt werden, sodass die Geschäftsleitung des Dienstnehmers im Zweifel faktisch wie rechtlich in der Lage ist, die Einhaltung rechtlicher Vorgaben selbst überprüfen zu können. Aufgrund eigener Handlungs- und Weisungsbefugnisse muss der Dienstnehmer in solchen Fällen zudem in der Lage sein, bei eventuellen Missständen oder bei Änderungen rechtlicher Vorgaben eingreifen und für deren Einhaltung sorgen zu können.

3.3 Unternehmensinterne Steuerung

Mit einem Outsourcing von IT-Funktionen wurde früher oft die Vorstellung verbunden, dass der Dienstnehmer mit der Auslagerung auch die Verantwortung für die ausgelagerten IT-Funktionen auf den IT-Dienstleister verlagert hat. Diese Vorstellung war damals schon und ist heute erst recht falsch. Vielmehr muss der Dienstnehmer eine Steuerungsstelle (Projektleiter/Service Manager) einrichten und personell qualifiziert besetzen, die sowohl extern gegenüber dem IT-Dienstleister zentraler Ansprechpartner und allein weisungsbefugte Stelle ist, als auch intern für die Geschäftsbereiche des Dienstnehmers Anlaufstelle für sämtliche Informationen, Anforderungen und auch Beanstandungen sowie schließlich Schnittstelle für sämtliche Beauftragungen an den IT-Dienstleister ist. Diese Stelle muss darüber hinaus fachlich und personell in der Lage sein, die laufenden Leistungen des IT-Dienstleisters zu überwachen und fachlich auf ihre Vertragsgemäßheit kontrollieren sowie Change Management-Prozesse steuern zu können.

Der IT-Dienstleister ist umgekehrt aber genauso auf eine Steuerungsstelle bei seinem Kunden angewiesen, da ohne einen kanalisierten Informations- und Instruktionsfluss keine geordnete Planung und Abwicklung der zu erbringenden Leistungen möglich wäre sowie die Einführung eventueller Veränderungen oder zusätzlicher Prozesse und jeweils die Dokumentation und Abrechnung der erbrachten Leistungen unmöglich gemacht würde.

Während auf der Ebene der unmittelbar für das Tagesgeschäft Verantwortlichen die zur Aufrechterhaltung gerade dieses Tagesgeschäfts notwendigen Abstimmungen und Vereinbarungen erfolgen, ist darüber hinaus ein übergeordnetes Gremium zu etablieren und mit der Diskussion strategischer Maßnahmen und Projekte innerhalb der Outsourcing-Partnerschaft zu betrauen. Dieses übergeordnete Gremium (Lenkungsausschuss) kann zugleich als Eskalationsstufe für den Fall der Nichteinigung auf der Ebene der Ansprechpartner/Projektleiter eingesetzt werden. In großen Projekten empfiehlt sich ferner die Einrichtung von weiteren Gremien mit Spezialaufgaben, wie beispielsweise die gemäß ITIL vorgesehenen Service Review und Change Advisory Boards.

Für die Sitzungen aller vertraglichen Gremien sollte im Vertrag vorgesehen werden, dass mindestens Ergebnisprotokolle gefertigt werden, damit die in diesen Gremien jeweils getroffenen Entscheidungen auch für die beteiligten Parteien und Dritte dokumentiert und nachvollziehbar sind.

3.4 Reporting

Organisatorische Anforderungen sind natürlich auch inhaltlich mit Leben zu füllen. So ist es insbesondere notwendig, dass an den Dienstnehmer vom IT-Dienstleister regelmäßig Bericht erstattet wird und beim IT-Dienstleister festgestellte Fehler unverzüglich gemeldet werden. Für die Vertragsgestaltung bedeutet dies, dass im Vertrag Inhalt und Turnus der Berichte, insbesondere die Art und Weise der Darstellung erbrachter Leistungen, festgestellter Fehler und deren Beseitigung im Detail definiert werden müssen. Ohne ein funktionierendes Reporting ist der Dienstnehmer zur Überwachung und Steuerung seines IT-Dienstleisters nicht in der Lage; dies gilt erst recht für die Geltendmachung von Ansprüchen im Falle von Schlechtleistungen. Dem Dienstnehmer sind vertragliche Instrumente an die Hand zu geben, das Reporting des IT-Dienstleisters und dessen sonstige Leistungsqualität und -organisation auditieren zu können.

3.5 Change Management

Ein weiterer für jede Outsourcing-Lösung wichtiger Aspekt vertraglicher Vereinbarungen ist die Handhabung von Leistungsänderungen (Change Management). Das im Vertrag zu definierende Change-Management-Verfahren sollte dabei möglichst alternative Regelungen für die Fälle enthalten, in denen Leistungsänderungen auf Änderungen gesetzlicher Rahmenbedingungen beruhen (und damit unbedingt umgesetzt werden müssen), und solchen Leistungsänderungen, die auf anders motivierte Wünsche des Dienstnehmers zurückgehen. In beiden Fällen ist jeweils vertraglich festzulegen, wie im Rahmen eines geordneten Change-Management-Prozesses geänderte Leistungen definiert und Auswirkungen derartiger Leistungsänderungen auf die geschuldete Vergütung oder den dem Leistungsgeflecht zugrundeliegenden Zeit- und Terminplan vereinbart werden. Zusätzlich können vereinfachte Verfahren für kleinere und/ oder häufig vorkommende Änderungsverlangen etabliert werden. Im Rahmen des Change-Management-Verfahrens ist die Umsetzung von Leistungsänderungen nicht nur zu dokumentieren, sondern auch fortlaufend zu kontrollieren und durch nachträgliche Prüfungen sicherzustellen.

> **Tipp: Reden ist Silber, Schreiben ist Gold**
>
> - In allen Gremiensitzungen getroffene Absprachen protokollieren.
> - Formenstrenges Change-Management-Verfahren etablieren, in dem Leistungsänderungen schriftlich festgehalten werden.
> - Berichts- und Fehlermeldewesen vereinbaren und im Projekt etablieren.

3.6 Vertragsdauer/Kündigungsrechte

Unternehmen sind regelmäßig erheblichen strukturellen Wandelungen unterworfen, wie z. B. Fusionen, Abspaltungen, Verkäufe oder Schließungen einzelner Unternehmensbereiche oder die Aufspaltung eines Unternehmens in mehrere selbständige Unternehmen. Allein aus diesem Grunde erlangen Regelungen zur Vertragsdauer, aber auch zur Möglichkeit eines vorzeitigen Abbruchs der Vertragsbeziehung (Early-Exit-Regelungen), der Reduktion von Leistungsvolumina aufgrund von internen Restrukturierungsmaßnahmen oder auch Sonderkündigungsrechte für den Fall von Fusionen oder Übernahmen (Change of Control Clauses) besondere Bedeutung.

Jegliche Kündigungsfristen sind dabei so zu bemessen, dass dem Dienstnehmer auch im Falle einer Kündigung durch den IT-Dienstleister genügend Zeit bleibt, Alternativlösungen umzusetzen. Gerade bei komplexen und/oder grenzüberschreitenden IT-Outsourcing-Lösungen kann die Suche und Auswahl eines neuen IT-Dienstleisters, die Verhandlung und der Abschluss eines Vertragswerks sowie das sich anschließende Migrationsprojekt ohne weiteres sechs bis achtzehn Monate in Anspruch nehmen. Daher dürften Kündigungsfristen von mindestens zwölf Monaten eine vernünftige Untergrenze sein.

Investoren, die sich für den Erwerb oder die Beteiligung an Unternehmen interessieren, die Outsourcing-Lösungen etabliert haben, achten bei ihrer Bewertung des Zielunternehmens besonders auf solche, die Lebensfähigkeit sichernden Abreden.

3.6.1 Elemente eines Service Level Agreements (SLA)

Service Level Agreements werden zur Definition der geschuldeten Leistungsqualitäten geschlossen. Sie setzen sich aus einer Vielzahl von Einzeldefinitionen zu Messgrößen, Erhebungszeiträumen, Messmethoden, Messverfahren und projektbezogenen Definitionen zusammen. Wichtig ist, dass zur Bestimmung der Leistungsqualität objektiv messbare Größen definiert werden, die relevant für die Kernqualitäten der zu erbringenden Leistungen sind.

Insbesondere bei unter Zeitdruck stehenden Outsourcing-Projekten oder wenn entsprechende historische Daten fehlen, besteht eine Tendenz, die Festlegung konkreter Service Level einem späteren Zeitpunkt vorzubehalten. Das damit verbundene Konfliktpotenzial ist nicht zu unterschätzen, das dadurch nur auf einen späteren Zeitpunkt nach bereits vollzogener Vergabe der IT-Leistungen verschoben wird. Zu diesem Zeitpunkt fehlt dem Dienstnehmer aber schon ein wesentliches Verhandlungsargument, nämlich die Entscheidung für die Vertragsunterzeichnung. Die ohnehin schon schwierige Phase der Migration wird schließlich zusätzlich mit Diskussionen über Service Level belastet, womit vielfach die Grenzen des von den Vertragspartnern Leistbaren überschritten würden.

Bei Service Level Agreements steckt der Teufel im Detail. Nirgendwo werden in der Vertragspraxis so häufig und so vielgestaltig Fehler gemacht, wie etwa bei der Definition von Verfügbarkeitsquoten. Nicht selten fehlt schon eine exakte Definition, was die Parteien überhaupt unter Verfügbarkeit verstehen, unter welchen Bedingungen ein System als verfügbar gelten und gegebenenfalls welche Auswirkungen in einer komplexen IT-Infrastruktur der Ausfall von Teilsystemen auf die Bestimmung der Verfügbarkeitsquote des Gesamtsystems haben soll.

3.6.2 Messmethode/Messverfahren in Service Level Agreements

In Service Level Agreements müssen ferner die Messtools definiert werden, mit deren Hilfe die Einhaltung der Service Level gemessen werden kann. Da unterschiedliche Systeme auch unterschiedliche Ergebnisse zeitigen können, empfiehlt es sich, im SLA Messtools, die Messmethode und die Art und Weise der Dokumentation der Messergebnisse für beide Vertragspartner verbindlich festzulegen, die zur Messung der Einhaltung der vereinbarten Service Level verwendet werden sollen. In einer späteren Auseinandersetzung um die Einhaltung der Service Level bleibt den Beteiligten somit ein kaum lösbarer Methodenstreit erspart.

3.6.3 Sanktionen

Ein Service Level Agreement wäre unvollständig, enthielte es nicht Bestimmungen zu den Rechtsfolgen für den Fall, dass der Dienstleister die zuvor vereinbarten Leistungsstandards nicht einhielte. Entweder sind nämlich die Mängelansprüche, die das Gesetz je nach einschlägigem Vertragstyp bereithält, für jegliche Leistungen, bei denen Service Level eine wesentliche Rolle spielen, nicht geeignet oder das Gesetz hält erst gar keine leistungsspezifischen Rechtsfolgeregelungen bereit. Dies hat zur Folge, dass auf den allgemeinen Schadenersatzanspruch gemäß §§ 280ff BGB zurückgegriffen werden muss. Für solche Schadenersatzansprüche gilt aber der allgemeine Grundsatz, dass lediglich ein konkreter, vom Geschädigten auch im Einzelfall darzulegender und nachzuweisender Schaden ersatzfähig ist. Ein solcher Schaden ist oft gar nicht oder nur mit unverhältnismäßigem Aufwand zu quantifizieren. Daher sind in einem Service Level Agreement spezielle Rechtsfolgen für den Fall der Unterschreitung vereinbarter Service Level zu definieren.

Dafür kommen grundsätzlich entweder Vertragsstrafen oder pauschalierte Schadensersatzleistungen in Betracht. Die dienstnehmerfreundliche Variante ist die Vereinbarung von Vertragstrafen, da sie die Möglichkeit offen lässt, Ersatz konkreter Schäden über die Höhe der Vertragsstrafe hinaus verlangen zu können. Die dienstleisterfreundlichere Variante ist hingegen die Vereinbarung von pauschalierten Schadenersatzbeträgen, da diese die Sicherheit bietet, dass der IT-Dienstleister nie mehr als den vereinbarten pauschalierten Schadenersatz zu zahlen hat. Ist in der Vertragspraxis der Dienstnehmer nicht in der Lage, einen über die Vertragsstrafe hinausgehenden konkreten Schaden darzulegen und zu beweisen, bleibt der Vorteil der Vertragsstrafe für den Dienstnehmer eher theoretischer, denn praktischer Natur.

3.6.4 Berechnung von Sanktionen

Bei der Definition von Sanktionen für die Unterschreitung von Service Level sollte der Grad der Unterschreitung sowohl in qualitativer als auch in zeitlicher Dimension eine Rolle spielen: Je höher der Grad der Unterschreitung beziehungsweise je länger die Unterschreitung andauert, desto nachhaltiger und materiell spürbarer ist der Schaden für den Dienstnehmer, entsprechend müssen also die definierten Sanktionen sein. Daher wird häufig eine Staffelung der Sanktionen in Abhängigkeit vom Grad der Unterschreitung eines Service Levels sowie zusätzlich auch noch in einer zeitlichen Dimension vorgenommen. Überschreiten die Unterschreitungen definierter Qualitätsstandards bestimmte Grenzwerte in qualitativer und gegebenenfalls zugleich auch zeitlicher Dimension, steht dem Dienstnehmer ein außerordentliches Kündigungsrecht aus wichtigem Grund (§ 314 BGB) zu; diese Grenzwerte sind dann als Regelbeispiele für das Vorliegen eines wichtigen Grundes im Sinne von § 314 BGB im Vertrag zu definieren.

Da derartige Sanktionsinstrumentarien in der Regel individuell definiert und ausgehandelt werden, stellt sich die besondere Problematik der Vereinbarkeit derartiger Vertragsklauseln mit den AGB-rechtlichen Beschränkungen für Standardvertragsklauseln in den §§ 305ff. BGB nur selten. Falls ein Dienstnehmer jedoch Standardeinkaufsbedingungen für IT-Leistungen formulieren wollte, wären bei der Definition von Sanktionsklauseln diese Bestimmungen in §§ 305ff. BGB zusätzlich zu beachten.

3.6.5 Bonus-System?

In Analogie zu den Sanktionsregelungen für den Fall der Unterschreitung vereinbarter Service Level sind auch Bonus-Regelungen denkbar. Zum einen könnte dem IT-Dienstleister die Möglichkeit eingeräumt werden, eine in einem Messzeitraum erzielte Unterschreitung eines Service Levels durch überobligationsmäßige Überschreitungen des selben Service Levels in dem oder den Folgezeiträumen kompensieren und so einer finanziellen Sanktion der Service-Level-Unterschreitung entgehen zu können. Zum anderen sind aber auch finanziell wirksame Boni denkbar, die in jedem Fall der überobligationsmäßigen Überschreitung eines Service Levels ausgezahlt werden und so zu einer Verbesserung der Einnahmen des IT-Dienstleisters führen können. Eine solche Bonus-Regelung ist aus Dienstnehmersicht kritisch zu bewerten, denn sie ist nur sinnvoll, wenn die überobligationsmäßige Erfüllung für den Dienstnehmer auch einen Mehrwert bringt.

3.7 (Re-)Migration bei Vertragsbeendigung

Im Zusammenhang mit Kündigungsrechten sind auch Regelungen vorzusehen, damit der Dienstnehmer vor dem Ablauf des Vertrages in der Lage ist beziehungsweise vom IT-Dienstleister in die Lage versetzt werden muss, einmal ausgelagerte IT-Funktionen entweder auf einen anderen IT-Dienstleister zu übertragen oder wieder in den eigenen Betrieb zu übernehmen. In Anbetracht der Dynamik eines solchen Outsourcing-Projekts kann allerdings bei Abschluss des Vertrags noch nicht im Detail vorausgesagt werden, welche Leistungen im Einzelnen bei seiner Beendigung (in der Regel ist von einer Vertragsdauer zwischen fünf und zehn Jahren auszugehen) zu erfüllen sind. Es empfiehlt sich, im Vertrag zunächst nur eine prozedurale Regelung zu treffen, wie die Vertragspartner für den Fall der Beendigung des Vertrages die ihnen wechselseitig obliegenden Verpflichtungen zur ordnungsgemäßen Übertragung der ausgelagerten IT-Funktionen zurück auf den Dienstnehmer oder auf einen anderen IT-Dienstleister konkretisieren können. Gerade zur Vorbereitung eines Next Generation Outsourcing ist der Dienstnehmer auf Daten über eventuell vom neuen IT-Dienstleister zu übernehmende Wirtschaftsgüter und/oder Mitarbeiter aus dem Bereich des derzeitigen IT-Dienstleisters angewiesen, so dass entsprechende vorbehaltlose Informationsherausgabeansprüche im Vertrag festzuhalten sind.

3.8 Konfliktlösung bei Meinungsverschiedenheiten

Kommen während einer laufenden Outsourcing-Partnerschaft zwischen den Vertragspartnern Differenzen auf (beispielsweise im Hinblick auf den Umfang der zu erbringenden Leistungen oder die Verwirkung von Sanktionen wegen

Unterschreitung von Service Level Agreements) ist eine schnelle, sachgerechte Konfliktlösung von großer Bedeutung. Der Weg zu den ordentlichen Gerichten ist aufgrund der damit verbundenen langen Verfahrensdauer, des Verfahrenswegs durch mehrere Instanzen und der in Anbetracht der vielfältigen Beanspruchung ordentlicher Gerichte gar nicht vermeidbaren Sachferne der betroffenen Richter oftmals nicht empfehlenswert. Für diesen Zweck können die Parteien im Vertrag entweder einen Schiedsgutachter oder ein Schiedsgericht vereinbaren, das entweder bereits im Vertrag oder spätestens bei Aufkommen der Streitigkeit bestellt wird. Die Bestellung eines Schiedsgutachters ist insbesondere dann sinnvoll, wenn im Wesentlichen technische Sachverhalte im weitesten Sinne Anlass zu den Differenzen zwischen den Parteien bilden und die Lösung dieser Differenzen ganz entscheidend von der Entscheidung in der Sache abhängt. Die Einsetzung eines Schiedsgerichts empfiehlt sich dagegen, wenn neben technischen Sachfragen auch Rechtsfragen zu beantworten und/oder IT-Dienstleister und Dienstnehmer in unterschiedlichen Ländern ansässig sind. Auch über die Nutzung eines Mediationsverfahrens unter Einsatz eines erfahrenen Wirtschaftsmediators sollte man als Möglichkeit der alternativen Streitbeilegung nachdenken.

3.9 Datensicherheit und Datenschutz

Im Vertrag müssen auch die Anforderungen an Datensicherheit (Sicherungsläufe, Desaster Recovery, Business-Continuity-Planung) und Datenschutz, die vom IT-Dienstleister einzuhalten sind, im einzelnen definiert werden – die für die Beschreibung des Datenschutzkonzepts erforderliche Schriftform und die inhaltlichen Anforderungen des seit 01. 09. 2009 geltenden sog. Zehn-Punkte-Katalogs (§ 11 Abs. 2 Satz 2 BDSG) sind zu beachten. Zu denken ist hierbei auch an Prüfungs- und Kontrollrechte des Datenschutzbeauftragten sowie eventueller Sicherheitsbeauftragten des Dienstnehmers. Der IT-Dienstleister ist ferner in das Risikofrüherkennungssystem des Dienstnehmers (siehe § 91 Abs. 2 AktG) zu integrieren.

3.10 Vergütungsmodelle

Strategisches Ziel des Outsourcings ist häufig in erster Linie eine Flexibilisierung der IT-Kosten in Abhängigkeit vom tatsächlichen Verbrauch. Daher sind im Vertrag Vergütungsmodelle zu vereinbaren, die dem Gedanken der Flexibilisierung der IT-Kosten Rechnung tragen. Hierfür werden zumeist kombinierte Lösungen gefunden. Eine fixe monatliche Basisgebühr wird für die Aufrechterhaltung einer gewissen Infrastruktur berechnet. Hinzu kommen verbrauchsabhängige Vergütungszahlungen für zu definierende Leistungspakete (beispielsweise ein Standard-Arbeitsplatz ausgestattet mit bestimmter System- und

Applikationssoftware, der notwendigen Betreuung einschließlich Technology Refreshment, Entsorgung ausgesonderter Hardware, etc.) mit Preisen, die in Abhängigkeit von Verbrauchsbandbreiten differieren. Mit dieser Staffelung der Preise in Verbrauchsbandbreiten wird dem Effekt der Economies of Scale ebenso wie dem Auftreten sprungfixer Kosten bei Über- oder Unterschreiten der Grenzen von Verbrauchsbandbreiten Rechnung getragen. Pauschalvergütungen sind in der Regel abzulehnen, denn sie erschweren die verursachungsgerechte Weiterbelastung von Kosten auf Kostenstellen anderer Unternehmensbereiche oder verbundener Unternehmen. Sie verhindern zudem eine Transparenz zum Markt hin und belasten ein verlässliches Benchmarking mit zahlreichen Unsicherheitsfaktoren.

Generell verstehen sich die im Vertrag vereinbarten Preise stets zuzüglich Umsatzsteuer in der zum Zeitpunkt der Leistungserbringung geltenden Höhe. Bei grenzüberschreitenden Leistungsbeziehungen ist unter Einbeziehung der Umsatzsteuergesetzgebung beider beteiligter Staaten zu entscheiden, wie die gesamte Transaktion sinnvollerweise strukturiert sein sollte. Ist der Dienstnehmer vorsteuerabzugsberechtigt, wirkt sich für ihn die Umsatzsteuer aufwandsneutral aus. Bei nicht vorsteuerabzugsberechtigten Dienstnehmern (z. B. Banken und Versicherungen) ist die vom IT-Dienstleister in Rechnung zu stellende Umsatzsteuer stets ein echter Aufwandsposten.

4. Zusammenfassung und Ausblick

Outsourcing-Projekte greifen wie kaum eine andere Restrukturierungsmaßnahme in das Gesamtgefüge eines Unternehmens ein. Hierdurch werden oftmals lange bestehende und gut eingespielte Strukturen aufgebrochen und Risiken sowie Missstände, die derartigen Strukturen leider auch anhaften können, schonungslos aufgedeckt.

Möglichkeiten des IT-Outsourcing müssen von Unternehmen zukünftig noch intensiver genutzt werden, um margenschwache Prozesse und Geschäftsvorfälle zu bündeln, Economies of Scale zu realisieren und dadurch die Kosten mindestens zu variabilisieren – im Idealfall aber auch zu senken. Aufgabe des Vertragsjuristen ist es dabei, den damit verbundenen Wandlungsprozess im Detail zu begleiten und vertraglich den notwendigen Freiraum für den Dienstnehmer bei gleichzeitig gesicherten Rechten und Pflichten der Vertragspartner zu schaffen.

Übernahme von Personal und Einrichtungen beim IT-Outsourcing

DANIEL KRANNICH

1. Einleitung

Das Outsourcing von IT-Aufgaben erfordert nicht nur eine Fremdvergabe der jeweiligen Arbeitsaufgaben, sondern oft auch eine Verlagerung großer Teile der dazu genutzten Sachmittel und des eingesetzten Personals. Nur so ist regelmäßig gewährleistet, dass der Service-Provider (Dienstleister) die vom ausgliedernden Unternehmen (Dienstnehmer) übertragenen Aufgaben ohne Qualitätseinbußen ausüben kann. Für die Übertragung von Personal und Einrichtung stehen dabei verschiedene rechtliche Möglichkeiten zur Verfügung. Als – vielleicht gebräuchlichste – Variante gilt der sog. „Asset Deal“, d. h. die einzelne Übertragung der benötigten Betriebsmittel. Andere Gestaltungen sind jedoch auch denkbar, z. B. die Zusammenfassung der auszugliedernden Funktionen und Betriebsmittel in einem eigenständigen Rechtsträger („IT-Service GmbH“) und der anschließende Verkauf dieses Rechtsträgers als Ganzem. Welche Methode man letztlich wählt, hängt wie immer von den Gegebenheiten ab und ist unter Berücksichtigung der arbeits-, gesellschafts- und steuerrechtlichen Folgen der jeweiligen Maßnahmen zu beurteilen. Der folgende Beitrag soll die verschiedenen rechtlichen Gesichtspunkte unter besonderer Berücksichtigung des Arbeitsrechts darstellen und auf einige bestehende Fallstricke hinweisen.

2. Übernahme von Einrichtungen

Neben der Übernahme von Personal erfordert ein IT-Outsourcing-Projekt zumeist auch die Übernahme von Einrichtungen (Betriebsmittel) durch den Dienstleister. Dafür bestehen grundsätzlich zwei Optionen: Einzel- und Gesamtrechtsnachfolge.

2.1 Einzelrechtsnachfolge

Sollen die materiellen und immateriellen Betriebsmittel wie Immobilien, Mobiliar, IT-Anlagen und Nutzungslizenzen einzeln, rechtlich im Wege der Einzelrechtsnachfolge auf den Dienstleister übertragen werden, bedarf es dazu jeweils eines Übertragungsaktes. In vertragsrechtlicher Hinsicht müssen dabei in Abhängigkeit von dem jeweiligen Wirtschaftsgut unterschiedliche Verträge, etwa Kauf- oder Mietverträge abgeschlossen werden, wobei im Einzelfall besondere Formbestimmungen zu beachten sind. So setzt etwa der Verkauf eines Grundstücks die notarielle Beurkundung des Kaufvertrags voraus (vgl. § 311b Abs. 1 BGB).

Dabei muss der Dienstnehmer die einzelnen Gegenstände dem Dienstleister regelmäßig frei von Rechts- und Sachmängeln übertragen. Ist er Eigentümer, muss er also prüfen, ob bestimmte Rechte (z. B. Nutzungsrechte, Pfandrechte) anderer bestehen und sich die Einrichtungsgegenstände in ausreichendem Zustand befinden. Zwar kann im Einzelfall die Haftung für Mängel ausgeschlossen werden, jedoch setzt dies voraus, dass dem Dienstnehmer keine irgendwie gearteten Mängel bekannt sind. Ist der Dienstnehmer selbst nicht Eigentümer der einzelnen Gegenstände, z. B. weil er sie nur gemietet hat, so kann ggf. eine Übertragung der Nutzungsrechte erfolgen. Diese bedarf jedoch in der Regel der Zustimmung des jeweiligen Eigentümers.

Der Vollzug von Kauf- und Überlassungsverträgen verlangt zudem eine genaue Bezeichnung der Sachgüter. Eine ungenaue Bezeichnung (z. B. Übereignung von „zehn Computeranlagen" oder auch immer wieder oft gelesen „alles, was sich im Rechenzentrum befindet") genügt nicht und führt dazu, dass keine Übereignung herbeigeführt wird[1]. Es empfiehlt sich in der Praxis daher, auf Inventarlisten u. ä. Bezug zu nehmen, in denen die einzelnen Gegenstände individualisiert aufgeführt sind.

Besonderheiten gelten für die Übertragung von Software. Diese darf der Dienstnehmer üblicherweise nicht als Eigentümer, sondern nur auf Grund eines Lizenzvertrags nutzen. Dementsprechend kann er die Übernahme des Lizenzvertrags nicht einfach mit dem Dienstleister vereinbaren, sondern muss regelmäßig die Zustimmung des Lizenzgebers einholen. Dieser ist zur Erteilung seiner Zustimmung allerdings nicht verpflichtet, sodass in dem Kauf- und Übertragungsvertrag eine Regelung aufgenommen werden sollte, wie bei der Verweigerung der Zustimmung durch den Lizenzgeber verfahren werden soll. In Betracht kommt zum Beispiel ein Eigenerwerb der notwendigen Lizenzen durch den Dienstleister, verbunden mit einer entsprechenden Kostentragungspflicht für den Dienstnehmer. In diesem exemplarischen Punkt offenbart sich die wesentliche Schwäche der Betriebsmittelübertragung im Wege der Einzelrechtsnachfolge. Diese verlangt nämlich nicht nur die im Einzelfall u. U. sehr aufwändige Konkretisierung aller zu übertragenden Güter, sondern auch der Zustimmung von Dritten zur Übertragung.

Besonderheiten sind auch dann zu berücksichtigen, wenn der Dienstleister ein Tochterunternehmen des Dienstnehmers ist. In diesem Fall kann ebenfalls eine Einzelrechtsnachfolge nach Maßgabe der vorstehenden Darstellung erfolgen. Bevorzugt wird oft aber die Möglichkeit, die Betriebsmittel als Sacheinlage im Rahmen einer Kapitalerhöhung bei der Tochtergesellschaft einzubringen und als Gegenleistung Gesellschaftsanteile an den Dienstnehmer zu übertragen (sog. Einbringung). Die Einbringung wird gegenüber dem Kauf einzelner Sachmittel oft favorisiert, weil sie die Liquidität des Dienstleisters schont. Sie verlangt unter Umständen aber die Einbindung und Zustimmung der dafür

1 Oechsler in: Münchener Kommentar zum BGB, § 929, Rn. 6, wonach die dingliche Einigung die zu übereignende Sache so konkret bezeichnen muss, dass diese allein aufgrund des Inhalts des Rechtsgeschäfts ermittelt werden kann.

zuständigen Gesellschaftsorgane (z. B. Hauptversammlung oder Gesellschafterversammlung) und die Beachtung verschiedener bilanzrechtlicher Vorgaben.

2.2 Gesamtrechtsnachfolge

Einrichtungen können zudem durch Gesamtrechtsnachfolge auf den Dienstleister übertragen werden. Dazu werden die Gesellschaftsanteile an dem Rechtsträger des zu übertragenden Betriebs(teils) auf den Dienstleister übertragen. Da regelmäßig die Betriebseinheit, die ausgegliedert werden soll, rechtlich unselbständig ist, muss diese zunächst im Wege der Umwandlung, also durch Abspaltung, Aufspaltung oder umwandlungsrechtliche Vermögensübertragung von dem Rechtsträger des Dienstnehmers getrennt und auf den Rechtsträger des Dienstleisters übertragen werden.

Rechtliche Grundlage für einen solchen Umwandlungsvorgang ist der Spaltungs- und Übernahmevertrag, der zwischen Dienstnehmer und Dienstleister abgeschlossen wird. Er bestimmt, welche Vermögensteile für welche Gegenleistungen übertragen werden sollen und welche Pflichten sich dabei für die beteiligten Rechtsträger ergeben. Dieser Vertrag bedarf – inklusive aller Nebenabreden – der notariellen Beurkundung. Zudem ist eine Reihe weiterer formeller Vorgaben, wie z. B. die Erstellung eines Spaltungsberichts, die rechtzeitige Anmeldung zum Handelsregister sowie ggf. die Erstellung von Zwischenbilanzen zu beachten.

Die Wahl der Gesamtrechtsnachfolge bietet gleichwohl einen nicht unerheblichen Vorteil, indem sie eben eine Gesamtrechtsnachfolge darstellt, also

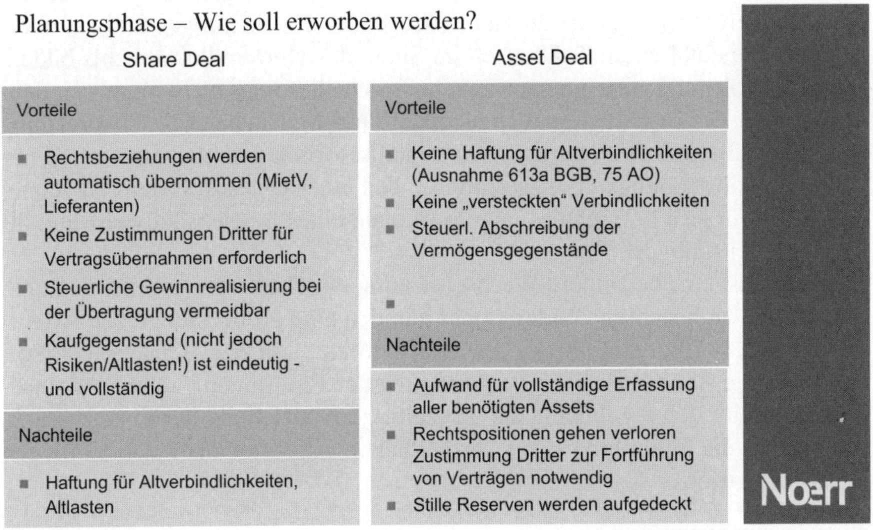

Abbildung 25-1: Vor- und Nachteile von Asset Deal und Share Deal

ohne weiteren Übertragungs- oder Zustimmungsakt den Übergang aller materiellen und immateriellen Betriebsmittel auf den Dienstleister bewirkt. Dementsprechend bedarf es in der Regel auch keiner Zustimmung eines Dritten (z. B. Lizenzgeber, Vermieter). Die Gesamtrechtsnachfolge bietet sich daher insbesondere dann an, wenn mehrere oder langfristige Vertragsbindungen zu Dritten bestehen, und diese mutmaßlich einer Einzelrechtsnachfolge nicht ohne weiteres zustimmen werden.

2.3 Steuerrechtliche Überlegungen

Abgesehen von der Berücksichtigung dieser Besonderheiten entscheiden oft steuerliche Aspekte über die Frage, auf welche Weise das Outsourcing-Projekt vollzogen werden soll.

So kann sich die Einzelrechtsnachfolge als nachteilig erweisen, wenn dadurch stille Reserven, etwa bei dem Verkauf von Gegenständen zum jeweiligen Verkehrswert, aufgedeckt werden. Ein hierbei entstehender Gewinn ist durch den Dienstnehmer zu versteuern, so dass sich unter Umständen eine nicht unerhebliche Steuerbelastung ergibt. Dagegen kann der so erfolgte Erwerb für den Dienstleister auch vorteilhaft sein, da er die erworbenen Güter in der Bilanz aktivieren muss und sodann abschreiben kann.

Dabei besteht aber auch die Möglichkeit, die Einrichtungsgegenstände ohne Aufdeckung stiller Reserven in den Betrieb des Dienstleisters einzubringen, indem sie unter Fortführung ihres Buchwertes gegen die Gewährung von Gesellschaftsrechten übertragen werden (§§ 15, 20, 24 UmwStG). Sollen die Möglichkeiten der steuerneutralen Spaltung und Einbringung genutzt werden, so ist dazu erforderlich, dass die zu übertragenden Einrichtungen und das übergehende Personal einen Teilbetrieb im Sinne des Umwandlungsrechts bilden. Wann ein solcher Teilbetrieb vorliegt, lässt sich allerdings nicht immer eindeutig sagen, da der Begriff gesetzlich nicht definiert ist. Nach der Rechtsprechung des Bundesfinanzhofs ist darunter ein organisatorisch geschlossener, mit einer gewissen Selbstständigkeit ausgestatteter Teil eines Gesamtbetriebs zu verstehen, der – für sich betrachtet – alle Merkmale eines Betriebs aufweist und als solcher lebensfähig ist.[2]

Zudem ist eine besondere Wechselwirkung zwischen dem Arbeits- und dem Steuerrecht zu beachten: Widerspricht nämlich eine große Menge von Arbeitnehmern dem Übergang ihres Arbeitsverhältnisses auf den Betriebserwerber, kann dies die steuerrechtliche Begünstigung der Einbringung gefährden. Insoweit empfiehlt sich regelmäßig die frühzeitige Einbeziehung der Finanzverwaltung durch die Einholung einer verbindlichen Auskunft über das Vorliegen eines Teilbetriebs.

2 Vgl. BFH 10. 03. 1998 DStZ 2000, 135; 10. 10. 2001 DStRE 2002, 423.

3. Übernahme von Personal

Da IT-Leistungen vielfach von unentbehrlichen hochqualifizierten Fachleuten erbracht werden, ist die Frage der Übertragung von Personal von erheblicher Bedeutung. Diese arbeitsrechtliche Fragestellung hat nachhaltige Auswirkungen auf die Qualität und die Kosten und damit auf den Erfolg des Outsourcings.

3.1 Share Deal

Bei einem Share Deal, also dem Wechsel des Gesellschafters des Arbeitgebers, stellen sich keine individualarbeitsrechtlichen Probleme. Da sich für die betroffenen Arbeitnehmer der Arbeitgeber nicht ändert, erfolgt letztlich nur eine „virtuelle" Übernahme von Personal durch den Dienstleister.

3.2 Betriebs(teil)übergang nach § 613a BGB

Entscheidet sich ein Unternehmen, einen seiner Bereiche (z. B. die IT) auszugliedern, stellt sich zwangsläufig die Frage, welchen Einfluss dies auf die einzelnen Arbeitsverhältnisse hat, insbesondere ob damit ein Betriebs(teil)übergang oder lediglich eine reine Funktionsnachfolge verbunden ist. Ferner stellt sich die Frage, ob nicht bewusst die Voraussetzungen eines Betriebsübergangs herbeigeführt werden sollen, um die Arbeitsverhältnisse der für die erfolgreiche Fortführung des Betriebsteils erforderlichen Arbeitnehmer automatisch auf den Dienstleister zu übertragen (zu weiteren Möglichkeiten s. Ziffer 3.3).

3.2.1 Begriff

Der Begriff des Betriebs(teil)überganges ist einer der dynamischsten des deutschen und europäischen Rechtes und ständigem Wandel durch die deutsche und europäische Rechtsprechung unterworfen.[3] Ob letztlich ein Outsourcing zu einem Betriebs(teil)übergang führt, lässt sich daher im Vorhinein kaum mit Sicherheit sagen, zumal es sich hierbei immer um eine wertende Einzelfallbetrachtung handelt. Vereinzelt wird sogar von einem „Lotteriespiel"[4] gesprochen.

Vom Vorliegen eines Betriebs(teil)überganges kann jedoch im Regelfall ausgegangen werden, wenn ein Unternehmer einem anderen Unternehmen bestimmte Tätigkeiten und die zur Erbringung dieser Tätigkeiten wesentlichen Betriebsgüter überträgt. Arbeitsrechtlich führt dies dazu, dass sämtliche

3 EuGH, Urteil vom 14.04.1994, C-392/92, Rs. Schmidt, NJW 1994, 2343; EuGH, Urteil vom 11.03.1997, C-13/95, Rs. Süzen, NZA 1997, 433; EuGH, Urteil vom 20.11.2003, C-340/01. Rs. Abler, NJW 2004, 45, EuGH, Urteil vom 15.12.2005, C- 232/04 Rs. Güney-Görres, NJW 2006, 889; EuGH, Urteil vom 12.02.2009, C-466/07, Rs. Klarenberg, NJW 2009, 2029.

4 Willemsen in: Umstrukturierung und Übertragung von Unternehmen (2008): S. 729.

Arbeitsverhältnisse, die diesem Betriebs(teil) zugerechnet werden, automatisch mit allen Rechten und Pflichten auf den Dienstleister als Erwerber übergehen, es sei denn, die jeweiligen Arbeitnehmer widersprechen dem Übergang ihres Arbeitsverhältnisses.

Im Gegensatz zum Betriebs(teil)übergang tritt der Dienstleister bei einer sogenannten Funktionsnachfolge nicht automatisch in die Rechte und Pflichten aus den in dem Betrieb bestehenden Arbeitsverhältnissen ein.[5] Eine Funktionsnachfolge soll – vereinfacht dargestellt – dann vorliegen, wenn eine Dienstleistung von einem Nachfolger ohne Übernahme der wesentlichen materiellen und immateriellen Betriebsmittel und ohne Zunutze machen der bisherigen Arbeitsorganisation fortgeführt wird.

Ob indes im Rahmen eines Outsourcings eine Funktionsnachfolge überhaupt noch erfolgen kann, ist nach einer unlängst ergangenen Entscheidung des EuGH[6] – wieder einmal – umstritten. Bisher sollte immer dann kein Betriebs(teil)übergang vorliegen, wenn der übergehende Betriebs(teil) in die bestehende Organisationsstruktur beim Erwerber eingegliedert wurde, in dieser aufging und damit seine Selbständigkeit verlor.[7] Nunmehr betont der EuGH, dass ein Betriebs(teil)übergang auch dann vorliegen könne, falls „die konkrete Organisation der verschiedenen übertragenen Produktionsfaktoren" bei dem Erwerber nicht fortgeführt wird. Entscheidend ist also nur noch, ob die übertragenen Personal- und Sachmittel ihre „funktionelle Verknüpfung der Wechselbeziehung und gegenseitige Ergänzung zwischen verschiedenen Produktionsfaktoren" beibehalten und daher der Erwerber Nutzen aus den Verknüpfungen für dieselbe oder gleichartige Tätigkeiten ziehen kann[8]. So sehr diese Entscheidung des EuGH den Anwendungsbereich des Betriebsübergangs auch erweitern mag, ein Betriebsübergang wird hiernach aber wohl in Gestaltungen nicht vorliegen, in denen der übernommene Betriebs(steil) vollständig umstrukturiert wird und die Arbeitsorganisation des Vorgängerbetriebs nicht mehr genutzt werden kann[9].

3.2.2 Rechtsfolgen des Betriebs(teil)übergangs

Folge eines Betriebs(teil)überganges ist, dass alle dem jeweiligen Betrieb oder Betriebsteil zuzurechnenden Arbeitsverhältnisse auf den Erwerber übergehen. Dabei handelt es sich um eine gesetzlich zwingend vorgesehene Rechtsfolge, die nicht durch eine Vereinbarung zwischen Dienstleister und Dienstnehmer ausgeschlossen oder verändert werden kann. Sofern der Dienstleister nur eine

5 BAG, Urteil vom 22.05.1985, AP Nr. 42 zu § 613a BGB.
6 EuGH, Urteil vom 12.02.2009, C-466/07 Rs. Klarenberg, NJW 2009, 2029.
7 BAG, Urteil vom 06.04.2006 – 8 AZR 249/04, NZA 2006, 1039.
8 Thum/Matthießin: Handbuch Joint Venture (2010): S. 185 m.w.H.
9 Thum/Matthieß in: Handbuch Joint Venture (2010): S. 185 m.w.H.

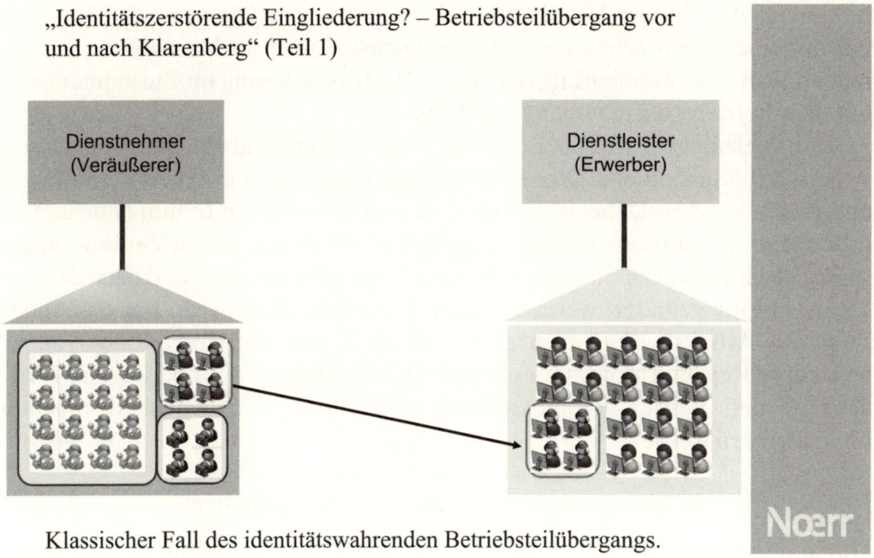

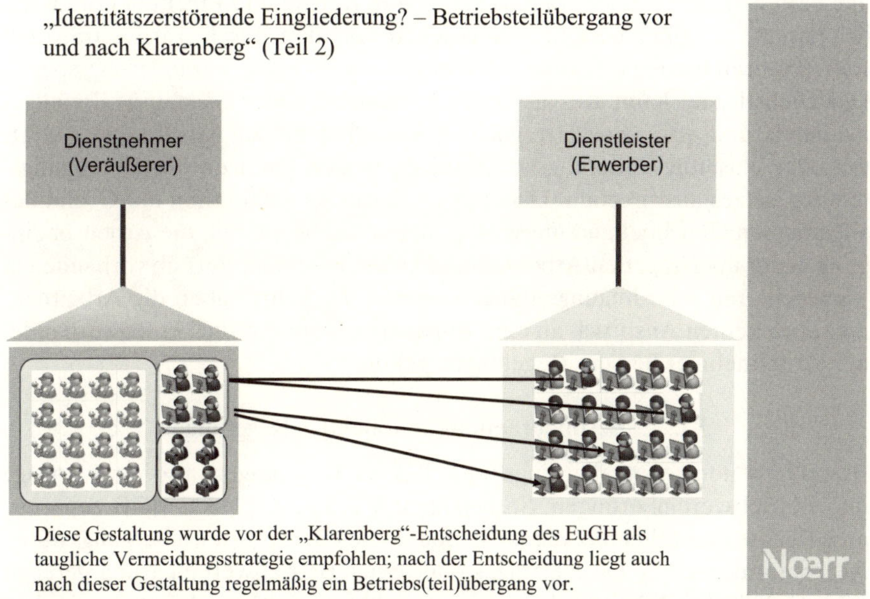

Abbildung 25-2: Identitätszerstörende Eingliederung? – Betriebs(teil)übergang vor und nach Klarenberg

bestimmte Anzahl von Mitarbeitern übernehmen will, kann er sich hiergegen nur mit einer entsprechenden, mit dem Dienstnehmer als Veräußerer zu treffenden Haftungsvereinbarung oder einer Restrukturierung im Zusammenhang mit dem Betriebs(teil)übergang schützen.

Der Dienstleister tritt als Erwerber in die Rechte und Pflichten aus diesen Arbeitsverhältnissen ein. Dies bedeutet zunächst, dass die Arbeitsverhältnisse übertragen werden. Dabei ist jedoch dem weit verbreiteten Irrtum entgegen zu treten, dass der Betriebs(teil)übergang eine generelle einjährige Veränderungssperre bewirke, innerhalb derer Arbeitsbedingungen gar nicht und nach der ggf. sogar einseitig geändert werden dürfen. Dies trifft so nicht zu. Für die Änderung von Arbeitsbedingungen gelten im Falle des Betriebs(teil)überganges besondere Regeln. Insoweit muss zwischen kollektiven Vereinbarungen (Tarifverträge und Betriebsvereinbarungen) und einzelvertraglichen Absprachen unterschieden werden.

3.2.2.1 Einzelvertragliche Arbeitsbedingungen

Durch den Betriebs(teil)übergang werden die Arbeitsverhältnisse so übertragen, wie sie vor dem Übergang zu erfüllen waren. Dementsprechend bleiben alle bestehenden einzelvertraglich geregelten Rechte und Pflichten grundsätzlich erhalten. Dabei besteht – abgesehen von den durch Tarifvertrag und Betriebsvereinbarung erfassten Regelungen – wohl keine Veränderungssperre. Der Dienstleister kann also als neuer Arbeitgeber unter Beachtung der allgemeinen Grundsätze neue vertragliche Absprachen mit den Arbeitnehmern treffen oder einseitig Änderungskündigungen in den Grenzen des Kündigungsschutzgesetzes aussprechen. Dabei ist er allerdings nicht schon auf Grund des allgemeinen Gleichbehandlungsgrundsatzes dazu berechtigt, die Arbeitsbedingungen der übertragenen Arbeitnehmer an die in seinem Betrieb vorhandenen – schlechteren – Bedingungen anzupassen. Umgekehrt haben die Arbeitnehmer auch keinen Anspruch an eine Anpassung, wenn für die bereits vorhandenen Arbeitnehmer bessere Regelungen gelten.[10]

3.2.2.2 Besonderheiten für kollektive Regelungen

Besonderheiten gelten allerdings für kollektive Regelungen, also Tarifverträge und Betriebsvereinbarungen. So bestimmt § 613a Abs. 1 S. 2 BGB zunächst, dass Rechte und Pflichten, die im Zeitpunkt des Betriebs(teil)übergangs durch Rechtsnormen eines Tarifvertrages oder einer Betriebsvereinbarung geregelt sind, „Inhalt des Arbeitsverhältnisses zwischen dem neuen Inhaber und dem Arbeitnehmer" werden. Wie das BAG jüngst klarstellte, handelt es sich dabei um eine normative Fortgeltungsanordnung[11] für das Arbeitsverhältnis und

10 BAG, Urteil von 25.08.1976, 5 AZR 788/75, BB 1977, 145.

nicht um eine „Transformation" kollektiver Regelungen in den Arbeitsvertrag. Dies hat einerseits zur Folge, dass sie auch unabhängig von der Tarifbindung des neuen Arbeitgebers weiterhin Geltung beanspruchen. Andererseits bewirkt § 613a BGB aber nur eine statische Weitergeltung, so dass spätere Änderungen des Tarifvertrags auf die übergegangenen Arbeitsverhältnisse keine Auswirkungen haben, sofern nicht auch der neue Arbeitgeber an diese gebunden ist.

Die hiernach normativ fortgeltenden Arbeitsbedingungen unterliegen einer einjährigen Veränderungssperre. Erst nach Ablauf dieser Zeit kann sich der Dienstleister durch den Ausspruch von Änderungskündigungen von den einzelnen Regelungen lösen. Dies darf aber nicht dahin missverstanden werden, dass der Dienstleister innerhalb dieser Jahresfrist überhaupt keine Änderung unternehmen dürfte. Das Gesetz verbietet lediglich die einseitige, also durch Änderungskündigung bewirkte Regelung. Nicht ausgeschlossen ist dagegen die einvernehmliche Regelung mit Gewerkschaft oder Betriebsrat, wenn also genau diese Rechte und Pflichten bei dem neuen Inhaber durch Rechtsnormen eines anderen Tarifvertrages oder durch eine andere Betriebsvereinbarung geregelt werden (§ 613a Abs. 1 S. 3 BGB). Damit hat der Dienstleister durchaus die Möglichkeit, auch diese Rechte und Pflichten im ersten Jahr nach dem Betriebs(teil)übergang – wenn auch unter Mitwirkung der Sozialpartner – zu ändern. Ausnahmen gelten insoweit lediglich für die betriebliche Altersversorgung, da die auf Grund von kollektiven Regelungen erworbenen unverfallbaren Anwartschaften in vollem Umfang erhalten bleiben.[12]

Darüber hinaus kommt unter bestimmten Voraussetzungen auch eine kollektivrechtliche Fortgeltung von Tarifverträgen und Betriebsvereinbarungen in Betracht, wo nicht gerade der Rechtsträgerwechsel als solcher diese Fortgeltung verhindert.[13] So gilt zum Beispiel ein Verbandstarifvertrag bei Verbandsmitgliedschaft des Erwerbers oder eine Betriebsvereinbarung bei Identitätswahrung des Betriebes unverändert kollektivrechtlich beim neuen Inhaber fort.

3.2.2.3 Personalabbau im Zusammenhang mit dem Betriebsübergang

Entgegen einem weiteren weit verbreiteten Irrtum bewirkt § 613a BGB weder ein dauerhaftes noch ein vorübergehendes Kündigungsverbot für den Dienstnehmer oder Dienstleister. Das Gesetz verbietet lediglich die Kündigung „wegen des Betriebsübergangs". Eine solche liegt nach der Rechtsprechung des BAG vor, wenn das Motiv zur Kündigung wesentlich durch den Betriebsübergang bedingt ist und es keinen anderen sachlichen Grund gibt, der die Kündigung rechtfertigt.[14] Gibt es aber einen solchen anderen Kündigungsgrund, so

11 BAG, Urteil vom 22.04.2009, 4 AZR 100/08, NZA 2010, 41.

12 BAG, Urteil vom 24.07.2001, 3 AZR 660/00, NZA 2002, 520.

13 Annuß in: Staudinger (2005): S. 805.

14 BAG, Urteil vom 27.09.1984, 2 AZR 309/83, NJW 1986, 91.

bleibt der jeweilige Arbeitgeber zur Kündigung berechtigt. In diesem Zusammenhang können in sehr engen Grenzen sogar Kündigungen rechtmäßig sein, wenn sie nur den Zweck verfolgen, eine den Wünschen des potenziellen Erwerbers entsprechende Betriebsstruktur herbeizuführen (sog. „Veräußererkündigung auf Erwerberkonzept"). Das BAG hält solche Kündigungen wohl dann für zulässig, wenn der Betrieb andernfalls stillgelegt werden müsste.[15]

Das Kündigungsverbot des § 613a Abs. 4 S. 1 BGB kann nach der Rechtsprechung des BAG[16] auch nicht dadurch umgangen werden, dass Arbeitnehmer mit dem Hinweis auf eine geplante Betriebsveräußerung und Arbeitsplatzgarantien des Erwerbers zur Eigenkündigung oder zum Abschluss von Aufhebungsverträgen veranlasst werden, um dann mit dem Betriebserwerber neue Arbeitsverträge abzuschließen (sog. Lemgoer Modell). Die Durchführung eines solchen „Lemgoer Modells" führt zur Unwirksamkeit der abgeschlossenen Regelungen, so dass es bei den hier dargestellten Folgen eines Betriebsübergangs verbleibt.

3.2.2.4 Unterrichtung der Belegschaft und Widerspruchsrecht

Entschließt sich der Arbeitgeber dazu, das Outsourcing-Projekt im Wege eines Betriebsübergangs durchzuführen, so sind er und der Dienstleister dazu verpflichtet, die betroffenen Arbeitnehmer über den Betriebsübergang zu unterrichten (§ 613a Abs. 5 BGB). Dies verlangt eine eigenständige Unterrichtung der Belegschaft in Textform, wobei die Übermittlung einer Kopie, eines Telefaxes oder einer Email ausreicht. Auch eine Unterschrift ist nicht erforderlich.[17] Da die Erklärung aber nicht nur in Textform abgegeben werden, sondern auch zugehen muss, genügen die Aufnahme entsprechender Hinweise im Spaltungs- und Übernahmevertrag und dessen Zuleitung an den Betriebsrat ebenso wenig wie ein Aushang am Schwarzen Brett[18] oder im Intranet.

Das Gesetz verlangt dabei ausdrücklich, dass die Arbeitnehmer mindestens über (i) Zeitpunkt und Grund, (ii) die rechtlichen, wirtschaftlichen und sozialen Folgen des Übergangs sowie (iii) über die hinsichtlich der Arbeitnehmer in Aussicht genommenen Maßnahmen unterrichtet werden. Zudem bedarf es eines Hinweises auf die Möglichkeit, dem Übergang zu widersprechen.

Eine solche Unterrichtung erweist sich in der Praxis als außerordentlich tückisch, da die Rechtsprechung nahezu unerfüllbare Anforderungen an die Unterrichtung stellt. So soll der Arbeitgeber zwar über alle Folgen des Betriebsübergangs umfassend und zutreffend informieren. Er darf sich dabei allerdings keiner (juristischen) Fachbegriffe o. ä. bedienen, sondern muss stets eine allge-

15 BAG, Urteil vom 20. 03. 2003, 8 AZR 97/02; BB 2003, 2180.
16 BAG, Urteil vom 28. 04. 1987, 3 AZR 75/86, BAGE 55, 228.
17 Annuß in: Staudinger (2005), S. 772.
18 Annuß in: Staudinger (2005), S. 772.

mein verständliche Sprache wählen. Schon verhältnismäßig kleine Ungenauigkeiten (z. B. die Falschbezeichnung des Geschäftsführers[19]) in der Unterrichtung führen nach der BAG-Rechtsprechung zu ihrer Fehlerhaftigkeit und damit zu einem zeitlich (bis zur schwer bestimmbaren Grenze der Verwirkung[20]) unbeschränkten Widerspruchsrecht der Arbeitnehmer.

Erst mit der vollständigen und fehlerfreien Unterrichtung beginnt die Frist des § 613a Abs. 6 BGB von einem Monat zu laufen, innerhalb derer die Arbeitnehmer ihr Widerspruchsrecht ausüben können. Die Ausübung des Widerspruchsrechtes durch den Arbeitnehmer führt dazu, dass sein Arbeitsverhältnis bei dem Dienstleister verbleibt. Ob dieser nach der Übertragung seines Betriebs(teils) noch einen Arbeitsplatz für den widersprechenden Arbeitnehmer hat, ist in der Regel unsicher. Unsicher ist in diesen Fällen, zumal wenn mehrere Arbeitnehmer von ihrem Widerspruchsrecht Gebrauch machen, aber auch, ob der Dienstleister dann noch die zugesagten Leistungen erbringen kann. Die Unterrichtung muss deshalb sorgfältig vorbereitet und ausgearbeitet werden, wollen der Dienstnehmer als Veräußerer und der Dienstleister als Erwerber schnellstmöglich Rechts- und Planungssicherheit erlangen.

3.3 Weitere Möglichkeiten der Personalübernahme

Sollten die Voraussetzungen eines Betriebs(teil)überganges nicht vorliegen, stehen individuelle Lösungen, wie dreiseitige Verträge zwischen Dienstleister, Dienstnehmer und dem betreffenden Arbeitnehmer oder die gesetzlich regulierte gewerbsmäßige Arbeitnehmerüberlassung zur Verfügung. Beides sind sicherlich im Einzelfall geeignete Wege, um dem Dienstleister insbesondere die Arbeitskraft und das Know-how wichtiger Einzelpersonen zugänglich zu machen. Allerdings sind diese Wege aufgrund des oftmals notwendigen administrativen Aufwandes in der Regel nicht geeignet, die große Masse der Beschäftigungsverhältnisse zu transferieren. Hinzukommt, dass ein unbedachtes Agieren mit diesen Wegen unter Umständen auch einen zuvor nicht gewünschten Betriebsübergang mit den unter 3.1 beschriebenen Konsequenzen und Kosten auslöst.[21]

19 In dem Fall BAG 13. 07. 2006, 8 AZR 305/05 war der Vorname des Geschäftsführers der Erwerberin fehlerhaft (Jochen statt Joachim) bezeichnet worden.

20 ArbG Frankfurt, Urteil vom 26. 06. 2007, 4 Ca 426/07, BB 2008, 58.

21 So kann ein Aufhebungsvertrag im Rahmen eines dreiseitigen Vertrags eine Umgehung des § 613 Abs. 5 BGB darstellen und unwirksam sein, wenn zugleich ein neues Arbeitsverhältnis zum Betriebsübernehmer vereinbar oder zumindest verbindlich in Aussicht gestellt wird, vgl. BAG Urteil vom 18. 08. 2005, 8 AZR 523/04, NJW 2006, 938, BAG Urteil vom 23. 11. 2006, 8 AZR 349/06, BB 2007, 1054.

4. Beteiligung der Arbeitnehmervertretungen

Outsourcing löst regelmäßig umfangreiche Beteiligungspflichten des Unternehmens gegenüber den in seinem Unternehmen bestehenden Arbeitnehmervertretungen aus. Daher hat das kollektive Arbeitsrecht erhebliche Auswirkungen auf die Gestaltung und den zeitlichen Ablauf des Outsourcing-Vorhabens.

Aus diesem Grund ist es wichtig, die im Unternehmen existierenden Arbeitnehmervertretungen rechtzeitig in die Planungen einzubinden und an Beratungen zu beteiligen, um längere, das Projekt gefährdende Verzögerungen zu vermeiden. So kann der Betriebsrat z. B. durch Erwirkung einer einstweiligen Verfügung unter Umständen eine bestimmte Maßnahme blockieren, falls der Arbeitgeber seine Beteiligungs- und Informationspflichten verletzt.[22] Zudem bedroht das Gesetz (§ 121 BetrVG) bestimmte Pflichtverletzungen mit Geldbußen von bis zu EUR 10.000 und in Einzelfällen sogar mit einer Freiheitsstrafe von bis zu einem Jahr (§ 119 BetrVG).[23] Ob und ggf. welche Beteiligungsrechte zu beachten sind, ist allerdings eine Frage des jeweiligen Einzelfalls.

Im Rahmen eines IT-Outsourcing ist die Unterscheidung zwischen Unternehmens- und Betriebsebene wichtig, da es Maßnahmen geben kann, die sich ausschließlich auf der Unternehmensebene abspielen, ohne die Betriebsstruktur zu berühren und umgekehrt. Je nach Art und Auswirkung der Maßnahme entstehen unterschiedliche Beteiligungsrechte der Arbeitnehmervertretungen (i. d. R. Betriebsrat und Wirtschaftsausschuss).

4.1 Interessenausgleich und Sozialplan

Führt eine Outsourcing-Maßnahme etwa zu einer Betriebsänderung, was i. d. R. der Fall sein dürfte, so hat der Arbeitgeber mit dem jeweils zuständigen (Gesamt-, Konzern-)Betriebsrat über einen Interessenausgleich und einen Sozialplan zu verhandeln, soweit in dem Unternehmen regelmäßig mehr als 20 wahlberechtigte Arbeitnehmer beschäftigt werden. Wann eine Betriebsänderung vorliegt, ist im Einzelnen aus der sehr umfangreichen Rechtsprechung zu § 111 BetrVG zu entnehmen. Als Faustregel gilt, dass eine Betriebsänderung jedenfalls dann vorliegt, wenn mindestens fünf Prozent der Belegschaft des Betriebs von der Maßnahme betroffen sind[24] oder es sich um einen Betriebsteilübergang handelt.

---

22 LAG Hamm, Beschluss vom 30. 04. 2008, 13 TaBVGa 8/08, BeckRS 2008, 53984; LAG Hessen, Beschluss vom 19. 01. 2010, 4 TaBVGa 3/10, NZA-RR 2010, 187.

23 So verurteilte das AG Hamburg-Harburg mit Urteil vom 18. 12. 1989 den Geschäftsführer eines Unternehmens wegen fortgesetzter Behinderung der Betriebsratstätigkeit in Tateinheit mit fortgesetzter Benachteiligung von Betriebsratsmitgliedern zu einem Jahr Freiheitsstrafe, die zur Bewährung ausgesetzt wurde.

24 BAG, Urteil vom 28. 03. 2006, 1 ABR 5/05, NZA 2006, 932.

Ein Interessenausgleich ist eine Übereinkunft zwischen Unternehmer und Betriebsrat, ob, wann und in welcher Form die vom Unternehmer geplante Betriebsänderung durchgeführt werden soll. Der Interessenausgleich ist schriftlich niederzulegen und von Unternehmer und Betriebsrat zu unterschreiben, § 112 Abs. 1 BetrVG. Erzwingbar ist der Interessenausgleich durch den Betriebsrat nicht. Der Unternehmer muss sich jedoch hinreichend um einen Interessenausgleich bemühen; er darf die Betriebsänderung (und damit im schlimmsten Fall das Outsourcing) nicht durchführen, ohne dass ein Interessenausgleich in ausreichender Form versucht wurde. Andernfalls kann der Betriebsrat – regionale Abhängigkeit – im Wege der einstweiligen Verfügung die Unterlassung der jeweiligen Maßnahme durchsetzen[25] und zudem können die betroffenen Arbeitnehmer nach § 113 BetrVG Nachteilsausgleichansprüche geltend machen.

Der Sozialplan ist die Einigung zwischen Unternehmer und Betriebsrat über den Ausgleich oder die Milderung wirtschaftlicher Nachteile, die den betroffenen Arbeitnehmern infolge der Betriebsänderung entstehen. Anders als der Interessenausgleich kann der Sozialplan durch den Betriebsrat in einem bestimmten Verfahren (sog. Einigungsstelle) erzwungen werden; der Betriebsrat hat mithin einen durchsetzbaren Anspruch auf Abschluss eines Sozialplanes. Insoweit gilt allerdings eine Erleichterung für Unternehmen, die innerhalb der ersten vier Jahre nach ihrer Gründung eine Betriebsänderung durchführen. Diese müssen zwar ebenfalls einen Interessenausgleich versuchen. Der Sozialplan kann aber nicht erzwungen werden (sog. Sozialplanprivileg, § 112a Abs. 2 BetrVG). Auszugleichende bzw. zu mildernde wirtschaftliche Nachteile können etwa Kündigungen, Verlust von Kündigungsschutz, Erschwerungen der Arbeitsbedingungen und – beim Outsourcing – nicht selten auch der nur schwer zu bewertende Verlust von „Nestwärme“ beim Wechsel von einem großen Konzern in ein junges Dienstleistungsunternehmen.

Betriebsräte versuchen nicht selten, die Verhandlungen über einen Interessenausgleich und/oder Sozialplan in die Länge zu ziehen und damit als Druckmittel gegenüber dem Arbeitgeber einzusetzen. Falls hierdurch die Durchführung des gesamten Outsourcings gefährdet ist, können sich die Outsourcing-Partner mit der – vorübergehenden – Bildung eines gemeinsamen Betriebes der beiden Unternehmen behelfen. Dies verschiebt zwar in aller Regel nur die Verhandlungen über einen Interessenausgleich und Sozialplan, ermöglicht aber die Durchführung des Projektes ohne die Risken einer Unterlassungsverfügung oder von Nachteilsausgleichansprüchen.

Im Jahre 2007 ist das Thema Sozialplan sogar für betriebsratslose outsourcende Unternehmen relevant geworden. Nach der Rechtsprechung des BAG[26]

25 LAG München, Beschluss vom 22. 12. 2008, 6 TaBVGa 6/08, BB 2010, 896; LAG Niedersachsen, Beschluss vom 04. 05. 2007, 17 TaBVGa 57/07, AiB 2008, 348.

aus diesem Jahr sind auch sog. Tarifsozialpläne zulässig. Darunter versteht man einen von den Gewerkschaften – notfalls erstreikten – zwischen einer Gewerkschaft und einem Arbeitgeber abgeschlossenen Tarifvertrag, der im Wesentlichen die Inhalte eines Sozialplans regelt. Der Unternehmer kann daher gehalten sein, unter Umständen nicht nur mit dem Betriebsrat, sondern auch mit einer Gewerkschaft in Verhandlungen über den Ausgleich wirtschaftlicher Nachteile einzutreten.

4.2 Sonstige Beteiligungs- und Mitbestimmungsrechte des Betriebsrates

Im Rahmen eines IT-Outsourcings sind neben Interessenausgleich und Sozialplan noch weitere Beteiligungsrechte relevant.

Neben der eigentlichen Beteiligung besteht eine allgemeine Unterrichtungspflicht (§ 80 Abs. 2 BetrVG). Der Betriebsrat ist zur Durchführung seiner gesetzlichen Aufgaben rechtzeitig und umfassend vom Arbeitgeber zu unterrichten. Diesen Anspruch kann er grundsätzlich jederzeit, also auch ohne einen konkreten Anlass geltend machen. Dabei ist der Arbeitgeber dazu verpflichtet, den Betriebsrat so frühzeitig von allen wesentlichen Belangen in Kenntnis zu setzen, dass dieser seine Beteiligungsrechte ordnungsgemäß erfüllen kann. Zudem setzt die jeweils erforderliche Information ggf. auch die Vorlage entsprechender Unterlagen voraus.

Werden durch das Outsourcing beispielsweise Fragen der Ordnung des Betriebes, des Verhaltens der Arbeitnehmer im Betrieb oder der Anwendung technischer Einrichtungen, die dazu bestimmt sind, das Verhalten oder die Leistung der Arbeitnehmer zu überwachen, aufgeworfen, entstehen zwingende Mitbestimmungsrechte für den Betriebsrat.

Daneben hat der Betriebsrat Unterrichtungs- und Beratungsrechte hinsichtlich der Planung von technischen Anlagen, Arbeitsverfahren und Arbeitsabläufen (§ 90 BetrVG) sowie ein Unterrichtungsrecht über die allgemeine Personalplanung (§ 92 BetrVG).

4.3 Beteiligung des Wirtschaftsausschusses

Neben dem Betriebsrat ist in Unternehmen mit in der Regel mehr als 100 ständig beschäftigten Arbeitnehmern der Wirtschaftsausschuss einzubeziehen (§ 106 BetrVG). Diese Unterrichtung muss nach der gesetzlichen Bestimmung rechtzeitig und umfassend erfolgen, wobei sich weder der genaue Zeitpunkt noch der konkrete Umfang abstrakt bestimmen lassen. Entscheidend sind insoweit die Umstände des jeweiligen Einzelfalls. Die Beratung im Wirtschaftsaus-

26 BAG, Urteil vom 24.04.2007, 1 AZR 252/06, NZA 2007, 987.

schuss muss allerdings in jedem Fall so frühzeitig erfolgen, dass sie es dem Betriebsrat ermöglicht, in sinnvoller Weise auf den Entschluss des Arbeitgebers einzuwirken. Die Unterrichtung umfasst auch die Vorlage von Unterlagen, soweit dies erforderlich ist. Nach der Rechtsprechung des BAG[27] gehört dazu allerdings nicht der eventuell abzuschließende Vertrag über die Veräußerung der Geschäftsanteile.

Erfolgt das Outsourcing zweistufig (Ausgliederung auf eine Tochtergesellschaft mit nachfolgendem Verkauf der Anteilsmehrheit) so ist der Wirtschaftsausschuss (§ 106 Abs. 3 Nr. 9a BetrVG) und, wenn ein solcher nicht besteht, der Betriebsrat (§ 109a BetrVG) rechtzeitig und umfassend zu informieren. Dazu gehört ebenfalls die Vorlage der erforderlichen Unterlagen (§ 106 Abs. 2 BetrVG) und eine Darstellung, wie sich die Maßnahme auf die Personalplanung auswirkt. Die Information des Wirtschaftsausschusses muss dabei wiederum vor der des Betriebsrats erfolgen, nämlich bereits dann, wenn der Arbeitgeber in konkrete Planungen eintritt[28].

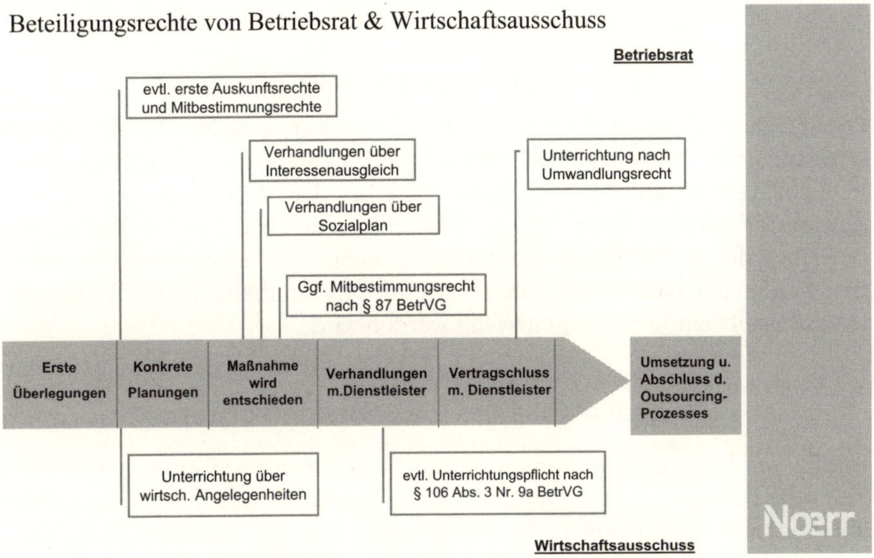

Abbildung 25-3: Beteiligungsrechte von Betriebsrat und Wirtschaftsausschuss

27 BAG, Urteil vom 22.01.1991, 1 ABR 38/89, BB 1991, 1191.
28 Vgl. Kania in: Erfurter Kommentar zum Arbeitsrecht (2010), § 106 BetrVG, Rn. 6a.

4.4 Besonderheiten bei Gesamtrechtsnachfolge

Wird das Outsourcing im Wege der Gesamtrechtsnachfolge durch Nutzung des Umwandlungsrechtes durchgeführt, bestehen zudem besondere Beteiligungsrechte.

So bestehen bei allen Umwandlungsformen umfangreiche Informationspflichten gegenüber dem Betriebsrat (z. B. §§ 125, 126 Abs. 3, 135ff. UmwG) und dem Wirtschaftsausschuss (§ 106 Abs. 3 Nr. 8 BetrVG). Den Arbeitnehmervertretungen muss jeweils ein Monat vor dem Beschluss über die Umwandlung der Spaltungs- und Umwandlungsvertrag vorgelegt werden. Zudem wird die Mitbestimmung im Unternehmen für fünf Jahre beibehalten, auch wenn nach der Umwandlung die Voraussetzungen für eine Unternehmensmitbestimmung nicht mehr gegeben sind. Schließlich wird die kündigungsrechtliche Stellung der Arbeitnehmer für die Dauer von zwei Jahren beibehalten und eine fünfjährige Nachhaftung für Altverbindlichkeiten und gegebenenfalls später entstehenden Sozialplan- und Nachteilsausgleichsansprüche gesetzlich angeordnet.

4.5 Übergangsmandat

Für den Dienstleister als Erwerber ist bemerkenswert, dass dem Betriebsrat des Dienstnehmers (also des Veräußerers) ein Übergangsmandat für den übertragenen Betriebsteil zustehen kann, falls bei dem Dienstleister noch kein Betriebsrat existiert. Dies hat zur Folge, dass die Arbeitnehmer in beiden Betrieben durch den Betriebsrat des Dienstnehmers vorübergehend repräsentiert werden und dass in dem bisher betriebsratlosen aufnehmenden Betrieb des Dienstleisters ein Betriebsrat gewählt werden wird.

5. Beendigung des Outsourcing-Vertrags

Häufig werden, wenn die ausgelagerten Funktionen nach einer bestimmten Zeit oder bei festgestellten Qualitätsmängeln wieder vom Dienstnehmer selbst übernommen werden sollen, Vereinbarungen über die Beendigung des Outsourcings getroffen (sog. Insourcing).

In diesem Fall sind die oben zum Betriebs(teil)übergang dargestellten Überlegungen wiederum zu berücksichtigen. Dabei empfiehlt es sich, insbesondere zur Begrenzung der finanziellen Haftung des Dienstnehmers, klare Vereinbarungen über die mit der Beendigung des Vertrags verbundenen Folgen zu treffen. So muss berücksichtigt werden, was mit den zwischenzeitlich vom Dienstleister angeschafften Betriebsmitteln geschehen soll und wie mit von diesem neu eingestellten Beschäftigten umzugehen ist. Löst das spätere „Insourcing“ oder die Weitervergabe wiederum einen Betriebsübergang aus, so gehen nämlich auch diese Arbeitnehmer auf den Dienstnehmer über. Insoweit ist es oft sinnvoll, eine Ausgleichzahlung des Dienstleisters zu vereinbaren. Ebenso sollte – sofern neu angeschaffte Betriebsmittel vom Dienstnehmer übernommen werden sollen – auch die Berechnungsgrundlage für den Rückkaufpreis (z. B. Buch- oder Verkehrswert der Betriebsmittel) vereinbart werden.

6. Fazit

Wie diese Darstellung verdeutlicht, stellt das IT-Outsourcing nicht nur eine betriebswirtschaftliche und technische Herausforderung für alle Beteiligten da. Solche Projekte werfen auch zahlreiche arbeits-, steuer- und gesellschaftsrechtliche Fragestellungen auf, die einer gründlichen Vorbereitung und einer genauen Prüfung der einzelnen Komplexe bedürfen. Dabei verlangen nicht nur die strategischen Grundentscheidungen (Einzel- oder Gesamtrechtsnachfolge; Betriebsübergang oder Personalübernahme durch dreiseitige Verträge) sondern auch die im Einzelnen durchzuführenden Maßnahmen eine genaue Auseinandersetzung mit den verschiedenen rechtlichen Aspekten.

Wird z. B. durch die Übernahme von Sachmitteln und Personal ein Betriebsübergang ausgelöst, so droht durch eine fehlerhafte Unterrichtung von Belegschaft und Arbeitnehmervertretung die erhebliche Verzögerung oder sogar das Scheitern des gesamten Outsourcing-Projekts. Ebenso müssen die Auswirkungen des Outsourcings auf die rechtlichen Beziehungen zu Dritten, wie Vermieter oder Lizenzgeber, berücksichtigt werden.

V. Fallstudien

Fallstudie: ISRINGHAUSEN GmbH & Co. KG – SAP-Outsourcing im Mittelstand

ROLF KÖNIGS UND DR. FRANK-RAINER BOLZ

1. Ausgangssituation

Die ISRINGHAUSEN GRUPPE ist der führende Hersteller von Sitzsystemen für Nutzfahrzeuge wie LKWs, Busse und Transporter in Europa. Weltweit sind in 38 Werken in 18 Ländern 3.900 Mitarbeiter beschäftigt. Bereits in den Jahren 1999 bis 2003 hatte das Unternehmen damit begonnen, die ersten Standorte in das zentrale SAP-System zu integrieren. Im Laufe des Jahres 2003 entschloss sich die ISRINGHAUSEN, ihre IT an einen externen Dienstleister auszulagern, um sich somit besser auf ihr Kerngeschäft zu konzentrieren.

1.1 Gründe für das Outsourcing

Der Großteil des noch ausstehenden internationalen SAP-Rollouts sowie die zu erneuernde IT-Infrastruktur bewogen das Unternehmen, die Auslagerung seiner IT in Betracht zu ziehen. Ziel war es, gruppenweit einen einheitlichen SAP-Standard zu implementieren. Es galt, den Bedarf an neuer Hardware zu analysieren und das entsprechende Sizing zu ermitteln – letztlich die Infrastruktur an die neuen geschäftlichen und technischen Erfordernisse anzupassen.

1.2 Kriterien für die Auswahl des zukünftigen IT-Dienstleisters

Wichtig für ISRINGHAUSEN war, dass der zukünftige IT-Dienstleister ein Allround-Anbieter ist. Er sollte sowohl die Hardware übernehmen, Beratungskompetenz besitzen, Projekte steuern als auch die eingesetzten Lösungen betreiben und die Anwender betreuen können. Außerdem sollte der Anbieter Branchenkompetenz im Bereich Automotive besitzen.

Auf der Suche nach einem geeigneten Partner erkannte das Management der ISRINGHAUSEN GmbH & Co. KG, dass der zukünftige Dienstleister speziell auf den Mittelstand ausgerichtet sein sollte. Denn ein gemeinsames Verständnis für die Herausforderungen im globalen Markt war die Voraussetzung für ein erfolgreiches Outsourcing. Zudem sollte ein mittelstandsgerechtes Preismodell etabliert werden, bei dem sowohl die Leistungen als auch die Kosten in flexiblen Service Level Agreements definiert waren.

1.3 Die Auswahl des Outsourcing-Partners

Zu Zeiten der Verhandlungen war IBM im Unternehmen bereits bekannt. ISRINGHAUSEN bezog bereits einen Großteil der Hardware, vor allem Server, von dem Anbieter. Überzeugen konnte der Dienstleister aber nicht zuletzt durch sein Geschäftsmodell der IBM Deutschland Mittelstand Services GmbH (IMS), dem speziell für den Mittelstand tätigen Sourcing-Bereich der IBM.

SAP-Rollout bei der *ISRINGHAUSEN GmbH & Co. KG*

ISRINGHAUSEN entschied sich für ein IT-Outsourcing mit Beginn 2004, in dessen Vertragslaufzeit ein internationales SAP-Rollout durchgeführt werden sollte.

- Ausgangssituation:

Einsatz unterschiedlicher Software/Lösungen an den nationalen und internationalen Standorten der ISRINGHAUSEN GmbH & Co. KG

- Ziele:

Das vorrangige Ziel ist die Optimierung der Geschäftsprozesse

- Auslagerungsobjekte:
  - SAP R/3-Betrieb
  - HR-Betrieb
  - Datenmanagement
  - AS/400-Betrieb
- Beteiligte Services aus den Geschäftsfeldern:
  - Kommunikationssysteme für Workgroup/Workflow
  - Desktop Service
  - Telekommunikation/Datennetze
  - Anwendungsberatung und -betreuung
- Zeitraum:

Der Outsourcing-Vertrag hat eine mehrjährige Laufzeit mit Beginn 01. 01. 2004

Das Geschäftsmodell beinhaltet typischerweise Frontoffices, die den Vor-Ort-Service beim Leistungsempfänger übernehmen. Hierzu werden in der Regel Mitarbeiter des auslagernden Unternehmens übernommen und lokal weiterbeschäftigt. Weitere Dienstleistungen wie zum Beispiel der SAP R/3- und AS/400-Betrieb werden vom zentralen Backoffice erbracht. Da für ISRINGHAUSEN in der Produktion und bei der Belieferung ihrer Kunden Just-in-time und Just-in-Sequence von besonderer Wichtigkeit sind, war ausgewiesenes Know-how der IMS im Automobilzulieferer-Umfeld ebenfalls ausschlaggebend.

2. Fallstudie: SAP-Rollout

2.1 Die Situation vor dem SAP-Rollout

An den nationalen und internationalen Standorten der ISRINGHAUSEN Gruppe war unterschiedliche Software in verschiedenen Bereichen im Einsatz, zum Teil auch in Form selbst programmierter Lösungen. In Zukunft sollte SAP R/3 auf Basis der in Deutschland verwendeten Funktionen und eingeführten Prozesse weltweit eingesetzt werden.

2.2 Zielsetzungen und Herausforderungen

Für den SAP-Rollout sollte je Standort ein neuer Buchungskreis eingerichtet werden, basierend auf SAP in der Sprachversion des jeweiligen Landes. Die logistischen Prozesse sollten dabei auf den in Deutschland verwendeten Funktionen im SAP R/3 abgebildet werden.

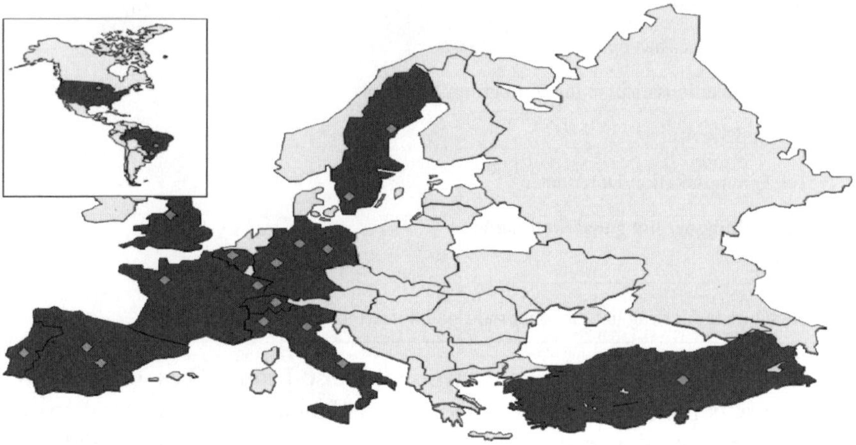

Abbildung F1-1: Vom SAP-Rollout betroffene Werke der ISRINGHAUSEN Gruppe

2.3 Projektgestaltung und -umsetzung

Neben der SAP R/3-Basiskonfiguration inklusive Konfiguration der Drucker, Erstellung eines Berechtigungskonzeptes und der Berechtigungsrollen usw. kamen folgende Module je nach Standort zum Einsatz:

- SAP R/3 – Modul FI (Finanzen)/CO (Controlling)
- SAP R/3 – Modul AM (Anlagenmanagement)
- SAP R/3 – Modul SD (Sales and Distribution)

- SAP R/3 – Modul MM (Material Management)
- SAP R/3 – Modul PP (Production Planning)
- SAP R/3 – Modul QM (Quality Management)
- SAP R/3 – JIT (Just-in-Time).

Darüber hinaus wird ein EDI-System (Electronic Data Interchange) zum elektronischen Datenaustausch von elektronischen Geschäftsdokumenten (z. B. Lieferabrufe, Lieferscheine, Rechnungen) eingesetzt. Außerdem mussten Stammdaten migriert werden, also die Daten aus dem Altsystem AS/400 exportiert und in das SAP R/3-System importiert werden.

Nach dem erfolgreichen Produktivstart in Frankreich (Ende 2005) wurde gemeinsam mit ISRINGHAUSEN das Template der einzuführenden Geschäftsprozesse überarbeitet. Hierdurch wurde die durchschnittliche Projektdauer für ein Rollout auf 3 bis 4 Monate reduziert. Der Rollout konnte Anfang 2009 vollständig abgeschlossen werden.

Für 2010 ist der Release-Wechsel auf SAP ECC 6.0 geplant.

Country	Plant	2004	2005	2006	2007	2008	2009
D	Ludwigsfelde						
D	Düsseldorf (NCV3)						
F	Merkwiller (seats/logistics)						
F	Merkwiller (springs/logistics)						
F	Blainville (logistics)						
BR	Sao Paulo (springs)						
BR	Sao Paulo (seats)						
BR	Sete Lagoas						
PT	Tramagal						
ES	Valladolid						
ES	Madrid						
TR	Aksaray						
S	Umea						
S	Kungsbacka						
CH	Rotkreuz						
UK	Wrexham						
B	Lokeren						

Tabelle F1-1: SAP-Rollout bei der ISRINGHAUSEN GmbH & Co. KG von 2004 bis 2009

2.4 Fazit

Die von ISRINGHAUSEN gewünschte Optimierung und Harmonisierung ihrer weltweiten Geschäftsprozesse konnten durch das SAP-Rollout erreicht sowie zugleich der gruppenweit definierte Standard in allen Werken eingeführt werden.

Neben der reinen IT-technischen Vereinheitlichung der Systemlandschaft für die gesamte Unternehmensgruppe gründet der Erfolg des Vorhabens vor allem in der einheitlichen Ausrichtung der Geschäftsprozesse, die mit dem beschriebenen Rollout ermöglicht werden konnte. Die einzelnen Teilprojekte haben wirksam dazu beigetragen, die Zusammenarbeit des Stammhauses in Deutschland mit den dezentralen Werken zu verbessern und letztlich auch zu einem gemeinsamen Sprachgebrauch in den Geschäftsabwicklungen geführt.

Das Unternehmen verfügt nunmehr über eine hohe Datensicherheit und Verfügbarkeit sowie Skalierbarkeit der eingesetzten Systeme. Die in der Outsourcing-Partnerschaft vereinbarten Service Level Agreements führten zu einer höheren Transparenz der IT-Kosten. Außerdem wurde die Infrastruktur modernisiert, ohne dass ISRINGHAUSEN hierfür selbst in Hardware oder andere Ressourcen investieren musste.

Fallstudie: DyStar Textilfarben GmbH & Co. Deutschland KG – Outsourcing als strategische Option

STEFAN REUß

1. Ausgangssituation

Die DyStar Textilfarben, weltweit agierender Textilfarbstoff- und Hilfsmittelhersteller, wurde 1995 gegründet aus den Textilfarbstoffbereichen der Bayer AG und Hoechst AG. Im Jahr 2000 erfolgte die Erweiterung um das Textilfarbstoffgeschäft der BASF AG. 2004 wurde DyStar durch den privaten amerikanischen Finanzinvestor Platinum Equity erworben. Im Rahmen der Neuausrichtung der DyStar wurde dem Textilmarkt folgend ein Restrukturierungsprojekt gestartet, das weitreichende Verlagerungen der Geschäftsaktivitäten nach Asien bedeutete. Durch die damit verbundene Reduzierung der Aktivitäten in Deutschland und eine Fokussierung auf das Kerngeschäft sollten verschiedene Bereiche hinsichtlich Optimierungspotenzialen geprüft werden. In diesem Zusammenhang war es ein Ziel, den Bereich IT-Infrastruktur an einen geeigneten Dienstleister auszulagern.

Das Projekt *DyStar Textilfarben GmbH & Co. Deutschland KG*

- Ausgangssituation:
Eigenbetrieb der IT-Infrastruktur mit partiellem Outtasking
- Ziele:
Auslagerung des IT-Infrastruktur-Betriebs an einen IT-Dienstleister
- Auslagerungsobjekte:
Kompletter Client-, Server-, Netzwerk- und Rechenzentrumsbetrieb Europa
- Beteiligte:
Berater für Outsourcing-Projekt, potenzielle IT-Dienstleister
- Zeitraum:
Erstes Halbjahr 2005 sowie in 2008

Die Informatikaktivitäten bei DyStar sind in die Abteilungen Business Systems und IT-Infrastruktur aufgeteilt. Business Systems betreut die genutzten Systeme anwendungsseitig (z. B. Customizing und Programmierung von SAP-Systemen). IT-Infrastruktur stellt die komplette technische Plattform zur Verfügung und betreibt diese. Dazu zählen neben dem Betrieb von Clients und Servern auch Netzwerke und der Rechenzentrumsbetrieb. Die Telefonie sowie die weltweite Steuerung der IT-Aktivitäten hinsichtlich Betriebskonzepten und Standards zählen ebenso zu den Aufgaben der Abteilung. Selektiv wird dabei im Tagesgeschäft auf IT-Dienstleister zurückgegriffen, zum Beispiel beim Wide Area Network oder Netzwerkmanagement bis hin zur Nutzung externer Rechenzentrums-Facilities.

Neben zentralen Services wie den Betrieb von regional oder global genutzten Systemlandschaften, die in der Firmenzentrale erbracht werden, gibt es an den Unternehmensstandorten in der Regel IT-Personal, das lokale Services wie Anwenderbetreuung oder den Betrieb lokaler, produktionsnaher Systeme oder Laborsysteme realisiert.

Die installierte IT-Plattform umfasst mehr als 1.000 PCs und über 100 vorwiegend Windows-basierte Serversysteme. Als Standardapplikationen kommen SAP und die Microsoft Office Produkte zum Einsatz. Des Weiteren besteht im Labor- und Produktionsumfeld zahlreiches Nicht-Standard-Equipment (sowohl Hardware als auch Software, z. B. zur Steuerung von Produktionsanlagen oder Hochregallagern), das von der IT betreut wird. In diesen Bereichen sind teilweise noch DOS-basierte Anwendungen anzutreffen. Einzelüberprüfungen haben ergeben, dass eine Systemablösung teilweise mit erheblichem Aufwand verbunden und ein Weiterbetrieb auf der veralteten Plattform letztlich wirtschaftlicher ist.

2. Zielsetzungen und Herausforderungen

Ziel des Outsourcing-Projektes in 2005 war es, den Bereich IT-Infrastruktur komplett auszulagern, so dass der Betrieb künftig durch einen Dienstleister erbracht wird. Zur Koordination und Steuerung sollte ein kleines IT-Team bei DyStar verbleiben, das restliche Personal der Abteilung indes vom Dienstleister übernommen und weiter beschäftigt werden. Die vorhandenen IT-Assets sollten vom Dienstleister gänzlich übernommen werden.

Der räumliche Fokus des Projektes lag auf den für Deutschland bzw. die Region Europa erbrachten IT-Infrastruktur-Services. Als besondere Herausforderung war dabei zu berücksichtigen, dass aus der Firmenzentrale auch die globale Koordination und Steuerung von IT-Aktivitäten erfolgt.

Neben einer Kosteneinsparung, mindestens aber Kostenvariabilisierung sollten gleichbleibende oder verbesserte Services für die Anwender bei DyStar erzielt werden.

3. Projektgestaltung und -umsetzung

Das Projekt wurde gestartet mit der Auswahl eines geeigneten Beraters, der auf das Thema IT-Outsourcing spezialisiert ist. Es ging darum, ausgewiesene Erfahrungen zu nutzen, mögliche Fehler zu vermeiden und ein strukturiertes Vorgehen im Projekt sicherzustellen. Die Auswahl des Beraters erfolgte nach persönlichen Gesprächen, Fragen an Referenzkunden und natürlich unter Berücksichtigung des wirtschaftlichen Aspekts.

Nach Auswahl des Beraters wurde das DyStar-Kernteam definiert und ein Request for Proposal erstellt. Dazu wurden alle erbrachten Services, Systeme, organisatorischen Rahmenbedingungen, etc. erfasst. Gespräche zu den verschiedensten Themen sowie Vor-Ort-Besuche der Standorte waren erforderlich. Dabei wurden neben abteilungsinternen Bestandsaufnahmen auch Abteilungen wie Personal, Anlagenbuchhaltung, etc. interviewt. Das Ergebnis war eine Dokumentation aller Services im Ist-Zustand sowie Angaben zur zukünftigen Gestaltung der Services. Dabei wurden auch tabellarische Vorlagen erstellt, in denen die potenziellen Dienstleister später Angaben zu Service Levels und Kosten eintragen sollten.

Parallel zur Erstellung des Requests for Proposal wurde im Namen des Beraters eine anonymisierte Erstanfrage an mögliche Dienstleiser gestellt. Dabei wurden mit wenigen Fragen erforderliche Fähigkeiten und Erfahrungen abgefragt, um eine gezielte Anbieter-Selektion vornehmen zu können. Ziel war es, eine Shortlist von möglichen Dienstleistern zu erstellen, die später das Request for Proposal erhalten sollten. Die anonymisierte Form wurde gewählt, um einen objektiven Blick auf die Dienstleister zu erhalten und mit der nötigen Ruhe und Übersicht den weiteren Ausschreibungsprozess fortsetzen zu können.

Nach Erstellung eines Rankings der Antworten auf die Erstanfragen wurden sechs Dienstleister ausgewählt, denen das Request for Proposal zugesandt wurde. Innerhalb eines vorgegebenen Zeitrahmens sollten entsprechende Angebote der Dienstleister eingehen. Während der Phase der Angebotserstellung hatte jeder Anbieter die Gelegenheit, in persönlichen Terminen die Ausschreibung zu hinterfragen und Informationen einzuholen. Dabei wurden alle Dienstleister absolut gleich behandelt, sowohl hinsichtlich der zur Verfügung gestellten Zeit, als auch hinsichtlich der zu diesem Zeitpunkt offengelegten Informationen. Alle von den Dienstleistern angefragten fachlichen Informationen zur Angebotserstellung wurden vom DyStar-Kernteam in Gesprächen oder schriftlich zeitnah zur Verfügung gestellt. Beliebte Fragen nach dem IT-Budget oder der Anzahl der Wettbewerber wurden grundsätzlich nicht beantwortet.

Nach Eingang der Angebote und einer ersten Auswertung im Kernteam hatte jeder Dienstleister Gelegenheit, sein Angebot, ebenfalls in einem definierten und für alle Dienstleister gleichen Zeitrahmen, zu präsentieren.

Die aufbereiteten Ergebnisse wurden intern in zwei Präsentationen der Geschäftsführung von DyStar zur Festlegung des weiteren Vorgehens vorgestellt.

3.1 Leitsätze innerhalb der Ausschreibungsphasen

Zu einigen wesentlichen Schritten innerhalb der Ausschreibungsphase lassen sich folgende Leitsätze hervorheben:

- Request for Proposal:
  - Analysieren Sie Ihre IT-Strukturen gründlich (Leistungen, Bedarfe, Kosten, Prozesse, Spezialitäten).
  - Beschreiben Sie Ihre Strukturen genau. Je mehr Sie ins RfP investieren, desto besser wird die Qualität und Vergleichbarkeit der Angebote.
  - Definieren Sie klare Leistungspakete.

  - Hören Sie auf die Anwender (Ihre internen „Kunden“). IT ist kein Selbstzweck. Hinterfragen Sie deren Anforderungen.
  - Geben Sie klare Service Levels vor und lassen Sie diese in späteren Verhandlungen nicht aufweichen (Leistungstransparenz). Nur was Sie messen können, können Sie emotionslos diskutieren.
  - Geben Sie detaillierte Preisblätter vor (Kostentransparenz).
  - Stellen Sie klare Regularien für die Ausschreibungsphase auf.

- Dienstleisterauswahl:
  - Wählen Sie Dienstleister auf Augenhöhe.
  - Die meisten Dienstleister können Standards sehr gut abbilden. Bedenken und diskutieren Sie Ihre (notwendigen?) IT-Spezialitäten.
  - Achten Sie auf Auftreten, Forderungen und Anpassungs- bzw. Nichtanpassungsfähigkeit der Dienstleister in den Workshops und Verhandlungen.

- Angebotsvergleich:
  - Vergleichen Sie nur Gleiches mit Gleichem.
  - Seien Sie sich Ihrer bestehenden Kosten bewusst.
  - Fordern Sie konsequent Leistungs- und Kostentransparenz.
  - Definieren Sie eine Bewertungsmatrix für den Angebotsvergleich.
  - Achten Sie auch auf vermeintliche Kleinigkeiten (Sprache des Servicedesk, Sonderrufnummern mit hohen Kosten, etc.)

4. Ergebnisse bei DyStar

Im Rahmen der Präsentationen in der Geschäftsführung wurde entschieden, nicht in eine vertiefende Due Diligence mit ausgewählten Dienstleistern einzutreten. Die sich abzeichnende Kostensituation hätte einen deutlich nachteiligen Effekt für DyStar bedeutet. Dies lag zum einen an den gegebenen Rahmenbedingungen: In einem Unternehmen der chemischen Industrie sind viele Spezialanwendungen und -systeme in Labor- und Produktionsumgebungen im Einsatz. Services, die hier durch eigenes Personal engagiert und oft unkonventionell erbracht werden, fordern einen IT-Dienstleister besonders, so dass er sich (finanziell) abzusichern versucht. Zum anderen zeigte sich auch, dass das oft beschriebene „Atmen“, also das Anpassen von Services und deren Kosten an sich ständig verändernde Mengengerüste und Bedarfe, im Wesentlichen in eine Richtung funktioniert, nämlich bei Wachstum. Die Abbildung kostenseitiger Flexibilität im Preismodell auch bei schrumpfenden Mengengerüsten erwies sich in den Verhandlungen als schwierig.

Zwar nahm das Projekt nicht den erwarteten Ausgang, es ist aber in jedem Fall als ein erfolgreiches Vorhaben einzustufen, da die intern erbrachten Services transparent gemacht wurden und sich als absolut marktkonform bestätigt haben. Die Anbieter waren mit ihren Preisvorstellungen weit von den bestehenden Kosten entfernt. Eine externe Vergabe hätte zu deutlichen Kostensteigerungen in der IT geführt.

Als weiteres Ergebnis konnten Erkenntnisse für die Optimierung des internen Betriebes abgeleitet werden. Diese waren bereits vor Start des Projektes avisiert, wurden im Projektverlauf aber bestätigt. Exemplarisch aufgeführt seien die Weiterführung der Hard- und Software-Standardisierung, die Konsolidierung von Servern und Druckern, die Zentralisierung von Support-Services und die Harmonisierung von Prozessen innerhalb der IT.

5. Fazit

Jede Phase des Projektes war gekennzeichnet durch Erfahrungen und wichtige Erkenntnisse. Outsourcing-Projekte dieser Art erfordern das Abklopfen eines sehr breiten Spektrums. Neben einer rein fachlichen Betrachtung der auszulagernden Services aus IT-Perspektive ist stets auch die Bedarfssicht der (internen) „Kunden" der IT-Abteilung besonders zu beachten. Ein Outsourcing verunsichert typischerweise die eigenen Mitarbeiter, was eine offene Kommunikation und einen angemessenen Umgang mit Ängsten nötig macht. Im Umgang mit den potenziellen Dienstleistern sind Korrektheit, Egalität und Transparenz absolut unerlässlich, was ein gewisses Maß an Methodik und Professionalität erfordert, teilweise auch ein konsequentes Handeln bis hin zum Ausschluss eines Dienstleisters aus dem Angebotsverfahren.

Ein IT-Outsourcing birgt einerseits Risiken, etwa die Abhängigkeit vom Dienstleister, den möglichen Aufbau versteckter interner Kosten und die Entstehung ungeplanter externer Kosten durch Projekte und Ad-hoc-Anforderungen. Andererseits eröffnet ein IT-Outsourcing auch Chancen, z. B. eine verbesserte Kostentransparenz dank eines klugen Preismodells, klare Verantwortungsabgrenzung durch Service Level Agreements und einen möglichen Leistungsverzicht, der mit einer internen IT schwieriger zu steuern ist.

Ob ein Outsourcing Sinn macht oder nicht, hängt von vielen verschiedenen Faktoren ab. Für DyStar erwies es sich in dieser Betrachtungsweise als richtig, den laufenden Ausschreibungsprozess vor der Due Diligence zu beenden. Die fundierte und frühe Erkenntnis, dass eine Auslagerung wirtschaftlich offensichtlich nachteilig ist, war ein Erfolg und verhinderte nicht nur weitere Projektaufwände für alle Beteiligten. Jedes Outsourcing-Projekt aber ist individuell zu betrachten und hängt stark von den jeweiligen Gegebenheiten und Anforderungen ab. In jedem Fall sind die einzelnen Leistungsbereiche und Entscheidungsparameter genau zu untersuchen und zu bewerten. Branchenkennzahlen oder allgemeine Studien können hier nur einen ersten Anhaltspunkt liefern.

Kurzfristig ausgerichtete Ziele, übereilte Entscheidungen oder nicht zu Ende gedachte Vorgehensweisen können im Nachhinein große Probleme aufwerfen und zu ungeplanten Mehrkosten führen. Damit ein IT-Outsourcing nicht zur Einbahnstraße wird, müssen bereits vor Vertragsabschluss sensible Themen wie Controlling, Dokumentation und Ausstiegsszenarien ausdiskutiert und schriftlich festgelegt werden.

Nachdem sich in 2005 eine Auslagerung der gesamten IT-Infrastruktur – inklusive aller für die Chemiebranche typischen IT-Spezialitäten in Labor und Produktion – für die Region Europa als nicht wirtschaftlich erwiesen hatte, wurde das Thema bei DyStar in 2008 erneut aufgegriffen. Mit einem im Wesentlichen auf SAP-Betriebs-Dienste reduzierten Leistungsfokus (SAP Hardware, SAP Basis-Betrieb, Schnittstellen) wurden, wieder professionell begleitet durch ein spezialisiertes Beratungshaus, neue Ausschreibungsdokumente erarbeitet und ein zweites Ausschreibungsverfahren durchgeführt. DyStar und der Outsourcing-Markt hatten sich in der Zwischenzeit weiterentwickelt, auch eine Verlagerung der IT-Systeme nach Asien war nun eine der im Auftrag des Managements sachlich zu prüfende Optionen. Der zweite Anlauf wurde ein Erfolg mit umgekehrten Vorzeichen. Die Angebote der Dienstleister waren nicht nur konzeptionell hochwertiger, sie waren auch nachweislich wirtschaftlich, maßgeblich begründet durch den hier ausgeschriebenen stark standardisierten Service. Nicht jedoch Asien (geprüft wurden Singapur und Malaysia), sondern ein Angebot mit RZ-Standort in Deutschland erwies sich in der Summe der wichtigsten Entscheidungskriterien (u. a. Kundenorientierung, Leistungsportfolio und -qualität, Kosten, Prozesse, Kompetenz, Flexibilität) als die beste Offerte und erhielt den Zuschlag. Auf der Basis einer professionell geplanten Transitionphase konnten die Services erfolgreich in ein Outsourcing überführt werden.

Fallstudie: Fraport AG – Infrastruktur-Outsourcing in einem Joint Venture

DR. ROLAND KRIEG UND FRANK OIDTMANN

1. Einführung

Als erfolgreiche Eigentümerin und Betreiberin des Flughafens Frankfurt gehört die Fraport AG (Fraport) international zu den führenden Unternehmen im Airport-Business. Um im globalen Wettbewerb stand zu halten, sind ein stetiges Wachstum und die Erweiterung von Leistungen unumgänglich. Dies erfordert einen enormen Aufwand, der nur mit Hilfe leistungsstarker Informations- und Kommunikationstechnologie bewältigt werden kann.

Gleichzeitig steigt der Kostendruck, den die Hauptkunden der Fraport – die Airlines – auf den Flughafenbetreiber ausüben. Deshalb gehört es zu den Aufgaben der internen IT-Abteilung, die Stückkosten des IT-Betriebs stetig zu senken, ohne dabei Abstriche in der Qualität, der Verfügbarkeit der Systeme oder der Sicherheit zu machen. Im Jahre 2005 sah sich die Fraport vor die Herausforderung gestellt, diese durchaus miteinander in Konkurrenz stehenden Ziele in einem neuartigen Geschäftsmodell zu vereinen, um die wichtige Kostenaufgabe zu lösen.

Aufgrund der hohen Spezifität des Geschäfts musste ein Unterschied zwischen allein intern sowie auch extern lösbaren IT-Aufgaben gemacht werden. Es wurde daher entschieden, die Anwendungsentwicklung, die Systemplanung und das Projektmanagement auch in Zukunft auf Seiten der Fraport zu belassen. Der Betrieb des Rechenzentrums, der Netzwerke und des Helpdesks jedoch sollten zusammen mit einem industriellen Partner an ein neu zu gründendes Unternehmen übertragen werden.

Das Projekt *IT-Infrastrukturoutsourcing bei der Fraport AG*

Das Projekt hatte eine Gesamtdauer von 20 Monaten zwischen erster Idee und abschließender Gründung des Gemeinschaftsunternehmens.

- **Ergebnis:**
Gründung des Joint Ventures operational services GmbH & Co. KG (früher gedas operational services GmbH & Co. KG) zwischen Fraport AG und gedas deutschland GmbH (heute T-Systems Enterprise Services GmbH)
- **Ziele:**
Reduzierung der Stückkosten bei gleichzeitigem Wachstum der operational services im externen Markt
- **Auslagerungsobjekte:**
Betrieb des Rechenzentrums, der Netzwerke und des Helpdesks
- **Beteiligte:**
120 Mitarbeiter der Fraport sowie 200 Mitarbeiter der gedas deutschland
- **Zeitraum:**
Europaweite Ausschreibung: März 2004 → Gründung des Joint Ventures: Juli 2005

Nach eingehender Analyse der in Frage kommenden Dienstleistungen gelangte Fraport zu der Erkenntnis, dass interne Optimierungsmaßnahmen zum damaligen Zeitpunkt bereits weitestgehend ausgeschöpft waren. Insbesondere hatten dazu die Verbesserung der internen Prozesse nach ITIL und die Standardisierung der IT-Komponenten beigetragen.

Darüber hinaus gehende Kostensenkungen waren nach Meinung der Fraport-internen Auftraggeber und der Projektleitung nur noch über Skaleneffekte realisierbar, d. h. Betrieb von deutlich mehr IT-Infrastruktur bei zugleich wesentlich geringer steigendem Personalaufwand. Der angestrebte Sprung einer Kostensenkung war daher nur mit einem externen Partner zu realisieren, der das IT-Geschäft in größerem Stil betreibt als die Fraport selbst.

Es erfolgte eine europaweite Ausschreibung und die anschließende Gründung des Joint Venture-Unternehmens operational services GmbH & Co. KG (früher gedas operational services GmbH & Co. KG) zwischen Fraport und gedas deutschland GmbH (heute T-Systems Enterprise Services GmbH – TS ES) mit einer jeweils 50-%igen Beteiligung.

Die Mitarbeiter, die bei der Fraport mit der Erbringung dieser Leistungen bis dato betraut waren, sollten in diese neue Firma übergehen. Dies geschah im Rahmen eines Betriebsübergangs nach § 613a BGB.

1.1 Grundlagen des Geschäftsmodells

Von Projektbeginn an war klar, dass die Fraport nur unter gewissen Randbedingungen bereit sein würde, die betreffenden Dienstleistungen auf ein neu zu gründendes Unternehmen zu übertragen.

Für die Fraport waren dabei zwei zentrale Aufgaben zu lösen: Zum einen als künftiger Kunde – also Dienstnehmer – des neuen Unternehmens möglichst marktnahe Verträge zu wettbewerbsfähigen Preisen abzuschließen, mit der sie ihre Qualitäts- und Kostenziele realisieren konnte, zugleich andererseits aber als Teilhaber des Joint Ventures – also des Dienstleisters – dessen Zukunftsfähigkeit abzusichern.

Um dieses duale Ziel zu erreichen, stand von Anfang an fest, dass nur ein Höchstmaß an Transparenz und die Nutzung entsprechender – neutraler – Marktkenntnisse zu einem Erfolg des Vorhabens führen würde.

Eckpunkte/Vorgaben der Ausschreibung zum Geschäftsmodell

Die Ausschreibung und somit die Entstehung des neuen Joint Ventures war an bestimmte Vorgaben gebunden, wie z. B.:

- Fraport hält dauerhaft 50 % der Gesellschaftsanteile
- Der Standort ist entweder am Flughafen Frankfurt/Main oder Frankfurt/Hahn
- Mindestens eines der Rechenzentren (primäres oder sekundäres) verbleibt dauerhaft am Flughafen Frankfurt

- Fraport bleibt Vertragspartner für die internen Fraport-Bereiche und die externen Kunden der Fraport AG auf dem Campus
- Neubau des primären Rechenzentrums unter Verantwortung des Gemeinschaftsunternehmens

1.2 Definition und Umfang der ausgegliederten Dienstleistung

Schnell stand die Frage im Vordergrund, wie die zu vergebenden Dienstleistungen hinreichend genau definiert und abgegrenzt werden können. Als Leitlinie zur Beantwortung dieser wichtigen Frage dienten die beiden Kriterien „Industrialisierbarkeit" versus „prozessspezifisches Know-how" je untersuchter IT-Dienstleistung.

Dabei war stets unstrittig, dass etwa die interne Anwendungsentwicklung wegen ihres besonders hohen, flughafenspezifischen Prozess-Know-hows für eine Auslagerung nicht in Frage kommt. Andererseits herrschte Übereinstimmung, dass der Betrieb der Server und Netzwerke in jedem Fall auf das neue Unternehmen übertragen werden sollte. Was war aber mit den Bereichen Service Desk, User Help Desk oder dem internen Auftragsmanagement? Hierfür mussten Wege und Methoden gefunden werden, um eine nachvollziehbare Entscheidung treffen zu können. Schließlich hing an dieser Festlegung auch die organisatorische Zuordnung der Mitarbeiter und Mitarbeiterinnen, welche auf das neue Unternehmen übergehen sollten.

2. Fallstudie: Fraport AG - Infrastruktur-Outsourcing

2.1 Ausgangssituation

Bereits mit der ersten Diskussion der Projektidee galt es, verschiedene Szenarien zu entwickeln und zu bewerten, wie eine mögliche Umsetzung vorangetrieben werden sollte. Es standen zunächst zwei weit auseinander liegende Modelle zur Diskussion: Ein Komplett-Outsourcing der noch zu identifizierenden Bereiche an einen Dienstleister oder eine Ausgründung dieser Bereiche in eine eigene, 100-%ige Tochtergesellschaft der Fraport. Beide Modelle aber hatten von Beginn an keine Chance verwirklicht zu werden.

Einem Komplett-Outsourcing an einen Dienstleister stand die Forderung der Fraport nach Einflussnahme auf den für sie zu erbringenden IT-Betrieb am Flughafen Frankfurt entgegen, zudem galt es auch gesetzliche Auflagen zu beachten. Die Ausgründung in eine eigene Tochter ohne industriellen Partner wurde verworfen, da der Zugang zu externen Märkten schwer zu erreichen schien – eine Voraussetzung aber, um die angestrebte Stückkostensenkung durch Skaleneffekte zu erzielen.

Die Gründung eines Gemeinschaftsunternehmens zusammen mit einem noch zu findenden industriellen Partner erschien für die Erreichung der o. g.

Ziele die ideale Kombination. Schließlich ging es auch darum, den übergehenden Mitarbeiterinnen und Mitarbeitern eine berufliche Perspektive in einem Unternehmen aufzuzeigen, dessen Kerngeschäft der Betrieb von IT-Infrastruktur ist. Ein Betriebsübergang sollte nur im Einvernehmen mit den entsprechenden Interessensvertretungen geschehen.

Für die Fraport, die zwar börsennotiert, aber mehrheitlich im Besitz der öffentlichen Hand ist und sich als vorbildlichen Arbeitgeber sieht, stand nicht die Frage nach Personalkostensenkung, sondern die Senkung der Stückkosten für den IT-Betrieb im Vordergrund.

Ein weiteres wichtiges Merkmal der zu vergebenden Dienstleistungen war der Neubau eines Rechenzentrums für die IT-Systeme der Fraport sowie für die Aufnahme der Systeme von neu zu gewinnenden Dienstnehmern, um die bereits erwähnten Skaleneffekte erst möglich zu machen. Das seinerzeitige Fraport-Rechenzentrum entsprach nach über 30-jähriger Betriebszeit nicht mehr modernen Anforderungen. Dem neuen Unternehmen sollte die Aufgabe übertragen werden, auf dem Gelände des Flughafens Frankfurt/Hahn oder dem des Flughafens Frankfurt/Main ein neues Rechenzentrum gesamtverantwortlich zu errichten.

Alle dargestellten Anforderungen sollten zusammen mit dem industriellen Partner gemeinsam gelöst werden.

2.2 Zielsetzungen und Herausforderungen

Entsprechend der gesetzlichen Vorgaben musste die Vergabe des Dienstleistungsvertrages an das neu zu gründende Unternehmen im Rahmen einer europaweiten Ausschreibung erfolgen. Die Vergabe des 10-jährigen Vertrages wurde daher an die Gründung dieses Unternehmens gekoppelt.

Um die zentrale Forderung der Fraport nach nachhaltiger Senkung der Stückkosten des IT-Betriebes zu erfüllen, musste ein Preismodell entwickelt werden, dass beiden Seiten – Fraport als Auftraggeber und operational services als Auftragnehmer – über die 10-jährige Laufzeit des Vertrages gerecht wird. Weder wollte die Fraport bei Mengenmehrungen direkt proportionale Kostensteigerungen erfahren, noch sollte bei Abkündigung von Leistungen oder deutlichen Mengenminderungen das neue Unternehmen investive Anlaufkosten, etwa den Bau des neuen Rechenzentrums, über die Laufzeit des Vertrages nicht mehr amortisieren können.

Ein neues Preismodell wurde u.a. auch deshalb erforderlich, weil alle Preispositionen für den gesamten IT-Betrieb im Rahmen von vereinbarten Leistungsscheinen neu aufzunehmen waren. Es gab keinen definierten Sockelbetrag, über den z. B. der Neubau des Rechenzentrums abgegolten werden sollte. Alle Kostenpositionen des Joint Ventures mussten über die Volumina der Leistungsscheine abgedeckt werden. Um aber dennoch eine nachhaltige Kostensenkung für die Fraport abzusichern, wurden für alle Leistungen des Vertrages bereits mit Unterzeichnung sinkende Preise pro Leistungsschein für die 10-jährige Laufzeit vereinbart. Es ergab sich damit eine dreidimensionale Matrix aus Leistungsart, Menge (inkl. Regelungen für Mehrungen und Minderungen) und Vertragsjahr.

Erfolgsfaktor Human Change Management

Um ein großes Projekt wie das IT-Outsourcing der Fraport AG durch die Neugründung eines Unternehmens erfolgreich umsetzen zu können, ist die Unterstützung aller Mitwirkenden nötig. Dies konnte erreicht werden insbesondere durch:

- Information und Kommunikation (z. B. monatliches Info-Café, Mitarbeiterveranstaltungen, Angebot zu Einzelgesprächen mit der Geschäftsführung, Informationen im Intranet)
- Führung (Integration der Führungskräfte in den Veränderungsprozess durch Führungs-Workshops, Roadshows)
- Beteiligung der Mitarbeiter/Innen (Information über Historie und Entwicklung des Unternehmens, Identifizierung mit zu erwartenden Trends, Definition gemeinsamer Ziele und Ableitung erster gemeinsamer Schritte)

Eine der Hauptherausforderungen bestand darin, den in Frage kommenden Mitarbeitern der Fraport in dem neuen Unternehmen eine so überzeugende Perspektive aufzuzeigen, dass sie dem Betriebsübergang auf das neue Unternehmen zustimmten. Mit dem Betriebsrat der Fraport AG wurde ein entsprechender Interessensausgleich verhandelt, welcher die Belange der übergehenden Mitarbeiterinnen und Mitarbeiter adäquat berücksichtigte.

Jenen Mitarbeitenden der Fraport, die trotz allem einem Betriebsübergang nach § 613a BGB widersprechen würden, wurde versichert, dass diese nicht betriebsbedingt gekündigt werden. Alle diese Mitarbeiter und Mitarbeiterinnen sind bis heute im Rahmen von Arbeitnehmerüberlassungen der operational services beigestellt und eng in alle betrieblichen Abläufe eingebunden. Ausnahmslos alle Führungskräfte sind aber auf das neue Unternehmen übergegangen.

Um dem erfolgskritischen Faktor des Mitarbeiterübergangs gerecht zu werden, wurden frühzeitig Maßnahmen zum Human Change Management gestartet. Ab dem ersten Tag wurde offen und zeitnah mit den Mitarbeitern und Mitarbeiterinnen kommuniziert. Es haben sich zwei Strategien als erfolgreich herausgestellt: Schnelligkeit vor Tiefe, aber Sorgfalt vor Schnelligkeit. Es ist mitunter besser – offen angekündigt – unvollständig, aber schnell und häufiger zu kommunizieren, als Spekulationen aufkommen zu lassen, die einer ordentlichen und geplanten Information vorauseilen.

Ein weiterer wichtiger Erfolgsfaktor war die Projektlaufzeit. Das Projektteam war in der komfortablen Situation, zu keiner Zeit von außen vorgegebene Termine befolgen zu müssen. Alle erforderlichen Maßnahmen konnten auf diese Weise mit der gebotenen Sorgfalt zielführend umgesetzt, statt aufgrund terminlichen Drucks überhastet entschieden zu werden.

Die vorausschauende Berücksichtigung der obigen Themen und die Umsetzung in der vorgestellten Weise trugen maßgeblich zum Projekterfolg bei.

2.3 Nutzen und Vorteile

Der immense Aufwand zur Projektumsetzung ist nur zu rechtfertigen, wenn am Ende des Prozesses ein adäquater Nutzen erzielt werden kann. Neben Kosteneinsparungen standen bei Fraport vor allem auch die Fragen nach erhöhter Planbarkeit und einer verbesserten Transparenz der Leistungserbringung im Fokus.

Durch die Einführung definierter Service Level Agreements konnte der Schritt von einer – hier und da unscharfen – internen Leistungsverrechnung hin zu einer klar abgegrenzten Leistungsbeziehung, wie sie zwischen zwei eigenen Rechtsträgern üblich ist, gegangen werden. Innerhalb einzelner IT-Leistungselemente wurden exakte Verrechnungsmodelle geschaffen. Die früher oft geführte Diskussion über die Kosten der intern erbrachten IT-Dienstleistungen konnte in diesen Bereichen deutlich versachlicht sowie die erzielten Kostensenkungen innerhalb des Unternehmens nachvollziehbar weitergegeben werden.

Einen entscheidenden Beitrag zur Steigerung der Transparenz leistete auch die Etablierung eines Governance-Modells zwischen der Fraport und der operational services. Innerhalb der IT-Abteilung der Fraport wurde hierfür ein eigenes Team eingerichtet, um - aus Sicht des Auftraggebers – die gesamte Leistungsbeziehung zwischen den beiden Unternehmen zu steuern, insbesondere die Leistungserfüllung (SLAs) zu überprüfen, aufkommende IT-Projekte zu koordinieren und die Zusammenarbeit der Partner kontinuierlich zu gewährleisten.

Das neue Rechenzentrum auf dem Fraport-Campus bot der Fraport neben einer sicheren technischen Infrastrukturumgebung auch eine effiziente und aufgrund der räumlichen Nähe der Mitarbeiter enge persönliche Kommunikation. Die Standortnähe bietet beiden Partnern kurze Wege zur Abstimmung und eine schnelle Verfügbarkeit der erforderlichen Personalressourcen. Eine flexible Reaktion auf die ständig neuen Anforderungen im Bereich der IT, die ein Flughafenbetrieb täglich mit sich bringt, kann so zuverlässig gewährleistet werden.

2.4 Projektgestaltung und -umsetzung

Neben der Forderung nach Transparenz stand der Anspruch auf Vergleichbarkeit und einer fairen Bewertung der eingehenden Angebote der Dienstleister gegenüber der seinerzeit bei der Fraport intern bestehenden Ist-Kostensituation.

Die interne Zielmarke des Projektteams war eine Senkung der IT-Stückkosten bei gleichzeitiger Bewältigung der Finanzierung des RZ-Neubaus um mindestens 15 % im dritten, vollen Geschäftsjahr (mit weiter fallender Tendenz). Eine geringere Einsparung würde den Aufwand des Gesamtvorhabens nicht rechtfertigen. Das setzte, um eine objektive Entscheidung treffen zu können, einen sachlichen Kosten- und Leistungsvergleich der Dienstleisterangebote einerseits mit der Ist-Situation der Fraport andererseits voraus.

In einer sehr frühen Projektphase war es deshalb notwendig, alle relevanten Ist-Kosten der Organisationsbereiche, welche von einem Übergang in das neue Unternehmen (die heutige operational services) betroffen sein sollten, möglichst genau zu erfassen. Die Anlagegüter waren dabei noch relativ einfach zu erheben, die exakten Kosten der internen IT-Leistungsbeziehungen hingegen schon schwieriger.

Es sollte in jeder Phase des Auslagerungsprojektes sicher gestellt sein, dass nicht die falschen Dinge (vor allem Leistungen, Qualitäten, Kosten, Assets in der IT) miteinander verglichen werden. Zu diesem Zwecke wurden sämtliche IT-Services im Rahmen einer kompletten Dekomposition in ihre einzelnen Leistungsbestandteile zerlegt. Daraus wurde dann ein Service-Blueprint erstellt, aus welchem die ausgeschriebenen Leistungen neu zusammengesetzt wurden.

Die Kombination aus Service Portfolio, Service Level und Komplexität der zu erbringenden Leistungen führte letztlich zu 24 einzelnen IT-Leistungsscheinen, welche im Rahmen der Ausschreibung die Grundlage für die Angebote sowie später auch der vertraglichen Vergütungsstruktur darstellten. Jeder Leistungsschein enthielt detaillierte Angaben über die zu liefernden IT-Leistungen, inklusive u. a. der Verfügbarkeitsanforderungen, Messverfahren, Quality of Service, etc..

Im Bereich der IT konnte gegenüber dem vorgefundenen Ist-Zustand (also vor der Dekomposition) eine deutliche Erhöhung der Transparenz sowie eine tatsächlich verursachungsgerechte Kostenverrechnung erzielt werden. Das gewählte Verfahren ermöglichte die wichtige Vergleichbarkeit der ausgeschriebenen Leistungen (und damit der Ist-Situation) mit den eingereichten Angeboten sowie eine Bewertung der darin von den Dienstleistern vorgeschlagenen Konzepte.

Die eingegangenen Angebote wurden einer intensiven Bewertung unterzogen, insbesondere um sicherzustellen, dass diese auch alle Bereiche und Anforderungen der Ausschreibung erfüllten. Ein fairer Vergleich zur intern bestehenden Kostensituation bedeutete eben vor allem: Nichts durfte vergessen und keine Leistungen in den Vergleich mit einbezogen werden, welche nicht auch angefragt worden waren.

Nach dieser internen Auswertung wurden die Angebote zusätzlich von einem neutralen Beratungsunternehmen nochmals auf ihre Marktkonformität hin untersucht. Die Fraport wollte sicher gehen, nicht nur die selbst gesetzten Zielmarken zu erreichen, sondern auch marktfähige Preise zu erzielen. Diese sollten zudem im Rahmen von Benchmarks während der zehnjährigen Vertragslaufzeit immer wieder auf den Prüfstand gestellt werden. Im Vertrag wurden deshalb Verfahren und Kennzahlen festgelegt, welche die Durchführung von Benchmarks regeln und in der Folge zu entsprechenden Preisanpassungen führen können. Auf Wunsch von Fraport wurde festgelegt, dass nach drei Jahren ein Benchmark durchgeführt wird, um zu klären, ob die ursprünglichen Kostensenkungsziele erreicht wurden und auch im vierten Jahr noch konkurrenzfähige Marktpreise gezahlt werden. Hierfür wurden insgesamt vier der bestehenden Leistungsscheine anhand aktueller Marktpreise durch einen Benchmarker überprüft. Das Ergebnis zeigte, dass sich die Services und Preise in jener Bandbreite bewegten, die mit Fraport berechnet und verabschiedet worden waren.

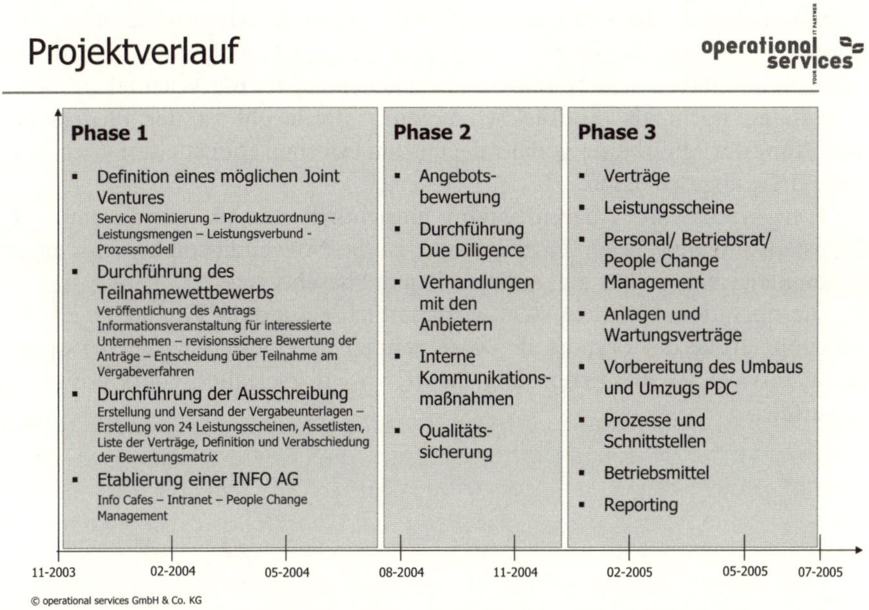

Abbildung F3-1: Projektverlauf Bildung Joint Venture Fraport und gedas

2.5 Fazit

Rückblickend nach einigen Jahren lässt sich folgendes Fazit ziehen: Das Geschäftsmodell hat sich erfolgreich bewährt.

Die operational services hat innerhalb der vorgegebenen Zeit ein neues, dem letzten Stand der Technik entsprechendes Rechenzentrum auf dem Campus des Frankfurter Flughafens gebaut. Im Rahmen des RZ-Umzugs wurden insgesamt ca. 85 % der Applikationen auf einer neuen Infrastruktur in Betrieb genommen. Der Umzug des Rechenzentrums vom alten zum neuen Standort ist in Zusammenarbeit mit der Fraport so reibungslos verlaufen, dass die Leistungsabnehmer gar nicht bemerkt haben, dass ihre Systeme nun an einem anderen Standort betrieben werden.

Heute erwirtschaftet die operational services ca. 60 % ihres Umsatzes mit Dienstnehmern außerhalb der Fraport, die erhofften Skaleneffekte konnten somit erreicht werden. Zugleich sind die IT-Preise der Fraport im vorgegebenen Maße gesenkt und damit die angestrebten Kosteneinsparungen vollständig erzielt worden. Zugleich konnten die IT-Servicequalität für die Fraport verbessert und die Verfügbarkeiten im Vergleich zum letzten „internen" Betriebsjahr nochmals gesteigert werden.

Entscheidend zum Unternehmenserfolg tragen die Mitarbeiter der operational services bei. Die im Bereich Human Change Management getroffenen Maßnahmen haben sich bewährt und rückblickend sei die Wichtigkeit dieser Aktivitäten nochmals ausdrücklich betont. Gleichwohl ist der Prozess der Wandlung der Mitarbeiter vom Kollegen zum externen Dienstleister noch nicht vollständig abgeschlossen.

Transparenz und Abgrenzbarkeit hinsichtlich der zu erbringenden IT-Dienstleistungen ist gegeben, gleichzeitig ist die Notwendigkeit zu einer engen Zusammenarbeit größer als „auf dem Papier" beschrieben.

Die operational services steht wirtschaftlich gesund da. Gerade angesichts der Doppelrolle der Fraport als Dienstnehmer und Gesellschafter der operational services ist die Erreichung dieser beiden Ziele besonders positiv zu bewerten.

Fallstudie: E-Plus GmbH & Co. KG – Innovative Preis- und Vertragsmodelle

ANDREA BRAND UND RUDOLF KERGAẞNER

1. Ausgangssituation

IT-Leistungen einfach abrufen „wie Strom aus der Steckdose" – diese Idee ist bereits einige Jahre alt. Bislang gab es aber kaum funktionierende Beispiele, wie sich entsprechende Abrechnungsmodelle realisieren lassen.

E-Plus und Atos Origin gehen diesen Weg: 2008 haben die beiden Unternehmen ihr Zusammenarbeitsmodell und den bisherigen Outsourcing-Vertrag von einem klassischen, aufwandsbasierten Vertragsmodell zu einem flexiblen, ausschließlich an der Geschäftsentwicklung der E-Plus gekoppelten Vertrags- und Preismodell transformiert. Der folgende Beitrag stellt dar, wie dieses Modell funktioniert.

Im Dezember 2004 schlossen E-Plus und Atos Origin eine umfassende Outsourcing-Vereinbarung zur Erbringung von IT-Dienstleistungen. Das Leistungsspektrum umfasst die gesamte Bandbreite der IT-Dienstleistungen, vom Betrieb der IT-Infrastruktur bis zum Application Management. Im Zuge der Vereinbarung gingen etwa 200 Mitarbeiter von E-Plus zu Atos Origin über.

Das Vertragsmodell kann als klassisch bezeichnet werden, d. h. die Leistungserbringung ist durch umfassende und detaillierte Service Level Agreements geregelt. Die Steuerung der Leistungsqualität erfolgt über entsprechende vertraglich vereinbarte Key Performance Indikatoren (KPIs), die sich an Kennzahlen des IT-Betriebs orientieren.

Erforderliche Kapazitätsflexibilitäten werden über Regelungen für Mehr- und Minderverbrauch sichergestellt. Die grundsätzliche Verantwortung für das Kapazitätsmanagement, die Vorhersage des Bedarfs und die Transformation der Geschäftsanforderungen in IT-Ressourcen (Infrastruktur, Anwendungen, Personalbedarf) obliegt der E-Plus.

Das der Outsourcing-Vereinbarung zugrunde liegende Preismodell orientiert sich konsequent am Verbrauch der IT-Ressourcen. Das Preisniveau der erbrachten IT-Dienstleistungen wird regelmäßigen Benchmarks unterzogen, um die Marktkonformität der vereinbarten Preise fortlaufend zu prüfen. Dies ist ein wichtiges Kriterium, um die Wettbewerbsfähigkeit der E-Plus abzusichern. Im Rahmen der Benchmarks werden die IT-Dienstleistungen, also die eingesetzten IT-Ressourcen und die Qualitätskennzahlen, normalisiert und vergleichbaren Outsourcing-Verträgen gegenüber gestellt. Im Ergebnis wird gewährleistet, dass sozusagen ein Preis pro einer „Einheit IT-Leistung" für E-Plus optimal vereinbart ist.

2. Die Herausforderung

Bei klassischen Preismodellen und vereinbarten Benchmarks wird überwiegend Augenmerk darauf gelegt, dass pro Einheit IT-Dienstleistung ein optimaler

Preis erzielt wird. Ob aber beispielsweise ein Zuviel an IT-Dienstleistungen bezogen wird, berücksichtigen Preismodelle bisher typischerweise nicht. Solche Outsourcing-Verträge und die zugrunde liegenden Preismodelle regeln eine Beziehung zwischen Auftragnehmer und Auftraggeber, ohne dabei wesentliche Elemente des Geschäftsumfelds des Dienstnehmers zu berücksichtigen. Wichtige Kriterien im konkreten Fall sind:

- Wie bildet sich die enorme Dynamik des Mobilfunkmarktes in der Beziehung zwischen E-Plus und ihrem IT-Dienstleister ab?
- Wie kann das Innovationspotenzial des IT-Dienstleisters dauerhaft und nachweislich zur Steigerung der Wettbewerbsfähigkeit der E-Plus beitragen?
- Wie vereinfacht man das Governance-Modell und die Geschäftsprozesse zwischen E-Plus und Atos Origin, um Entscheidungen zu beschleunigen, Produkteinführungen schneller zu ermöglichen und letztlich durch verkürzte Time-to-Market-Zeiten die Wettbewerbsposition der E-Plus weiter zu optimieren?

Die fortlaufende Optimierung von Finanz- und Bilanzkennzahlen der E-Plus sei als Herausforderung nur am Rande erwähnt.

2.1 Das erste Dilemma – Motivation des Dienstleisters

Das natürliche Interesse eines IT-Dienstleisters ist es, möglichst viele Produkte und Leistungen zu verkaufen. Dieses Ziel ist prinzipiell gegenläufig zu den Effizienz- und Effektivitätsanforderungen seiner Kunden.

Auch gilt es, die natürliche Trägheit bei einem stabilen und gut geführten IT-Betrieb auf Seiten des Auftraggebers und des Auftragnehmers fortlaufend zu überwinden, um Optimierungen in der Anwendungsarchitektur, der Infrastruktur, den eingesetzten Lösungen und im laufenden Betrieb zu forcieren.

2.2 Das zweite Dilemma – die Dynamik des Mobilfunkmarktes

Die Wettbewerbsfähigkeit der E-Plus in ihrem Kernmarkt wird maßgeblich durch Qualität, günstige Preise und Schnelligkeit erreicht.

Als erfolgreicher „Challenger" im Mobilfunkmarkt sind langfristige Festlegungen und Commitments für E-Plus kontraproduktiv. Marktchancen erschließen sich sehr kurzfristig und müssen ebenso schnell wie konsequent genutzt werden. Es ergeben sich beispielsweise kurzfristige neue Absatzkanäle und bisherige verlieren an Bedeutung. Die IT als Katalysator für den geschäftlichen Erfolg muss diesen Marktprozess ohne Einschränkung unterstützen.

Dem stehen Kostendruck, Planbarkeit, Initialkosten, Abschreibungszeiten, Finanzierungsfragen, Remanenzkosten und fortlaufende Weiterbildungsanforderungen an das IT-Personal entgegen.

Die Steuerung der Geschäftsbeziehung zwischen Auftraggeber und seinem IT-Dienstleister allein über den Verbrauch von IT-Ressourcen bildet die geschäftlichen Anforderungen des Dienstnehmers nur unzureichend ab.

2.3 Das dritte Dilemma – time-to-market versus Trägheit der Organisationen

Abgeleitet aus den Strukturen und Vereinbarungen des in 2004 abgeschlossenen Outsourcing-Vertrags zwischen E-Plus und Atos Origin wurde ein Governance-Modell zur Steuerung der Geschäftsbeziehung mit dem Fokus auf den IT-Betrieb etabliert. Ein Kern des Vertrages ist die Schaffung einer hohen Transparenz für E-Plus im Hinblick auf die eingesetzten IT-Ressourcen, Kostenstrukturen, Personal und Qualität.

Ein hohes Maß an Verantwortung liegt weiterhin bei E-Plus, beispielsweise die bedarfsnahe Kapazitätsplanung und die Technologieentscheidungen in der Infrastruktur (HW, Betriebssysteme, Datenbanken). Zwangsläufig rückt E-Plus hierdurch auch in eine erweiterte Verantwortungsposition für den IT-Betrieb, während Atos Origin die vertragskonforme Umsetzung der Vorgaben der E-Plus verantwortet.

Die erfolgreiche Feinsteuerung des IT-Betriebs und der damit verbundenen Entscheidungsprozesse auf Seiten der IT und des Einkaufs bedingen erkennbar ein professionelles Governance-Modell. Dieses beinhaltet zahlreiche kommunikative Schnittstellen zwischen der Retained Organisation, also des Teils der IT-Organisation von E-Plus, der nach dem Outsourcing auf Dienstnehmerseite verblieben ist, und den unterschiedlichen Liefereinheiten auf Seiten von Atos Origin.

Vielfältige Schnittstellen aber und eine große Anzahl von an den Geschäftsprozessen Beteiligten sind die natürlichen Feinde von Geschwindigkeit – und somit auch dem wettbewerbsrelevanten Ziel der E-Plus nach kontinuierlicher Optimierung der Time-to-Market-Zeiten.

3. Das Business Value Driver Modell

Das Business Value Driver Modell als Vertrags- und Preismodell orientiert sich ausschließlich an den relevanten Geschäftsprozessen des Mobilfunkmarktes.

Für das Modell wurden etwa 20 relevante Prozesse gemeinsam identifiziert. Für diese Geschäftsprozesse wird der komplette IT-Support durch Atos Origin in End-to-End-Verantwortung erbracht.

Die Abrechnung erbrachter IT-Leistungen erfolgt dabei gemäß der Nutzung dieser Geschäftsprozesse entsprechend der jeweiligen Geschäftsentwicklung der E-Plus und nicht, wie bisher oft üblich, nach dem Aufwand für die Erbringung der Dienstleistungen. Das ist ein radikaler Wandel für derart umfassende Outsourcing-Vereinbarungen. Beispielsweise werden die von Atos Origin erbrachten IT-Services nach der Anzahl der von E-Plus-Kunden geführten Telefonate, der Anzahl an Kundenneuaktivierungen und Vertragsänderungen oder der Anzahl versandter SMS abgerechnet.

Diese konkret am tagesgeschäftlichen Prozess orientierten Abrechnungseinheiten werden als Business Value Driver bezeichnet. Damit sind die IT-Kosten der E-Plus unmittelbar an die eigene geschäftliche Entwicklung gekoppelt. Der gesamte Outsourcing-Vertrag wurde in das Business Value Driver Modell transformiert.

3.1 Voraussetzung – Bereitschaft zum Paradigmenwechsel

Eine zentrale Voraussetzung für die Einführung des Business Value Driver Modells ist die Fähigkeit und Bereitschaft des Dienstleisters, seinen IT-Support für die Geschäftsprozesse in einer End-to-End-Verantwortung zu erbringen. Gleich bedeutend ist das Vertrauen der E-Plus in eine langfristige Leistungsfähigkeit ihres Providers und ihre Bereitschaft, umfassend Verantwortung an Atos Origin zu übertragen.

Beide Vertragspartner müssen zu einer weitreichenden Änderung im Rollenverständnis und in der Verantwortungsübernahme bereit sein. Das Governance-Modell berücksichtigt zukünftig in hohem Maße die geschäftliche Entwicklung der E-Plus. Ihre Bereitschaft, die eigene Geschäftsplanung mit Atos Origin offen zu besprechen, ist die Grundlage für eine vollverantwortliche Übernahme der Kapazitätsplanung und anschließenden Bereitstellung der notwendigen IT-Ressourcen (Infrastruktur, Anwendungen, Personal) durch den Provider.

Nicht zuletzt bilden Bedarfs- und Kostentransparenz sowie die korrekte Allokation der IT-Kosten zu den entsprechenden Geschäftsprozessen das Fundament für die Transformation eines zuvor aufwandbasierten Vertrags- und Preismodells zu einem eng an der Geschäftsentwicklung der E-Plus orientierten, Business Value Driver basierenden Modell.

3.2 Einfach und effektiv: Pay as your Business develops

Zentrales Element der Steuerung der Servicebeziehung zwischen E-Plus und Atos Origin ist die Geschäftsplanung und -entwicklung der E-Plus und die fortlaufende Überprüfung der vereinbarten Qualitätsparameter für den erbrachten IT-Support (KPIs).

Bisherige Themen wie Kapazitätsplanung und -anpassungen, technologiebasierte Infrastruktur-Upgrades und die detaillierte Abrechnung des monatlichen Aufwands für die Erbringung der Dienstleistungen entfallen – und somit auch der personelle und zeitliche Aufwand hierfür. Der Grund liegt im veränderten Zuschnitt der Verantwortlichkeiten, bei zugleich erweiterter Verantwortungstragung durch den Anbieter. Im Ergebnis wird ein deutlich optimiertes Verhältnis von Ressourceneinsatz im Bereich der IT und dem daraus gewonnenen geschäftlichen Output erzielt (vgl. Abb. F4-1).

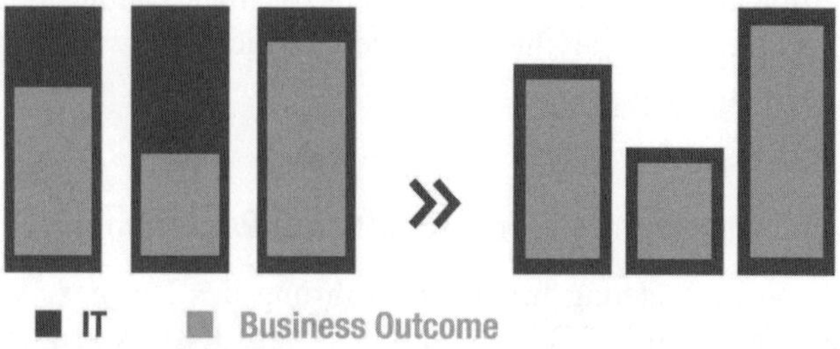

Abbildung F4-1: Der Umfang der IT-Services orientiert sich an der Geschäftsentwicklung von E-Plus.

3.3 Grenzen

Das Business Value Driver basierende Vertrags- und Preismodell regelt den IT-Support für die identifizierten etwa 20 Geschäftsprozesse der E-Plus. Während Atos Origin für diese Dienstleistungen eine umfassende End-to-End-Verantwortung übernimmt, obliegt die Zuständigkeit für strategische und taktische Maßnahmen der Marktbearbeitung und der Unternehmensentwicklung weiterhin der E-Plus.

Folglich ist die Verantwortungsgrenze zwischen E-Plus und Atos Origin genau zu definieren. Die Verantwortung für die IT-Strategie und die Anwendungsarchitektur fallen E-Plus zu. Der Verantwortungsübergang zu Atos Origin befindet sich damit an der Schnittstelle einer Applikation zur Datenbank, dem Aufsatzpunkt der Anwendungen. Mögliche Ausnahmen ergeben sich bei bestimmten Anwendungen, etwa bei Verwendung proprietärer Hardware, Betriebssystemen oder Datenbanken. Die Betriebsverantwortung – stets End-to-End – liegt bei Atos Origin.

Diese naheliegende und klare Abgrenzungsdefinition ermöglicht eine Leistungsbeschreibung unter Vermeidung vieler Sonderregelungen. Zugleich ist es eine Voraussetzung für ein einfaches, an der Geschäftsentwicklung der E-Plus orientiertes Preismodell - das Business Value Driver Modell.

3.4 Wirkung und Ergebnis

E-Plus und Atos Origin haben das Business Value Driver Modell zu einem vereinbarten Stichtag eingeführt. Auf eine schrittweise Umstellung vom bisherigen Vertrags- und Preismodell auf das Neue konnte aufgrund der Einfachheit und der klaren Zuordnung bestehender Verantwortlichkeiten zwischen den Parteien verzichtet werden.

Die nötigen Messmethoden und -instrumente zur Erfassung der Abrechnungseinheiten (Business Value Driver) sowie das zentrale Element des Vertragsmodells – der Forecast-Prozess – konnten kurzfristig eingeführt werden.

Abbildung F4-2: Die Elemente des Business Value Driver Modells

Im Rahmen eines Transition-Projekts wird das gemeinsame Governance-Modell mittelfristig weiterentwickelt. Die betroffenen Mitarbeiter werden an ihre neuen Aufgaben und Verantwortungen herangeführt und somit der Paradigmenwechsel abschließend im Tagesgeschäft vollzogen.

Für Atos Origin geht die erweiterte Verantwortungs- und Risikoübernahme einher mit neuen Freiheitsgraden in der Leistungserbringung. Die aktive und verantwortliche Nutzung dieser Freiheiten ist nicht nur die Grundlage für fortlaufende Qualitäts- und Kostenoptimierungen, sondern auch für ein aktives Risikomanagement.

Ohnehin notwendige Flexibilisierungsprojekte, beispielsweise Storage on Demand, Server-Virtualisierung und Offshoring, erhalten durch das mit E-Plus vereinbarte Vertragsmodell einen weiteren Schub und höhere Bedeutung.

An dieser Stelle sei ferner erwähnt, dass das neue Preismodell eine intensivere Zusammenarbeit der Atos Origin mit ihren Produktlieferanten bedingt und somit über das Vertragsverhältnis zwischen E-Plus und Atos Origin hinaus Wirkung zeigt.

4. Fazit und Ausblick

Mehrere Monate nach Einführung des Business Value Driver Modells kann festgestellt werden, dass die von den Parteien gesteckten Erwartungen weitestgehend erfüllt sind, insbesondere im Hinblick auf eine höhere Flexibilität und weitere Kostenoptimierung.

Ein gut durchdachtes und aktiv gelebtes Governance-Modell unter Einbeziehung aller Managementebenen auf beiden Seiten ist erfolgskritisch. Die Risk-Sharing-Elemente des Modells bedingen gegenseitiges Vertrauen, Transparenz und aktive Kommunikation.

Die Herausforderung und das künftige Potenzial für positive Entwicklungen liegen in der weiteren Standardisierung und Vereinfachung der Anwendungsarchitektur. Hier sind die Hersteller der Anwendungen besonders gefordert, dem Markt flexible, kostengünstig zu betreibende und auf offene Standards aufsetzende Anwendungen anzubieten.

Fallstudie: SCHUFA Holding AG – Erfahrungen beim Provider-Wechsel in einer komplexen Infrastruktur-Umgebung

Wolfgang Erny

1. Einführung

Für viele Anwender von Outsourcing-Services ist es zweitrangig, wo das Rechenzentrum steht, in welchem ihre Daten gespeichert und verarbeitet werden. Onshore, Nearshore oder Offshore – solange Service-Qualität und Kosten stimmen, werden auch die wirtschaftlichsten Standorte akzeptiert. Doch es gibt wichtige Ausnahmen: Wo es um besonders sensible, zum Beispiel personenbezogene Daten geht, müssen diese im Land bleiben – gerade auch aufgrund gesetzlicher Vorgaben der EU.

Ein geradezu klassisches Beispiel für die strikte Einhaltung dieses Grundsatzes repräsentiert die SCHUFA Holding AG, im Folgenden kurz SCHUFA genannt. Die Nachfolgeorganisation der bereits 1927 gegründeten Schutzgemeinschaft für allgemeine Kreditsicherung verwaltet die hochsensiblen Daten von rund 66 Millionen Personen und stellt diese ihren 5.000 Vertragspartnern bei Bedarf zur Verfügung. Als sich das Unternehmen im Jahr 2008 dafür entschied, den IT-Outsourcing-Provider zu wechseln, wurde ein ungewöhnlich aufwändiges Transition-Projekt erforderlich.

Als neuen Dienstleister verpflichtete die SCHUFA den Bereich Outsourcing Services von Capgemini. Es bestand die Aufgabe, in nur acht Monaten eine hoch komplexe und redundante Infrastruktur aufzubauen, die SCHUFA-spezifischen Applikationen zu implementieren sowie den Produktivbetrieb der Systeme und Anbindungen mit abgestimmten Prozessen und Verfahren zuverlässig sicher zu stellen. Die Lösung dieser Aufgaben erfolgte in einer Partnerschaft zwischen Capgemini und dem IT-Dienstleister der Deutschen Bahn AG, der DB Systel GmbH.

Das Projekt *SCHUFA*

Ausgangssituation:

Wechsel des IT-Dienstleisters nach 15-jähriger Partnerschaft aufgrund divergierender Geschäftsmodelle.

Besondere Herausforderungen: Verlagerung des laufenden IT-Betriebs einer komplexen Individual-Software von einer langjährig genutzten Mainframe-Infrastrukturumgebung in das Rechenzentrum des neuen IT-Providers, eingeschoben in ein mehrjähriges Host-Migrationsprojekt.

Ziele:

Zügiger und sicherer Wechsel des IT-Dienstleisters.

Übernahme des gesamten RZ-Betriebs für die SCHUFA Holding AG unter Einsatz nationaler Ressourcen in einem wirtschaftlich vertretbaren Rahmen.

Aufbau einer hochverfügbaren Infrastruktur, Transfer der Datenhaltung und -verarbeitung in einem engen Zeitfenster, Service-Erbringung auf der Grundlage von ITIL-Prozessen; höchstmögliche Sicherheit der Daten, Systeme und der Datenverbindungen (zu Partnern, zwischen den SCHUFA-Büros und zwischen den beteiligten Rechenzentren).

Auslagerungsobjekte:

Betrieb der Mainframe-Anwendungen durch den von Capgemini hinzugezogenen Outsourcing-Partner DB Systel.

Beteiligte:

Capgemini-Projektteam mit bis zu zwölf Mitarbeitern unter der Leitung eines Transition Managers sowie je ein Hauptprojektleiter für den Aufbau der technischen Infrastruktur (Hardware, Netzwerk, Software, Tools) sowie des Service-Managements und der Governance-Stukturen (Berichtswesen, Reporting, Gremienstrukturen, etc.) sowie ein entsprechendes Projektteam bei Partner DB Systel GmbH.

Transition-Team auf Seiten der SCHUFA.

Zeitraum:

Transition-Phase von Mitte August 2008 bis Ende April 2009.

2. Fallstudie: SCHUFA Holding AG

2.1 Ausgangssituation

Für rund 5.000 Vertragspartner, darunter Banken, Sparkassen, Handels- und Telekommunikationsunternehmen, hält die SCHUFA kreditrelevante Informationen von insgesamt 66 Millionen Personen bereit. Täglich hat sie über 250.000 Anfragen zu bearbeiten. Diese Flut, dazu der stetig wachsende Datenbestand mit kontinuierlichem Aktualisierungsbedarf, schließlich die extrem hohen Anforderungen an Sicherheit und Verfügbarkeit – all das erfordert einen absolut zuverlässigen Betrieb einer hochkomplexen, rund um die Uhr einsatzbereiten IT-Infrastruktur.

Ein auch nur kurzzeitiger Ausfall der zentralen Anwendungen bedeutet für die Vertragsunternehmen der SCHUFA, dass Entscheidungsprozesse abrupt gestoppt werden. Ohne SCHUFA-Informationen lassen sich Kreditanfragen, Leasing- oder Mobilfunkverträge, Verkäufe auf Rechnung und viele andere Vorgänge im täglichen Geschäftsleben nicht bearbeiten. Für die SCHUFA wirken sich solche Störungen direkt auf den Umsatzerlös aus – vom Imageverlust nicht zu reden.

Die alte Anwendungslandschaft der SCHUFA stammt im Kern aus den 1970er Jahren, die neue entsteht seit etwa 2004 schrittweise durch Applikationen auf der Basis moderner Systeme. Für ihre Kernanwendung (Services für SCHUFA-Kunden) und für die Inhouse-IT-Anwendungen (Finanz- und Rechnungswesen, Personalwesen, etc.) greift die SCHUFA auf mehrere Outsourcing-Partner zurück, welche zusammen ein komplexes Anwendungsnetzwerk mit diversen Schnittstellen betreiben.

Insgesamt fünf IT-Dienstleister haben sich 2008 um eine Nachfolge des langjährigen Hauptpartners beworben, drei von ihnen kamen in die engere Wahl. Den Zuschlag erhielt schließlich Capgemini, weil es die zentralen Forderungen am besten erfüllen konnte: örtliche Nähe, dezentrale Rechenzentren mit einem leistungsstarken Partner, der DB Systel GmbH, leistungsfähige Hardware, Service Desk aus Deutschland heraus – und nicht zuletzt das Vertrauen in die Qualität der Prozesse bei Capgemini. Das dabei entwickelte Lösungsdesign wurde auf eine zunächst fünfjährige Vertragsdauer ausgerichtet.

2.2 Zielsetzungen und Herausforderungen

Die Übernahme der SCHUFA-Datenhaltung und -verarbeitung musste in einem kurzen Zeitfenster zwischen Mitte August 2008 und Ende April 2009 erfolgen: Kein leichtes Unterfangen bei der Komplexität der Systemlandschaft, den Ansprüchen an Hochverfügbarkeit sowie der Individualität der Anwendungssoftware. Eine Reihe besonderer Hürden waren zu meistern, wie etwa der Wechsel der produktiven Datenverarbeitung vom alten Provider zum neuen, der – selbstverständlich – ohne spürbare Unterbrechung der SCHUFA-Services erfolgen musste.

Hauptziele waren zunächst der Aufbau einer hochverfügbaren RZ-Infrastruktur und die Sicherstellung aller Services auf der Grundlage von ITIL-Prozessen.[1] Es mussten höchstmögliche Daten- und Systemsicherheit gewährleistet sein – auch in Bezug auf die Datenverbindungen zu Partnern, zwischen den SCHUFA-Büros und zwischen den beteiligten Rechenzentren. Darüber hinaus ist das System eng verzahnt mit drei weiteren IT-Providern mit jeweils getrennten RZ-Infrastrukturen.

1 Die **IT Infrastructure Library** (**ITIL**) enthält eine Sammlung von anerkannten Publikationen für die Prozesse, Rollen und Werkzeuge eines umfassenden IT-Service-Managements.

Zu den Besonderheiten des Mitte August 2008 gestarteten Projekts gehörten:

a) Ein „Altsystem“ (Mainframe), das mit dem neuen Kernsystem „Neue Anfrage Verarbeitung“ (J2EE-Technologie unter UNIX auf Sun Solaris) gekoppelt ist.
b) Die Anbindung der SCHUFA-Vertragspartner über Netzwerkleitungen. Hier waren Schnittstellen vom Typ SNA 4 im Einsatz, welche mit speziellen Prozessoren (3745 NCP) bestückt waren, die heute vom Hersteller nicht mehr unterstützt werden. Diese Herausforderung konnte in der zweiten Phase der Transition in 2009 durch Umstellung auf den „Enterprise Extender“ (Emulation des 3745-Prozesses) überwunden werden. Dieser zweite Schritt erforderte die Einbindung der Vertragspartner der SCHUFA.
c) SCHUFA-spezifische Applikationen, für die ein Know-how nur in umfassenden Schulungen – durch die Entwickler – zu transferieren war.
d) Schwierige Implementierungsaufgaben, weil für die alten Teile der Hostanwendung die Dokumentation und Betriebshandbücher nicht mehr den heutigen Anforderungen und den Capgemini-internen Dokumentationsrichtlinien entsprachen (manche Unterlagen waren lückenhaft oder schlicht nicht mehr verfügbar).
e) Im Host-Umfeld die Notwendigkeit, alte Bestandsdaten per Bandlaufwerk in die neue Anlage zu übernehmen. Hierzu musste Hardware beschafft werden, die bereits seit mehreren Jahren nicht mehr am Markt verfügbar ist.
f) Sehr kurze Zeitfenster für die Überführung der Datenbank von der Umgebung des Altproviders in die neue RZ-Umgebung bei Capgemini.

Hinzu kamen schwierige Aufgaben der Jobsteuerung und der Synchronisation der Datenbanken sowie der Druck, die ITIL-Prozesse und -verfahren zeitgleich mit dem Aufbau des notwendigen Know-hows zu implementieren.

Aufgrund der besonderen Sensibilität der mit diesem System verarbeiteten Daten waren besondere Sicherheitsaspekte zu berücksichtigen. Unter anderem musste für eine dem Bundesdatenschutzgesetz entsprechende Revisionssicherheit der Transition gesorgt werden. So mussten beispielsweise die Bänder mit den Bestandsdaten unter Aufsicht eines bewachten Kurierdienstes vom früheren Dienstleister zu Capgemini gebracht werden. Am Zielort waren sowohl eine telefonische Rückbestätigung als auch eine schriftliche Protokollierung zu leisten. Zusätzlich bestand die Auflage, den Schlüssel für die Transportkassetten durch einen separaten Kurierdienst zu übergeben.

Die Hardware-Plattform

Zum RZ-Betrieb für die SCHUFA waren erforderlich:

- Mehr als 80 Serversysteme einschließlich einiger Server für Monitoring-Aufgaben
- Ein Storage Area Network (SAN) mit einer Kapazität von 15 Terabyte
- Ein Mainframe-System
- Netzwerkverbindungen zwischen Mainframe-RZ und dezentralem Server-RZ
- Sehr hohe Zahl an physikalischen Netzwerkverbindungen zu den SCHUFA Vertragspartnern

Die Anwendungssoftware

Bei den zentralen Anwendungen der SCHUFA handelt es sich um individuell entwickelte, nicht lizenzierbare Software. Die wichtigsten Komponenten:

- NAV (Neue Anfrage Verarbeitung): Die Software leitet Anfragen an die jeweilige Datenbank weiter und gibt sekundenschnell Antworten an den Fragesteller zurück
- VSS (Verbraucher Service SCHUFA): Bearbeitung von Anmerkungen durch Verbraucher
- Opentext Livelink Archiv: Archivierung aller Schriftstücke
- Verwaltung des juristischen Datenbestandes noch im bestehenden Hostsystem

2.3 Projektgestaltung und -umsetzung

2.3.1 Teamaufbau und Grundsätze

Der Aufbau und die Inbetriebnahme der SCHUFA-Infrastruktur mit ihren speziellen Applikationen in der Verantwortung von Capgemini erforderten ein Projektteam mit breit gefächertem Know-how: Die Fähigkeit zum Führen eines großen Teams war ebenso gefragt wie hohe Erfahrung im Projektmanagement und im Umgang mit externen Lieferanten, fundierte Kenntnisse alter Technologien und Techniken waren vonnöten sowie der profunde Umgang mit moderner Server- bzw. Cluster-Technologie.

Das Projekt wurde in einzelne Aufgabenpakete mit jeweils Tausenden von Einzelschritten strukturiert. Für die daraus identifizierten Teilprojekte ist jeweils ein Verantwortlicher benannt und ein eigener Projektplan erstellt worden. Eine präzise Ressourcenplanung regelte, welches Know-how zu welchem Zeitpunkt und an welchem Ort präsent sein musste. Status-Meetings wurden bis in die Schlussphase am Anfang und Ende eines jeden Tages angesetzt.

Eine weitere Besonderheit dieses Projektes war die Implementierung einer externen Mediator-Instanz. Die SCHUFA beauftragte dazu in Abstimmung mit den beteiligten Parteien einen erfahrenen Berater. Dessen Aufgabe bestand in der Vermeidung von Konflikten und der schnellen Lösung von unvorhergesehenen Ereignissen während der Transition. Als erste Deeskalationsinstanz zwischen Altprovider und Capgemini konnte der Mediator vor allem vermeiden, dass aufgrund der Projektsituation dringend benötigte Entscheidungen stets durch die Geschäftsleitungsebene getroffen werden mussten. Eine weitere Aufgabe des Mediators war die Überwachung der Transition-Vereinbarung zwischen SCHUFA und dem Altprovider.

Weitere Grundsätze, die von Anfang an einzuhalten waren:

- Konsequente Einbindung der SCHUFA bei unvorhergesehenen sowie üblichen Problemen,
- Kontinuierliches Reporting der Teilprojektleiter an den technischen Gesamtprojektverantwortlichen,
- Strikte Trennung zwischen Technik und Management,
- Zeitnahes Sammeln und Protokollieren von Daten und Informationen, z. B. zu Investitionen, Ressourcen, etc.,
- Berücksichtigung der Urlaubsplanung des Dienstnehmers in der Projektplanung,
- Kontinuierliche Aktualisierung des Projektplanes,
- Vorbereitung der Abnahmetests vom ersten Tag an.

Anforderungen an ein gutes Projektteam

- Fundierte Kenntnisse der jeweiligen Technologien und Anwendungen
- Hohe Motivation
- Lernfähigkeit und -bereitschaft
- Extreme Belastbarkeit

Anforderungen an gute Projektmanager

- Strukturiertes Denken und Planen
- Durchsetzungskraft
- Besonnenheit auch in kritischen Situationen
- Diplomatie gegenüber dem Dienstnehmer, im Umgang mit dem abzulösenden Provider
- Fähigkeit, bei Problemen auch Wege außerhalb des Standards zu gehen.

Die Transition wurde in zwei Phasen durchgeführt. Phase I betraf vor allem die Übernahme der Anwendungen in die neue Rechenzentrumsumgebung, Phase II die Umstellung der Netzwerkanbindungen für die mehr als 300 direkt angeschlossenen Vertragspartner – vom Knotenpunkt im RZ des Altproviders auf den neuen Knotenpunkt in der RZ-Umgebung bei Capgemini.

Von besonderer Wichtigkeit war die enge Abstimmung mit allen weiteren beteiligten Serviceprovidern, z. B. auch im Bereich Telekommunikation. Diese waren mit einzubeziehen, wenn es etwa um Netzwerk-Anbindungen oder

Firewall-Einstellungen ging. Zeitweise waren mehr als 100 Personen in diese Arbeiten involviert, welche zu exakt abgestimmten, vorab fest definierten Terminen erfolgen mussten.

2.3.2 Partner für den Mainframe

Aufgrund der sehr speziellen Erfordernisse und Kapazitäten im Mainframe-Bereich hat Capgemini für diesen Teil des Transition-Projekts und des späteren Betriebs einen Partner gewählt: DB Systel. Das Tochterunternehmen der Deutschen Bahn konnte als Betreiber eines der größten Rechenzentren Deutschlands die erforderlichen Rechnerkapazitäten unter hohen Qualitäts- und Sicherheitsaspekten kurzfristig bereitstellen und das Projektteam bei der schwierigen Host-Anbindung unterstützen. Das realisierte Betriebskonzept des Unternehmens sichert die Stabilität der kritischen Anwendungen und aufgrund seiner offenen und skalierbaren Struktur auch das weitere Daten- und Netzwerkwachstum und damit das richtige Sizing.

Der Großrechner stellt in der SCHUFA-Systemlandschaft derzeit noch eine zentrale Verarbeitungsebene dar. Im Wesentlichen hält er verschiedene Datenbanken, darunter auch die Zentraldatenbank mit den personenbezogenen Daten von 66 Millionen Bürgern. Die Verarbeitung der Daten am Host erfolgt mittels Jobsteuerung (über 2.000 Jobs), durch Datenreplikation werden sie dann den weiteren Rechnerumgebungen zur Verfügung gestellt.

Diverse Vertragspartner der SCHUFA haben seit langer Zeit über feste Datenleitungen einen Zugang zu den Mainframe-Schnittstellen. In der ersten Phase der Transition blieben diese Datenleitungen an einen Knotenpunkt im Rechenzentrum des Altproviders angebunden. Dazu wurde, historisch bedingt, die Schnittstelle SNA Typ 4 verwendet, die einen Prozessortyp nutzt, welcher heute nicht mehr vom Hersteller unterstützt wird (3745 NCP).

In der Phase II der Transition erfolgte für die betroffenen Vertragspartner die Umstellung auf die Enterprise-Extender-Schnittstelle. Diese Umgebung musste sowohl im RZ von Capgemini als auch bei den betreffenden Vertragspartnern installiert werden. Die besondere Komplexität des Gesamtprojektes wird hier erneut deutlich. Alle betroffenen SCHUFA-Vertragspartner mussten diese Umstellung zu festgelegten Terminen innerhalb eines bestimmten Zeitfensters erledigen.

2.3.3 Server-Landschaft mit Sun-Clustern

Neben dem Mainframe besteht die IT-Infrastruktur für die SCHUFA aus mehr als 80 Serversystemen, davon allein 50 für die Kernapplikation „Neue Anfrage Verarbeitung" (NAV). Die ersten 70 Server konnten bereits in den ersten 12 Tagen der Transition installiert werden – für diese Dimension sind normalerweise wesentlich mehr Projekttage nötig. Hoher persönlicher Einsatz des

Implementierungsteams, Pre-Staging der Systeme sowie die Nutzung des Partner-Netzwerks und kompetenter Lieferanten machten den Zeitgewinn möglich.

Dies schaffte ein hilfreiches Zeitpolster für unplanmäßige Arbeitsaufwände im Umfeld der Installation der SCHUFA-spezifischen Software. Dabei handelt es sich um höchst individuelle Anwendungen, die auf neue Hardware zu portieren waren und deshalb umfangreiche Anpassungen erforderlich machten. Im Rahmen der Transition mussten alle Scripte, Batch-Läufe und Prozesse auf die neue Hardware-Umgebung hin getestet und nahezu vollständig angepasst werden. Zeitlich parallel waren zwei von der SCHUFA gewünschte Release-Wechsel der zentralen Anwendung zu leisten.

Bereits während der Transition waren die Anforderungen an die neue Infrastruktur derart gewachsen, dass eine teilweise Systemerweiterung nötig wurde. Jede neue Anforderung bedeutete eine Anpassung des Projektplans, die Konzeption einer entsprechenden Lösung, neue Leistungsscheine und schließlich deren Umsetzung.

Die Meilensteine des Projekts – Überblick

• Mitte August 2008	Start der Transition Phase I
• September 2008:	Bereitstellung RZ-Infrastruktur
• Oktober 2008:	Erste Hardwareinstallation mit 69 Systemen und 14 Clustern steht bereit
• November 2008:	Beginn Installation der Kernapplikationen „Neue Anfrage Verarbeitung“ (NAV), „Verbraucher Service SCHUFA“ (VSS), Start der Netzwerkanbindung der SCHUFA-Geschäftsstellen, Anbindung DB Systel an das RZ
• Dezember 2008:	Aufnahme der ersten Tests mit VSS, Beginn Umstellung der Jobsteuerung in der neuen Umgebung
• Januar 2009:	Anbindung von DB Systel an das RZ erfolgreich; Netzwerkverbindung der SNA Typ5-Anbindung zwischen dem früheren Provider und DB-Systel realisiert, Monitoring aktiv, Erstellung erster automatisierter Reports
• Februar 2009:	Erste Geschäftsstellen an Capgemini-Netzwerk angebunden; Implementierung der ITSM-Prozesse und Tools; Umschulung der SCHUFA-Mitarbeiter auf die neuen Systeme, NAV-Releasewechsel, Umstellung der gesamten Jobsteuerung auf Cronjobs, Beginn der ersten Tests
• März 2009:	Jobsteuerung ist operativ, ITSM-Tooltest erfolgreich, Serviceprozesse werden etabliert, VSS-Test mit der Geschäftsstelle Hannover erfolgreich. Erste Tests mit dem Altsystem. Beginn der Anbindungstests mit Vertragspartnern, Go-Live-Vorbereitung für VSS, Archiv und Netze abgeschlossen
• April 2009:	Go-Live VSS, Servicedesk, ITSM Tools und Netzwerke
• 26. April 2009:	Go-Live NAV
• Mai 2009:	Start Transition Phase II Umstellung von rund 300 physikalischen Vertragspartner-Anbindungen an den Mainframe auf das Capgemini Rechenzentrum
• Februar 2010:	Abschaltung des Netzzugangs-Rechners beim Altprovider inklusive der alten 3745-Hardware

2.3.4 Hochverfügbarkeit und Sicherheit

Als Hochverfügbarkeitslösung ist Cluster-Technologie sowie zur Vermeidung zusätzlicher Fehlerquellen auch ausschließlich Sun-eigene Software verwendet worden, z. B. für die Spiegelung der Daten.

Alle Datenverbindungen wurden redundant ausgelegt. Dies gilt sowohl für die Anbindung der Geschäftsstellen als auch für die Vernetzung der Rechnersysteme innerhalb der Capgemini-Rechenzentren, wobei die Datensicherung über eine davon getrennte Netzwerkverkabelung erfolgt. Alle Netzwerke sind durch Firewalls gegeneinander abgesichert.

2.3.5 Hoher Aufwand für das Monitoring

Wegen der extrem geschäftskritischen Applikationen, die ohne Störung bzw. Unterbrechung laufen müssen, werden die Systeme für die SCHUFA durch ein besonders aufwändiges Monitoring überwacht. Dafür sind ca. zehn dedizierte Server im Einsatz – und ein rund um die Uhr verfügbares Team.

Dieses 24 x 7-Monitoringteam ist die einzige Einheit, welche aus Gründen der Wirtschaftlichkeit außerhalb Deutschlands arbeitet: Im Capgemini-Nearshore Center im polnischen Krakau, wo eines der weltweit vernetzten Capgemini Infrastructure Management Competence Center (IMCC) angesiedelt ist. Diese vertraglich vereinbarte Ausnahme spart Personalkosten – ein Monitoring in Deutschland würde im Vergleich zur gewählten Lösung doppelt so hohe Kosten verursachen.

Der Service Desk selbst ist – gemäß den Vorgaben der SCHUFA – in Deutschland eingerichtet worden.

2.4 Fazit

Die Umsetzung des geschilderten Transition-Projekts war nur zu bewältigen aufgrund:

- Eines sehr straffen Projektmanagements,
- Eines gut zusammengestellten und hochmotivierten Teams mit den nötigen Qualifikationen,
- Professioneller Partner,
- Einer konsequenten Planung mit konkreten Tageszielen sowie
- Einer stetigen und aktiven Kommunikation mit dem Dienstnehmer SCHUFA.

Die eingeführten ITIL-Strukturen und -Prozesse erweisen sich als hilfreich und angemessen. Jedes einzelne Problem kann nun eindeutig identifiziert und bearbeitet werden, ehe die Lösung und die dazu gehörenden Tests implementiert werden. Die strukturierte Arbeitsweise erlaubt es den Projektverantwortlichen u. a. auch, besser vorbereitet in Gespräche mit dem Dienstnehmer zu gehen und etwa Fehler in den Releases frühzeitig und konkreter zu adressieren.

Bewährt hat sich die Vor-Ort-Präsenz des Testmanagements. Diese Nähe hat unter anderem dafür gesorgt, dass Software-Neuerungen besser und schneller in die Betriebspraxis umgesetzt werden konnten.

Dank der im Betrieb der einzelnen Umgebungen gewonnenen Erfahrungen konnten weitere Verbesserungen erzielt werden, wie z. B. eine Teilautomatisierung bestimmter Verfahren und Abläufe. Zur Analyse einzelner Verarbeitungsschritte wurden Testroutinen entwickelt, welche etwaige Probleme frühzeitig signalisieren und ein Eingreifen ermöglichen, noch bevor es zu einer Störung kommt.

Der Umgang mit hoch spezialisierter Individual-Software, wie sie von der SCHUFA eingesetzt wird, verlangt auch einem IT-Provider zunächst einen intensiven Lernprozess ab. Im beschriebenen Projekt wurden bestimmte Abläufe so lange wiederholt und geübt, bis die Realisierung von neuen Funktionen und der Umgang mit ihnen schneller, sicher und ohne größere Probleme vonstatten ging. Der intensive Erfahrungsprozess im Umgang mit der SCHUFA-Software erlaubte es indes schon bald, das zunächst mit einbezogene externe Know-how abzulösen.

Mit Blick in die Zukunft stellt sich grundsätzlich die Frage nach einer möglichen Ablösung des Mainframes mit seiner besonderen Schnittstellenproblematik. Der Host ist bei der SCHUFA heute ein wesentliches Element der Datenverarbeitung und diese kann nur in Teilschritten auf eine andere Plattform übertragen werden – wobei eine Neuintegration im laufenden Betrieb erfolgen müsste. Der Migrationsprozess wird im Rahmen des Release-Managements durch das kontinuierliche Einspielen von Applikationsanpassungen bereits heute vorbereitet und bis zur vollständigen Host-Ablösung durchgeführt. Zunächst aber benötigt ein Projektteam für den Betrieb der komplexen SCHUFA-Infrastruktur die Kenntnisse und Erfahrungen aus über 20 Jahren IT.

Literaturverzeichnis

Acohido, Byron (2010): SaaS Business Apps Give Small Firms Cloud Cover, elektronisch veröffentlicht: URL: http://www.cio-today.com/story.xhtml?story_id=030001S1ENKI&nl=5 [Datum des Abrufs: 06.08.2010].

Aubert, Benoit A./Patry, Michel/Rivard, Suzanne (2003): A tale of two outsourcing contracts: An agency-theoretical perspective, erschienen in: Wirtschaftsinformatik, H. 45, 2003, S. 181–190.

Beckmann Finanzierungsleasing (2002): Rechtsprobleme im typischen Leasingdreieck nach der Schuldrechtsreform, FLF, 46.

Berends, Kees (2000): Cost plus incentive fee contracting – experiences and structuring, erschienen in: International Journal of Project Management, H. 18, 2000, S. 165–171.

Bertram, Reinhard/Sunner, Mark (2007): Managed Security Services, S. 127–155, erschienen in: Managementhandbuch IT-Sicherheit – Risiken, Basel II, Recht (Hrsg.: Gründer, Torsten/Schrey, Joachim), ESV, Berlin.

BITKOM Bundesverband Informationswirtschaft, Telekommunikation und neue Medien e. V. (2007): Leitfaden Benchmarking in IT-Outsourcing-Projekten.

BITKOM Bundesverband Informationswirtschaft, Telekommunikation und neue Medien e. V. (2007): Leitfaden zur Umsetzung von ASP-Geschäftsmodellen.

BITKOM Bundesverband Informationswirtschaft, Telekommunikation und neue Medien e. V. (2006): Beispielvertrag für Application Service Providing.

BITKOM Bundesverband Informationswirtschaft, Telekommunikation und neue Medien e. V. (2006): Sicherheitsleitfaden für Application Service Providing.

Bloch, Michael/Boskovic, Dejan/Weinberg, Allen (2009): How innovators are changing IT offshoring, Feature article, Business Technology, Nov. 2009.

BMC Software, Inc. (2003): IT Infrastructures and Service Delivery, elektronisch veröffentlicht, URL: http://www.remedy.com/solutions/servicemgmt/sla.htm [Datum des Abrufs: 19.08.2010].

Borchers, Jens (2009): Reengineering einmal ohne Softwareänderung – Verlagerung eines komplexen IT-Betriebs, ein Projektüberblick, erschienen in: 28. WI-MAW-Rundbrief, Jahrgang 15, H. 2, Gesellschaft für Informatik e.V.

Brenner, Michael/Radisic, Igor/Schollmeyer, Martina (2002): A Criteria Catalog Based Methodology for Analyzing Service Management Processes, erschienen in: Feridun, Mete/Kropf, Peter/Babin, Gilbert (2002): Proceedings of the 13th IFIP/IEEE International Workshop on Distributed Systems:

Operations & Management (DSOM 2002), Lecture Notes in Computer Science (LNCS) 2506, Springer, Montreal.

Bruch, Heike (1998): Outsourcing – Konzepte und Strategien, Chancen und Risiken, Gabler, Wiesbaden.

Burr, Wolfgang (2003): Fundierung von Leistungstiefenentscheidungen auf der Basis modifizierter Transaktionskostenansätze, erschienen in: Zeitschrift für betriebswirtschaftliche Forschung, H. 55, März 2003, S. 112–133.

Cearley, David/Brooks, Ian (2010): Cloud and the Business Technology Ecosystem, Keynote Presentation at HP Technology@Work Conference, Frankfurt.

Chellappa, Ramnath (1997): Intermediaries in Cloud-Computing: A New Computing Paradigm, Presentation at the INFORMS conference, Dallas, elektronisch veröffentlicht: URL: http://meetings2.informs.org/Dallas97/TALKS/MD19.html [Datum des Abrufs: 06.08.2010].

Deming, W. Edwards (2000): Out of crisis, The MIT Press, Massachusetts.

Dibbern, Jens/Güttler, Wolfgang/Heinzl, Armin (2001): Die Theorie der Unternehmung als Erklärungsansatz für das selektive Outsourcing der Informationsverarbeitung: Entwicklung eines theoretischen Bezugsrahmens, erschienen in: Zeitschrift für Betriebswirtschaft 71. Jg., 2001, S. 675–700.

Emmerich, Volker (1990): Grundprobleme des Leasings, erschienen in: Juristische Schulung, 30. Jg., 1990, H. 1, S. 1–7.

Engel, Fred (1999): The Role of Service Level Agreements in the Internet Service Provider Industry, erschienen in: International Journal of Network Management, H. 9, 1999, S. 299–301.

Enlow, Sara/Ertel, Danny (2007): The Basics and Beyond, Relationship Management for Outsourcing Service Providers, A White Paper, Vantage Partners 2007, Boston, S. 1.

Enste, Udo (2002): Auf zu neuen Ufern – Wohin steuert die Leittechnik?, erschienen in: Chemie Produktion, 2002, H. 11, elektronisch veröffentlicht: URL: http://www.leikon.de/downloads/AufZuNeuenUfern.pdf [Datum des Abrufs: 20.10.2010].

Ertel, Danny/Weiss, Jeff/Visioni, Laura Judy (2001): Managing Alliance Relationships, Vantage Partners, Brighton.

Fett, Torsten/Spiering Christoph (2009): Handbuch Joint Venture, Heidelberg, 2009.

Fink, Dietmar/Wamser, Christoph (2006): Outgrowing: Wachsen mit den Ressourcen starker Partner, Hanser Verlag, München.

Fitting, Karl (2010): Kommentar zum Betriebsverfassungsgesetz, 25. Auflage, München.

Flottau, Jens (2010): Zweite Notlandung in zwei Tagen, erschienen in: Süddeutsche Zeitung, Nr. 257, 06./07.11.2010, S. 26.

Friedmann, Katharina (2009): Sicher – trotz Krise, elektronisch veröffentlicht: URL: http://www.computerwoche.de/security/1903869/ [Datum des Abrufs: 18.10.2010].

Friedmann, Thomas L. (2006): Die Welt ist flach, Suhrkamp Verlag, Frankfurt am Main.

Friend, Mike/Lukacs, Mirko/Snowdon, Jamie (2002): European Business Process Outsourcing, (BPO) Forecast and Analysis, 2001–2006. Studie der International Data Corporation (IDC), Document: BP01J.

Gitter, Wolfgang (1988): Gebrauchsüberlassungsverträge, erschienen in: Handbuch des Schuldrechts (1998), Bd. 7, Tübingen.

Goldman Sachs (2005): U.S. IT Firms Catching up to Indian Competitors in Offshore Outsourcing Race, erschienen in: Manufacturing & Technology News, September 20, 2005.

Grover, Varun/Cheon, Myun Joong/Teng, James T.C. (1996): The Effect of Service Quality and Partnership on the Outsourcing of Information Systems Functions, erschienen in: Journal of Management Information Systems, Vol. 12, No. 4, 1996, S. 89–116.

Gutbrodt, Felix (2010): Effizienter Schutz der IT-Sicherheit auf der Feldebene von Automatisierungssystemen, IAS Forschungsbericht, Institut für Automatisierungs- und Softwaretechnik, Universität Stuttgart.

Habersack, Mathias (2004): Leasing, erschienen in: Münchner Kommentar zum BGB, Schuldrecht, 4. Auflage.

Hammer, M./Champy, J. (1995): Business Reengineering. Die Radikalkur für das Unternehmen, Campus-Verlag, 5. Aufl., 1995, Frankfurt, New York.

Harris, Audley/Giunipero, Larry C./Hult, Thomas G. (1998): Impact of Organizational and Contract Flexibility on Outsourcing Contracts, erschienen in: Industrial Marketing Management, Nr. 27, 1998, S. 373–384.

Hewlett-Packard Company (2003): OpenView, elektronisch veröffentlicht: URL: http://www.openview.hp.com/ [Datum des Abrufs: 18.08.2010].

Hewlett-Packard GmbH (2010a): Internal Document, Cutter.

Hewlett-Packard (2010b): GS1 Project Documentation, Internal Document, elektronische Zusatzinformation: URL: http://www.gs1ca.org/page.asp?intPageID=1395 [Datum des Abrufs: 18.08.2010].

Horchler, Hartmut (2004): Intelligentes Sourcing für strategisches IT-Management, S. 15–26, erschienen in: Gründer, Torsten (Hrsg.): IT-Outsourcing in der Praxis, ESV, Berlin.

IBM Corporation (2003): Service Level Management Using IBM Tivoli Service Level Advisor and Tivoli Business Systems Manager, elektronisch veröffentlicht: URL: http://www-3.ibm.com/software/tivoli/products/service-level-advisor/ [Datum des Abrufs: 18.08.2010].

Jackson, Donald S./Kunzinger, Frederick F. (2003): Calculation of System Availability Using Traffic Statistics, erschienen in: Bell Labs Technical Journal, Nr. 7 (3), 2003, S. 139–150.

Kakabadse, Andrew/Kakabadse Nada (2002): Trends in Outsourcing: Contrasting USA and Europe, erschienen in: European Management Journal, Vol. 20, H. 2, 2002, S. 189–198.

Kirsch, Harald (2006): Preismodelle und Leistungsverrechnung, erschienen in: Gründer, Torsten: IT-Outsourcing, Schriftlicher Managementlehrgang, Lektion 8, 2006, Euroforum Verlag, Düsseldorf.

Klein, Benjamin (1985): Self-Enforcing Contracts, erschienen in: Journal of Institutional and Theoretical Economics (JITE), H. 141, 1985, S. 594–600.

Koulopoulos, Thomas (2010): Living in the Cloud, The 21st Century Megatrend, E-book.

Kukla, Stefan (2002): DATEVasp – Komplettlösung aus einer Hand, erschienen in: DSWR Magazin, Nr. 7, 2002, S. 210–212.

Martinek, Michael/Stoffels, Markus/Wimmer-Leonhardt, Susanne (2008): Handbuch des Leasingrechts, 2. Aufl., Verlag C. H. Beck, München.

Müller-Glöge, Rudi/Preis, Ulrich/Schmidt, Ingrid (2010): Erfurter Kommentar zum Arbeitsrecht, 10. Auflage, München.

Nelles, Guido (2007): Sensoren und Aktoren sprechen Klartext, erschienen in: Elektrotechnik, H. 4, 2007, S. 18–20.

Nettesheim, Christoph/Grebe, Michael/Kottmann, Dietmar (2003): Business Process Outsourcing – aber richtig!, erschienen in: Information Management & Consulting 18, H. 3, 2003, S. 24 – 30.

o.V. (2010): Outsourcing, elektronisch veröffentlicht: URL: http://en.wikipedia.org/wiki/Outsourcing [Datum des Abrufs: 22.09.2010].

Picot, Arnold (1991): Ein neuer Ansatz zur Gestaltung der Leistungstiefe, erschienen in: Zeitschrift für betriebswirtschaftliche Forschung, 43. Jg., H. 4, 1991, S. 336–357.

Picot, Arnold/Dietl, Helmut (1990): Transaktionskostentheorie, erschienen in: WiSt, H. 4, April 1990, S. 178–184.

Picot, Arnold/Dietl, Helmut/Franck, Egon (2002): Organisation: Eine ökonomische Perspektive, 3. Aufl., Schäffer-Poeschel, Stuttgart.

Picot, Arnold/Franck, Egon (1993): Vertikale Integration, erschienen in: Ergebnisse empirischer betriebswirtschaftlicher Forschung: Zu einer Realtheorie der Unternehmung, Festschrift für E. Witte, hrsg. v. Hauschildt, Jürgen/ Grün, Oskar, Poeschel Verlag, Stuttgart, 1993, S. 179–219.

Picot, Arnold/Maier, Matthias (1992): Analyse und Gestaltungskonzepte für das Outsourcing, erschienen in: Information Management, H. 4, 1992, S. 14–27.

Prahalad, Coimbatore K./Hamel, Gary (1990): The Core Competence of the Corporation, erschienen in: Harvard Business Review, May–June, 1990, S. 79–91.

Rebmann, Kurt/Säcker, Franz Jürgen/Rixecker, Roland (2009): Münchener Kommentar zum BGB, 5. Auflage, München.

Reynolds, Ed/Bess, Charlie (2009): Clearing up the Cloud: Adoption Strategies for Cloud Computing, Cutter IT Journal, S. 14–20.

Riedl, René/Kepler, Johannes (2003): Begriffliche Grundlagen des Business Process Outsourcing, erschienen in: Information Management & Consulting 18, H. 3, 2003, S. 6–10.

Scharf, Armin (2005): Schneller als geahnt ist der Wurm in der Fertigung drin – Die offene Kommunikation birgt ungeahnte Gefahrenquellen, erschienen in: VDI-Nachrichten, H. 13, 2005, S. 19.

Schmidt, Holger (2000): Service Level Agreements based on Business Process Modeling, erschienen in: 7th International Workshop of the HP OpenView University Association (HPOVUA 2000).

Schwarze, Till (2010): Auslagerung oft nicht bewährt, Konzerne holen Teile zurück, elektronisch veröffentlicht: URL: http://www.n-tv.de/wirtschaft/Konzerne-holen-Teile-zurueck-article1848556.html [Datum des Abrufs: 06.11.2010].

Siber, Hansjörg/Guth, Walter (2003): Effiziente Steuerung von Outsourcing-Engagements im Rightshoring-Paradigma, erschienen in: Information Management & Consulting 18, H. 3, 2003, S. 18–23.

Singh Gill, Sukhbinder (2010): Date Centre Virtualisation and Cloud, Hewlett-Packard EMEA, S. 11–15.

Smith, Carleen (2006): elektronisch veröffentlicht: URL: http://www.capgemini.com/m/en/n/pdf_cg-ceo-march06-2pages.pdf [Datum des Abrufs: 02.09.2010].

Staudinger, Julius von (2005): Kommentar zum Bürgerlichen Gesetzbuch mit Einführungsgesetz und Nebengesetzen, Buch 2, Recht der Schuldverhältnisse, Gruyter Verlag, Berlin.

Stoffels, Markus (2004): Leasingrecht, erschienen in: Staudinger, Julius von (2004): Kommentar zum BGB, 2004, Leasing Rn. 244; Koch, Leasingrecht, Gruyter Verlag, Berlin.

Stolterfoth, Joachim N. (2008): Wirtschaftsrecht II, erschienen in: Münchener Vertragshandbuch (2008): Bd. 3, 6. neu bearbeitete Aufl., C.H. Beck Verlag, München.

Striebeck, Jörg/Schott, Eberhard/Schrey, Joachim/Söbbing, Thomas/Stein, Christopher (2010): Whitepaper Outsourcing, Deutsche Leasing, Intargia und Noerr, Bad Homburg.

Wältring, Daniel/Zimmermann, Axel (2010): Automatisierungstechnik versus IT-Sicherheit – Pflicht zum ganzheitlichen Ansatz, erschienen bei: Dr. Born/ Dr. Ermel GmbH: Automatisierungstage, elektronisch veröffentlicht URL: http://www.automatisierungstage.de [Datums des Abrufs: 10.08.2010].

Wegweiser GmbH (2007): eBusiness 2007/2008 – Jahrbuch der deutschen Wirtschaft, Berlin.

Weinzierl, Susanne/Mayr, Sonja (2010): Leistungsscheine und Service Level Agreements, Vortrag im Seminar „IT-Outsourcing“ bei Torsten Gründer, Hochschule München, Sommersemester 2010.

Wendel, Ulrike (2009): Neue Marktchancen für Managed Security Services, elektronisch veröffentlicht, URL: http://www.crn.de/channel/systemhaus/ artikel-31893.html [Datum des Abrufs: 19.10.2010].

Wielenberg, Stefan (1999): Investitionen in Outsourcing-Beziehungen, Dissertation, Gabler DUV, Wiesbaden, 1999.

Williamson, Oliver E. (1987): The Economic Institutions of Capitalism, The Free Press, New York.

Willemsen, Heinz Josef (2008): Umstrukturierung und Übertragung von Unternehmen, 3., überarb. Auflage, Beck Verlag, München.

Wißkirchen, Dr. F. (2002): Ein Risikomanagement für Outsourcing, S. 477–504, erschienen in: Pastors, P.M. (2002): Risiken des Unternehmens – vorbeugen und meistern, Rainer Hampp Verlag.

Wolff, Birgitta (1995): Organisation durch Verträge: Koordination und Motivation in Unternehmen, Gabler Verlag, Wiesbaden, 1995.

Autorenverzeichnis

Dr. Ina Arndt

Kontakt: ina.arndt-fabian@sap.com

Dr. Ina Arndt verantwortet seit 2006 als Director Marketing der SAP AG die Themen "Relevanz von Enterprise SOA in Industrien" und "Business Sicht auf das Architektur Paradigma". Frau Dr. Arndt verfügt über langjährige Erfahrung in Business Development und Business & Prozess Consulting. Sie leitete das Business Development eines mittelständigen IT System Integrators. Ihr Verantwortungsbereich umfasste Unternehmensstrategie, Produkt- und Service Portfolio sowie strategisches Partnermanagement. Sie hatte zudem verschiedene Führungspositionen im Consulting inne mit Fokus auf Markt- und Produktstrategie sowie IT Management. Frau Dr. Arndt ist Diplom- Wirtschaftsinformatikerin der Universität Mannheim und promovierte dort in Organisationswissenschaften.

Christian Becker

Kontakt: christian.becker@toll-collect.de

Christian Becker ist Senior Experte Einkauf Zentrale Systeme und ist in dieser Funktion für den Einkauf von IT-Produkten und Dienstleistungen verantwortlich. Der operative Tätigkeitsschwerpunkt liegt in der Beschaffung von komplexen IT Systemen, Outsourcing Lösungen sowie individuellen Software Entwicklungsleistungen. Nach der Ausbildung zum Datenverarbeitungskaufmann verantwortete er im Bereich der Finanzdienstleistungsunternehmen bei der BB-DATA GmbH den IT Einkauf sowie bei der Bankgesellschaft Berlin AG den konzernweiten Strategischen IT-Einkauf. Im Dezember 2004 wechselte Herr Becker zur Toll Collect GmbH, den Betreiber des Deutschen LKW Satelliten Maut-Systems. Im Fachbereich Einkauf ist Herr Becker für alle zentralseitigen IT Themen zuständig.

Dr. Frank-Rainer Bolz

Kontakt: frank-rainer-bolz@t-online.de

Nach dem Studium der Informationsverarbeitung an der TU Chemnitz und einer Promotion zum Thema Datenbanken (TU Chemnitz) war Hr. Dr. Bolz von 1990 bis 1998 als CIO der Carl Zeiss Jena GmbH tätig, zugleich fungierte er von 1994 bis 1998 als Leiter Konzernrechenzentrum Schott-Zeiss bei der Schott Spezialglas GmbH in Jena. Anschließend wechselte er zur Rheinmetall Informationssysteme GmbH in Meerbusch als Vorsitzender der Geschäftsführung. Im Jahr 2003 übernahm er die Aufgabe des Sprechers der Geschäftsführung der IBM Mittelstand Systeme GmbH, die er bis 2009 wahrnahm. Seit dem Jahr 2010 ist Herr Dr. Bolz als freiberuflicher IT-Berater für die EquaTerra GmbH tätig.

Dirk Borchers

Kontakt: Dirk.Borchers@bleum.com

Dirk Borchers ist ein Quereinsteiger im IT-Bereich. Nach einer Ausbildung zum Industriekaufmann bei der Nixdorf Computer AG in Paderborn und einem BWL-Studium ging er 1992 nach China, wo er für deutsche Maschinenbauunternehmen im Vertrieb und Management tätig war. Er gilt als ausgewiesener Chinakenner und beherrscht Mandarinchinesisch in Wort und Schrift. Seit 2002 ist er mit dem damals noch sehr kleinen Softwarehaus Bleum Inc. in Shanghai als Teilhaber verbunden und hat das Unternehmen in beratender Funktion durch die Jahre des rasanten Wachstums begleitet. Seit Februar 2010 leitet Dirk Borchers den Vertrieb für Bleum in Europa.

Andrea Brand

Kontakt: andrea.brand@eplus-gruppe.de

Andrea Brand ist Director Procurement International bei der E-Plus Mobilfunk und leitet die internationalen Einkaufstätigkeiten der E-Plus-Gruppe sowie der KPN Group Belgium.

Zuvor hat Frau Brand in der E-Plus-Gruppe verschiedene Leitungsfunktionen im Einkauf bekleidet und über viele Jahre internationale Einkaufsbereiche im KPN-Konzernverbund geführt. Zuletzt hat sie den gesamten Einkauf der E-Plus-Gruppe verantwortet.

Ihre berufliche Laufbahn begann Frau Brand bei der AEG, wo sie Einkaufstätigkeiten sowohl im Kabel- als auch im Automotivebereich verantwortet hat.

Frau Brand hat nach einer kaufmännischen Ausbildung Betriebswirtschaftslehre studiert und einen Abschluß als Dipl.-Kauffrau.

Eduard Bugelnig

Kontakt: Eduard.Bugelnig@snt.at

Eduard Bugelnig ist seit Juli 2010 Vorsitzender der Geschäftsführung der S&T Austria GmbH und Mitglied des Strategieausschusses der S&T AG. Herr Bugelnig war von 2008 bis 2009 CEO der Outsourcing-Sparte von Capgemini in Zentral-Europa mit Sitz in Düsseldorf und gleichzeitig Mitglied des Country Boards von Capgemini in Deutschland. Von 2005 bis 2007 war er Vice President und Commercial Director für den Bereich Global Outsourcing bei Capgemini in London. Nach der Übernahme der Ernst & Young Consulting-Sparte im Jahre 2000 war Eduard Bugelnig Mitglied der Geschäftsleitung der Capgemini Zentral-Europa-Region mit Sitz in Berlin. Eduard Bugelnig begann seine berufliche Laufbahn in Wien bei der Arthur Young Unternehmensberatung (später Ernst & Young Consulting) im Jahre 1988 und leitete von 1997 bis 2000 als CEO das Ernst & Young Beratungsgeschäft in Österreich und Osteuropa. In dieser Zeit war er auch Mitglied des Vorstandes der Ernst & Young-Gruppe in Österreich.

Dr. Adam Bujak

Kontakt: adam.bujak@capgemini.com

Herr Dr. Adam Bujak ist seit mehreren Jahren im Business Process Outsourcing tätig. Er ist global für den Bereich Delivery Excellence verantwortlich und steuert die kontinuierlichen Verbesserungsprozesse (KVP) in Polen, Indien, China, Australien sowie auf dem lateinamerikanischen Subkontinent. Vor seiner Tätigkeit in der oben genannten Rolle hat er eineinhalb Jahre im Auslandseinsatz in Indien gearbeitet, wo er als Operations Manager für Asien und Pazifik agierte.

Herr Dr. Bujak studierte internationale Betriebswirtschaftslehre mit den Schwerpunkten Banken, Finanzierung und Internationales Management und promovierte in Betriebswirtschaftslehre im Fachgebiet Strategisches Management.

Vor seiner Tätigkeit für die Capgemini BPO Organisation war Herr Dr. Bujak an der Europa Universität Viadrina sowie als Unternehmensberater tätig.

Jürgen Dettling

Kontakt: juergen.dettling@hp.com

Herr Dettling hat von 1985 bis 1988 an der Dualen Hochschule Baden-Württemberg in Villingen-Schwenningen Wirtschaftsinformatik sowie von 1990 bis 1992 an der Universität Konstanz, Informationswissenschaft, studiert.

Von 1988 bis 1990 war Hr. Dettling im Bereich Softwareentwicklung & Support bei der Arburg GmbH beschäftigt. Danach war er bis 1992 bei der CGS GmbH in der Softwareentwicklung tätig.

Seit 1992 ist er bei der Hewlett-Packard GmbH. In dieser Zeit hat er verschiedene Funktionen im Unternehmen ausgeübt, so war er von 1992 bis 1996 im Bereich Anwendungssupport, Logistik und Lieferkette tätig, bis zum Jahr 2000 war er Manager Delivery SAP R/3 EMEA, danach Manager für das globale Infrastruktur-Serviceportfolio und bis 2004 Manager für globale Prozessentwicklung. Ab 2004 übte er für vier Jahre die Funktion des Kunden Chief Architect aus und ist seit 2008 Kunden CTO / CTO Deutschland bei der Hewlett Packard GmbH.

Michael Eberhardt

Kontakt: michael.eberhardt@hp.com

Herr Michael Eberhardt studierte von 1985 bis 1989 Maschinenbau an der Universität für angewandte Naturwissenschaften in Konstanz.

Danach war er von 1989 bis 2000 bei der IBM in verschiedenen Bereichen und Funktionen tätig: Von 1989 bis 1992 war Hr. Eberhardt im zentralen Software Support bei der IBM Mainz beschäftigt, von 1992 bis 1995 war er Leiter System Services bei der IBM Nürnberg, von 1995 bis 1996 Assistent der Geschäftsführung bei der IBM Deutschland und von 1996 bis 1999 Bezirksleiter für die IBM Global Services (ITS) in Baden-Württemberg / Bayern. 1999 übernahm er für ein Jahr die Geschäftsleitung für die Integrated Technology Services IBM in Somers, NY, USA.

Danach wechselte Hr. Eberhardt zur TDS Informationstechnologie GmbH, wo er von 2000 bis 2001 als Abteilungsleiter Vertrieb IT-Outsourcing bei der TDS tätig war. Im März 2001 wurde er Mitglied des Vorstands (Vorstandsvorsitzender Vertrieb) und im August 2001 zum Geschäftsführer der TDS AG ernannt.

Hr. Eberhardt wechselte im Dezember 2007 als Direktor Outsourcing Services Deutschland zur Hewlett-Packard GmbH und wurde im November 2008 Geschäftsführer HP EDS für Osteuropa. Seit November 2009 ist er Geschäftsführer der HP GmbH für Enterprise Services Deutschland.

Wolfgang Erny

Kontakt: wolfgang.erny@capgemini.com

Wolfgang Erny (56) ist seit 1.10.2009 Head of Delivery bei Capgemini Outsourcing für die Region Deutschland, Österreich und Schweiz (DACH). Er ist seit Anfang 2008 für Capgemini tätig und für verschiedene Outsourcing-Großprojekte verantwortlich.

Vor Capgemini war Wolfgang Erny Geschäftsführer der BASF IT Services GmbH, der IT-Tochtergesellschaft der BASF. Weitere berufliche Stationen bekleidete der gebürtige Mannheimer bei EDS und der Adam Opel AG. Wolfgang Erny studierte Wirtschaftswissenschaften und Informatik an der Ruprecht-Karl-Universität Heidelberg.

Dr. Beatrix Ertsey

Kontakt: beatrix.ertsey@siemens.com

Geboren am 14.3.1977 in München. Studium der Betriebswirtschaftslehre in München mit den Schwerpunkten Information und Kommunikation sowie Strategischer Unternehmensführung. Nach dem Studium Beratungs- und Prüfungstätigkeit bei PricewaterhouseCoopers im Bereich Risikomanagement. Hauptaufgabengebiet: Fragen der Vertrags- und Prozessgestaltung im Rahmen von Auslagerungen und Ausgliederungen von Unternehmensfunktionen. Ab Januar 2003 wissenschaftliche Mitarbeiterin am Institut für Information, Organisation und Management an der Universität München. Forschungsgebiet: Outsourcing, insbesondere in der Informationstechnologie. Seit August 2007 Commercial Manager für große IT-Outsourcing-Projekte bei Siemens IT Solutions and Services

Malte Granitzki

Kontakt: malte.granitzki@toll-collect.de

Malte Granitzki ist Einkaufsleiter bei der Toll Collect GmbH und ist in dieser Funktion für die Beschaffung sämtlicher Komponenten und Dienstleistungen des deutschen LKW-Maut-Systems verantwortlich. Nach dem Studium der Betriebswirtschaftslehre mit den Schwerpunkten Beschaffung, Personal und Psychologie an der Universität zu Köln und der American University in Washington, DC (USA) war Herr Granitzki im Anschluss an ein internationales Trainee Programm im Materialeinkauf PKW der DaimlerChrysler AG als Teamleiter tätig. Anfang 2004 erfolgte der Wechsel als Fachbereichsleiter Einkauf zur Toll Collect GmbH nach Berlin, einem Unternehmen der Deutschen Telekom, Daimler Financial Services und Cofiroute. Herr Granitzki ist ehrenamtlich in der Auswahlkommission der Stiftung der Deutschen Wirtschaft tätig und Verfasser von Fachbeiträgen.

Torsten Gründer

Kontakt: tgruender@gruender-consulting.com

Torsten Gründer zählt zu den profiliertesten IT-Outsourcing-Experten. In Deutschland gründete er die erste auf erfolgreiches IT-Outsourcing-Projektmanagement spezialisierte Unternehmensberatung und begleitete über 150 Auslagerungsvorhaben. Er entwickelte das Outsourcing Managementmodell in der IT (OMIT), eine Projektmanagementmethode zur zielführenden Planung, Umsetzung und Steuerung von Outsourcing-Vorhaben. Als erfahrener Berater und Mediator unterstützt Herr Gründer Unternehmen und Verwaltungen in allen Phasen und Fragestellungen für ein nachhaltig erfolgreiches Outsourcing. Er ist Fachbuchautor, Lehrbeauftragter und besetzt als Konferenzsprecher regelmäßig erfolgskritische Themen beim IT-Outsourcing.

Michael Grünschloß

Kontakt: michael.gruenschloss@sds-bs.de

Michael Grünschloß (48) war nach seinem Studium der Betriebswirtschaft bei Haushahn Aufzüge GmbH & Co. (Stuttgart) in mehreren Funktionen, zuletzt als Bereichsleiter EDV/Organisation verantwortlich, ehe er zwei Jahre als Berater tätig war. 1993 wechselte er zu einem international tätigen Anlagenbauer als Director IT Services und übernahm später die Verantwortung als CIO für die weltweiten IT Aktivitäten der M+W Zander-Gruppe. Im Jahr 2002 initiierte er die Ausgliederung der IT in die Teraport GmbH und fungierte bis Februar 2010 dort als Vorsitzender der Geschäftsführung. Ende 2009 wirkte er maßgeblich am Verkauf des IT Bereiches der Teraport GmbH an die sds business services GmbH mit, wo er seit März 2010 in der Geschäftsführung tätig ist.

Sascha Kaulen

Kontakt: sascha.kaulen@siemens.com

Sascha Kaulen leitet seit Juli 2010 die Strategie des weltweiten Outsourcing-Vertriebs bei Siemens IT Solutions and Services.

Hr. Kaulen wurde in Neuss am Rhein geboren und begann seine berufliche Laufbahn 1996 als selbständiger Unternehmensberater. Im Jahr 1997 trat er in die Mannesmann AG als Manager eCommerce ein. Es folgten weitere Rollen im Vorstandsbereich Global Markets der Mannesmann AG.

Zur Siemens AG kam Hr. Kaulen im Jahr 2000 als Projektmanager im Bereich Siemens Procurement and Logistics Services und wurde dann in die Leitung der Technologie des Siemens BuySide Marketplace "click2procure" und anderer Teile des Einkaufs berufen. Anschließend übernahm er die Leitung des Vertriebs für Einkaufslösungen.

Es folgten, nach dem Übertritt zu Siemens IT Solutions and Services, leitende Rollen im Vertrieb des Global Application Management sowie als Executive Engagement Director im globalen Großkundenvertrieb.

Rudolf Kergaßner

Kontakt: rudolf.kergassner@atosorigin.com

Rudolf Kergaßner ist Director Outsourcing der Atos Origin Deutschland und verantwortet die Entwicklung dieses strategischen Geschäftsfelds.

Vor seiner Tätigkeit bei Atos Origin war Herr Kergaßner unter anderem Geschäftsführer eines mittelständischen Beratungshauses und Geschäftsführer der CSC Managed Services. Bei CSC verantwortete er das Outsourcing-Geschäft in Central Europe.

Seine berufliche Laufbahn begann er bei IBM, wo Herr Kergaßner mehrere Leitungsfunktionen in unterschiedlichen Geschäftsbereichen übernahm. Unter anderem verantwortete er die weltweite Geschäftsbeziehung der IBM zu ausgewählten internationalen Großkunden und leitete zuletzt den PC-Vertrieb in Deutschland.

Herr Kergaßner studierte Informatik an der FH Würzburg und Investitionsmarketing an der FU Berlin. Darüber hinaus ist er der ESMT European School of Management and Technology, Berlin eng verbunden.

Rolf Königs

Kontakt: r.koenigs.mg@aunde.de

Seit 1978 ist Herr Königs Geschäftsführer der AUNDE Achter & Ebels GmbH, Mönchengladbach, und baute seitdem das Einzelunternehmen Achter & Ebels zur Unternehmensgruppe aus.

Er bekleidet eine Vielzahl ehrenamtlicher Tätigkeiten, u.a ist er Präsident des Borussia Mönchengladbach, Vorsitzender des Stiftungsrates des Caritasverband e.V., Beiratsvorsitzender und Aufsichtsratsmitglied der Entwicklungsgesellschaft der Stadt Mönchengladbach mbH, Beirat des Flughafen Düsseldorf, Vizepräsident des Gesamtverbands Textil + Mode e.V., Vizepräsident bei der IHK Mittlerer Niederrhein, Vorstandsvorsitzender des Industrie-Wasser-Umwelt Niederrhein e.V., Koordinator des Initiativkreises Mönchengladbach, Vorsitzender Verbandsrat im Niersverband, Vorsitzender des Rheinische Textilindustrie e.V., Vizepräsident der TD-IHK Türkisch-Deutsche Industrie- und Handelskammer Köln, Vorsitzender der Vereinigung Bergischer Unternehmerverbände e.V. sowie stellvertretender Aufsichtsratsvorsitzender der Wirtschaftsförderung Mönchengladbach GmbH.

Daniel Krannich

Kontakt: daniel.krannich@noerr.com

Daniel Krannich ist Rechtsanwalt, Fachanwalt für Arbeitsrecht und Associated Partner der Noerr LLP in Frankfurt am Main. Er hat sein Studium der Rechtswissenschaften an der Friedrich-Schiller-Universität Jena und an der Deutschen Hochschule für Verwaltungswissenschaften in Speyer absolviert. Er berät in- und ausländische Mandanten im individuellen und kollektiven Arbeitsrecht. Er kann durch seine langjährige Erfahrung ein weites Spektrum an Schwerpunkten aufweisen. Diese liegen im Outsourcing (insbesondere im IT-Outsourcing), im Arbeitnehmerüberlassungsrecht, im formellen und materiellen Betriebsverfassungsrecht (insbesondere Interessenausgleichs- und Sozialplanverhandlungen), in der Prozessführung einschließlich Einigungsstellenverfahren, in der Unternehmensmitbestimmung sowie im Sportarbeitsrecht. Zu diesen Themen hält er regelmäßig Vorträge auf Seminaren. Daniel Krannich ist Mitglied im Frankfurter Anwaltsverein, in der Arbeitsgemeinschaft Arbeitsrecht des DAV und der Arbeitsgemeinschaft für Sportrecht des DAV.

Dr. Roland Krieg

Kontakt: r.krieg@fraport.de

Dr. Roland Krieg ist seit 1997 Senior Vice President Information and Telecommunication und CIO der Fraport AG. Die IUK der Fraport betreibt mehr als 6.000 eigene IT Arbeitsplätze in einem Netzwerk mit über 20.000 aktiven Anschlüssen. Ca. 150 Applikationen und vielfältige Dienste wie Gefahrenmeldung, Radar, Telefon und Funk werden von weit über 400 Mitarbeitern bei Fraport und Unterlieferanten betreut.

Dr. Krieg absolvierte sein Studium der Physik an der TU Darmstadt und promovierte als Dr. rer.nat.. Er arbeitete 10 Jahre als IT-Manager in der Industrie, zuletzt als Bereichsleiter IT und technische Dienste. Für 2 Jahre war er in der Geschäftsleitung einer IBM-Tochter tätig. 1997 übernahm er die Bereichsleitung Informations- und Kommunikationsdienstleistungen der Fraport AG.

Dr. Krieg ist Aufsichtsratsvorsitzender mehrerer Fraport Töchter in Deutschland und den USA. Des Weiteren ist Hr. Dr. Krieg Mitherausgeber der Fachzeitschrift "Journal of Airport Management" und Mitglied im ACI worldwide IT Unterausschuss sowie ACI World IT Standing Committee sowie im Verwaltungsrat des EU-Projekts „SESAR Joint Undertaking".

Ulrich Meine

Kontakt: ulrich.meine@itelligence.de

Ulrich Meine ist Leiter Outsourcing Operations der itelligence AG in Deutschland. In dieser Position ist er verantwortlich für die deutschen Service-Rechenzentren sowie die technische Outsourcing-Beratung und damit ausgewiesener Spezialist für Outsourcing-Fragen im SAP-Umfeld. Der graduierte Diplom-Wirtschaftsinformatiker befasst sich seit mittlerweile 17 Jahren mit Rechenzentrums-Organisation, SAP-Basistechnologie und Outsourcing. In dieser Zeit hat er eine Vielzahl von nationalen und internationalen Projekten zu Einführung und Betrieb von zentralen SAP-Infrastrukturen begleitet. Durch seine Tätigkeit als Berater sowie in verantwortlicher Position bei Anbietern und Endanwendern hat Herr Meine einen umfassenden Einblick in die Anforderungen großer und mittelständischer Unternehmen gewonnen. Er gestaltet heute individuelle Outsourcing-Lösungen für internationale Unternehmen mit einer Vielzahl von Applikationen.

Mirko Obert

Kontakt: mirko.obert@siemens-enterprise.com

Mirko Obert ist als Leiter Alliances Business bei der Siemens Enterprise Communications GmbH & Co. KG verantwortlich für die Geschäftsbeziehungen mit großen Partnerunternehmen in Deutschland.

Nach seinem BWL-Studium an der Berufsakademie Stuttgart war Mirko Obert seit 1996 in verschiedenen operativen und leitenden Funktionen im In- und Ausland bei Siemens tätig. Seine bisherigen Verantwortungsbereiche umfassten General Management, Sales und Consulting.

Christian Oecking

Kontakt: christian.oecking@siemens.com

Christian Oecking ist seit Dezember 2009 kommissarischer CEO von Siemens IT Solutions and Services, einem weltweit führenden Anbieter von IT-Lösungen und -Services.

Hr. Oecking wurde in Dortmund geboren. Der studierte Maschinenbauingenieur begann seine berufliche Laufbahn 1985 als Unternehmensberater und Softwareentwickler bei der Drigus GmbH. 1993 wechselte er zur EDS Electronic Data Systems Deutschland GmbH, wo er als Mitglied der Geschäftsleitung das Business Development für die Märkte Fertigung und Handel verantwortete, ehe er 1998 als Leiter Outsourcing Deutschland zu Siemens Business Services wechselte.

Seit 2001 verantwortet Hr. Oecking zunächst für SBS und anschließend für Siemens IT Solutions and Services das globale Outsourcing-Geschäft.

Frank Oidtmann

Kontakt: frank.oidtmann@o-s.de

Frank Oidtmann verfügt über 20 Jahre Erfahrung in der Flughafenindustrie. Seit dem 01.07.2005 ist er Geschäftsführer der operational services GmbH & Co. KG (OS), einem Joint Venture zwischen der Fraport AG und T-Systems International GmbH. Die OS betreibt für Fraport das neue Rechenzentrum, das gesamte Netzwerk und den Service Desk am Standort Frankfurt. Darüber hinaus werden weitere Kunden in der Automobilindustrie, Fertigungsindustrie sowie Logistik, Handel und Public Services bedient.

Bei der heutigen Fraport AG (damals Frankfurt Airport Services Worldwide) war er ab 1997 zunächst für M&A-Aktivitäten in den USA und Lateinamerika zuständig, später als Geschäftsführer mehrerer Beteiligungsgesellschaften. Den Bereich Betrieb & Service innerhalb des Geschäftsbereichs Informations- und Kommunikationsdienstleistungen (IUK) verantwortete er ab 2001 bei Fraport. Seine berufliche Laufbahn begann er bei der Gesellschaft für elektronische Informationsverarbeitung

GmbH (GEI), später debis Systemhaus GmbH. Während seiner 10-jährigen Tätigkeit hatte er verschiedene Managementpositionen im Bereich der IT-Anwendungen für Flughäfen inne, zuletzt als Vertriebsdirektor. Bis 1987 studierte er Informatik, Mathematik und Betriebswirtschaftslehre an der Rheinisch-Westfälischen Technischen Hochschule in Aachen (RWTH).

Prof. Dr. Dres. h.c. Arnold Picot

Kontakt: iom@bwl.lmu.de

Prof. Dr. Dres. h.c. Arnold Picot studierte Betriebswirtschaftslehre und promovierte an der Universität München. Nach der Habilitation übernahm er von 1976-1984 den Lehrstuhl für Betriebswirtschaftslehre, insb. Unternehmensführung und Organisation an der Universität Hannover. 1984 folgte er einem Ruf an die TU München, wo er bis 1987 den Lehrstuhl für Allgemeine und Industrielle Betriebswirtschaftslehre innehatte. Seit 1988 ist Arnold Picot Direktor des Instituts für Information, Organisation und Management an der Ludwig-Maximilians-Universität München. Er erhielt 1998 die Ehrendoktorwürde der Bergakademie Freiberg und 2002 die Ehrendoktorwürde der Universität St. Gallen/CH. Arnold Picot ist Mitglied der Bayerischen Akademie der Wissenschaften.

Arnold Picot ist seit vielen Jahren in verschiedenen Gremien und Unternehmen in der Praxis aktiv. So ist er Mitglied und Vorsitzender in Aufsichts- und Beiräten von mehreren Unternehmen, Mitglied und Leiter von Sachverständigengremien bei Bundes- und Landesministerien, Vorsitzender des Wissenschaftlichen Arbeitskreises für Regulierungsfragen der Bundesnetzagentur für Elektrizität, Gas, Telekommunikation, Post und Eisenbahnen, Bonn, Mitglied des Kuratoriums der Alcatel-Lucent Stiftung für Kommunikationsforschung und der Eberhard von Kuenheim Stiftung, und Mitglied in Beiräten von verschiedenen Forschungseinrichtungen.

Im Rahmen seiner Forschungsaktivitäten war er Fachgutachter, Senats- und Hauptausschussmitglied und ist derzeit Vertrauensdozent der Deutschen Forschungsgemeinschaft (DFG), Mitglied verschiedener wissenschaftlicher Gesellschaften, Mitherausgeber verschiedener Fachzeitschriften sowie mehrerer Schriftreihen.

Patrick Prashanta Rao

Kontakt: patrick.rao@bleum.com

In seiner Funktion als Associate Vice President Quality ist Patrick Prashantha Rao verantwortlich für die Sicherstellung der gleichbleibend hohen Qualität aller Softwaredienstleistungen, die Bleum zum bevorzugten Anbieter von Zero-Defekt-Software in China gemacht haben. Aufgrund seiner Anstrengungen wurde Bleum der erste Softwareanbieter in China der CMMi Level 5 v.1.2. zertifiziert wurde. Patrick Rao ist auch für Hydra verantwortlich, Bleums eigenentwickeltes Qualitätsmanagementsystem. Vor seiner Tätigkeit bei Bleum war Patrick Rao Quality Director von Aztecsoft Limited und Senior Manager von IBM India, wo er maßgeblich an der Durchführung der Six Sigma

Initiative beteiligt war. Zuvor war er als Process Consultant bei CG Smith Software in Bangalore tätig, wo er für die Einführung höchster Prozessstandards zuständig war. Patrick Rao ist Absolvent der Bangalore University in Mechanical Engineering und besitzt ein Masters Degree in Software Systems von BITS Pilani in Indien.

Stefan Reuß

Kontakt: reuss.stefan@dystar.com

Stefan Reuß ist Head of IT der DyStar Textilfarben GmbH. Seine berufliche Laufbahn begann er 1986 als Industrieinformatiker bei der Hoechst AG. Nach Tätigkeiten im Bereich Programmierung und Anwenderbetreuung im Großrechnerumfeld arbeitete er im PC-Umfeld. 1993 wechselte Herr Reuß in die spätere Hoechst Trevira, wo er nach Tätigkeiten in der Anwenderbetreuung eine SAP R/3-Einführung im Basis-Umfeld begleitete. Der Wechsel zum Textilfarbstoffhersteller DyStar, der aus dem Zusammenschluss der entsprechenden Geschäftsbereiche der Bayer AG und Hoechst AG sowie später auch der BASF AG hervor ging, erfolgte 1998. Hier leitete Herr Reuß zunächst den Bereich SAP Basis und Corporate Network und übernahm 2004 die komplette Leitung der Abteilung IT-Infrastruktur mit globaler Verantwortung. Seit Ende 2008 verantwortet Herr Reuß zusätzlich das Applikationsmanagement und damit die globale Informatik gesamtverantwortlich.

Stefan Riedel

Kontakt: stefan.riedel@ibm.com

Seit 1. Januar 2009 leitet Stefan Riedel als Vice President das strategische Outsourcing-Geschäft der IBM in Deutschland.

In dieser Funktion zeichnet er verantwortlich für das Management und den Betrieb von Anwendungen und IT-Systemen, die die IBM im Auftrag ihrer Kunden übernimmt.

Zuvor war Stefan Riedel seit 2007 als Vice President und Generalbevollmächtigter verantwortlich für den gesamten Vertrieb – Hardware, Software und Dienstleistungen – für alle Kunden aus dem Bereich Banken und Versicherungen. In seiner gesamten Laufbahn bei IBM lag ein starker Fokus auf unterschiedlichsten Vertriebs- und Beratungsfunktionen im Finanzdienstleistungsbereich.

Von 2001 bis 2006 hatte er im Bereich IBM Business Innovation Services die Gesamtverantwortung für das Beratungsgeschäft für Kunden aus der Versicherungsbranche in Deutschland, Österreich und der Schweiz.

1997 wurde Stefan Riedel zum Bereichsleiter ernannt und leitete die IBM Service Centren in Nordrhein-Westfalen bis zum Jahr 2001. Diese Aufgabe umfasste das gesamte Beratungsgeschäft für diese Region.

1996 übernahm Stefan Riedel als Direktor die Gesamtverantwortung für den Vertrieb von IT Lösungen für Finanzdienstleistungsunternehmen.

Von 1991 bis 1996 arbeitete er als Systemingenieur und Projektleiter im Bereich IBM Global Services, der Dienstleistungssparte der IBM. In dieser Funktion betreute er bereits Beratungsprojekte vornehmlich für Finanzdienstleister.

Seine Karriere bei IBM startete er 1991 mit einem Trainee-Programm. Er studierte Wirtschaftsinformatik an der Berufsakademie in Stuttgart und schloss 1989 sein Studium als Diplom-Wirtschaftsinformatiker (BA) ab.

Dr. Joachim H. Rybol

Kontakt: joachim.rybol@t-online.de

Nach dem Studium der Wirtschaftswissenschaften und Promotion in der Politologie war Herr Dr. Rybol zunächst als Dozent tätig. Von 1974 bis 2008 bekleidete Dr. Rybol in der IBM diverse Fach- und Management-Positionen, unter anderen die des Vertriebsleiters für Großkunden in Deutschland und in Ländern des Nahen Ostens. Von 1993 bis 1996 war er Produkt-Manager für Process-Reengineering in der Europazentrale der IBM in Paris und Mitglied des IBM-Lotus Post-Merger Integration Teams.

Von 2002 bis zu seinem Ausscheiden aus der IBM im Oktober 2008 verantwortete Dr. Rybol im Geschäftsfeld Strategic Outsourcing die Einführung und Weiterentwicklung der IBM Relationship Alignment Methode sowie die Arbeit der darauf spezialisierten Beratungspraxen in allen europäischen Ländern.

Heute ist Herr Dr. Rybol als freiberuflicher Berater und Coach für Relationship-Governance und Beziehungsmanagement tätig.

Rüdiger Schmieder

Kontakt: ruediger.schmieder@getronics.com

Rüdiger Schmieder ist als Mitglied der Geschäftsleitung der Getronics (Deutschland) GmbH sowie der Getronics HelpYouDesk GmbH verantwortlich für die Bereiche Remote- und On Site Managed Services bei Getronics in Deutschland. Seit mehr als 12 Jahren hat er sich schwerpunktmäßig mit dem Bereich User Help Desk befasst und war maßgeblich für den Aufbau des Regional Service Centers von Getronics in Berlin verantwortlich. Er kann dabei auf ein Studium „Call Center Management" an der European Business School und seine langjährige Erfahrung in Field Services und Support zurückgreifen. Seine beruflichen Wurzeln liegen im Bereich der Mess- und Regeltechnik und bilden zusätzlich eine gute Erfahrungsgrundlage für die effiziente Steuerung und Koordination von ITIL orientierten Business Prozessen im Outsourcing. Durch die Zugehörigkeit von Getronics zum global aufgestellten ICT Dienstleistungskonzern KPN hat Herr Schmieder hohe Kompetenz im Umgang mit dem immer weiter fortschreitenden Globalisierungsprozess und den damit verbundenen Herausforderungen für ICT Dienstleistungen gewonnen.

Oliver Schreiber

Kontakt: oliver.schreiber@itelligence.de

Oliver Schreiber verantwortet als Director Global Business Unit Outsourcing & Services der itelligence AG das internationale Outsourcing-Geschäft im Management der itelligence Gruppe und die Technologieberatung in Deutschland. itelligence ist einer von wenigen Global Hosting Partnern der SAP AG und betreibt 8 Hightech-Rechenzentren für den Betrieb von komplexen SAP Landschaften. In dieser Rolle steuert Herr Schreiber die Kontakte im Hosting und Support zur SAP AG ebenso wie zur japanischen NTT-Gruppe, dem Hauptaktionär von itelligence.

Der Diplom-Kaufmann hat detaillierte SAP-Erfahrung, seit 1994 als SAP-Berater und Projektleiter und seit 1998 als Verantwortlicher für den Auf- und Ausbau des Support- und Hosting-Geschäftes für den Mittelstand. In der Fusion von SVC AG und APCON AG zur itelligence AG im Jahr 2000 war er zuständig für die Fusion der Rechenzentrums- und Supportbereiche und den weiteren starken Ausbau dieser Services national und international.

Aktuell treibt er den Ausbau der itelligence Outsourcing & Services Leistungen nach Asien voran und wird dieses Geschäftsfeld international weiter stark ausbauen.

Prof. Dr. Joachim Schrey

Kontakt: Joachim.Schrey@noerr.com

Prof. Dr. Joachim Schrey ist Rechtsanwalt, Fachanwalt für Informationstechnologierecht und Partner der Noerr LLP in Frankfurt am Main. Er berät in- und ausländische Mandanten in allen Bereichen des IT-Rechts. Er verfügt über langjährige Erfahrungen im Bereich des Outsourcing (insbesondere IT-Outsourcing, aber auch Logistik, Lagerhaltung und Versand, Einkaufsdienstleistungen). Daneben ist er u.a. mit der Erstellung, Prüfung und/oder Verhandlung von Lizenz-, Pflege- und Wartungs- oder Vertriebsverträgen, Verträgen über Softwareentwicklungs- oder Systemintegrationsprojekte befasst. Rechtsfragen im Bereich Datenschutz, IT-Compliance und im Zusammenhang mit der kommerziellen Nutzung des Internets bilden einen weiteren Schwerpunkt seiner Arbeit. Zu diesen Themen hält er regelmäßig Vorträge auf Seminaren und Kongressen. Prof. Dr. Schrey ist Aufsichtsrat bei einer Versicherung sowie Honorarprofessor an der Johann Wolfgang Goethe Universität Frankfurt am Main.

Dr. Stefan Schröder

Kontakt: stefan.schroeder@datev.de

Dr. Stefan Schröder ist seit April 2008 Leiter Entwicklung Rechnungswesen bei der DATEV und seit September 2004 Vorsitzender des Arbeitskreises ASP im BITKOM. Seit 1990 Mitarbeiter der DATEV. Von 1990 - 2001 war er im Bereich Entwicklung Rechnungswesen zuständig für Host-basierte Komponenten und Anwendungen, seit 1999 Projektleiter des DATEV Internet Projekts e@DATEV sowie seit 2001 Leiter Entwicklung Internet.

Er absolvierte ein Studium der Informatik an der Universität Erlangen-Nürnberg von 1980 – 1985 mit dem Schwerpunkt Mustererkennung und Künstliche Intelligenz. Davor war er Wissenschaftlicher Mitarbeiter am Lehrstuhl für Mustererkennung und promovierte 1990.

Hansjörg Siber

Kontakt: hansjoerg.siber@capgemini.com

Hansjörg Siber ist seit vielen Jahren in leitenden Positionen im Outsourcing tätig. Er ist seit Schaffung einer eigenständigen BPO Geschäftseinheit innerhalb der Capgemini Gruppe in deren Executive Management Board. Unter anderem verantwortete er die Eingliederung und den Aufbau verschiedener Dienstleistungszentren, die Capgemini inzwischen in Polen, Indien, China, Australien und auf dem lateinamerikanischen Subkontinent betreibt.

Heute ist Hr. Siber global für den Betrieb und Ausbau aller BPO-Dienstleistungszentren von Capgemini verantwortlich. Ein Schwerpunkt für ihn ist die Industrialisierung und kontinuierliche Verbesserung der Dienstleistungen, die Entwicklung und Implementierung von weltweit einheitlichen Standards in den Bereichen Qualitätssicherung und Datensicherheit.

Vor seiner Tätigkeit für die Capgemini BPO Organisation war Hr. Siber in leitenden Funktionen im Outsourcing-Bereich der deutschen Capgemini Niederlassung sowie als Geschäftsführer von zu Capgemini gehörenden Unternehmen verantwortlich. Er verfügt über mehr als 25 Jahre Erfahrung in verschiedenen Führungsfunktionen in der IT-Industrie.

Hr. Siber schloss ein Studium der Betriebswirtschaft ab und erwarb den Titel des MSc in Organizational Behavior. Er ist Fulbright Stipendiat.

Dr. Thomas Söbbing, LL.M.

Kontakt: Thomas.Soebbing@deutsche-leasing.com

Dr. Thomas Söbbing ist der Bevollmächtigte Recht / Corporate Counsel der Deutschen Leasing IT. Er war zuvor in beratenden und leitenden Positionen bei IBM, KPMG und Siemens tätig und hat mit einer deutlich dreistelligen Anzahl von Unternehmen verhandelt (davon mit 3/4 aller Dax Unternehmen). Ferner hat er längere Zeit den größten Vertrag (Herkules Outsourcing) der Siemens AG (7,2 Mrd. EUR) rechtlich betreut.

Dr. Söbbing hat Jura in Münster studiert, war Mitarbeiter bei dem im IT-Recht sehr bekannten Prof. Hoeren und hat bereits neben seinem Referendariat Verträge in zweistelliger Millionenhöhe für das debis Systemhaus (heute T-Systems) verhandelt. Darüber hinaus hat er Zusatzstudiengänge in Jura an den Universitäten in Washington und Shanghai erfolgreich abgeschlossen sowie an Seminaren für Wirtschaftsinformatik an der Universität St. Gallen teilgenommen.

Er hat über 100 Publikationen veröffentlicht (u.a. das Handbuch IT-Outsourcing sowie den Leitfaden für IT-Recht in M&A) und hält seit 10 Jahren regelmäßig Vorträge in Management Seminaren, an Universitäten und bei Bundesverbänden. Er ist Vice President der European Outsourcing Association e.V. und Berater des Handelsblatts.

Christopher Stein

Kontakt: Christopher.Stein@deutsche-leasing.com

Christopher Stein ist verantwortlich für das Business Development im IT-Leasing der Deutschen Leasing AG.

Er ist seit 2003 bei der Deutschen Leasing AG tätig, wo er zunächst seinen Diplom-Betriebswirt (BA) durchführte und im Anschluss als Produktmanager Leasing-Konzeptionen betreute. Parallel zu dieser Tätigkeit absolvierte er ein MBA-Studium an einer renommierten Business School in Großbritannien.

Der Schwerpunkt seines Arbeitsgebietes liegt im Bereich der strategischen Geschäftsfeldentwicklung des IT-Leasings. Ein Fokus dabei ist die Intensivierung der Zusammenarbeit mit Outsourcing-Anbietern und Kunden.

Anke Thomas

Kontakt: athomas@gruender-consulting.com

Anke Thomas, Diplom-Kauffrau, ist Senior Consultant bei der GRÜNDER Consulting GmbH, München, der ersten auf IT-Outsourcing Projektmanagement spezialisierten Unternehmensberatung in Deutschland. Nach einer Ausbildung und ersten Erfahrungen bei einer Unternehmensberatung absolvierte sie ein Studium der Betriebswirtschaftslehre an der LMU München mit der Spezialisierung auf Wirtschaftsinformatik, Neue Medien und Marketing. Ihre heutigen Kompetenzschwerpunkte sind die erfolgreiche Begleitung und Umsetzung von Outsourcing-Vorhaben in Unternehmen und öffentlichen Einrichtungen, insbesondere die Ausgestaltung der hierfür erforderlichen Prozesse und Vertragsdokumente.

Hans-Jörg Tittlbach

Kontakt: Hans-Joerg.Tittlbach@getronics.com

Herr Hans-Jörg Tittlbach ist Geschäftsführer der Getronics (Deutschland) GmbH, die als Tochter der KPN/Getronics Gruppe (einem weltweit führenden ICT-Service Provider) Outsourcing-Lösungen im Workspacemanagement anbietet. Herr Tittlbach sammelte bereits während seines Informatikstudiums Erfahrungen in der IT-Branche und bekleidete im Rahmen seiner vielfältigen Beratungs- und Führungsaufgaben eine ganze Reihe von Outtasking- und Outsourcingprojekten. Im Jahr 2000 gründete er als Director Managed Services der Getronics ein Joint Venture Unternehmen, das sich ausschließlich mit der Übernahme von UHDs befasste. Heute ist die Getronics-HelpYouDesk GmbH mit Sitz in Berlin eines der effizientesten Service Center innerhalb der Getronics/KPN Gruppe. Herr Tittlbach zeichnet als Geschäftsführer für eine Reihe von Outsourcing-Verträgen verantwortlich, viele davon befinden sich zwischenzeitlich im Next Generation Outsourcing. Neben Service Management, Dienstleistungssteuerung und Change Management gehören zu seinen Schwerpunkten auch die Gestaltung der Personalintegrationsmodelle. Herr Tittlbach spricht regelmäßig mit CIOs aller Unternehmensgrößen über Entwicklungen und neue Fragestellungen zum Thema „ICT als Service".

Ralph Wölpert

Kontakt: woelpert.r@rittal.de

Ralph Wölpert ist seit 2004 in der Friedhelm Loh Group, davon fünf Jahre bei Lampertz verantwortlich für Marketing & Business Development. Seit Mitte 2009 ist er bei Rittal als Direktor Internationales Branchenmanagement IT mit dem Schwerpunkt IT-Marketing tätig. Nach dem Studium der Biochemie und einer Fotografenlehre in einer Werbeagentur arbeitete Hr. Wölpert viele Jahre als wissenschaftlicher Mitarbeiter an den Universitätskliniken Tübingen.

Seine EDV-Karriere begann bereits in den 80-er Jahren bei einem englischen Datenbank-Hersteller, gefolgt von Stationen bei impec GmbH, Magirus Deutschland GmbH, CAMP Marketing GmbH, Macrotron AG, Ingram Micro Distribution sowie puscher one GmbH (Prokurist und Leiter Marketing).

In den knapp 30 Jahren in der IT-Branche verantwortete Wölpert die Markteinführung von Hard- und Software-Lösungen, die Identifikation neuer Zielgruppen und -märkte sowie die Umsetzung von durchgängigen Markenführungen.

Ralph Wölpert ist Sicherheitsbeauftragter im Geheimschutz der Wirtschaft, Dozent an der FH Brandenburg im Masterstudiengang „Security Management" und im Vorstand des BITKOM-Arbeitskreises „Betriebssicheres Rechenzentrum und Infrastruktur". Er hält zahlreiche Vorträge zur physikalischen IT-Sicherheit, Energieeffizienz, Nachhaltigkeit und Compliance in der IT und ist Verfasser und Mitautor verschiedenster Publikationen in diesen Fachbereichen.

Dieter Zoellner
Siemens AG, IT Solutions and Services

Kontakt: dieter.zoellner@siemens.com

Dieter Zoellner sammelte während seines Informatik-Praktikumssemesters erste Erfahrungen mit IT-Beratung. In den folgenden Jahren beschäftigte er sich schwerpunktmäßig mit dem Durchführen von IT-Trainings für Fachkräfte im Bereich Netzwerke, Programmierung und Applikationen und leitete mehrere große IT-Seminarzentren. In den neunziger Jahren baute er als Mitglied der erweiterten Geschäftsleitung der IT-Tochter einer Großbank den Bereich IT-Consulting mit Schwerpunkt Managed Services und Systems Management auf. Durch den Wechsel zu einem amerikanischen IT-Provider, tätig im Umfeld großvolumiger Software-Lizenzverträge, fokussierte er sich auf das Thema Software Asset Management und etablierte dieses als Beratungsschwerpunkt europaweit erfolgreich. Seit mehr als 10 Jahren ist Herr Zoellner Spezialist in Themen rund um IT Asset Management. Im Jahr 2009 wechselte er zum Siemens Bereich IT Solutions and Services, wo er als Solution Manager die Konzeption von IT Asset Management Services in globalen IT-Outsourcing-Projekten verantwortet.

Sachwortverzeichnis